일상의 확률문제

윤원영 · 서순근 지음

KM 경문사

서문

우리는 매순간 다양한 상황에서 판단하고 결정하며 살아가고 있지만, 그때마다 행한 의사결정이 최적일 수 없기에 종종 후회를 한다. “Life is unpredictable and uncertain in this world. Life here is difficult, short and bound up with suffering”(불교경전인 Sutta-Nipata의 Salla Sutta)라는 삶에 대한 오랜 정의에서도 알 수 있듯이 일상이나 업무에서 항상 예측할 수 없는 수많은 상황에 직면해왔고, 앞으로도 직면하며 살아가야 하는 우리의 어려움을 말하고 있는지도 모른다. 그러므로 우리는 삶 자체가 불확실성하에서의 판단을 요구하고 어떻게든 의사결정을 해야 한다는 사실을 받아들여야 한다. 하지만 정보가 부족하거나 상황이 불확실하여 정확히 결과를 예측할 수 없다고 해서 우리가 할 수 있는 것이 전혀 없거나 대처 불가능한 것은 아니며, 끊임없이 합리적인 판단을 이끌어내어야 하고 또한 그러한 방법을 찾을 수 있을 것이다.

역사적으로 유명한 확률과 관련된 두 가지 예가 있다. 그 첫 번째는 Blaise Pascal (1623～1662)과 Pierre de Fermat(1607～1665)에 의해 확률이론을 체계적으로 적용한 최초의 문제로 알려진 것으로 다음과 같다. “정해진 상금을 놓고 5번 시합을 하여 먼저 3번을 이기는 사람이 상금을 모두 가지는 경기에서 3번의 시합까지 A가 두 번, B가 한 번 이기고 시합이 외부사정에 의해 중단되었다고 할 때 어떻게 상금을 처리하는 것이 합리적일까?” 이 문제를 풀기 위해 A와 B 두 사람의 실력은 비슷하다고 가정하고 시합은 무승부가 없이 A와 B가 이길 확률을 1/2로 동일하다고 가정해서 계속 시합을 하는 경우에 A가 최종 승리할 확률은, 바로 다음 경기에서 이기는 경우와 진 후 그 다음 경기에서 이기는 경우밖에 없다. 그래서 이길 확률은 $\frac{1}{2}+\frac{1}{2}\times\frac{1}{2}=\frac{3}{4}$이다. 그러므로 전체 상금의 3/4을 A에게, 나머지 1/4을 B에게 주는 것이 합리적일 것이다. 이처럼 우리는 불확실한 상황에서 확률의 개념을 이용함으로써 보다 합리적인 의사결정을 할 수 있을 것이다.

두 번째로는 유명한 물리학자인 Isaac Newton(1643～1727)의 확률 계산과 관련된 문제이다. “6개의 주사위를 던져 6이 적어도 1개 나오는 경우, 12개의 주사위를 던져 6이 적어도 2개 나오는 경우, 18개의 주사위를 던져 6이 적어도 3개 나오는 경우 중 어느 것이 나올 가능성이 가장 큰가?” 이 문제는 이항분포의 확률을 계산하는 문제로서, 확률 $1-\sum_{i=0}^{n-1}\binom{6n}{i}\left(\frac{1}{6}\right)^{i}\left(\frac{5}{6}\right)^{6n-i}$, $n=1,2,3$을 구하는 문제이다. $n=1,2,3$에서의 확률 값은 0.665, 0.619, 0.597로서 언뜻 생각한 것과는 달리 주사위 수가 적을수록 나올 확률이 크다. 이처럼 확률의 개념과 방법론을 이용하면 불확실한 상황하에서 합리적인 판단과 의사결정을 할 수 있을 것으로 여겨서 유럽에서는 16세기부터 연구되기 시작하였다.

이 책은 우리의 일상이나 업무영역에서 접할 수 있는, 불확실하거나 정확한 예측이 가능하지 않은 상황에 대한 적합한 수학적 모형(확률모형)을 만들고 이 모형하에서의 합리적인 의사결정문제들을 다루고자 한다. 저자들이 산업공학을 공부할 때 기초 확률문제들을 다룬 Frederick Mosteller(1916～2006)의 책《Fifty Challenging Problems in Probability with Solutions》(Addison-Wesley, 1965)을 읽고 문제들을 풀어보면서, 언젠가는 우리도 이 같은 책을 출간해보자는 이야기를 했던 기억이 난다. 이제 기초적인 확률문제뿐 아니라 저자들이 전공한 산업공학, 품질관리, 신뢰성 분야에서 다루어진 다양한 문제들 중에 우리의 일상에서 접할 수 있는 확률관련 문제들을 선정하여 다루어 보고자 한다. 특히 각 문제에 대해 추가적인 유사 문제들을 제시하고 해답을 정리하여 두었다. 마지막으로 이 책에서 다룬 문제를 이해하는 데 필요한 확률과 확률과정에 대한 기본적인 내용을 부록에 기술해 두었다.

저자들은 이 책에 게재된 문제들이 다양한 분야에서 확률적인 현상을 연구하고자 하는 많은 이들에게 작은 도움이 된다면 더 없는 기쁨으로 여기고자 한다. 그리고 혹시 있을 오류에 대해서는 독자 여러분의 많은 지적과 조언을 부탁드리며, 또한 새로운 문제들에 대한 아이디어가 있는 분들은 저자들에게 알려주면 수정판에서 적극적으로 고려하여 보다 풍부한 내용을 담은 책으로 계속 수렴해 갈 것을 약속한다. 끝으로 책의 편집에 수고를 하여주신 경문사 편집부 여러분과 책의 출간을 허락하여 주신 경문사에 감사드린다.

2019년

윤원영, 서순근

차례

제1장 확률계산 문제

제2장 게임과 확률 문제

제3장 최적 전략과 확률 문제

제4장 기타 확률응용문제(Miscellaneous)

제 1 장

확률계산 문제

1.1

생일이 같은 회원이 있을 확률은 얼마나 될까? (Birth matching and pairing problems)

모임에서 생일이 동일한 회원이 최소한 2명 있을 확률이 1/2 이상이 되게 하려면 모임의 회원 수는 최소한 몇 명이 되어야 하는가?

해답

이 문제는 수학자 Richard Von Mises가 1939년에 최초로 제시한 문제로서 답은 모임의 회원수가 23명 정도만 되어도 가능하다. 먼저 1년을 윤년에 해당되는 2월 29일 제외한 365일로 가정하고 사람들의 생일은 365일에 대해 균일분포를 따른다고 가정하자. 그리고 모임의 회원 수가 k명일 때, 먼저 이들이 모두 서로 생일이 다를 확률을 구하여 보자. k명의 사람들의 생일이 가질 수 있는 서로 다른 총가짓수는 365^k이다. 서로 다른 생일을 가지는 가짓수를 구하기 위해서 임의의 첫 사람이 가질 수 있는 가짓수는 365, 다음 사람은 364. 그리고 그 다음 사람은 363 등과 같이 전개하면 $365(364)(353)\cdots(365-k+1)$이다. 그러므로 구하고자 하는 생일이 동일한 회원이 최소한 2명일 확률인 P_k는

$$
\begin{aligned}
P_k &= 1-\frac{365(364)(363)\cdots(365-k+1)}{365^k} = 1-\frac{365!}{(365-k)!365^k} \\
&\approx 1-e^{-k(k-1)/730} \qquad (1.1.1)
\end{aligned}
$$

된다. k를 증가시키면 위의 확률은 〈그림 1.1.1〉과 같이 증가하며 $k=22$일 때 0.4757, $k=23$일 때 0.5073이다. 그러므로 최소한 23명의 사람이 모여야 생일이 같은 사람들이 있을 확률이 1/2를 넘게 되어 우리가 생각하는 직관보다 훨씬 작은 값을 가진다. 참고로 이 확률이 0.9 이상이 되려면 최소 41명, 0.99 이상이 되려면 57명의 회원이 필요하다.

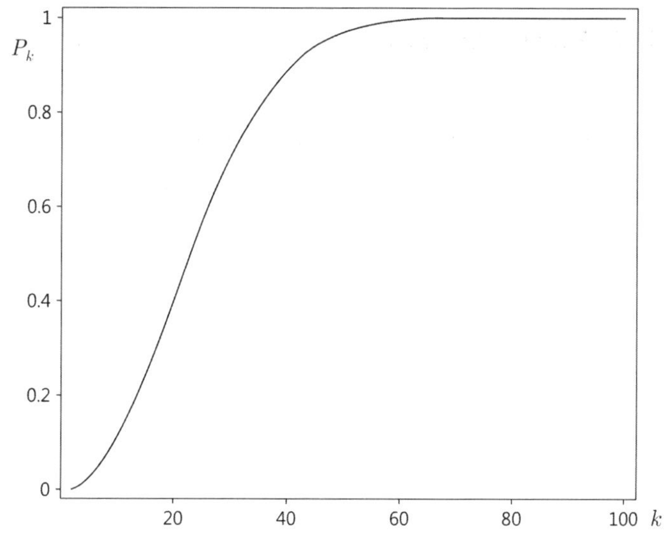

그림 1.1.1 P_k의 변화 형태

추가문제 1-1-1 (Birth-mate problem)

지금부터 자신과 생일이 같은 사람을 만날 수 있을 확률이 1/2 이상이 되기 위해서는 최소한 몇 명의 사람을 만나야 할 것인가?

1-1-1 해답

본인의 생일은 정해져 있으므로 다른 사람의 생일과 다를 확률은 $\frac{364}{365}$이므로, k명이 생일이 모두 다를 확률은 $\left(\frac{364}{365}\right)^k$이며, k명째에서 본인의 생일과 동일한 사람을 만날 확률은 $P'_k = 1 - \left(\frac{364}{365}\right)^k$이다. 따라서 이 확률이 0.5 이상이 되는 사람의 수는 다음의 식을 만족하는 사람의 수가 되므로,

$$P'_k = 1 - \left(\frac{364}{365}\right)^k \geq 0.5$$

k의 최솟값은 253명이 된다.

추가문제 1-1-2 (Birthday holidays)

어떤 회사는 직원의 생일을 모두 공휴일로 지정한다. 1년을 365일로 가정하는 경우 연간 총 근무일 수를 최대로 하는 직원 수는 얼마인가(Mosteller, 1965)?

1-1-2 해답

근무일 수는 직원의 수에 관련이 있는데 먼저 직원이 1명이면 총 근무일 수는 364이다. 2명인 경우 생일이 다르면 근무일 수는 363이고, 같으면 364이므로 기대 총 근무일 수는 $2\times364\times1/365+2\times363\times364/365=2\times364\times364/365=2\times365(364/365)^2$이다. 직원 수가 무한정 많다면 매일 공휴일로 근무일 수는 0에 수렴할 것이다. 만일 직원 수가 n이라 하자. 그러면 1월 1일이 일하는 날이 될 확률은 $(1-1/365)^n$이다. 그리고 이 날이 기대 총 근무일 수에 기여하는 기댓값은 $n(1-1/365)^n$이다. 모든 일을 1월 1일과 같은 기여를 하므로 기대 총 근무일 수는 $m(n)=365n(364/365)^n$이 된다. 여기서 이 값을 최대로 하는 n을 구하면 된다.

여기서 $\dfrac{m(n+1)}{m(n)}=\dfrac{n+1}{n}\dfrac{364}{365}$이 1보다 크면 증가하며, 1보다 작으면 감소하므로(〈그림 1.1.2〉 참조), 이 값이 1이 되는 n는 364이 된다. 따라서 n는 364 또는 365가 되는데, 작은 근무일 수에서 인건비가 적게 소요되는 364명이 답이 된다. 그러므로 이 경우 기대 총 근무일 수는 $364\times365(1-1/365)^{364}\approx365^2e^{-1}$이다.

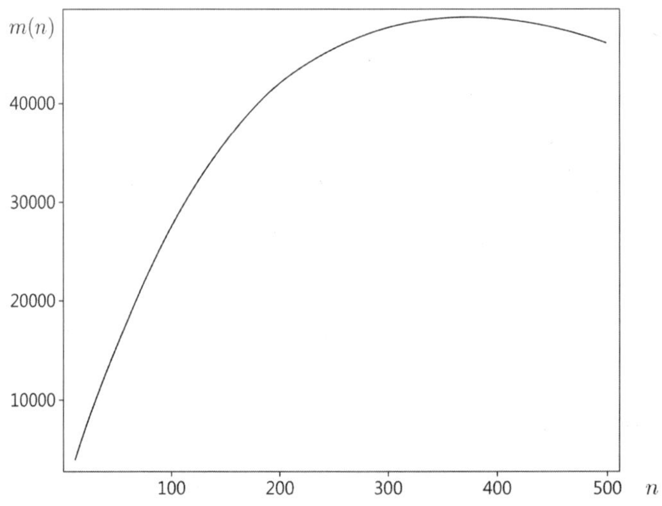

그림 1.1.2 $m(n)$의 변화 형태

추가문제 1-1-3 (Modified Birth pairings)

사람들의 생일이 365일에 균일하게 분포하지 않을 때 모임에서 최소한 2명의 생일이 동일할 확률은 사람들의 생일이 365일에 균일한 경우에서 동일할 확률보다 클 것인가?

1-1-3 해답

이 문제를 풀기 위해 먼저 2명의 경우이면서 1년을 상반기, 하반기로만 나누는 단순한 경우를 고려하여 보자. 즉, 두 사람이 생일이 다를 확률은 한 사람의 생일이 상반기일 확률이 p라고 하면 $2p(1-p)$이다. 이 확률은 p가 1/2일 때 가장 크며, 양 극단으로 갈수록 작아지는 함수이다. 그러면 다음으로 3명의 사람이 있는 경우를 고려하여 보자. 365일에서 각 날짜에 생일을 가지는 확률이 p_j라고 하면 3명이 모두 생일이 다를 확률은 $P_3 = \sum_{i<j<k}^{365} p_i p_j p_k$이다. 여기서 365일 중에 2개의 날짜(일례로 p_1, p_{365})를 고려하여 보자. 이 날짜가 생일이 될 확률인 p_1과 p_{365}은 합은 동일하면서 차이가 큰 경우로 변한다고 하면 어떤 결과가 나타날까? 이 경우 3명이 모두 생일이 다를 확률에 영향을 주는 항은 $p_1 p_{365} \sum_{k=2}^{364} p_k$이다. 그리고 이 항은 두 확률이 동일할 때 가장 크며 차이가 클수록 작아진다. 이 같은 방법을 확장하면 365일 중 생일이 될 확률이 상이할수록 사람들이 서로 생일이 다를 확률은 작아지며 생일이 같은 사람이 있을 확률은 커진다. 따라서 특정 일이 생일이 될 확률이 균일하다는 가정하에서 얻은 식 (1.1.1)은 모임 회원 중에서 최소한 2명의 생일이 동일할 확률의 하한을 제공한다고 볼 수 있다.

생일이 균일하지 않은 예로서 미국 아이스하키 리그 선수의 생일을 상반기와 하반기로 나누어 조사한 결과를 보면 상반기 출생자가 하반기 출생자보다 뚜렷하게 많음을 보여주고 있다(Hurley, 2008). 캐나다에서 최고 수준의 아이스하키 리그에 입문하는 나이는 7세 정도로, 이 정도의 나이에서는 상반기에 태어난 어린이가 하반기 출생 어린이보다 두각을 나타낼 가능성이 높아 프로선수를 지향하는 가능성 또한 높아지는 것이 하나의 주요 요인으로 볼 수 있다.

추가문제 1-1-4 (Almost-Birthday problem)

모임에서 2명 이상의 회원의 생일이 동일한 경우에서 생일이 인접한 d일 내에 포함될 경우로 확장하면 2명 이상의 생일이 인접할 확률이 1/2 이상이 되게 하는 모임에서의 회원 수는 최소한 몇 명이겠는가(Naus, 1968)? 여기서 12월 31일과 1월 1일은 인접하다고 (즉, d가 1) 간주한다.

1-1-4 해답

k명의 회원의 생일이 모두 다를 경우를 A_0라 할 때 식 (1.1.1)에서 $\Pr(A_0) = \dfrac{365!}{(365-k)!365^k}$가 된다. 그리고 모든 회원의 생일이 서로 d일 내에 포함되지 않을 확률을 $\Pr(A_d)$라 하면 $\Pr(A_d) = \Pr(A_0)\Pr(A_d \mid A_0)$로 나타낼 수 있으므로 $\Pr(A_d \mid A_0)$를 구해보자.

먼저 회원의 생일이 있는 날은 '1'로, 그렇지 않는 날을 '0'으로 표기하면 '1'은 k개, '0'은 $365-k$개가 존재한다. 그런데 12월 31일과 1월 1일은 인접하므로 1년은 원으로 나타낼 수 있다. 따라서 임의로 한 사람의 생일을 출발점으로 지정하면 $k-1$명의 생일을 선택하는 가짓수는 $\binom{365-1}{k-1}$이 된다. 그런데 다른 회원의 생일이 d일 내에 포함되지 않으려면 〈그림 1.1.3〉처럼 1의 중간에 최소한 d개의 '0'이 포함되어야 한다. 남아 있는 일자의 수는 $365-k(d+1)$개 되므로 이를 $(k-1)$개의 1 사이에 배치하면 된다. 이의 가짓수는 $\binom{365-k(d+1)+k-1}{k-1} = \binom{365-kd-1}{k-1}$이므로,

$$\Pr(A_d \mid A_0) = \frac{\binom{365-kd-1}{k-1}}{\binom{364}{k-1}}, \quad k(d+1) \le 365$$

이 된다. 따라서 k명의 회원의 생일이 서로 인접한 d일 내에 포함되지 않을 확률 $P_k(d)$은

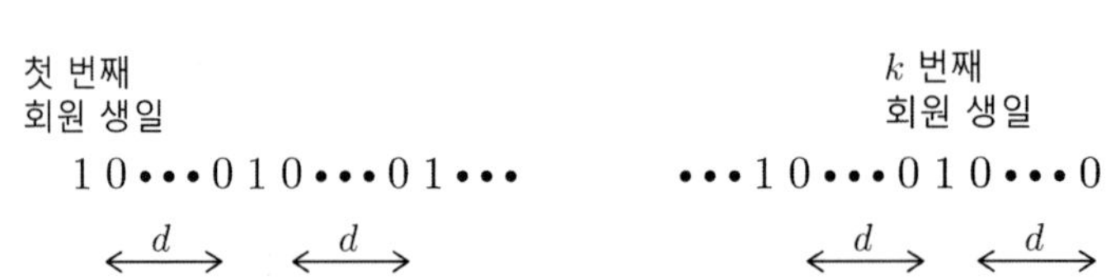

그림 1.1.3 인접기간이 d일 때 배열 형태

$$
\begin{aligned}
P_k(d) &= 1 - \Pr(A_d) = 1 - \Pr(A_0)\Pr(A_d \mid A_0) \\
&= 1 - \frac{365!}{(365-k)!365^k} \frac{\binom{365-kd-1}{k-1}}{\binom{364}{k-1}} \\
&= 1 - \frac{(364-kd)!}{365^{k-1}(365-(d+1)k)!} \qquad (1.1.2)
\end{aligned}
$$

이다.

$d=1$일 때 $P_k(1) \geq 0.5$이 되는 최소 k는 14명(〈그림 1.1.4〉 참조), $P_k(7) \geq 0.5$이 되는 k는 식 (1.1.2)에서 7이 된다.

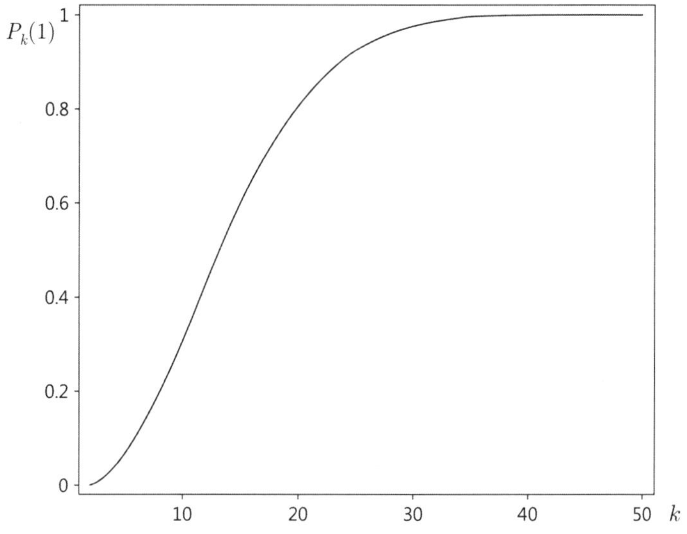

그림 1.1.4 $P_k(1)$의 변화 형태

1.2

이사 온 옆집의 두 자녀가 모두 아들일 확률은 얼마일까? (Two children problems)

새로 이사 온 옆집에 자녀가 둘이라는 이야기를 들었다. 엘리베이터에서 만난 옆 집 부모가 자기들에게 장난이 심한 사내아이가 1명 있다고 얘기한다. 옆집의 두 자녀 모두가 아들일 확률은 얼마인가? 즉, 이 확률이 1/2인가 1/3인가?

해답

아들과 딸을 각각 b, g로 나타내면 출생순서를 고려한 표본공간 S는 $\{bb, bg, gb, gg\}$가 되므로, 사내아이가 1명이 포함될 사건(A)하에서 두 자녀가 모두 아들인 사건(B)일 확률은 $\Pr(B|A)=\frac{1/4}{3/4}=\frac{1}{3}$이다. 여기서 남아와 여아의 출생확률은 동일하다고 가정한다.

그런데 이런 비교적 단순한 문제에서 1/3이 아닌 1/2로 답하는 학생들이 제법 많다. 왜 이런 인식 오류(fallacy)가 발생하는지 검토해 보자. 이 문제에서 사내아이를 명시하면(일례로 '정희는 사내아이인데' 등의 이름을 얘기하거나, '유치원에 다니는 작은 애가 아들인데 좀 별나'라는 첫째 또는 둘째라고 명시하면), 그 확률은 1/2이 된다. 즉, 명시되지 않은 자녀가 아들 또는 딸인 확률은 1/2 또는 표본공간에서 $\frac{1/4}{2/4}=\frac{1}{2}$이기 때문이다 (Marks and Smith, 2011).

이 문제를 베이즈 정리(Rice, 2007)로 풀어보자. 여기서 표본공간의 각 근원사건이 발생할 확률은 앞과 같이 1/4이며, 아들과 딸이 각각 1명일 경우에 아들을 얘기할 확률을 1/2이 아닌 a로 나타내면 $\Pr(B|A)$는 다음과 같이 구해진다.

$$\Pr(B|A)=\frac{1/4}{1\times 1/4+a\times 2/4+0\times 1/4}=\frac{1}{1+2a} \tag{1.2.1}$$

식 (1.2.1)에서 a가 보통의 문제처럼 1/2이면 $\Pr(B|A)$는 1/2이 되며, a가 1이 되면 $\Pr(B|A)$는 1/3이 된다. 새로 이사 온 옆집의 입장에서는 장난기가 심한 아이가 1명 있

다는 점을 부각하기 위해 두 아이 중에서 이 사내아이만 항상 언급할 경우에 원래 문제와 일치한 값이 도출된다. 즉, 두 자녀 중 한 아이를 언급할 때 그 확률은 1/2이 아닐 가능성이 매우 높으므로, 베이즈 정리를 적용하려면 a에 관한 가정이나 추정이 필요하다.

추가문제 1-2-1

세 상자 중의 한 상자에는 사과 2개(사과 상자로 칭함), 다른 상자에는 배 2개(배 상자), 나머지 상자에는 배 1개, 사과 1개(혼합 상자)가 들어 있다. 세 상자를 무작위로 선택한 후에 그 상자에서도 무작위로 하나를 꺼내 확인하니 사과로 판명되었다.

나온 과일이 사과였다면, 상자에 남아 있는 과일은 사과(즉, 사과 상자) 또는 배(혼합 상자) 중에서 하나이므로 이 상자가 혼합 상자일 확률은 1/2이라고 주장한다면 이 주장은 타당한가?

이 문제는 유명한 수학자인 프랑스의 Joseph Bertrand(1822～1900)가 1889년에 출간한 확률서적에 실린 문제를 각색한 것(Gorroochurn, 2012)에서 재인용하였다.

1-2-1 해답

사과, 배, 혼합 상자를 각각 B_A, B_P, B_M로, 사과가 나올 사건을 A로 두면 사후확률인 $\Pr(B_M|A)$는 베이즈의 정리를 이용하면 다음과 같이 1/3이 된다.

$$\Pr(B_M|A) = \frac{P(B_M)P(A|B_M)}{P(B_A)P(A|B_A)+P(B_P)P(A|B_P)+P(B_M)P(A|B_M)}$$

$$= \frac{\frac{1}{2}\times\frac{1}{3}}{1\times\frac{1}{3}+0\times\frac{1}{3}+\frac{1}{2}\times\frac{1}{3}} = \frac{1}{3}$$

여기서 사과가 나오는 두 사건이 동일한 확률로 일어난다는 인식 오류에 빠질 위험에 유의해야 한다. 즉, 두 사건 $P(A\cap B_A)$와 $P(A\cap B_M)$이 발생할 확률은 같지 않고, 전자가 후자의 2배이다.

추가문제 1-2-2

동전을 세 번 던져 2회 이상 앞면이 나왔다면 모두 앞면이 나올 확률은 얼마인가(앞, 뒷면이 나올 확률은 동일하다)? 2회 앞면이 나왔으니 세 번째 동전에서 앞면이 나오면 되므로 이 확률은 1/2이라고 주장하는 것은 타당한가?

이 문제는 유명한 우생학자이고 회귀와 상관분석을 창안한 Francis Galton(1822~1911)이 1894년에 제시한 문제로 Gorroochurn(2012)에서 재인용한 것이다.

1-2-2 해답

앞면과 뒷면을 각각 H, T로 나타내면 S는

$$\{HHH,\ HHT,\ HTH,\ HTT,\ HTT,\ THT,\ THH,\ TTT\}$$

가 되며, 앞면이 2회 이상 나오는 사건을 E_1, 모두 앞면이 나오는 사건을 E_2로 두면 $P(E_2|E_1)=\dfrac{1/8}{4/8}=\dfrac{1}{4}$이다.

이런 인식 오류는 무의식 중에 동전을 던지는 순서를 고려하여 앞면이 두 번 나온 것을 첫 번째와 두 번째에 앞면이 나온 것으로 인식한 결과로, 1/4이 아닌 1/2이라는 잘못된 주장을 초래할 수 있다.

1.3

양말 서랍에 몇 개의 양말이 들어 있는가?

조기 축구회에 활동 중인 A씨는 축구용 양말 2종(백색과 청색)을 여러 개 가지고 있다. 새벽에 어두울 때 조기 축구회에 나가기 때문에 색깔 구분 없이 양말 서랍에서 두 짝을 꺼내 신고 가는 것이 습관화 되어 있다. 이때까지 경험에서 보면 두 짝이 모두 청색일 비율이 1/2이라면 이 서랍 안에 있는 총 양말 수는 몇 개인가? 조건을 만족하는 양말 짝의 수 중에서 가장 작은 값을 구하라(Mosteller, 1965).

해답

백색과 청색 양말 짝수를 각각 w와 b로 두면 두 짝이 청색일 다음 조건을 만족하는 정수 값을 찾는 문제가 된다.

$$\frac{b}{w+b}\cdot\frac{b-1}{w+b-1}=\frac{1}{2} \tag{1.3.1}$$

여기서 $b>0,\, w>0$일 때 $\frac{b}{w+b}>\frac{b-1}{w+b-1}$가 성립하므로 w와 b는 다음 부등식을 충족해야 한다.

$$\left(\frac{b-1}{w+b-1}\right)^2<\frac{1}{2}<\left(\frac{b}{w+b}\right)^2 \tag{1.3.2}$$

식 (1.3.2)에서 제곱근을 취하면

$$\frac{b-1}{w+b-1}<\frac{1}{\sqrt{2}}<\frac{b}{w+b}$$

가 되므로, b에 대해 다음 부등식 조건이 성립된다.

$$(\sqrt{2}+1)w<b<(\sqrt{2}+1)w+1 \tag{1.3.3}$$

따라서 식 (1.3.3)에서 w가 1이면 b는 3만 해당되므로, 식 (1.3.1)에 대입하면 $(3/4)(2/3) = 1/2$이 되어 최소 양말 수는 4짝이 된다.

추가문제 1-3-1

양말 수는 짝수가 되는 것이 홀수보다 보편적이다. 만약 백색 양말 개수가 짝수라면 총 양말 수는 몇 개인가(Mosteller, 1965)?

1-3-1 해답

w가 2이면 식 (1.3.3)에서 $4.83 < b < 5.83$이므로 b로 5만 해당되지만 $(5/7)(4/6) \neq 1/2$이 된다.

w가 4이면 $9.66 < b < 10.66$이므로 b로 10만 해당되지만 $(10/14)(9/13) \neq 1/2$가 된다.

w가 6이면 $14.49 < b < 15.49$이므로 b로 15만 해당되며 $(15/21)(14/20) = 1/2$이 되므로, 15개가 총 양말 수가 된다.

즉, 백색과 청색 양말 수가 각각 6개와 15개가 되어 각각 1개와 3개인 기본 문제보다 현실성 있는 답이 될 가능성이 높다.

추가문제 1-3-2

기본 문제에서 n번째 이 조건을 충족하는 백색 양말의 수가 w_n일 때 이에 관한 점화식이

$$w_{n+2} = 6w_{n+1} - w_n, \quad n \geq 0, \text{단}, w_0 = 0 \tag{1.3.4}$$

이 되면, 식 (1.3.1)을 만족하는지를 $n = 3, 4$일 때 검토하라(Andel, 2001).

1-3-2 해답

식 (1.3.1)에서

$$b^2-2bw-b+w=w^2 \quad \Rightarrow \quad (b-w)^2-(b-w)=2w^2$$
$$(b-w)(b-w-1)=2w^2$$

가 되므로, $b-w-1=x$(즉, $x+w+1$가 청색 양말 수가 됨)로 두면 다음을 만족하는 x와 w의 자연수의 쌍을 찾는 문제가 된다.

$$x^2+x=2w^2 \tag{1.3.5}$$

$w_1=1$, $w_2=6$이면 x는 각각 1과 8이 되어(즉, b는 3과 15), 기본과 추가문제에서 다룬 바와 같이 식 (1.3.1)을 만족한다.

w_3는 식 (1.3.4)에서 35가 되므로, 식 (1.3.5)에 대입하면 $x_3=49$, 이에 따라 $b=85$, 총 양말 수는 120이 된다. 식 (1.3.1)에 대입하면 $(85/120)(84/119)=1/2$가 되어 기본 문제를 충족하는 해가 된다.

또한 w_4는 식 (1.3.4)에서 204가 되므로, 식 (1.3.5)에 대입하면 $x_4=288$, 이에 따라 $b=493$, 총 양말 수는 697이 된다. 식 (1.3.1)에 대입하면 $(493/697)(492/696)=1/2$가 되어 역시 기본 문제를 충족하는 해가 된다.

Andel(2001)에 따르면 x_n과 w_n의 점화식이 다음과 같이 나타낼 수 있을 때 식 (1.3.1)의 해가 되며,

$$\begin{aligned} x_{n+1} &= 3x_n+4w_n+1 \\ w_{n+1} &= 2x_n+3w_n+1, \ n \ge 0 \\ (\text{단}, \ x_0 &= 0, w_0=0) \end{aligned} \tag{1.3.6}$$

이로부터 식 (1.3.4)를 유도하였다. $n=1, 2, 3, 4$일 때 위에 있는 도출 결과를 식 (1.3.6)에 대입하여 이 조건이 성립함을 쉽게 확인할 수 있다.

1.4

우리 대학의 등록금은 낮은 편인데 왜 높다고 발표되는가? (Simpson's paradox)

A대학은 〈표 1.4.1〉과 같이 재학생 규모가 비슷한 동일 지역 대학인 B대학보다 모든 계열에서 등록금을 낮게 책정하여 경쟁우위를 가진다고 여기고 있는데, B대학의 등록금이 A대학보다 낮다는 이번 교육부의 평균 연간 등록금을 비교한 결과를 보고 상당히 당황하고 있다. 왜 이런 현상이 발생하는가?

표 1.4.1 두 대학의 연간 등록금 및 재학생수

계열	A대학	B대학
인문계열	700만 원(2,700명)	750만 원(6,000명)
자연계열	900만 원(6,300명)	950만 원(3,000명)

해답

대학 등록금의 평균을 구하기 위해서는 각 대학 두 계열의 구성비가 필요하다. A대학의 인문계열과 자연계열 학생의 구성비가 3:7이므로 평균 연간 등록금은 0.3(700)+0.7(900)=840만 원, B대학의 인문과 자연계열 학생의 구성비가 2:1이므로 두 계열을 통합한 평균 연간 등록금은 2/3(750)+1/3(900)=800만 원이 되어 계열별의 비교결과와는

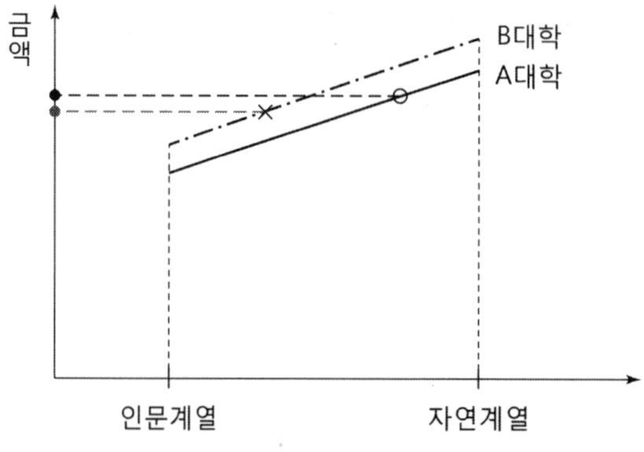

그림 1.4.1 두 대학의 계열별 연간 등록금 및 평균 등록금

다른 역전 현상이 발생할 수 있다(〈그림 1.4.1〉 참고).

- 여기서 y_i, t_i는 총 등록금이고 x_i, s_i는 학생수라고 하면 $y_1/x_1 < t_1/s_1$이고 $y_2/x_2 < t_2/s_2$(네 값은 모두 양수임)인데 $(y_1+y_2)/(x_1+x_2) > (t_1+t_2)/(s_1+s_2)$가 될 수 있음을 도식적으로 예시하라.

해답

직교 좌표계에 〈그림 1.4.2〉와 같이 (x_1, y_1), (x_2, y_2), (s_1, t_1), (s_2, t_2)의 네 점을 나타낼 때, 기울기를 보면 $y_1/x_1 < t_1/s_1$이고 $y_2/x_2 < t_2/s_2$이다.

그런데 이들로부터 구한 두 점인 (x_1+x_2, y_1+y_2), (s_1+s_2, t_1+t_2)의 기울기에서 $(y_1+y_2)/(x_1+x_2) > (t_1+t_2)/(s_1+s_2)$이 성립할 수 있음을 확인할 수 있다(Gorroochurn, 2012).

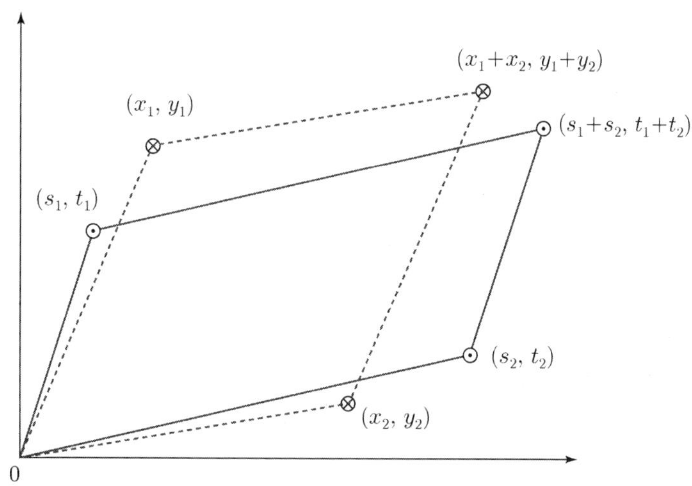

그림 1.4.2 Simpson의 역설의 예시

이런 현상을 1951년 통계학자 E. H. Simpson이 이에 관한 논문을 발표하여 Simpson의 역설(paradox)이라고 부르고 있다. 즉, 모든 개별 그룹에 존재하는 연관성(association)이나 비교의 방향이 데이터를 하나의 그룹으로 통합하면 반대 방향의 관계가 존재하는 현상으로, 잠재변수(기본문제에서는 '계열')가 존재할 때 관찰된 연관성이 오도되는 극단적인 경우가 발생할 수도 있다.

추가문제 1-4-1

앞의 문제와 같은 수학적인 분석이 확률적인 상황에서도 가능한지 분석해 보자. 즉, 사건 A, B, C(위첨자 c는 여사건을 나타냄)에서

$$\Pr(A|B\cap C) \ge \Pr(A|B^c\cap C)\text{이고 } \Pr(A|B\cap C^c) \ge \Pr(A|B^c\cap C^c)\text{인데}$$
$$\Pr(A|B) < \Pr(A|B^c)$$

가 발생할 수 있는가(Blyth, 1972)?

1-4-1 해답

조건부 확률에 전확률의 공식을 적용하면,

$$\begin{aligned}\Pr(A|B) &= \Pr(A\cap C|B) + \Pr(A\cap C^c|B)\\ &= \Pr(A|B\cap C)\Pr(C|B) + \Pr(A|B\cap C^c)\Pr(C^c|B)\\ &= pPr(A|B\cap C) + (1-p)\Pr(A|B\cap C^c)\end{aligned}$$
$$\begin{aligned}\Pr(A|B^c) &= \Pr(A\cap C|B^c) + \Pr(A\cap C^c|B^c)\\ &= \Pr(A|B^c\cap C)\Pr(C|B^c) + \Pr(A|B^c\cap C^c)\Pr(C^c|B^c)\\ &= qPr(A|B^c\cap C) + (1-q)\Pr(A|B^c\cap C^c)\end{aligned}$$

(여기서 $p = \Pr(C|B)$이고, $q = \Pr(C|B^c)$).

이므로, 두 조건부 확률의 차를 구하면

$$\begin{aligned}\Pr(A|B) - \Pr(A|B^c) = &[p\Pr(A|B\cap C) - q\Pr(A|B^c\cap C)]\\ &+ [(1-p)\Pr(A|B\cap C^c) - (1-q)\Pr(A|B^c\cap C^c)] \qquad (1.4.1)\end{aligned}$$

이다. 여기서 $d = q - p(-1 \le d \le 1)$로 두고, $a = \Pr(A|B\cap C) - \Pr(A|B^c\cap C) \ge 0$과 $b = \Pr(A|B\cap C^c) - \Pr(A|B^c\cap C^c) \ge 0$를 식 (1.4.1)에 대입하면

$$\Pr(A|B) - \Pr(A|B^c) = pa + (1-p)b - d[\Pr(A|B^c\cap C) - \Pr(A|B^c\cap C^c)]$$

가 된다. 따라서 $g = \Pr(A|B^c\cap C) - \Pr(A|B^c\cap C^c)$일 때

$$dg > pa + (1-p)b \qquad (1.4.2)$$

이면, $\Pr(A|B) < \Pr(A|B^c)$이 발생할 수 있다.

추가문제 1-4-2

한 의사가 특수한 질병에 대한 새로운 치료방법의 효과에 대하여 자료를 수집한 결과가 〈표 1.4.2〉와 같다. 이 의사는 거주 지역에 구별 없이 구한 생존율은 치료를 받지 않은 경우가 더 높으므로 치료효과가 없다고 주장한다. 이 주장은 타당한가?

표 1.4.2 치료 여부에 따른 교차분류표

	도시 거주		농촌 거주		계	
	치료를 받은 경우	치료를 받지 않은 경우	치료를 받은 경우	치료를 받지 않은 경우	치료를 받은 경우	치료를 받지 않은 경우
생존	2,000	100	190	10,000	2,190	10,100
사망	18,000	1,900	10	10,000	18,010	11,900
계	20,000	2,000	200	20,000	20,200	22,000

1-4-2 해답

거주 지역 구분 없이 따져보면 치료를 받을 경우의 생존율은 10.8%이고 치료를 받지 않은 경우의 생존율은 45.9%로 후자가 더 높다. 그런데 지역을 구분한 교차분류표를 보면 도시(농촌)에 거주하는 경우는 치료를 받은 경우 생존율이 10%(95%)이고 치료를 받지 않은 경우는 5%(50%)이다. 그러므로 거주 지역에 관련 없이 치료를 받으면 생존율을 높일 수 있다고 여겨진다.

이 상황을 추가문제 1-4-1에 적용해 보자. 사건 A는 생존, 치료여부에 따라 사건 B와 B^c로, 도시와 농촌 지역에 거주하면 각각 사건 C, C^c로 정의한다.

a는 도시 지역에서 치료여부에 따른 생존율의 차이이므로 0.05이고, b는 농촌 지역에서 치료여부에 따른 생존율의 차이이므로 0.45이다. p는 치료를 받은 사람 중에서 도시지역의 비율이므로 $20,000/20,200 = 100/101$이고, q는 치료를 받지 않은 사람 중에서 도시지역의 비율이므로 $2,000/22,000 = 1/11$이므로, 두 값의 차인 $d = q - p$는 $-999/1,111 = -0.8992$가 된다. 식 (1.4.2)에 대입하면

$$g = \Pr(A|B^c \cap C) - \Pr(A|B^c \cap C^c) < \frac{(100/101)0.05 + (1/101)0.45}{-0.8992} = -0.0600$$

이므로, 이 조건을 만족하면 역전현상이 발생할 수 있다.

$\Pr(A|B^c \cap C)$과 $\Pr(A|B^c \cap C^c)$는 각각 도시와 농촌 지역에서 치료를 받지 않은 사람의 생존율이므로, 〈표 1.4.2〉에서 두 값의 차인 $g = 0.05 - 0.5 = -0.45$가 되어 위에 있는 부등식 관계를 충족하고 있다.

- 위의 문제에서 거주 지역 구분 없이 생존율을 구할 경우에 어떤 방식으로 조정하면 거주 지역을 구별한 생존율의 대소 관계가 유지될 수 있겠는가?

해답

도시와 농촌을 통합하여 치료 여부에 따른 생존율을 구할 경우에 지역별 참여인원에 따른 가중평균을 구하면 된다(Tamhane and Dunlop, 2000).

즉, 전체 42,200명 중에서 도시 지역이 22,000명, 농촌 지역이 20,200명이므로 치료를 받은 사람과 받지 않은 사람의 생존율은 각각

$$0.1 \times \frac{22,000}{42,200} + 0.95 \times \frac{20,200}{42,200} = 50.69\%$$

$$0.05 \times \frac{22,000}{42,200} + 0.5 \times \frac{20,200}{42,200} = 26.54\%$$

가 되어 치료를 받은 사람의 생존율이 더 높아 역전현상이 발생하지 않는다.

1.5

로또 1등에 두 번 당첨된 사람이 있다는 소문은 사실일 수 있는가?

미국의 한 여성이 로또 6/39(39개의 서로 다른 숫자에서 6개를 뽑는 경우)에 당첨된 후 6/42에 또 다시 당첨되었다는 믿기 어려운 사실이 1986년 미국 신문에 실렸다. 그러자 로또를 관리하는 기관에서 공식적으로 이런 사건, 즉 어떤 사람이 로또 1등에 두 번 당첨될 확률은 근사적으로 $\binom{39}{6}\times\binom{42}{6}=17.1\times10^{12}$에 1번 정도 발생하는 거의 불가능한 일이라고 발표하였다(Tijms, 2007). 상식적으로 볼 때 거의 불가능하게 여겨지는 일(우연의 일치, coincidence)이 발생한 것인데 이런 주장은 타당한 것일까? 그러면 우리나라에서도 이런 사람이 나타날 가능성이 있을까?

해답

먼저 우리나라의 나눔로또 6/45을 개략적으로 살펴보자. 이 로또의 1등 당첨확률은 24번 공평한 동전을 던져 모두 동일한 면이 나올 확률에 근사한다. 즉, 24번 모두 앞면 또는 뒷면이 나올 수 있으므로, 이 확률은 $2/2^{24}=1/2^{23}=1/(8388608)$이 되어 $1/\binom{45}{6}=1/8,145,060$에 근접한 값이 된다. 즉, 나눔로또 6/45은 1/8388608의 확률로 1등에 당첨된다.

우리나라는 지금까지 1회당 평균적으로 6.4명 정도(2017년 7월까지) 1등에 당첨된다고 알려져 있으므로 회당 약 5,000만 장(500억 원) 팔린다고 볼 수 있다(2017년에는 700억 원대). 한 사람당 5장씩(장당 1,000원이고 1인당 1회 10만 원까지 구입 가능하며 한 장의 슬립용지에 5게임이 가능하므로) 산다고 가정하면 1000만 명 정도가 참여하는 국민 복권이라고 볼 수 있다. 총 당첨금은 판매금액의 50%가 배당되며, 그중에서 4, 5등을 제외한 금액의 75%가 1등 당첨금이 된다. 4, 5등 당첨금이 차지하는 비율은 판매액의 18% 정도 되므로 1등 당첨금은 판매액의 25%인 125억 원, 당첨자 수를 6명으로 보면 1등 배당금액은 20억 원쯤 된다.

미국 로또 관리기관의 주장은 특정 사람이 1장씩 구입한 로또가 2번 모두 1등에 당첨될 확률이므로 타당한 주장이라고 볼 수 없다. 그럼 매우 드물게 발생하는 사건 발생 확률이므로 포아송 분포로 근사하여 이 확률을 구해보자.

어떤 사람이 10년 내에 1등에 두 번 이상 당첨될 확률 p_1은 포아송 분포로 구할 수 있다. 즉 연간 50회씩 10년간 로또 복권을 5장씩 산다면 평균이 $\lambda_1 = 50 \times 10 \times 5/\binom{45}{6} = 6.10 \times 10^{-4}$인 포아송 분포로부터 다음과 같이 구할 수 있다.

$$p_1 = 1 - e^{-\lambda_1} - \lambda_1 e^{-\lambda_1} = 1.86 \times 10^{-7}$$

위의 확률은 특정한 사람이 1등에 두 번 이상 당첨될 확률이므로, 100만(또는 500만) 명이 꾸준하게 참여한다고 보면 평균이 $\lambda_0 = 1.86 \times 10^{-7} \times 10^6 = 0.186\,(0.930)$인 포아송 분포로부터 참여자 중에서 두 번 이상 1등에 당첨될 확률 p_0는 다음과 같이 구해진다.

$$p_0 = 1 - e^{-\lambda_0} = 0.170\,(0.605)$$

이 확률을 보면 100만 명일 때는 발생 가능 확률이 높지는 않지만 충분히 발생 가능한 사건으로 볼 수 있다. 특히 500만 명으로 대상이 확대되면 이 확률이 0.5보다 크므로 발생 가능성이 상당히 높은 사건이 된다.

한편 1980년 6월 미국의 한 여성이 매사추세츠 주와 로드 아일랜드 주의 로또 복권을 구입하여 동시에 1등 번호로 당첨되었으나, 불행히도 로또 당첨 번호가 서로 바뀌었다는 (매사추세츠 주에서 구입한 로또의 번호가 로드 아일랜드 주의 1등 번호이고 거꾸로도 발생) 믿기 힘든 일도 있었다(Durret, 2009). 또한 2009년 불가리아의 6/49 로또에서 연이어 6개의 똑같은 당첨번호가 뽑히면서 사기라고 엄청나게 비난을 받은 믿기 힘든 일도 발생하였다.

추가문제 1-5-1

즉석복권(scratch-off lottery)에 여러 번 당첨된 사람에 관한 소식을 뉴스에서 가끔 접할 수 있다. 2010년 7월에 미국 라스베이거스에 거주하는 한 여성이 지난 17년 사이 무려 4번이나 총액 2천만 달러에 달하는 복권에 당첨돼 화제를 모았다. 그런데 이 여성이 미국 스탠포드 대 통계학 박사 학위를 가지고 있어, 본인 전공을 살린 나름대로의 전략을 가지고 있을 것으로 여겨지기도 했다.

2006년 미국에서 한 남성이 1년간 구입한 즉석복권에서 30,000달러 2회, 21,000달러 1회 당첨되었다. 1년간 매주 200달러, 연간 10,000달러 정도 즉석복권을 구입하였으며, 이들 복권의 당첨 확률은 약간의 차이가 있지만 약 1/100,000로 알려져 있다(Durret, 2009). 이 남성이 1년간 3회 또는 3회 이상 당첨될 확률을 구하라.

1-5-1 해답

복권 1장을 1달러로 보면 연간 10,000장의 복권을 구입한 것으로 볼 수 있는데, 시행횟수가 매우 크고, 성공확률이 상당히 작으므로 1년간 즉석복권 당첨횟수는 평균이 $\lambda = 10,000 \times (1/100,000) = 0.1$인 포아송 분포를 따른다고 볼 수 있다. 따라서 이 확률을 구하면

$$\Pr(X=3) = \frac{0.1^3 e^{-0.1}}{3!} = 0.000151$$

$$\begin{aligned}\Pr(X \geq 3) &= 1 - e^{-0.1}(1 + 0.1/1 + 0.1^2/2!) = 1 - 1.105e^{-0.1} \\ &= 1 - 0.9516 = 0.000155\end{aligned}$$

가 되어 두 확률은 약 6,500~6,600장에 1건 정도 발생한다. 즉, 당첨 확률이 1/100,000인 즉석복권을 연간 10,000장을 사는 사람이 13,000명 정도 있다면 평균적으로 연간 2명 정도가 즉석 복권에 3회 이상 당첨된다고 볼 수 있다.

추가문제 1-5-2

재학생수가 15,000명인 대학교를 같이 다니는 갑과 을은 각각 100명과 친구 관계를 유지하고 있다. 두 사람은 교내 재학생과 무작위로 친구 관계를 맺고 있다고 할 때 두 사람과 공통으로 친구 관계를 맺는 재학생이 1명 이상일 확률을 구하라.

1-5-2 해답

X가 두 사람이 공통으로 친구관계를 맺고 있는 재학생의 수라면, X는 모집단 크기가 갑과 을을 제외한 14,998명, 관심 속성의 수는 100명, 표본크기는 100명인 초기하분포를

따른다.

구하고자 하는 확률은

$$\Pr(X \geq 1) = 1 - \Pr(X = 0) = 1 - \frac{\binom{100}{0}\binom{14898}{100}}{\binom{14,998}{100}} = 0.489$$

가 되어, 직관적으로 짐작할 수 있는 확률보다 매우 큰 값을 가진다.

추가문제 1-5-3

미국을 비롯한 선진국에서는 법원 판결에 확률과 통계 이론이 많이 활용되고 있다. 하지만 분석 도구의 적절한 선택에 실패하거나 분석 결과를 증거로 유용하게 활용하지 못하는 사례도 다수 있다.

미국의 어떤 작은 마을의 선거에서 A 후보가 2,656표를, B 후보가 2,594표를 득표하여 62표 차이로 A 후보가 당선되었다. 투표자들을 조사한 결과, 투표자 중에서 136명이 무자격 유권자로 판명되었다. 136명을 제외하게 되면 62명의 차이보다 더 많으므로, A 후보의 부정행위에 관한 증거는 없지만 이 선거를 무효라고 처리해야 하는가?

1-5-3 해답

136명 중에서 X명이 A 후보를, $136 - X$명이 B 후보에 투표하였다면, 선거결과가 무효가 되려면 $2,656 - X \leq 2,594 - (136 - X) \Rightarrow X \geq 99$이 되어야 한다.

투표한 5,250명이 136명에 속할 가능성이 같다면 X는 초기하분포를 따르므로 선거결과가 무효가 확률은 다음으로부터 구해진다.

$$\Pr(X \geq 99) = \sum_{x=99}^{136} \frac{\binom{2,656}{x}\binom{2,594}{136-x}}{\binom{5,250}{136}} = 7.492 \times 10^{-7}$$

위에 있는 분석 결과는 상소법원에서 선거를 무효로 판결한 하급심의 결과를 뒤집는 근거가 되었다(Durret, 2009).

1.6

다음 신기록은 언제 달성될까?

우리는 방송이나 신문을 통해 20년 만의 최대 강수량, 100년 만의 가장 더운 여름 등과 같은 뉴스들을 접하게 된다. 어떤 시점에서 이런 수치 값이 이전의 모든 값들보다 큰 경우를 기록적인 결과(record, 이하 신기록)라고 한다. 큰 값보다 작은 값이 신기록이 되면 후자를 'lower record', 전자를 'upper record'로 구별하기도 한다.

그러나 이런 신기록이 부정적인 결과를 초래하기도 한다. 일례로 충북의 괴산군에서 5억 원을 투입해 2005년 완성한 대형 가마솥을 기네스북에 등재하려다 호주의 질그릇에 밀려 실패를 하고, 이 대형 가마솥으로는 음식 조리도 거의 불가능하여 유지 관리에 세금만 투입되는 천덕꾸러기가 되고 있다는 등의 전시행정에 관한 기사를 본 적이 있을 것이다.

이런 사례와 같이 신기록을 위한 일이 불필요하고 낭비적인 결과를 초래하기도 하지만 신기록 달성은 사람들의 관심 대상이 되고 있다.

'신기록' 하면 떠오르는 기네스북은 기네스 맥주 양조회사의 설립자인 기네스(A. Guinness) 백작의 후손인 비버 경(Sir H. Beaver)에 의해 1955년부터 초판본이 발간되어 매년 스포츠, 사회, 경제를 비롯한 여러 분야의 세계 기록을 발간하고 있다. 특히 확률·통계학 분야의 발전에 큰 업적을 남긴 William S. Gosset(1876～1937)이 이 회사의 아일랜드 더블린에 소재한 양조장에 근무하다가 t-분포에 관한 논문을 Student라는 필명으로 발표하였으며, 이후 그는 런던에 있는 양조장의 수석 양조사가 되었다. 이에 따라 이 회사는 확률통계 분야의 역사에 등장하는 기업 중의 하나가 되고 있다.

올해가 100년 만의 가장 더운 여름이라면 매우 특별한 경우인가를 파악하여 보자. 즉, 동일한 분포를 따르고 서로 독립인 일련의 100개의 연속 확률변수 $\{X_i,\ i=1,2,\dots,100\}$에서 신기록은 평균적으로 몇 번 발생하겠는가?

해답

먼저 j번째 확률변수가 신기록이 될 확률은 이전 $(j-1)$개 확률변수의 순서 조합을 고려하면 $(j-1)!/j! = 1/j$이다. Y_i를 X_i가 신기록이면 '1', 그렇지 않으면 '0'이 되는 지시 확률변수로 정의하면 n번째까지 신기록 횟수의 기댓값은

$$E(R_n) = E(Y_1 + Y_2 + \cdots + Y_n) = \sum_{j=1}^{n} \frac{1}{j} \tag{1.6.1}$$

이며, n가 커지면 기댓값은 $\ln n + \gamma$(γ은 Euler상수로 0.5772)로 근사화 할 수 있다. 그리고 Y_i들은 짝별로 독립(pairwise independent)이므로, 분산은

$$Var(R_n) = Var(Y_1 + Y_2 + \cdots + Y_n) = \sum_{j=1}^{n}\left(\frac{1}{j} - \frac{1}{j^2}\right) = \sum_{j=1}^{n} \frac{j-1}{j^2} \tag{1.6.2}$$

이다.

여기서 $X_i = \max(X_1, \ldots, X_i)$이고 $X_j = \max(X_{i+1}, \ldots, X_j)$일 때 X_i와 X_j, $i \neq j$일 때 독립임을 증명해 보자(Andel, 2001).

$1 \leq i < j \leq n$일 때,

$$\begin{aligned}
&\Pr(Y_i = 1, Y_j = 1) = \Pr(X_i < X_j) \\
&\quad = \Pr(X_i\text{가 record})\Pr(\max(X_1, \ldots, X_i) < \max(X_{i+1}, \ldots, X_j)\Pr(X_j\text{가 record}) \\
&\quad = \frac{1}{i}\frac{j-i}{j}\frac{1}{j-i} = \frac{1}{i}\frac{1}{j} = \Pr(Y_i = 1)\Pr(Y_j = 1)
\end{aligned}$$

가 성립한다.

또한

$$\begin{aligned}
&\Pr(Y_i = 0, Y_j = 1) = \Pr(Y_j = 1) - \Pr(Y_i = 1, Y_j = 1) \\
&\quad = \Pr(Y_j = 1) - \Pr(Y_i = 1)\Pr(Y_j = 1) = \Pr(Y_j = 1)(1 - \Pr(Y_i = 1)) \\
&\quad = \Pr(Y_i = 0)\Pr(Y_j = 1)
\end{aligned}$$

이며, 유사한 방식으로 $\Pr(Y_i = 1, Y_j = 0) = \Pr(Y_i = 1)\Pr(Y_j = 0)$와 $\Pr(Y_i = 0, Y_j = 0) = \Pr(Y_i = 0)\Pr(Y_j = 0)$가 됨을 보일 수 있으므로 X_i와 X_j는 독립이 된다.

문제에서 $n = 100$이면 식 (1.6.1)과 식 (1.6.2)로부터 기댓값은 5.19(근사값은 5.18), 분산은 3.55가 된다. 100년간이면 평균적으로 5~6번의 신기록이 발생하므로 그리 드물게 발생하는 사건은 아니라고 볼 수 있다.

추가문제 1-6-1

A씨는 지도교수로부터 올해 나눔로또에서 1등 당첨이 몇 번 나왔는지 조사하는 과제를 받았다. 이때 1등 당첨자가 없어 이월될 경우에 당첨자가 받은 총 상금액에서 이월금액의 기여분을 빼면(요즈음 거의 발생하지 않음) 각 회차의 한 사람당 1등 상금액을 나타내는 X_i들은 독립이고 동일한 분포를 따른다고 볼 수 있다.

과제를 수행하는 과정에서 A씨는 올해 2번째 기록이 언제 발생할지 궁금하다. 즉, 첫 번째 기록은 당연히 1회차이므로, 다음 기록의 발생시점이 얼마쯤 될까? 또는 첫 10회 차까지 2번째 기록이 발생하지 않을 확률은 얼마일까?

1-6-1 해답

$X_1, X_2, \ldots$을 각 회차의 1등 상금을, N_k를 k번째 기록이 발생하는 회차를 나타낼 때, 첫 번째 기록이 첫 회차에서, 두 번째 기록이 m회차에서 발생한다면 $X_1, X_2, \ldots, X_m,\ m \geq 2$ 중에서 가장 큰 값은 m회차에, 두 번째로 큰 값은 1회차에 발생한 경우가 되므로, $X_1, X_2, \ldots, X_m,\ m \geq 2$의 실현 가능한 순열을 반영하면

$$\Pr(N_2 = m) = \frac{(m-2)!}{m!} = \frac{1}{m(m-1)} = \frac{1}{m-1} - \frac{1}{m} \tag{1.6.3}$$

이 된다.

따라서

$$\Pr(N_2 \leq m) = \sum_{j=2}^{m}\left(\frac{1}{j-1} - \frac{1}{j}\right) = 1 - \frac{1}{m} \tag{1.6.4}$$

이 되므로 첫 10회차까지 2번째 기록이 발생하지 않을 확률은 $1-[1-(1/10)] = 1/10$이 된다.

또한 $E(N_2) = \sum_{j=2}^{\infty} j\Pr(N_2 = j) = \sum_{j=2}^{\infty}\frac{1}{j-1} = \infty$이 되어 기댓값은 실용성이 없는 N_2의 대푯값이 되므로, 이 대신에 N_2의 중앙값 $\widetilde{m}_2$은 $\Pr(N_2 \geq m) = 1/2$이 되는 m을 구해보면 $\widetilde{m}_2$는 2가 된다.

추가문제 1-6-2

3번째 기록이 발생한 시점의 중앙값을 구하라.

1-6-2 해답

$k \geq 2$이고 $m \geq k$이면 m회차에 k번째 기록이 발생할 확률은 다음과 같이 구할 수 있다.

$$
\begin{aligned}
&\Pr(N_k = m) \\
&\quad = \Pr(X_1, X_2, \dots, X_{m-1}\text{중에 } k-1\text{번 기록 발생, } m\text{회차에 마지막 기록 발생}) \\
&\quad = \Pr(X_1, X_2, \dots, X_{m-1}\text{중에 } k-1\text{번 기록 발생}) \times \Pr(m\text{회차에 기록 발생}) \\
&\quad = \frac{p_{k-1, m-1}}{m}
\end{aligned}
$$

(여기서 $p_{k,m}$는 m회 차 중에서 k번의 기록이 발생할 확률임.)

$p_{1,1} = 1$이며 $p_{n,n} = \dfrac{1}{n!}$이다. $p_{k,m}$의 다른 경우는 다음의 순환방정식으로 구할 수 있으므로(Andel, 2001),

$$
p_{k,m} = \frac{m-1}{m} p_{k,m-1} + \frac{1}{m} p_{k-1,m-1}, \quad k \leq m, \quad m \geq 2
$$

$$
(\text{단, } p_{j+1,j} = 0, \ j \geq 1) \tag{1.6.5}
$$

〈표 1.6.1〉에는 식 (1.6.5)로부터 구한 $p_{k,m}$가 m이 10일 때까지 정리되어 있다.

표 1.6.1 $p_{k,m}$의 값

m	k									
	1	2	3	4	5	6	7	8	9	10
2	1/2	1/2	-	-	-	-	-	-	-	-
3	1/3	1/2	1/6	-	-	-	-	-	-	-
4	1/4	11/24	1/4	1/24	-	-	-	-	-	-
5	1/5	5/12	7/24	1/12	1/120	-	-	-	-	-
6	1/6	137/360	5/16	17/144	1/48	1/720	-	-	-	-
7	1/7	7/20	29/90	7/48	5/144	1/240	1/5040	-	-	-
8	1/8	363/1120	469/1440	967/5760	7/144	23/2880	1/1440	1/40320	-	-
9	1/9	0.30198	0.32552	0.18542	0.06186	0.0125	0.00150	0.00010	0.00000	-
10	1/10	0.28290	0.32316	0.19943	0.07422	0.01744	0.00260	0.00024	0.00001	0.00000

또한 〈표 1.6.1〉을 이용하여 구한 N_3의 확률과 누적확률에 관한 〈표 1.6.2〉를 보면 N_3의 중앙값이 7이 됨을 알 수 있다.

표 1.6.2 N_3의 확률과 누적확률

m	3	4	5	6	7	8	9	10	11
$\Pr(N_3 = m)$	1/6	1/8	11/120	5/72	137/2520	7/160	121/3360	761/25200	7129/277200
$\Pr(N_3 \le m)$	1/6	7/24	23/60	163/360	71/140	617/1120	493/840	15551/25200	17819/27720

추가문제 1-6-3

3번째 기록이 7회차에 발생하였다. 다음 기록이 향후 3회 내에 발생할 확률은 얼마인가? 또한 다음 기록까지의 간격에 관한 90백분위수를 구하라.

1-6-3 해답

먼저 k와 $k+1$번째 기록간의 간격(waiting time)은 $W_k = N_{k+1} - N_k$로 둘 수 있으므로 이의 분포를 찾아보자. k번째 기록의 발생 회차가 N_k일 조건하에서 W_k의 확률은

$$
\begin{aligned}
\Pr(W_k = w | N_k) &= \Pr(Y_j = 0,\ N_k \le j \le N_k + w - 1,\ Y_{N_k + w} = 1) \\
&= \frac{N_k}{N_k+1}\frac{N_k+1}{N_k+2}\cdots\frac{N_k+w-2}{N_k+w-1}\frac{1}{N_k+w} \\
&= \frac{N_k}{(N_k+w-1)(N_k+w)} = \frac{w}{N_k+w} - \frac{w-1}{N_k+w-1} \qquad (1.6.6)
\end{aligned}
$$

따라서 식 (1.6.6)으로부터

$$
\Pr(W_k \le w | N_k) = \sum_{j=1}^{w} \Pr(W_k = j | N_k) = w/(N_k + w) \qquad (1.6.7)
$$

가 된다.

$N_3 = 7$이고 $\Pr(W_3 \le 3 | N_3 = 7) = 3/(7+3) = 0.3$가 되며, 다음 기록까지의 간격

(W_3)의 90백분위수를 $\Pr(W_3 \le m | N_3 = 7) = m/(7+m) \ge 0.9$를 만족하는 m의 최소 정수를 찾으면 되므로 이 값은 63이 된다.

- 3번째 기록이 7회 차에 발생하였다. 다음 기록이 13회 차를 지나 발생할 확률은 얼마인가?

해답

식 (1.6.6)을 이용하면

$$\Pr(N_4 > 13 | N_3 = 7) = \Pr(W_3 > 6 | N_3 = 7) = 1 - \Pr(W_3 \le 6 | N_3 = 7)$$
$$= 1 - \frac{6}{7+6} = \frac{7}{13}$$

이 된다. 즉, 이를 일반화하면 $\Pr(N_{k+1} > n | N_k = m) = \Pr(W_k > n-m | N_k = m) = m/n$가 되며, 이 확률로부터 $\Pr\left(\frac{N_k}{N_{k+1}} < \frac{m}{n} \middle| N_k = m\right) = \frac{m}{n}$도 성립하다.

- 3번째와 4번째 기록 간의 간격이 10회 차 이내에 발생할 확률은 얼마인가?

해답

식 (1.6.6)에 관련된 무조건부 확률은 Glick(1978)에 의해 다음과 같이 주어진다. 즉, W_k가 특정 분포에 의존하지 않으므로, $X_1, X_2, \ldots$가 평균이 1인 지수분포를 따른다고 가정하면, $X_{N_k} = x$의 조건하에서 $W_k \ge w$일 사건의 확률은 $N_k + 1 \le j \le N_k + w$에서 기록이 발생하지 않을 확률 $(1-e^{-x})^w$에 해당된다. X_{N_k}은 척도모수와 형상모수가 각각 1과 k인 감마분포를 따르므로(Glick, 1978), $W_k \ge w$일 무조건부 확률은 다음과 같이 주어진다.

$$\Pr(W_k > w) = \int_0^\infty \Pr(W_k > w | X_{N_k} = x) f_{X_{N_k}}(x) dx$$
$$= \int_0^\infty (1-e^{-x})^w \frac{x^{k-1} e^{-x}}{(k-1)!} dx \quad (1.6.8)$$

$k=3$과 $w=10$을 식 (1.6.8)에 대입하여 비교적 복잡한 적분과정을 거치거나 수치적분으로 구하면 $\Pr(W_3 > 10)$은 0.4853이 되므로, 원하는 답은 0.5147이 된다.

1.7

이차 방정식에서 실근이 나올 확률은 얼마인가?

$x^2+bx+c=0$의 b와 c가 $[-r,\ r]$ 범위에서 독립적으로 균일분포를 따르면 실근이 존재할 확률은 얼마인가? 또한 $n=3, 4, 5$일 때 $[-n,\ n]$에서 정수값을 가지는 이산 균일분포를 따른다면 실근이 존재할 확률은 얼마인가(Andel, 2001)?

해답

판별식 $D=b^2-4c\geq 0$이면 두 실근(중근 포함)이 실수가 되는데, c가 음수이면 항상 1/2의 확률로 판별식 조건을 충족한다. 따라서 다음과 같이 이중적분에 의해 실근이 존재할 확률 $p(r)$을 구할 수 있다.

$$0<r\leq 4,\ p(r)=\frac{1}{2}+2\int_0^r\int_0^{b^2/4}\left(\frac{1}{2r}\right)^2 dcdb=\frac{1}{2}+\frac{r}{24} \tag{1.7.1}$$

$$\begin{aligned} r>4,\ p(r)&=\frac{1}{2}+2\int_0^{2\sqrt{r}}\int_0^{b^2/4}\left(\frac{1}{2r}\right)^2 dcdb+2\int_{2\sqrt{r}}^r\int_0^r\left(\frac{1}{2r}\right)^2 dcdb \\ &=1-\frac{2}{3\sqrt{r}} \end{aligned} \tag{1.7.2}$$

또는 r이 4 이하인 경우인 〈그림 1.7.1(a), (b)〉의 면적 A는 $2r^2$, 면적 B는 $2\int_0^r \frac{b^2}{4}db$ $=r^3/6$가 되므로 (면적 A+B)/$4r^2$은 식 (1.7.1)이 된다. 그리고 r이 4를 초과할 경우인 〈그림 1.7.1(c)〉의 면적 A는 $2r^2$, 면적 B는 $2\int_0^{2\sqrt{r}}\frac{b^2}{4}db=4r^{3/2}/3$, 면적 C는 $2r(r-2\sqrt{r})$이므로 (면적 A+B+C)/$4r^2$은 식 (1.7.2)가 된다.

즉, $r=1$이면 13/24, $r=4$이면 2/3, $r=9$이면 7/9이 된다. 또한 $r\to\infty$이면 1에 수렴한다.

또한 이산 균일분포를 따르면 〈그림 1.7.1〉에서 해당 영역의 점의 수를 확인하면 $r=$

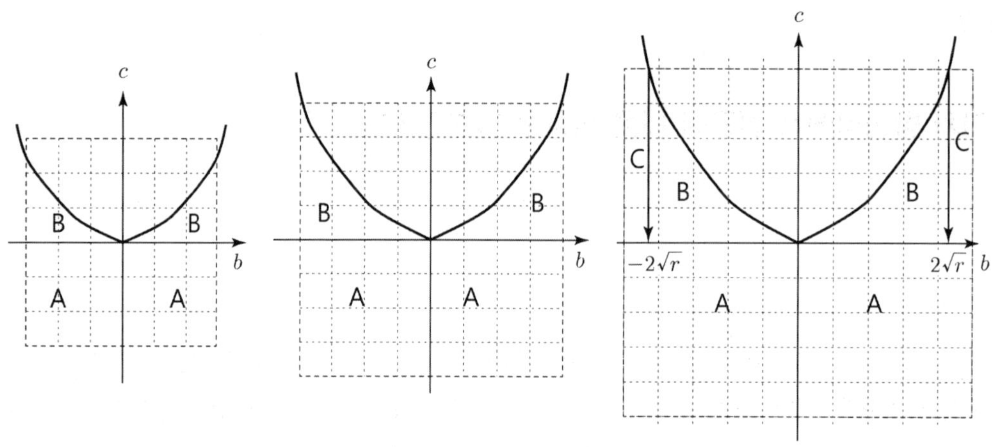

(a) r 또는 $n=3$ (b) r 또는 $n=4$ (c) r 또는 $n=5$

그림 1.7.1 r 또는 n에 따른 실근 존재 영역: $[-r, r]\,/\,[-n, n]$ 경우

3, 4, 5일 때 각각 6+28, 14+45, 24+66개이고, 총 점의 수는 각각 49, 81, 121개이므로 실근을 가질 확률은 34/49, 59/81, 90/121이 된다.

추가문제 1-7-1

기본문제에서 두 근이 모두 양의 실근(중근도 포함)이 될 확률은 얼마인가?

1-7-1 해답

양의 두 실근을 가지려면 판별식 조건 외에 $c>0$이고 $-b/2>0$(즉, $b<0$)이면 된다.

따라서 r이 4 이하인 경우인 〈그림 1.7.1(a)과 (b)〉의 제2사분면의 면적 B가 되므로, 그 확률은 $\dfrac{r^3/12}{4r^2}=\dfrac{r}{48}$가 된다. r이 4를 초과할 경우는 〈그림 1.7.1(c)〉의 제2사분면의 면적 B와 C의 합이 되므로 $\dfrac{2r^{3/2}/3+(r^2-2r^{3/2})}{4r^2}=\dfrac{1}{4}-\dfrac{1}{3\sqrt{r}}$가 된다.

더불어 음의 두 실근을 가질 확률은 양의 두 실근을 가질 경우의 확률과 같으며, 한 근이 양수이고 다른 한 근이 음수일 확률은 $c<0$일 조건을 충족하면 되므로(영역 A) 그 확률은 1/2이 된다.

추가문제 1-7-2

$ax^2+bx+c=0$의 a, b와 c가 $[-r,\ r]$에서 독립적으로 균일분포를 따르면, 실근이 존재할 확률은 얼마인가?

1-7-2 해답

먼저 b와 c의 부호가 다르면 항상 실근이 존재하며, 그 확률은 1/2이다. b와 c의 부호가 같으면(둘 다 양수 또는 음수) 판별식 조건을 만족하면 되므로 다음과 같이 구할 수 있다.

$$\begin{aligned} p(r) &= \frac{1}{2}+\frac{2\times 2}{8r^3}\int_0^r\int_0^{\min(r,r^2/4a)}\int_{2\sqrt{ac}}^{r} dbdcda \\ &= \frac{1}{2}+\frac{1}{2r^3}\left(\int_0^{r/4}\int_0^r\int_{2\sqrt{ac}}^r dbdcda+\int_{r/4}^r\int_0^{r^2/4a}\int_{2\sqrt{ac}}^r dbdcda\right) \\ &= \frac{1}{2}+\frac{1}{2r^3}\left(\frac{5r^3}{36}+\frac{r^3\ln 2}{6}\right)=\frac{41+6\ln 2}{72}=0.6272 \end{aligned} \tag{1.7.3}$$

여기서 c가 가질 수 있는 최댓값인 $\min(r,\ r^2/4a)$의 관계를 반영하여 적분 항을 분리하여 계산한 결과로부터 실근이 존재할 확률은 r과 무관하게 0.6272가 된다.

추가문제 1-7-3

$x^2+bx+c=0$의 b와 c가 독립적으로 표준정규분포를 따르면 실근이 존재할 확률은 얼마인가?

1-7-3 해답

확률변수를 대문자로 표기하면 B^2은 자유도가 1인 χ^2분포를, $4C$는 $N(0,4^2)$를 따르므로 판별식 조건을 만족할 확률은 C가 음수이면 항상 성립하여 조건부 확률 공식(Ross, 2014)에 의해 다음과 같이 적을 수 있다.

$$\Pr(B^2 \geq 4C) = \frac{1}{2} + \int_0^\infty \Pr(B^2 \geq 4u) f_{4C}(u)du$$
$$= \frac{1}{2} + \int_0^\infty (1 - F_{\chi^2(1)}(4u)) \frac{1}{4\sqrt{2\pi}} e^{-u^2/2(4^2)} du$$
$$\left(\text{여기서 } F_{\chi^2(1)}(y) = \int_0^y \frac{1}{\sqrt{n\pi}} v^{-1/2} e^{-v/2} dv\right) \tag{1.7.4}$$

식 (1.7.4)를 수치적분으로 풀면 0.5247이 된다.

1.8

국회의원 몇 명이 불참 또는 기권하면 법안이 통과되겠는가?

어떤 법안에 찬성하는 국회의원은 여당을 중심으로 절반에 못 미치는 149명이고, 반대하는 국회의원은 151명이다. 법안 투표일에 해외 출장, 와병, 개인 사정 등으로 회의에 불참하거나 참석하더라도 기권하는 국회의원이 있다. 따라서 불참이나 기권하는 국회의원 수에 따라 이 법안이 통과할 수도 있다. 오늘 회의에 10명이 불참 또는 기권하였다면 이 법안이 통과될 확률은 얼마인가? 이때 불참 또는 기권하는 국회의원이 찬성 또는 반대하는 의원이 될 가능성은 동일하다고 전제한다.

해답

국회의원 수가 n명, 이 법안에 찬성과 반대하는 국회의원 수가 각각 a과 $n-a$명, 불참 또는 기권하는 국회의원 수가 m명이라 하자. m명 중에서 찬성하는 국회의원이 x명일 때 이 법안이 기각되려면 다음을 만족해야 한다.

$$a-x < n-a-(m-x) \quad \Rightarrow \quad x > a-\frac{n}{2}+\frac{m}{2} \tag{1.8.1}$$

따라서 x가 최소한 $c = \left\lfloor a-\frac{n}{2}+\frac{m}{2} \right\rfloor + 1$ 이상이어야 한다. 여기서 $\lfloor \cdot \rfloor$는 안의 수보다 크지 않은 정수를 나타낸다(즉, 절사함수(floor function)이다).

이에 따라 법안이 통과될 확률은 다음과 같이 주어진다.

$$P(a,m) = 1-\sum_{j=c}^{m} \frac{\binom{a}{j}\binom{n-a}{m-j}}{\binom{n}{m}} \tag{1.8.2}$$

n이 300명이고 a, m이 각각 149와 10명일 때 c는 5가 되어 식 (1.8.2)의 $P(149,10)$를 구하면 0.3832가 된다.

추가문제 1-8-1

불참 또는 기권하는 국회의원이 0～15명으로 변할 경우 이 법안이 통과될 확률을 구하라.

1-8-1 해답

식 (1.8.2)에 대입하여 구한 결과가 〈표 1.8.1〉에 정리되어 있다.

표 1.8.1 m에 따른 법안 통과 확률: $a=149$

m	0	1	2	3	4	5	6	7
$P(149,m)$	0.0	0.0	0.2525	0.1262	0.3163	0.1896	0.3485	0.2293
m	8	9	10	11	12	13	14	15
$P(149,m)$	0.3688	0.2572	0.3832	0.2782	0.3941	0.2948	0.4027	0.3083

이를 보면 m이 짝수일 때 법안 통과 확률이 홀수일 때보다 커지며, 홀짝을 구분하면 m이 증가함에 따라 통과 확률도 높아진다.

또한 찬성 국회의원 수가 144～156명일 경우 10명이 불참할 때 이 법안이 통과될 확률을 구하라.

해답

식 (1.8.2)에 대입하여 구한 결과가 〈표 1.8.2〉에 정리되어 있다.

표 1.8.2 a에 따른 법안 통과 확률: $m=10$

a	144	145	146	147	148	149
$P(a,10)$	0.0	0.0012	0.0121	0.0589	0.1789	0.3832
a	150	151	152	153	154	155
$P(a,10)$	0.6251	0.8268	0.9435	0.9885	0.9989	1.0

이를 보면 a가 144～146명이면 법안 통과 확률이 0에 근접하며, 153명 이상이 되면 이 확률은 1에 근접해 간다.

추가문제 1-8-2

유죄를 선고받은 피고인이 재심 청구를 하였다. 재심의 유죄여부를 심사하는 위원회는 5명의 재판관(A, B, C, D, E)으로 구성된다. 이들의 판단은 재심 건에 따라 독립적으로 수행되는데, 지금까지의 실적을 보면 A~E의 올바른 판단 확률은 97, 95, 90, 85, 80%이다. 심사위원회의 유죄 유지 판정은 다수결로 판정한다. 이 심사위원회가 잘못 판정할 확률은 얼마인가?

1-8-2 해답

A~E의 올바른(잘못) 판정확률을 $p_i(q_i)$, $i = 1, 2, \ldots, 5$로 나타낼 때 피고인이 유죄일 때 3, 4, 5명이 유죄 유지를 판정할 확률 P_i, $i = 1,2,3$은 다음과 같이 나타낼 수 있다.

$$
\begin{aligned}
3\text{명}:\ P_3 &= p_1p_2p_3q_4q_5 + p_1p_2q_3p_4q_5 + p_1p_2q_3q_4p_5 + p_1q_2p_3p_4q_5 + p_1q_2p_3q_4p_5 + p_1q_2q_3p_4p_5 \\
&\quad + q_1p_2p_3p_4q_5 + q_1p_2p_3q_4p_5 + q_1p_2q_3p_4p_5 + q_1q_2p_3p_4p_5 \\
4\text{명}:\ P_4 &= p_1p_2p_3p_4q_5 + p_1p_2p_3q_4p_5 + p_1p_2q_3p_4p_5 + p_1q_2p_3p_4p_5 + q_1p_2p_3p_4p_5 \\
5\text{명}:\ P_5 &= p_1p_2p_3p_4p_5
\end{aligned}
$$

따라서 상기 식에 p_i들을 대입하면 잘못 판정할 확률은 다음과 같이 0.591%가 된다.

$$1-(P_3+P_4+P_5) = 1-(0.06508+0.33188+0.59713) = 0.00591$$

- E는 항상 올바른 판정 확률이 높은 A의 판정 결과를 따른다면(Nahin, 2008), 이 심사위원회가 잘못 판정할 확률은 얼마인가?

해답

피고인이 유죄일 때 3, 4, 5명이 유죄 유지를 판정할 확률 P_i, $i = 1,2,3$은 다음과 같이 나타낼 수 있다.

$$
\begin{aligned}
3\text{명}:\ P_3 &= p_1p_2q_3q_4 + p_1q_2p_3q_4 + p_1q_2q_3p_4 + q_1p_2p_3p_4 \\
4\text{명}:\ P_4 &= p_1p_2p_3q_4 + p_1p_2q_3p_4 + p_1q_2p_3p_4 \\
5\text{명}:\ P_5 &= p_1p_2p_3p_4
\end{aligned}
$$

따라서 위의 식에 p_i들을 대입하면 잘못 판정할 확률은 다음과 같이 0.740%가 되어,

$$1-(P_3+P_4+P_5)=1-(0.04103+0.20516+0.74641)=0.00740$$

가장 낮은 확률을 가진 재판관이 가장 높은 올바른 판정 확률을 가진 재판관을 따르면, 잘못 판정할 확률이 높아지는 역설(paradox)이 발생하고 있다.

1.9

왜 반대방향으로 가는 엘리베이터가 많은가?

9층 빌딩에 근무하는 A 교수는 3층에, B 교수는 8층에 사무실을 두고 있다. 두 교수는 공동 연구 프로젝트를 수행하기 때문에 서로의 연구실을 자주 방문한다. 이 건물에는 1대의 엘리베이터가 운행되고 있는데 A 교수는 엘리베이터를 기다릴 때 반대 방향으로 운행하는 엘리베이터가 3배 정도 많은 것을 경험하였다. 즉, A 교수는 3층에서 올라가는 방향의 엘리베이터보다 내려가는 방향의 엘리베이터가 먼저 도착하는 경우가 세 배 정도 많다는 사실을 발견한 것이다. 왜 이런 현상이 발생할까?

이 건물은 학생과 내방객이 많기 때문에 모든 층에서 멈춘다고 가정하자.

이런 유형의 문제를 최초 제기한 미국의 두 물리학자의 이름을 따서 Gamow-Stern(G. Gamow and M. Stern)엘리베이터 문제라고 부른다(Nahin, 2008).

해답

엘리베이터의 층과 방향을 나타내는 표본공간에서 다음과 같이 단순사건의 개수는 $2\times 8=16$개가 된다. 여기서 D(U)는 내려(올라)가는 방향을 나타낸다.

$$S=\{1U, 2U, 2D, 3U, 3D, 4U, 4D, 5U, 5D, 6U, 6D, 7U, 7D, 8U, 8D, 9D\}$$

A 교수가 3층에서 엘리베이터를 타려고 할 때 먼저 도착하는 방향에 관한 확률은 표본공간에서 해당 사건에 포함되는 단순사건의 개수를 고려하면 다음과 같다.

$$\mathrm{Pr}(\text{3층에 있을 때 내려가는 방향이 먼저 도착})=\frac{2(9-3)}{2(8)}=\frac{3}{4}$$

$$\mathrm{Pr}(\text{3층에 있을 때 올라가는 방향이 먼저 도착})=\frac{2(3-1)}{2(8)}=\frac{1}{4}$$

따라서 원하는 반대방향의 엘리베이터가 먼저 오는 경우가 그렇지 않는 경우보다 3배보다 크다.

만약 건물이 n층이고 j층에서 엘리베이터를 기다린다고 할 때 먼저 도착하는 방향에 관한 확률은 다음과 같이 구할 수 있다.

$$\Pr(jD) = \frac{2(n-j)}{2(n-1)} = \frac{n-j}{n-1} \tag{1.9.1}$$

$$\Pr(jU) = 1 - \Pr(jD) = \frac{j-1}{n-1} \tag{1.9.2}$$

따라서 8층의 B 교수에게는 반대 방향(즉, 올라가는) 엘리베이터가 먼저 도착할 확률은 $\Pr(8U) = 7/8$가 된다.

각 층에서 엘리베이터가 머무는 시간을 포함한 한 층을 이동하는 평균 시간이 t라면 j층에 있는 A 교수가 원하는 방향(즉, 올라가는)의 엘리베이터를 타기 위해 기다리는 기대시간을 구해보자.

만약 j층에 있는 A 교수가 방금 엘리베이터를 놓쳤다고 가정하면 기다리는 시간 T는 최대인 $(2n-2)t$, 올라가는 엘리베이터가 바로 아래층에 있다면 최소인 t가 되므로. 다음과 같이 구할 수 있다.

$$E(T) = \sum_{i=1}^{2n-2} \frac{2n-i-1}{2n-2} t = \sum_{j=1}^{2n-2} \frac{j}{2n-2} t = \frac{(2n-1)t}{2} \tag{1.9.3}$$

식 (1.9.3)을 보면 어떤 층에 있든지 상관 없이, 또한 방향(1층과 맨 위층 제외)에 무관하게 기다리는 기대시간은 동일함을 알 수 있다. 만약 j층에서 바로 도착한 엘리베이터를 타는 경우를 상정한다면 $E(T) = (2n-3)t/2$가 된다.

추가문제 1-9-1

n층 빌딩에서 각 층에서 탑승하는 사람(어떤 층으로도 갈 수 있다고 가정)의 불편도(역방향 엘리베이터가 먼저 도착하는 빈도를 반영한 척도)를 고려하면 어떤 층에 있을 때 가장 불편도가 작은가(Wuffle, 1982)?

1-9-1 해답

어떤 탑승자가 j층에 있을 때 이 사람이 올라가는 엘리베이터를 탑승할 확률이

$p_U(j)$ $(p_D(j))$일 때 $p_U(j) = (n-j)/(n-1)$이므로 불편도 f_j은 다음과 같이 나타낼 수 있으며, 그리고 $f_0 = f_n = 0$로 정의한다.

$$\begin{aligned} f_j &= p_U(j)\Pr(jD) + p_D \Pr(jU) = \left(\frac{n-j}{n-1}\right)^2 + \left(\frac{j-1}{n-1}\right)^2 \\ &= 1 - \frac{2(n-j)(j-1)}{(n-1)^2}, \quad 0 < j < n \end{aligned} \tag{1.9.4}$$

식 (1.9.4)를 보면 $f_j = f_{n-j+1}$이고 $j > n/2$일 때 $(n-j)(j-1) > (n-j-1)j$이므로 f_j는 중간층에 가까울수록 작아지고 1층과 맨 위층에 근접할수록 커진다.

한편 러시아워일 경우를 고려하면 위의 결과가 달라진다.

아침 출근 시에는 모두 1층에서 올라가는 방향의 엘리베이터를 탑승하므로 불편도는 0이지만 오후 퇴근 시에는 모두 내려가는 방향을 타므로 각 층에서 역방향의 엘리베이터가 먼저 도착할 수 있어 불편도가 달라진다.

즉, $f_j = 1 \times \dfrac{j-1}{n-1} = \dfrac{j-1}{n-1}$가 되므로 퇴근 시에는 위로 올라 갈수록 불편도가 증가되며, 특히 $j > (n+1)/2$일 때 평상시(식 (1.9.4))보다 불편도가 커진다(즉, 두 값의 차가 $[(2j-(n+1)](n-j)/(n-1)^2$가 됨).

n층 빌딩에 엘리베이터가 2대 있을 경우에 $P_2(jD)$를 구하라.

해답

1대 있을 경우에 j가 중간층 이하라면 $\Pr(jU) = \dfrac{j-1}{n-1} = p < 1/2$이 되며, 이렇게 각 엘리베이터가 중간층 이하(또는 위)에 있다고 한정하더라도 일반성을 잃지 않는다.

첫 엘리베이터가 j층에 내려가는 방향으로 도착할 사건은 다음의 두 가지 상호배반사건으로 구성된다.

(i) 두 엘리베이터가 모두 이 층보다 위에 있을 경우: 확률은 $(1-p)^2$

(ii) 한 엘리베이터는 이 층보다 아래에 있으며, 다른 엘리베이터는 이 층보다 위에 있으면서 $2(j-1)$층 거리 내에 있을 경우: 이 확률은 $2 \times \dfrac{j-1}{n-1} \times \dfrac{2(j-1)}{2(n-1)} = 2p^2$인데, 이 층보다 위에 있는 엘리베이터가 아래에 있는 엘리베이터보다 이 층에 먼저 도착할 확률은 1/2이 된다.

따라서 $P_2(jD)$는 다음과 같이 구해진다.

$$P_2(jD) = (1-p)^2 + 2p^2 \times \frac{1}{2} = 1 - 2p + 2p^2 = \frac{1}{2} + \frac{1}{2}(1-2p)^2 \tag{1.9.5}$$

A 교수의 경우에 p가 1/4이므로 $P(3D) = 5/8$이 되어 1대일 경우의 3/4보다 완화된다.

1대가 있을 경우 $P_1(jD) = 1 - p = \frac{1}{2} + \frac{1}{2}(1-2p)$로 나타낼 수 있으므로 r대의 엘리베이터일 경우 $P_r(jD)$는 다음 형태가 될 것으로 추측된다(Gorroochurn, 2012).

$$P_r(jD) = \frac{1}{2} + \frac{1}{2}(1-2p)^r \tag{1.9.6}$$

이를 수학적 귀납법으로 증명해 보자. 엘리베이터가 r대 있을 때 식 (1.9.6)이 성립한다면 $r+1$대 있을 때 j층에 내려가는 엘리베이터가 가장 먼저 도착할 확률은

$P_{r+1}(jD) =$ Pr(r대 중에서 가장 근접한 엘리베이터가 내려가는 방향이며 $r+1$번째 엘리베이터도 내려가는 방향) $+ \frac{1}{2}$Pr(r대 중에서 가장 근접한 엘리베이터가 올라가는 방향이며 $r+1$번째 엘리베이터가 j층 위에 있으면서 $2(j-1)$층 이동 범위 내)

$$= P_r(jD)(1-p) + \frac{1}{2}[2(1-P_r(jD))p] = P_r(jD)(1-2p) + p$$
$$= \left[\frac{1}{2} + \frac{1}{2}(1-2p)^r\right](1-2p) + p = \frac{1}{2} + \frac{1}{2}(1-2p)^{r+1}$$

이 된다. 여기서 $1-2p < 1$로 가정하였으므로, r이 매우 커지면 1/2로 수렴한다. 이런 경우는 폐쇄 순환(closed-loop) 시스템에 속하는 지하철, 기차 등에 적용할 수 있다.

추가문제 1-9-2

n층 빌딩의 주차장이 있는 지하층에서 m명이 탑승할 경우에 평균적으로 몇 회 멈추겠는가(Andel, 2001)? 각 층에서 탑승객이 하차할 확률은 독립이고, 각 탑승객끼리는 독립적으로 하차한다고 가정한다.

1-9-2 해답

Y_i, $i=1,2,...,n$를 다음과 같은 지시 확률변수로 정의하면,

$$Y_i = \begin{cases} 1 & i\text{층에서 멈추면} \\ 0 & i\text{층에서 멈추지 않으면} \end{cases}$$

엘리베이터가 멈추는 총 횟수는 $Y = Y_1 + Y_2 + \cdots + Y_n$이 된다.

따라서 이들의 기댓값은

$$E(Y) = \sum_{i=1}^{n} E(Y_i) = \sum_{i=1}^{n} \Pr(Y_i = 1) = n\left[1 - \left(1 - \frac{1}{n}\right)^m\right] \tag{1.9.7}$$

가 된다. $n=10, m=6$이면 $E(Y) = 10\left[1-(9/10)^6\right] = 4.686$이 된다.

그리고 Y가 k가 될 확률은 다음과 같이 구해진다(Feller, 1968).

$$\Pr(Y=k) = \frac{1}{n^m}\left[\binom{n}{k}\sum_{i=0}^{k-1}(-1)^i\binom{k}{i}(k-i)^m\right], \quad k=1,2,...,\min(n,m)$$

〈표 1.9.1〉에는 $n=10, m=6$과 $n=6, m=10$의 확률과 $E(Y)$가 수록되어 있다. 두 경우에 모두 $k=5$일 때 확률이 가장 높다.

표 1.9.1 $\Pr(Y=k)$와 $E(Y)$

n	m	$k=1$	$k=2$	$k=3$	$k=4$	$k=5$	$k=6$	$E(Y)$
10	6	1/100000	279/100000	162/2500	819/2500	567/1250	189/1250	4.686
6	10	1/10077696	2555/10077696	15550/839808	170525/839808	70875/139968	38045/139968	5.031

- 기본 문제(9층 빌딩)에서 출근 시에 B 교수가 지하층에서 타니 5명의 다른 사람이 탑승하고 있다. 8층에서 하차해야 하는 B 교수는 평균적으로 몇 회 멈출 때 하차하겠는가?

해답

8층에서 B 교수가 하차할 때까지 엘리베이터가 멈추는 총 횟수는 $Y' = Y_1 + Y_2 + \cdots + Y_7 + 1$가 되며, 식 (1.9.7)에서 m은 5가 되므로 $E(Y')$는 다음과 같이 구해진다.

$$E(Y') = \sum_{i=1}^{7} E(Y_i) + 1 = \sum_{i=1}^{7} \Pr(Y_i = 1) + 1 = 7\left[1 - \left(1 - \frac{1}{9}\right)^5\right] + 1 = 4.115$$

- j층에서 탑승객이 내릴 확률이 동일하지 않고 p_j로 다를 경우로 일반화하면 다음과 같이 됨을 보여라. 또한 $p_j, j = 1, 2, \ldots, n$가 동일할 때 최대가 됨을 보여라.

$$E(Y) = \sum_{i=1}^{n} \Pr(Y_i = 1) = \sum_{i=1}^{n} \left[1 - (1 - p_i)^m\right] \tag{1.9.8}$$

해답

식 (1.9.7)에 $1/n$ 대신에 p_i를 대입하면 식 (1.9.8)이 된다. 여기서 Jensen 부등식에 의해 g가 위로 볼록(concave)함수이면 $E[g(X)] \le g[E(X)]$가 성립한다. $\sum_{i=1}^{n} p_i = 1$하에서의 확률변수를 X로 두면 $E(X) = 1/n$이고 $g(x) = 1 - (1 - x)^m$, $0 < x < 1$는 $m \ge 2$일 때 위로 볼록함수이므로 다음이 성립한다.

$$E(Y) = \sum_{i=1}^{n} \left[1 - (1 - p_i)^m\right] \le \left[1 - \left(1 - \frac{1}{n}\right)^m\right]$$

따라서 엘리베이터가 각 층에서 하차할 확률이 모두 같을 때 멈추는 기대횟수가 최대가 된다.

추가문제 1-9-3

오후 5시와 7시 사이의 랜덤한 시각에 퇴근하여 집으로 가는 순환선 지하철(각 방향에서 10분 간격으로 도착)을 탑승하는 C씨는 먼저 오는 방향의 지하철을 탑승한다. 순환선 지하철은 양방향에서 10분 간격으로 도착하는데, 서쪽 방향은 5:00, 5:10, ⋯, 6:50, 7:00에 도착하며 동쪽 방향도 같은 시각은 아니지만 10분 간격으로 도착한다. 그런데 집에 가까운 동쪽 방향보다 서쪽 방향의 지하철을 탑승하는 경우가 50:50이 아니고 2배 이상 높다. 왜 이런 현상이 발생할까?

1-9-3 해답

일례로 동쪽 방향의 순환열차가 5:03, 5:13, …, 6:53에 도착한다면 C씨가 지하철역에 도착할 때 동쪽 방향의 열차가 먼저 도착할 확률은 3/10이므로 서쪽 방향인 7/10이므로 서쪽방향의 열차를 탈 확률이 2배 이상이다. 이 문제는 확률적인 문제가 아닌 확정적인 경우이므로 다양한 상황이 발생할 수 있다. Mosteller(1965)도 이와 유사한 문제를 다루고 있다.

1.10

그는 서툰 아르바이트생이라고 할 수 있을까?

A씨는 5명이 일하는 주방에서 보조업무를 하는 아르바이트를 시작했다. 이번 주에 5개의 접시가 깨졌는데 그중 A씨가 4개를 깨뜨렸다. 그의 동료들은 이를 계기로 그를 덤벙이라고 놀리는데 그는 운이 없어서 발생한 우연한 일이라고 변명하고 있다. A 씨의 주장이 타당한가?

해답

이 문제는 Nahin(2008)의 책에 첫 번째로 소개된 문제인데, 이들의 일 처리 능력과 업무부담이 동일하다고 가정할 경우에 다음과 같이 구한 그의 계산방식에 의문이 생긴다. 총 발생가능한 경우의 수는 $5^5 = 3,125$이고, 이번 주 사건과 같이 A씨가 4개 이상 깨뜨릴 경우의 수는 $4\binom{5}{4}+\binom{5}{5}= 21$이므로 이번 사건 발생확률은 0.00672이 되어 우연으로 보기 힘들다고 기술하고 있다.

여기서 깨진 접시는 구별이 불가능하다고 보는 것이 타당하므로, 확률 계산 시에 적용된 중복순열이 아닌 중복조합(repeated combinations)을 적용하는 것이 보다 타당하다. 또한 A씨는 새로운 아르바이트 업무이므로 각 주방 보조 아르바이트가 개별 접시를 깨뜨릴 가능성이 같다고 간주하는 것은 무리이며, 더불어 A씨만을 서투른 주방 보조로 보고 있는 전개 과정과도 모순된다. 그러므로 5명이 깨뜨린 접시 개수에 관한 결과 분포에서 개별 사건의 실현가능성이 동일하다고 보는 것이 전술된 상황보다 현실에 부합될 가능성이 높다. 일례로 1명이 4개, 그리고 다른 1명이 1개를 깨뜨릴 사건과 각 주방보조가 1개씩 깨뜨릴 사건의 발생가능성이 동일하다고 보는 것이 된다.

즉, 구별 가능한 n개 중에서 r개를 중복하여 뽑는 경우의 수는 $\binom{n+r-1}{r}$이므로 총 발생가능한 경우의 수는 $\binom{9}{4}= 126$이고 A씨가 접시를 4개 또는 5개 깨트릴 경우의 수는 $4+1=5$이므로 이 확률은 $5/126=0.0397$이 된다. 또한 다른 주방 보조도 4개 이상 손상시킬 수 있으므로, 어떤 한 사람의 주방 보조가 4개 이상 깨뜨릴 확률은 $5 \cdot 5/126=$

0.1984가 되어 그리 작은 발생 확률이 아니다. 따라서 A씨의 주장에도 어느 정도 신빙성이 있다고 볼 수 있다.

중복조합은 다음과 같은 방정식의 0을 포함하는 양의 정수해의 수를 구하는 문제로 생각하면 편리하다.

$$x_1 + x_2 + \cdots + x_n = r,\ \text{단}, r \geq n \tag{1.10.1}$$

이 식을 만족하는 양의 정수해 개수는 〈그림 1.10.1〉(9개의 상자를 4개의 그룹($n = 4$, $r = 9$)으로 구분하는 경우로 그룹으로 구분 가능한 가상 틈과 실제 구분한 틈을 각각 점선(9개)과 실선(4개)으로 표기함. 양의 정수해가 $x_1 = 2$, $x_2 = 3, x_3 = 1$, $x_4 = 3$일 때 예시한 것임)과 같이 $\binom{r-1}{n-1}$가 된다.

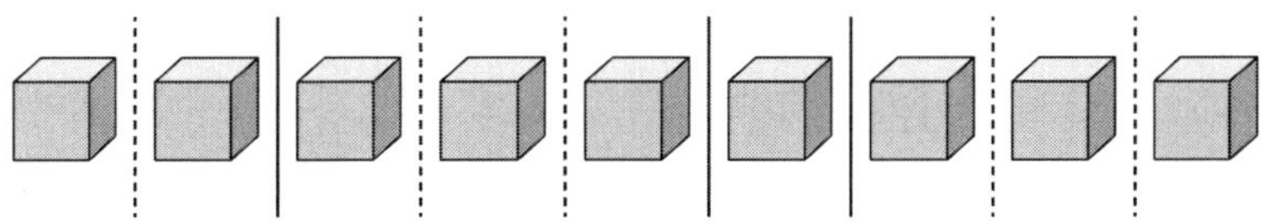

그림 1.10.1 중복조합

식 (1.10.1)에서 x_i들이 0을 가질 수도 있다면 $x_i' = x_i + 1$, $i = 1,2,...,n$로 변환한 다음 방정식의 양의 정수해를 구하는 문제가 된다.

$$x_1' + x_2' + \cdots + x_n' = n + r$$

따라서 식 (1.10.1)에서 0을 포함하는 양의 정수해 개수는 중복 조합 $\binom{n+r-1}{n-1} = \binom{n+r-1}{r}$이 된다.

- 오늘 동아리 모임에 참석하는 회원 20명을 위해 간식용으로 도너츠 20개를 구입할 예정이다. 구입 가능한 도너츠 종류가 11종이 준비된 점포에서 구입할 경우 구성되는 도너츠에 관한 서로 다른 경우의 수를 구해보자. 여기서 각 개인의 11종 도너츠에 대한 선택 가능성은 동일하다고 본다.

해답

전술한 바와 같이 $x_1 + x_2 + \cdots + x_{11} = 20$에서 0을 포함하는 양의 정수해 개수를 구하는 문제와 동등하므로 $\binom{11+20-1}{10} = 30,045,015$개가 된다.

추가문제 1-10-1

한국 대학교 공학관(10층)의 현관 엘리베이터는 2∼10층에서 하차할 수 있다고 하자. 1층에서 엘리베이터에 12명이 탑승하였다. 만원이 되어 중간층에서 탑승하는 승객은 없다고 가정한다.

(1) 2, 4, 5, 7, 9, 10층 버튼에 하차 표시가 되어 있어 각 층에서 1명 이상 하차한다고 볼 수 있다. 여섯 개 층에 하차하는 승객 수의 분포에 관한 경우의 수는 얼마인가?

(2) (1)의 하차 표시는 버튼을 잘못 누른 결과로 각 층에서 1명도 하차하지 않을 수 있다. 여섯 개 층에 하차하는 승객 수의 분포에 관한 경우의 수는 얼마인가?

(3) (2)에서 발생가능한 각 경우는 실현가능성이 동일하다. 이 중에서 하나의 경우를 무작위로 선택할 때 10층에서 3명이 하차한 경우일 확률은 얼마인가?

1-10-1 해답

(1) x_i를 i층에서 하차하는 탑승객을 수일 때 다음 식을 만족하는

$$x_2 + x_4 + x_5 + x_7 + x_9 + x_{10} = 12,\ x_i \geq 1$$

양의 정수해 개수를 구하는 문제이므로 $\binom{12-1}{5} = 462$개가 된다.

(2) $x_2 + x_4 + x_5 + x_7 + x_9 + x_{10} = 12,\ x_i \geq 0$을 만족하는 0을 포함하는 양의 정수해 개수는 $\binom{6+12-1}{5} = 6,188$개가 된다.

(3) $x_2 + x_4 + x_5 + x_7 + x_9 = 9,\ x_i \geq 0$을 만족하는 0을 포함하는 양의 정수해 개수는 $\binom{5+9-1}{4} = 715$개가 되므로, 10층에서 3명이 하차한 경우일 확률은 $715/6,188 = 0.1155$가 된다.

- 올해 대학을 졸업한 B씨는 그동안 저축한 1,500만 원을 4종의 우량주식(a, b, c, d)에 투자하고자 한다. 투자의 기본단위는 100만 원이므로 각 주식의 투자액은 100만 원의 배수가 된다. 각 기본 단위의 투자 시 주식의 선택 가능성은 동일하다고 볼 때

다음 물음에 답하라.

(1) 어떤 주식에는 투자를 전혀 하지 않을 수 있다. 1,500만 원 전액을 투자할 경우에 가능한 투자안의 수는 얼마인가?

(2) 어떤 주식에도 최소한 1단위(100만 원)를 투자할 예정이다. 이때 가능한 투자안의 수는 얼마인가?

(3) (1)에서 총 투자액이 1,500만 원보다 작을 수 있다. 가능한 투자안의 수는 얼마인가?

(4) 만일 A씨가 우리 사주 주식으로 d 주식 3단위(300만 원)를 받을 예정이라면 우리 사주 주식을 일부 또는 전부를 매각하여 투자금액에 포함시킬 수도 있다. 한편 주가가 오를 것으로 확신되는 a 주식에는 2단위(200만 원) 이상 투자하고자 한다. (1)의 경우에 가능한 투자안의 가지 수를 구하라.

(5) A주식에 1,300만 원 이상 투자할 경우는 위험하므로 이런 투자 포트폴리오는 제외한다면 (1)의 경우에 가능한 투자안의 가지 수를 구하라.

해답

(1) x_i, $i = 1(\mathrm{a}), 2(\mathrm{b}), 3(\mathrm{c}), 4(\mathrm{d})$를 i주식에 투자한 단위 수라면 $x_1 + x_2 + x_3 + x_4 = 15$, $x_i \geq 0$, $i = 1,2,3,4$을 만족하는 0을 포함하는 양의 정수해 개수는 $\binom{4+15-1}{3} = 816$가지가 된다.

(2) $x_1 + x_2 + x_3 + x_4 = 15$, $x_i \geq 1$, $i = 1,2,3,4$을 만족하는 양의 정수해 개수를 구하는 문제이므로 $\binom{15-1}{3} = 364$개가 된다.

(3) x_5를 투자하지 않는 금액(단위 수)으로 두면

$$x_1 + x_2 + x_3 + x_4 + x_5 = 15, \ x_i \geq 0, i = 1,2,3,4,5$$

을 만족하는 0을 포함하는 양의 정수해 개수를 구하는 문제가 된다.
따라서 이의 개수는 $\binom{5+15-1}{4} = 3,876$가지가 된다.

(4) $x_1 + x_2 + x_3 + x_4 = 15$, $x_1 \geq 2, x_2, x_3 \geq 0$, $x_4 \geq -3$는 다음과 같이 변환할 수 있으므로

$$x_1' + x_2' + x_3' + x_4' = 16, \ x_i \geq 0, i = 1,2,3,4$$

$$\text{단, } x_1' = x_1 - 2, x_2' = x_2, x_3' = x_3, \ x_4' = x_4 + 3$$

을 만족하는 0을 포함하는 양의 정수해 개수를 구하는 문제가 된다.

따라서 이의 개수는 $\binom{4+16-1}{3} = 969$가지가 된다.

(5) $x_1' + x_2 + x_3 + x_4 = 2$, $x_i \ge 0$, $i = 2,3,4$, $x_1' = x_1 - 13 \ge 0$을 만족하는 0을 포함하는 양의 정수해 개수를 구하면 $\binom{4+2-1}{3} = 10$가지가 된다. 이를 (1)의 816에서 차감하면 806가지가 된다.

추가문제 1-10-2 (숙녀홍차문제: Lady testing tea problem)

어떤 여성이 자신은 밀크 홍차를 좋아하고 즐겨 마시므로 홍차에 우유를 타는 경우와 우유에 홍차를 넣는 경우의 맛 차이를 구분할 수 있다고 주장하고 있다. 이를 검정하기 위해 두 종류의 차를 각각 10개씩 준비하여 테스트를 한 경우 맛 구분 능력이 없으면서 단지 추측(guess)에 의해 9개 이상을 맞힐 확률은 얼마가 되겠는가? 이 문제는 1900년대 가장 저명한 통계학자인 R. A. Fisher(1890～1962)가 1935년에 언급한 실험이다 (Gorroochurn, 2012).

1-10-2 해답

먼저 홍차에 우유를 탄 경우를 T, 우유에 홍차를 탄 경우를 M이라고 하면 T, M이 각각 10개씩 있으며 이 사실을 알고 있다고 하자.

만약 20개의 밀크 홍차에서 T의 9개를 맞히면 〈표 1.10.1〉의 2×2분류표에서 나머지 값이 자동적으로 정해진다. 즉, M도 9개를 맞히게 되며, 각각 1개씩의 잘못된 판정이 발생한다.

위에 있는 확률은 초기하분포에 쉽게 구할 수 있으므로, 9개 이상 맞힐 확률은

$$\frac{\binom{10}{9}\binom{10}{1}}{\binom{20}{10}} + \frac{\binom{10}{10}\binom{10}{0}}{\binom{20}{10}} = \frac{101\,(10!)^2}{20!} = 0.00055 \tag{1.10.2}$$

가 되어, 이 여성이 추측에 의해 9개를 구별할 가능성은 매우 낮으므로 이를 구별하는 능력이 있다고 볼 수 있다.

표 1.10.1 2×2분류표: 9개를 맞힐 경우

		판정		계
		T	M	
참	T	9	1	10
	M	1	9	10
계		10	10	20

- 이 여성의 능력을 초능력이라고 명명하자. 이 여성이 초능력에 의해 밀크 홍차를 바르게 구별하는 확률이 θ이고, 추측에 의해 구별할 확률은 $1-\theta$이다. θ가 0.5일 때 어느 정도 맞히는 경우에 이 여성의 주장이 타당하다고 할 수 있을까(Schwarz, 2008)?

해답

이 여성은 20개의 밀크 홍차에 대해 10개를 T라고 주장할 것이며 이 가운데 k개가 정확하다고 한다면 $10-k$개는 잘못 구별한 것이 될 것이다. 여기서 먼저 T, M을 초능력에 의해 x_1, x_2씩 바르게 선택할 확률은

$$P(x_1, x_2) = \binom{10}{x_1}\theta^{x_1}(1-\theta)^{10-x_1}\binom{10}{x_2}\theta^{x_2}(1-\theta)^{10-x_2}$$

이고, 이 사건이 주어지면 나머지 $20-x_1-x_2$는 추측에 의해 판정하므로 이 확률은

$$\frac{\binom{10-x_1}{k-x_1}\binom{10-x_2}{10-k}}{\binom{20-x_1-x_2}{10-x_1}}$$

가 된다. 따라서 위에 있는 두 식을 결합하여 T에 대해 k개를 바르게 구별한 확률은

$$p(k|\theta) = \sum_{x_1=0}^{k}\sum_{x_2=0}^{k}\binom{10}{x_1}\binom{10}{x_2}\frac{\binom{10-x_1}{k-x_1}\binom{10-x_2}{n-k}}{\binom{20-x_1-x_2}{10-x_1}}\theta^{x_1+x_2}(1-\theta)^{20-x_1-x_2} \tag{1.10.3}$$

가 된다. 여기서 θ가 0인 경우(즉, 모두 추측하여 선택하는 경우)는 식 (1.10.3)에서 $x_1 = x_2 = 0$이 되므로 앞의 문제에서 다룬 식 (1.10.2)와 같은 초기하분포 형태가 된다.

$\theta = 0, 0.2, 0.5, 0.8$에 대해 k를 변화시키면서 확률을 〈그림 1.10.2〉에서 볼 수 있다.

만약 10개 중에 8개 이상 맞히는 경우에 대해 이 여성의 주장을 인정한다고 한다면, 이에 대한 제1종과 제2종 오류 확률을 식 (1.10.3)으로 구할 수 있을 것이다(즉, 제1종 오류 1.2%, $\theta = 0.5$일 때 제2종 오류 42.9%).

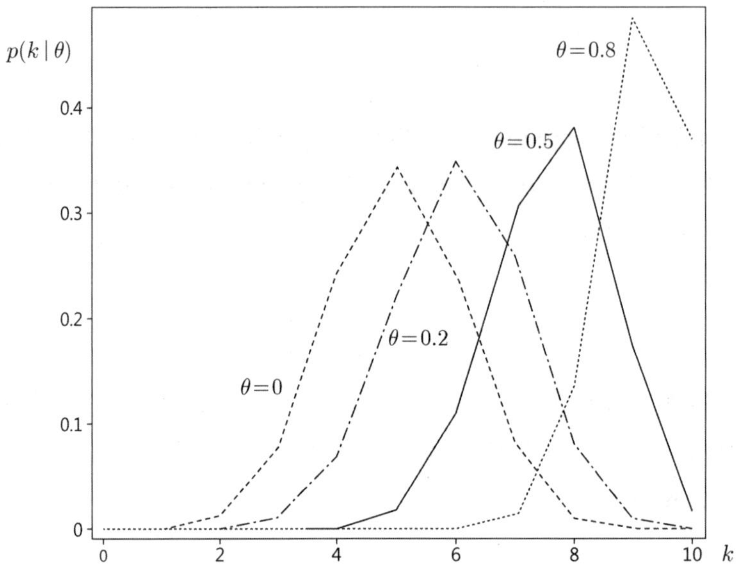

그림 1.10.2 θ에 따른 $p(k|\theta)$: 10개 중 8개 이상 맞힐 확률

1.11

교황식 선거(Conclave)에서 의외의 인물이 당선될 확률은 얼마인가?

1431년 교황선거는 프랑스와 스페인의 두 고위 성직자의 대결이었다. 어느 쪽도 양보하지 않아 두 지지 그룹은 추기경회(총 14명)에서 원하지 않지만 당선될 것으로 기대되지 않는 추기경(언더독(underdog; 이기거나 성공할 가능성이 적은 약체)이라고 명명)에게 투표하였다. 그 결과 한 사람의 후보자 시에나(Siena) 추기경인 에우제니오 4세(Eugenius IV, 1383～1447) 교황에게 본인을 제외한 모든 표가 모두 집중되는 엄청난 결과를 초래하였다. 이와 같은 일이 발생할 확률은 얼마나 되겠는가(Bello, 1986)?

교황식 선거는 후보자 없이 일정한 득표수 또는 과반수를 받아야 선출되는 선거방식인데 1990년대 우리나라의 여러 대학교의 직선 총장 선출에도 도입된 제도이다.

해답

r명의 추기경을 언더독 m명과 당선 가능성이 높은 $r-m$으로 구분할 수 있다. 언더독은 본인에게 투표하지 않으므로 $m-1$가지의 선택을, 당선 가능성이 높은 그룹은 m가지를 선택할 수 있다. 일어날 수 있는 총 경우의 수는 $m^{r-m}(m-1)^m$가 된다. 당선된 언더독 추기경이 $r-1$표의 득표를 해서 이기는 경우의 수는 $m(m-1)$이 되므로 언더독이 당첨될 확률은 다음과 같다.

$$\frac{m(m-1)}{m^{r-m}(m-1)^m} = \frac{1}{m^{r-m-1}(m-1)^{m-1}} \tag{1.11.1}$$

여기서 r은 14명이고 m은 두 유력 후보자 2명을 제외하면 12명이 되므로 언더독이 13표를 받을 확률은 $1/(12 \cdot 11^{11}) = 1/(3.424 \times 10^{12})$이 된다.

- 1334년 교황식 선거에서 만장일치(본인 제외)로 언더독인 베네딕트 12세(Benedict XII, 1280～1342)가 교황으로 선출되어 본인을 비롯한 모든 투표자(24명)를 매우 놀라게 만든 결과가 발생되었다. 언더독이 각각 6, 12명이라면 이 확률은 얼마나 되

겠는가?

해답

$r=24$, $m=6$일 때 식 (1.11.1)에 대입하면 $1/(6^{17}\cdot 5^{5})=1/(5.290\times 10^{16})$가 된다. 또한 $m=12$일 때는 $1/(12^{11}\cdot 11^{11})=1/(2.120\times 10^{23})$되어 우화적이고 믿기 힘든 결과로 볼 수 있다(Bello, 1986).

추가문제 1-11-1

13세기 유럽 신성로마제국에서 제후들이 서로 왕관을 마다하는 바람에 황제 자리가 20년 가까이 비어 있던 때를 대공위시대(Great Interregnum; 1254~1273)라고 부른다. 황제와 교황의 갈등으로 인해 교황이 신성로마제국의 프리드리히 2세(1194~1250)를 교회에서 파문하는 바람에 각지에서 반란이 이어지자 신성로마제국의 힘은 급격히 약화되었다. 이런 과정에서 프리드리히 2세가 병사하고, 왕위를 이어 받은 그의 아들 콘라드 4세도 죽자 황제가 없는 국가가 되었다. 신성로마제국의 황제는 게르만 부족의 전통에 따라 선거를 통해 정해졌는데, 현 황제가 자신의 아들이나 혈족 중에 후계자를 지목하면, 제후들이 선거를 통해 후계자를 새로운 황제로 인정하는 아주 형식적인 과정을 거쳤다. 굳이 힘도 권위도 없는 황제가 될 필요가 없다고 생각한 제후들은 선거회의에서 각기 다른 사람을 추천하며 황제 자리를 마다했다.

이 시대에 신성로마제국의 힘이 약해져 교회가 약탈당하거나 교황의 영지가 침범되는 일이 빈빈하게 벌어지자, 황제의 존재에 관한 불가피성을 인지한 교황은 제후들에게 "이번엔 반드시 새로운 황제를 선출해 달라. 만약 이번에도 황제를 선출하지 못하면 내가 황제를 지명하겠다"고 통보하게 되었다. 교황의 통보에 신성로마제국 황제를 뽑을 권한을 가진 7명의 제후가 선거회의를 열었다. 그리고 이전의 형식적인 선거가 아닌 실질적인 선거를 거쳐 1273년 합스부르크 가문 출신인 루돌프 1세(Rudolf von Habsburg; 1218~1291)가 새로운 신성로마제국의 황제로 선출되었다.

각 제후가 7명의 후보에게 투표할 가능성이 동일하다고 상정할 경우 한 번의 선거에 의해 황제가 선출될 확률은 얼마인가?

1-11-1 해답

〈해법 1〉

각 제후가 투표하는 황제 후보자의 선택 가능성은 같으며, 어떤 제후가 2표를 득표한 경우 그를 선택한 제후가 다르면 이는 다른 경우로 간주하자.

표본공간에서 단순(근원)사건의 개수는 $7^7 = 823{,}543$가 되며, 특정 제후에게 4, 5, 6, 7표가 나오는 상황으로 구분할 수 있다.

$$7\text{표:}\quad 7\times 1 = 7$$

$$6\text{표:}\quad 7\times\binom{7}{1}\times 6 = 294$$

$$5\text{표:}\quad 7\times\binom{7}{2}\times(6\times 6) = 5{,}292$$

$$4\text{표:}\quad 7\times\binom{7}{3}\times(6\times 6\times 6) = 52{,}920$$

4표일 때를 보면 이항계수는 7명 중에서 당선된 제후에게 투표를 하지 않은 제후에 관한 경우의 수이고, 괄호 안은 당선된 제후에 투표하지 않은 세 제후의 투표 가능한 경우 수를 곱한 가지 수이며, 7은 당선된 제후에 관한 경우의 수이다. 따라서 이 확률은 $58523/823543 = 0.07106$이 된다(Nahin, 2008).

〈해법 2〉

〈해법 1〉과 달리 각 제후가 얻은 득표 결과의 분포가 동일하다고 가정하면 다음과 같이 풀 수 있다.

7명의 득표수를 $x_i,\ i = 1,2,\ldots,7$로 두면 표본공간에서 단순사건의 개수는 추가문제 1-10-1의 중복조합에서와 같이 $x_1 + x_2 + \cdots + x_7 = 7$의 음이 아닌 정수해의 개수를 구하는 문제와 동일하다. 따라서 이 개수는 $\binom{13}{6} = 1{,}716$가 된다.

최소 과반의 지지를 받아야 하므로 특정 제후에게 4, 5, 6, 7표가 나오는 상황으로 구분할 수 있다.

$$7\text{표:}\quad 7\times\binom{5}{5} = 7$$

$$6\text{표:}\quad 7\times\binom{6}{5} = 42$$

$$5\text{표:}\quad 7\times\binom{7}{5} = 147$$

$$4\text{표:}\quad 7\times\binom{8}{5} = 392$$

여기서 다음 성질을 이용하면

$$\binom{r+m+1}{m} = \sum_{j=0}^{m} \binom{r+j}{j} \tag{1.11.2}$$

이 경우의 수에 관한 합은 $7 \times \binom{9}{3} = 7 \times 84 = 588$가 되므로 이 확률은 $588/1{,}716 = 0.34266$이 된다.

이처럼 실현 가능성이 동일한 단순사건을 어떻게 정의하는가에 따라 사건 출현 확률은 상당히 달라짐을 확인할 수 있다.

- 만약 각 제후들은 황제가 되기를 원하지 않으므로 본인을 제외한 다른 제후에게 투표를 한다고 할 때 한 번의 선거에 의해 황제가 선출된 확률을 구하라. 여기서는 추가문제 1-11-1의 〈해법 1〉과 같이 동일 제후에게 투표한 제후를 구별하는 상황이다.

해답

각 제후가 투표하는 황제 후보자의 선택 가능성은 동일하지만 본인에게 투표를 하지 않을 때를 따져보자.

표본공간에서 단순사건의 개수는 $6^7 = 279{,}936$가 된다. 앞의 경우와는 달리 특정 제후에게 4, 5, 6표가 나오는 상황으로 구분할 수 있다.

6표: $7 \times 6 = 42$

5표: $7 \times \binom{6}{1} \times (6 \times 5) = 1{,}260$

4표: $7 \times \binom{6}{2} \times (6 \times 5 \times 5) = 15{,}750$

4표일 때를 보면 이항계수는 6명 중에서 당선된 제후에게 투표를 하지 않은 제후에 관한 경우의 수이고, 괄호 안은 당선된 제후가 투표할 수 있는 경우의 수와 두 제후는 본인과 당선된 제후를 제외한 제후에게 투표할 수 있으므로 이들을 곱한 경우의 수이며, 7은 당선된 제후에 관한 가지 수이다. 따라서 이 확률은 $17{,}052/279{,}936 = 0.06091$이 된다.

추가문제 1-11-2

1513년 교황선거에서 추기경들은 두 그룹(주니어와 시니어 그룹)으로 구분되어 각각 두 교황후보(이탈리아와 영국 출신)를 지지하고 있었다. 추기경회는 첫 번째 선거 일주일 전에 25명으로 구성되었는데 상당수의 추기경들은 본인들의 지지 성향을 숨기고 시간을 벌기 위해 지지자가 없을 것으로 여겨지는 언더독 후보자에게 투표하였다. 그런데 결과는 모든 사람이 놀랄 만한 일이 발생하였다. 1명의 언더독이 13표를 획득하였다. 모든 사람이 경악할 만한 이런 일이 발생할 확률은 어느 정도 되겠는가(Bello, 1982)?

여기서는 개별 추기경이 각 언더독에게 투표할 확률이 동일하다는 가정은 비현실적일 수 있으므로, 투표 결과를 기준으로 각 제후가 얻은 득표수에 관한 단순사건의 출현 가능성이 동일하고, 언더독도 본인에게 투표할 수 있다고 가정하여 이 문제의 확률을 구하라.

1-11-2 해답

전술한 바와 같이 r명의 추기경을 언더독 m명과 당선 가능성이 높은 $r-m$으로 구분할 수 있다. m명의 득표수를 x_i, $i=1,2,\ldots,m$로 두면 표본공간에서 단순사건의 개수는 $x_1+x_2+\cdots+x_m=r$의 음이 아닌 정수해의 개수를 구하는 문제와 동일하다. 따라서 이 개수는 $\binom{m+r-1}{m-1}$이 된다. 특정 언더독이 13표를 획득할 경우의 수는 $x_2+\cdots+x_m=r-13$에서 음이 아닌 정수해의 개수에 m을 곱하면 되므로 1명의 언더독이 13표를 획득할 확률 P_{13}은 다음과 같이 주어진다.

$$P_{13}=\frac{m\binom{m+r-15}{m-2}}{\binom{m+r-1}{m-1}},\quad m\geq 2 \tag{1.11.3}$$

25명 중에서 독실한 추기경은 이런 형태의 불경스러운 투표에 참여하지 않을 수도 있으므로, r를 교황으로 선출되는 최소 요건인 투표권자의 2/3에 해당되는 17명 이상으로 한정하여 m에 따른 확률이 〈그림 1.11.1〉에 도시되어 있다. 이를 보면 $r=17$일 때는 $m=2$, $r=20$일 때는 $m=3$, $r=25$일 때는 $m=4$ 또는 5에서 확률이 최대가 된다. 또한 $r=17$일 때 m이 2 또는 6이면 언더독이 13표를 획득할 확률은 11.1111%와 1.5949%가 된다.

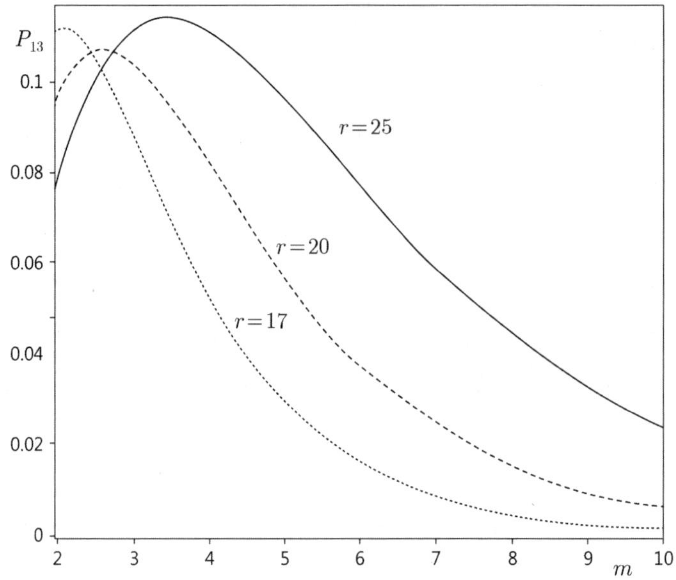

그림 1.11.1 m에 따른 P_{13}

그리고 1명의 언더독이 13표 이상을 획득할 확률 P_{13}^{+}은 다음과 같이 주어지는데, 식 (1.11.2)를 이용하면 다음과 같이 간략화된다.

$$P_{13}^{+} = \sum_{j=0}^{r-13} \frac{m\binom{m+r-15-j}{m-2}}{\binom{m+r-1}{m-1}} = \frac{m}{\binom{m+r-1}{m-1}} \sum_{k=0}^{r-13} \binom{m-2+k}{k}$$

$$= \frac{m\binom{m+r-14}{r-13}}{\binom{m+r-1}{m-1}} = \frac{m(m+r-14)!r!}{(r-13)!(m+r-1)!} \tag{1.11.4}$$

r이 17, 20, 25명일 때 m에 따른 P_{13}^{+}이 〈그림 1.11.2〉에 그려져 있다. 이를 보면 m이 증가할수록 이 확률은 초반에 급격하게 감소하고 있다. 그리고 $r=17$일 때 m이 2 또는 6이면 언더독이 13표 이상을 획득할 확률은 각각 15.5556%와 2.8708%가 된다.

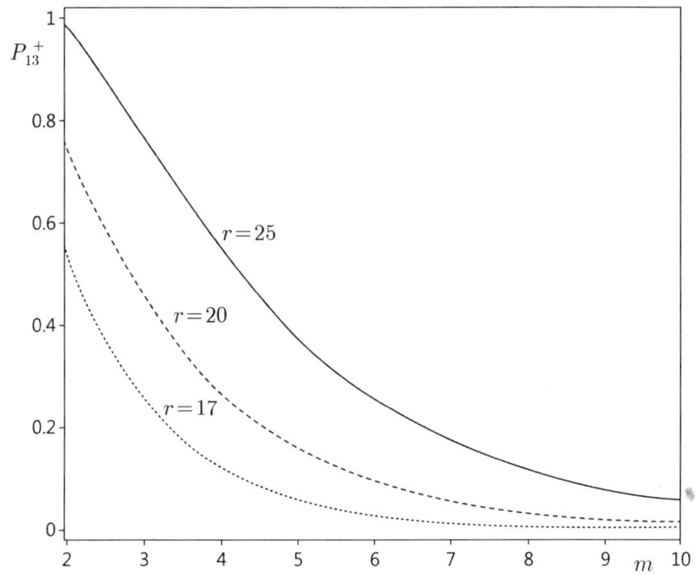

그림 1.11.2 m에 따른 P_{13}^{+}

또한 1명의 언더독이 교황으로 당선될 수 있는 17표 이상을 획득할 확률 P_{17}^{+}은 다음과 같이 구해진다.

$$P_{17}^{+}=\sum_{j=0}^{r-17}\frac{m\binom{m+r-19-j}{m-2}}{\binom{m+r-1}{m-1}}=\frac{m}{\binom{m+r-1}{m-1}}\sum_{k=0}^{r-17}\binom{m-2+k}{k}$$

$$=\frac{m\binom{m+r-18}{r-17}}{\binom{m+r-1}{m-1}}=\frac{m(m+r-18)!r!}{(r-17)!(m+r-1)!} \tag{1.11.5}$$

r이 18, 22, 22, 25명일 때 m에 따른 P_{17}^{+}이 〈그림 1.11.3〉에 그려져 있는데, m이 6 이상이 되면 언더독이 교황이 될 확률은 그리 높지 않다. 일례로 $r=20$, $m=6$이면 이 확률은 0.6324%밖에 되지 않는다.

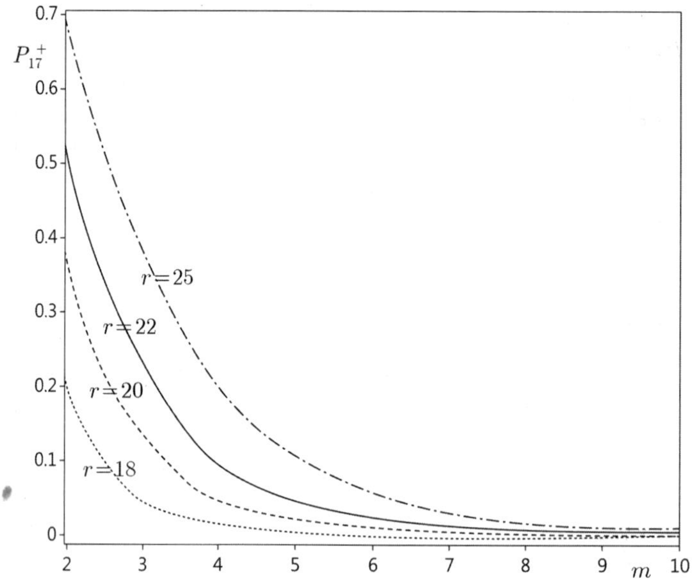

그림 1.11.3 m에 따른 P_{17}^{+}

1.12

두 확률변수의 합과 곱 중에서 어느 것이 클까?

A씨와 B씨는 $[0, 4]$에서 두 값을 무작위로 선택할 때 두 값의 곱과 합 중에서 어느 것이 큰지 논쟁을 하고 있다. A씨 주장은 어떤 수에 1보다 적은 수를 곱하는 것보다 더 하는 것이 전체 수를 더 크게 하므로 두 값이 1보다 클 확률이 $(3/4)^2 = 9/16$로 여겨져 곱이 합보다 클 가능성이 높다고 보며, B씨는 곱과 합이 같아질 경우가 둘 다 2인 경우이므로 두 값이 2보다 클 확률이 $(2/4)^2 = 1/4$이므로 합이 곱보다 클 가능성이 높다고 주장한다. 누구의 주장이 옳을까(Andel, 2001)?

만약 구간을 $[0, 4]$에서 $[0, a]$로 일반화 할 때 둘의 주장이 무차별(즉, 각각의 주장이 맞을 확률이 1/2)하게 되는 a의 비김점(break-even point)은 얼마인가?

해답

$[0, a]$에서 균일분포를 따르는 두 값을 X와 Y라 할 때 $p(a) = \Pr(XY > X + Y)$을 구하는 문제이다. 이 조건을 만족하려면,

$$Y < 1 + \frac{1}{X-1}, \quad 0 \le X < 1$$

$$Y > 1 + \frac{1}{X-1}, \quad X > 1 \tag{1.12.1}$$

가 성립해야 한다.

두 확률변수가 가지는 값 (x, y)를 도시한 〈그림 1.12.1〉에서 $a \le a/(a-1)$이어야 어두운 부분이 존재한다. 따라서 $a \ge 2$일 때 $p(a)$는 어두운 부분의 면적/a^2이 되며, $a < 2$이면 제1사분면에 해당 면적이 존재하지 않아 0이 된다.

따라서 제1사분면의 어두운 부분의 면적($A_1(a)$)을 수용하는 직사각형 면적에서 해당 곡선의 아래 면적을 차감하면 되므로 다음과 같이 구해진다.

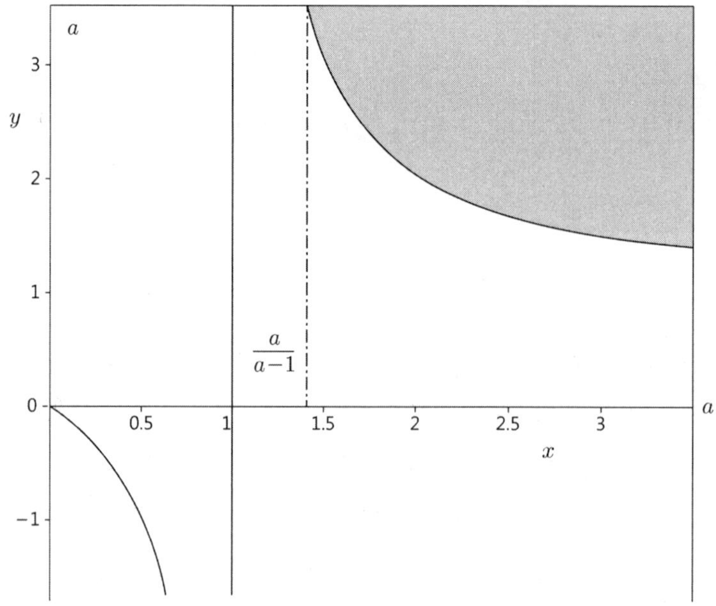

그림 1.12.1 $p(a)$의 존재 영역: $[0,\ a]$ 경우

$$A_1(a) = a \times \left(a - \frac{a}{a-1}\right) - \int_{a/(a-1)}^{a} \left(1 + \frac{1}{x-1}\right) dx = a^2 - 2a - 2\ln(a-1) \quad (1.12.2)$$

따라서 $p(a)$는

$$p(a) = \frac{a^2 - 2a - 2\ln(a-1)}{a^2}, \quad a \geq 2 \qquad (1.12.3)$$

이 되며, a에 따른 $p(a)$가 〈그림 1.12.2〉에 도시되어 있다. 이를 보면 a가 2일 때 0이 되며, $a(>2)$가 증가할수록 $p(a)$도 증가하고 있다. 즉, 식(1.12.3)을 미분하면

$$\frac{dp(a)}{da} = \frac{2a(a-2)/(a-1) + 4\ln(a-1)}{a^3} > 0$$

이 되므로 이를 확인할 수 있다.

$a=4$일 때 식 (1.12.3)에 대입하면 곱이 합보다 클 확률은 $(4-\ln 3)/8 = 0.3627$이 되어 B씨의 주장이 옳다.

비김점은 식 (1.12.3)이 1/2이 되는 비선형방정식을 수치해법으로 풀면 5.1065가 된다. 즉, a가 5.1065 이하가 되어 B씨의 주장이 옳으며, 이 값보다 작을 때는 A씨의 주장이 맞다.

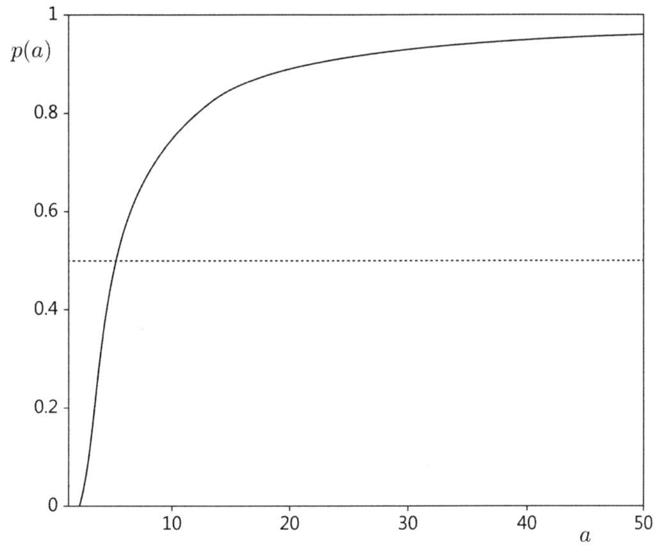

그림 1.12.2 a에 따른 $p(a)$: $[0,\ a]$ 경우

추가문제 1-12-1

$[-a,\ a], a>0$에서 두 값을 무작위로 선택할 때 두 값의 곱이 합보다 클 확률은 얼마일까? 이 확률은 a가 어떤 값을 가질 때 최대와 최소가 되는가(Marsh, 1961)?

1-12-1 해답

$[-a,\ a]$에서 균일분포를 따르는 두 값을 X와 Y라 할 때 $p(a)=\Pr(XY>X+Y)$을 구하는 문제이다. 이 조건을 만족하려면 식 (1.12.1)에서 첫 번째 식의 조건만 $-a\le X<1$로 바뀌는 것 외에는 같지만, 두 확률변수가 가지는 값 $(x,\ y)$를 나타낸 〈그림 1.12.3〉과 같이 이 확률이 성립하는 조건은 앞의 경우와는 다르게 두 영역으로 분리된 어두운 부분의 면적이 해당된다.

오른쪽 상단 어두운 부분의 면적을 $A_1(a)$(식 (1.12.2)), 왼쪽 하단 어두운 부분의 면적을 $A_2(a)$라 할 때, $p(a)$는 $0<a<2$이면 $A_2(a)/(4a^2)$, $a\ge 2$이면 $(A_1(a)+A_2(a))/(4a^2)$가 된다. $A_2(a)$과 $A_1(a)+A_2(a)$는

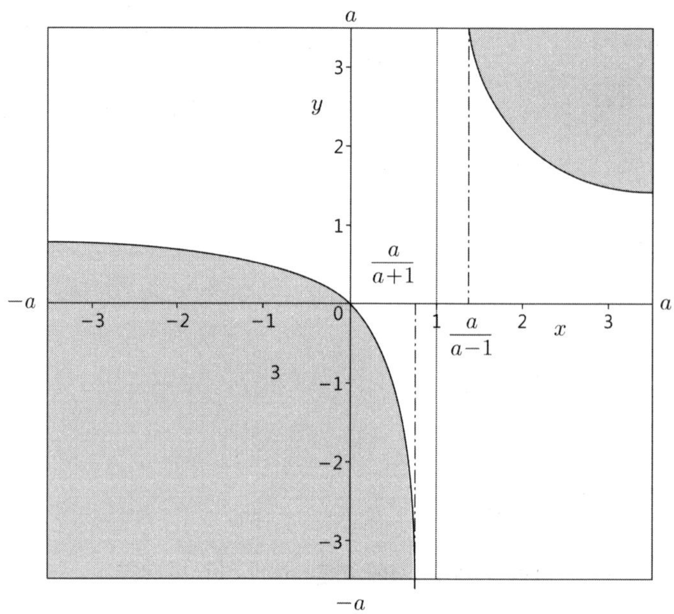

그림 1.12.3 $p(a)$의 존재 영역: $[-a, a]$ 경우

$$A_2(a) = a\left(a + \frac{a}{a+1}\right) + \int_{-a}^{a/(a+1)} \left(1 + \frac{1}{x-1}\right) dx \tag{1.12.4}$$

$$= a^2 + 2a + \left[\ln(1-x)\right]_{-a}^{a/(a+1)} = a^2 + 2a - 2\ln(a+1)$$

$$A_1(a) + A_2(a) = 2a^2 - 2\ln(a^2 - 1) \tag{1.12.5}$$

가 되므로 $p(a)$는 다음과 같이 나타낼 수 있다.

$$p(a) = \begin{cases} \dfrac{a^2 + 2a - 2\ln(a+1)}{4a^2}, & 0 < a < 2 \\ \dfrac{2a^2 - 2\ln(a^2 - 1)}{4a^2}, & 2 \le a \end{cases} \tag{1.12.6}$$

$p(a)$는 〈그림 1.12.4〉에서와 같이 $0 < a < 2$에서는 감소하며(미분하여 조사할 수 있음), $a \ge 2$에서는 감소하다가 증가하므로 최솟값이 존재한다. 또한 $a \to \infty$이면 1/2로 점근하므로 최댓값은 1/2이 된다.

최소를 구하기 위해 식 (1.12.6)의 두 번째 식을 a에 대해 미분하여 분자만 취해서 0으로 두면,

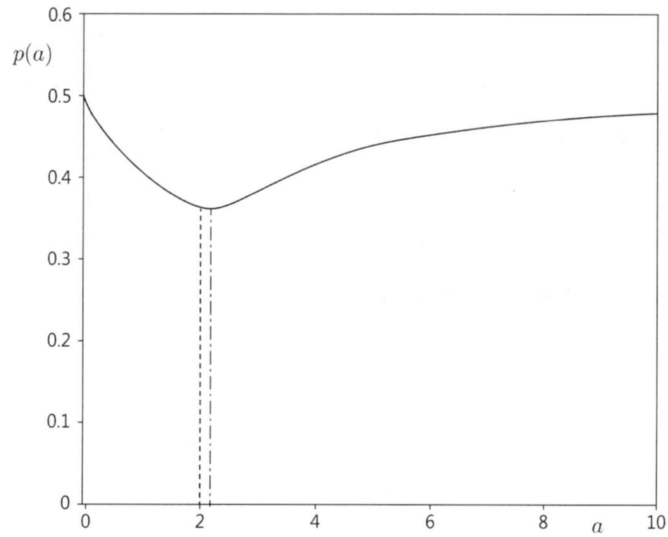

그림 1.12.4 a에 따른 $p(a)$: $[-a, a]$ 경우

$$\ln(a^2-1) = \frac{a^2}{a^2-1}$$

이 된다. $r = \dfrac{a^2}{a^2-1} > 1$로 두면 r은 다음 비선형 방정식의 근이 된다.

$$r = 1 + e^{-r}, \quad a = \sqrt{\frac{r}{r-1}}$$

이를 만족하는 r는 1.2785가 되므로 a가 2.1427일 때 최소가 되며, 그때의 $p(a)$의 최솟값은 0.3608이 된다.

추가문제 1-12-2

길이가 L인 정사각형에서 확률적으로 $(0, L)$에서 택한 변의 길이를 기준으로 사각형 모양으로 절단한다. 게으른 C씨는 한 값만 선택하여 정사각형으로 절단하며, 부지런한 D씨는 두 값을 독립적으로 택하여 각각 직사각형의 밑변과 높이로 삼는다면 기댓값 측면에서 어느 사각형(random area)이 더 크겠는가(Schwarz, 2008)?

1-12-2 해답

$(0, L)$에서의 값을 가지는 확률변수를 X로 정의하면 C씨가 구성한 면적(X^2)의 기댓값은 $E(X^2)$이 된다. D씨가 선택한 두 변 길이를 X_1, X_2로 두면 직사각형 면적의 기댓값은 $E(X_1X_2) = E(X_1)E(X_2) = [E(X)]^2$이 된다.

두 면적의 차(정사각형 − 직사각형)는 $E(X^2) - [E(X)]^2$는 $Var(X)$가 되어 X의 분포에 관련 없이 기댓값 측면에서 게으른 C씨의 면적 기댓값이 더 크다.

1.13

어떤 방법이 정사각형의 면적을 정확하게 측정하는가?

은퇴를 앞둔 B 교수는 근교 시골에서 텃밭을 구입하여 소일거리를 삼고자 한다. 정사각형 형태의 텃밭을 본 B 교수는 면적을 알기 위해 보폭을 이용해 한 변의 길이를 개략적으로 2회 측정하니 9.5m와 10.5m이었다. B 교수는 텃밭의 면적을 한 변의 길이의 평균의 제곱인 $10^2 = 100\text{m}^2$과, 면적의 평균인 $(9.5^2 + 10.5^2)/2 = 100.25\text{m}^2$으로 추정하는 방법 중 어느 쪽이 보다 정확한지 혼란스러워 통계학을 배우고 있는 작은 딸에게 물어 보았다. 작은 딸은 어느 쪽이 보다 정확한 면적을 알려 준다고 대답을 하겠는가?

해답

정사각형 한 변을 독립적으로 n회 측정할 때 그 값을 $X_1,\ X_2, \ldots, X_n$라 하고, 이들의 평균과 분산을 $\mu,\ \sigma^2$라 하자. 이 교수의 첫 번째 방법은 텃밭 면적 μ^2인 추정량으로 $\hat{A}_1 = \overline{X}^2$, (단, $\overline{X} = \sum_{i=1}^{n} X_i/n$)를, 두 번째 방법은 $\hat{A}_2 = \sum_{i=1}^{n} X_i^2/n$로 삼고 있다(Andel, 2001).

두 추정량의 기댓값을 구해보면 다음과 같이 두 추정량은 편의 추정량에 속하며, 편의(bias)만 고려하면 $n \geq 2$일 때 첫 번째가 두 번째보다 정확하다.

$$E(\hat{A}_1) = E(\overline{X}^2) = \mu^2 + \frac{\sigma^2}{n}, \quad E(\hat{A}_2) = E(\sum_{i=1}^{n} X_i^2/n) = \mu^2 + \sigma^2 \tag{1.13.1}$$

보통 두 추정량의 우월은 평균제곱오차(MSE: Mean Square Error)에 의해 판정하므로 편의 외에 두 추정량의 분산을 구해야 한다. 이를 쉽게 구하기 위해 측정값들이 정규분포를 따른다고 가정하면, k가 홀수일 때, k차 중심 적률인 $E[(X_i - \mu)^k] = 0$, k가 짝수이면 $E[(X_i - \mu)^k] = (k-1)(k-3)\cdots 1 \cdot \sigma^2$가 된다. Y가 $N(\mu_Y,\ \sigma_Y^2)$를 따른다면 이런 성질을 이용하여 다음이 성립한다.

$$E(Y^4) = E[(Y-\mu)+\mu)^4] = 3\sigma_Y^4 + 6\mu_Y^2\sigma_Y^2 + \mu_Y^4$$
$$Var(Y^2) = E(Y^4) - E(Y^2)^2 = 2\sigma_Y^4 + 4\mu_Y^2\sigma_Y^2 \tag{1.13.2}$$

따라서 식 (1.13.1)과 (1.13.2)로부터 두 추정량의 분산과 MSE는 다음과 같이 구해지므로,

$$Var(\hat{A}_1) = Var(\overline{X}^2) = \frac{2\sigma^4}{n^2} + \frac{4\mu^2\sigma^2}{n}, \quad Var(\hat{A}_2) = \sum_{i=1}^{n} \frac{Var(X_i^2)}{n^2} = \frac{2\sigma^4}{n} + \frac{4\mu^2\sigma^2}{n}$$

$$MSE_1 = E[(\hat{A}_1 - \mu^2)^2] = [E(\hat{A}_1) - \mu^2]^2 + Var(\hat{A}_1) = \frac{3\sigma^4}{n^2} + \frac{4\mu^2\sigma^2}{n}$$

$$MSE_2 = E[(\hat{A}_2 - \mu^2)^2] = [E(\hat{A}_2) - \mu^2]^2 + Var(\hat{A}_2) = \sigma^4 + \frac{2\sigma^4}{n} + \frac{4\mu^2\sigma^2}{n}$$

두 MSE의 차는

$$MSE_2 - MSE_1 = \frac{(n+3)(n-1)}{n^2}\sigma^4 \tag{1.13.3}$$

가 된다. 이를 보면 $n \geq 2$인 조건에서 항상 첫 번째 방법이 두 번째 방법보다 정밀하게 측정한다.

추가문제 1-13-1

위에 있는 두 추정량은 불편 추정량이 아니므로 다음과 같은 세 번째 추정량을 고려할 수 있는데, 이 추정량이 위의 두 추정량보다 우수한지 검토하라. 여기서 정규분포를 따르면 $\overline{X}$과 $S^2 = \sum_{i=1}^{n}(X_i - \overline{X})^2/(n-1)$은 독립이며, μ, σ^2의 완전(complete) 최소충분추정량이 되어, $\overline{X}$, S^2으로 구한 불편추정량은 최소분산추정량이 된다(Rice, 2007).

$$\hat{A}_3 = \overline{X}^2 - \frac{S^2}{n} = \frac{1}{n(n-1)}\sum_{i \neq j}^{n} X_i X_j$$

$$(\text{여기서, } S^2 = \frac{\sum_{i=1}^{n}(X_i - \overline{X})^2}{n-1} = \frac{\sum_{i \neq j}^{n}(X_i - X_j)^2}{2n(n-1)}) \tag{1.13.4}$$

이 추정량을 채택하면 텃밭의 면적은 $9.5 \times 10.5 = 99.75\text{m}^2$로 추산된다.

1-13-1 해답

$(n-1)S^2/\sigma^2$은 자유도가 $n-1$인 χ^2분포를 따르는데, 자유도 v인 χ^2분포의 평균과 분산이 각각 ν, 2ν인 성질을 이용하면(Rice, 2007),

$$Var\left((n-1)S^2/\sigma^2\right) = 2(n-1) \quad \Rightarrow \quad Var(S^2) = \frac{2\sigma^4}{n-1}$$

가 되므로, $\overline{X}$과 S^2가 독립인 점을 이용하면 불편추정량인 $\hat{A}_3$의 분산과 MSE는 다음과 같이 구해진다.

$$MSE_3 = Var(\hat{A}_3) = Var(\overline{X}^2) + \frac{Var(S^2)}{n^2} = \frac{2\sigma^4}{n^2} + \frac{4\mu^2\sigma^2}{n} + \frac{2\sigma^4}{n^2(n-1)}$$
$$= \frac{2\sigma^4}{n(n-1)} + \frac{4\mu^2\sigma^2}{n}$$

앞의 문제에서 우수한 $\hat{A}_1$과 $\hat{A}_3$의 MSE를 비교하면

$$MSE_1 - MSE_3 = \frac{(n-3)\sigma^4}{n^2(n-1)} \tag{1.13.5}$$

가 되므로, n이 4 이상이면 $\hat{A}_3$가, 2이면 $\hat{A}_1$이 우수하며, n가 3이면 같은 정밀도를 제공한다.

추가문제 1-13-2

비교적 정확도가 떨어지는 계측기를 보유하고 있다. 이 계측기의 측정 정밀도를 높일 수 있는 방법을 찾아 보자. 예를 들어 이 계측기는 길이를 측정하며 대상 물체의 실제 길이가 θ일 때, 측정값의 기댓값과 분산은 각각 θ와 θ와 무관한 σ^2가 된다. 두 대상 물체 중에서 길이가 긴(짧은) 물체의 실제 길이가 $\theta_L(\theta_S)$이고 측정값이 $X_L(X_S)$일 때 정밀도를 높이려면 각각을 측정하는 것 외의 보다 나은 방법이 있는가(Mosteller, 1965)?

1-13-2 해답

두 물체를 합하여 길이($Y_1 = X_L + X_S$)를 측정한 후에 두 물체의 길이 차($Y_2 = X_L - X_S$)를 측정한다. 이들의 기댓값과 분산은

$$E(Y_1) = \theta_L + \theta_S, \quad Var(Y_1) = \frac{\sigma^2}{2}$$
$$E(Y_2) = \theta_L - \theta_S, \quad Var(Y_2) = \frac{\sigma^2}{2}$$

가 되므로, 실제 측정하고자 하는 두 물체의 추정량 $\hat{\theta}_L = \frac{Y_1 + Y_2}{2}$, $\hat{\theta}_S = \frac{Y_1 - Y_2}{2}$의 기댓값과 분산은 다음과 같다.

$$E(\hat{\theta}_L) = \theta_L, \quad Var(\hat{\theta}_L) = \frac{\sigma^2}{2}$$
$$E(\hat{\theta}_S) = \theta_S, \quad Var(\hat{\theta}_S) = \frac{\sigma^2}{2}$$

따라서 각 물체를 측정하는 것보다 합과 차를 형성하여 측정한 후에 두 물체의 길이를 추정하는 것이 분산 측면에서 2배 정밀한 결과를 제공한다.

1.14

두 수컷 호랑이의 평균 거리는 얼마쯤 되겠는가?

호랑이를 비롯한 고양이과 동물은 보통 자기 영역을 표시하여, 이 영역에 다른 동물이 침입을 하게 되면 격렬하게 반응한다. 또한 일부 조류와 어류 종도 사냥이나 먹이를 얻기 위한 자기 영역을 가지고 있다고 알려져 있다.

이 같은 생태계의 해당 동물의 편익에 관한 기본적인 수학적 모형은 영역의 크기(시베리아 호랑이는 1,500km^{2}까지 서식지를 확보한다는 보고도 있음)에 비례, 즉 두 경쟁 동물의 거리의 제곱에 비례한다고 보는 것이 합리적이다. 따라서 2차원 평면상에서 평균적인 거리를 측정하는 것이 상당히 중요하다(Dunbar, 1997).

먼저 2차원 평면에서 문제를 단순화하여 구간 $[0, L]$에서 두 점을 택할 경우 거리의 평균과 분산은 얼마가 되는가?

해답

확률밀도와 누적분포함수가 각각 $f(\cdot)$, $F(\cdot)$이고 독립인 두 확률변수 X_1, X_2로부터 $X_{(1)} = \min(X_1, X_2)$와 $X_{(2)} = \max(X_1, X_2)$의 결합분포함수를 $G(a,b)$로 두면 $a < b$일 때 두 번째 식에서 세 사건은 상호배반이므로 다음과 같이 구할 수 있다.

$$
\begin{aligned}
&G(a,b)\\
&= \Pr(X_{(1)} \le a, X_{(2)} \le b)\\
&= \Pr(\{X_1 \le a, X_2 \le a\} \cup \{X_1 \le a, a < X_2 \le b\} \cup \{X_2 \le a, a < X_1 \le b\})\\
&= F(a)^2 + 2F(a)[F(b) - F(a)], \qquad b > a
\end{aligned}
\tag{1.14.1}
$$

그리고 $a \ge b$일 때

$$G(a,b) = \Pr(X_{(1)} \le a, X_{(2)} \le b) = \Pr(X_{(1)} \le b, X_{(2)} \le b) = F(b)^2$$

가 되므로 $X_{(1)}$과 $X_{(2)}$는 결합확률밀도 $g(a,b)$는 다음과 같이 되므로,

$$g(a,b) = \frac{\partial G(a,b)}{\partial a \partial b} = \begin{cases} 2f(a)f(b), & a < b \\ 0, & a \ge b \end{cases} \tag{1.14.2}$$

두 점의 거리의 기댓값은 다음 식으로부터 구할 수 있다.

$$E(|X_1 - X_2|) = \int\int_{a<b} (b-a)2f(a)f(b)dbda \tag{1.14.3}$$

X_1, X_2가 $[0, L]$에서 균일분포를 따를 때 식 (1.14.3)에 대입하면

$$E(|X_1 - X_2|) = \int_0^L \int_a^L \frac{2(b-a)}{L^2} dbda = \frac{2}{L^2} \cdot \frac{L^3}{6} = \frac{L}{3} \tag{1.14.4}$$

이 되고,

$$E[(X_1 - X_2)^2] = \int_0^L \int_a^L \frac{2(b-a)^2}{L^2} dbda = \frac{2}{L^2} \cdot \frac{L^4}{12} = \frac{L^2}{6} \tag{1.14.5}$$

가 된다. 또는 $E[(X_1 - X_2)^2] = 2[E(X_1^2) - (E(X_1)^2] = 2\,Var(X_1) = L^2/6$로도 풀 수 있으며, 이에 따라 분산은 $L^2/6 - (L/3)^2 = L^2/18$이 된다.

여기서 $D = |X_1 - X_2| = X_{(2)} - X_{(1)}$의 확률밀도는

$$f_D(d) = 2\int_0^{L-d} \frac{1}{L^2} da = \frac{2(L-d)}{L^2}, \quad 0 \le d \le L \tag{1.14.6}$$

가 되므로, 이로부터 동일하게 위에 있는 기댓값과 분산을 도출할 수 있다.

추가문제 1-14-1

동물의 서식 영역을 두 변이 모두 1인 정사각형으로 간주하면 두 점을 무작위로 선택할 경우의 Euclidean 거리의 평균과 분산은 어떻게 되겠는가?

1-14-1 해답

X_1, X_2과 더불어 Y_1, Y_2가 $[0, 1]$에서 균일분포를 따를 때 선택된 두 점을 (X_1, Y_1)과 (X_2, Y_2)로, $D_X = |X_1 - X_2|$, $D_Y = |Y_1 - Y_2|$로 두고, 먼저 $D_X = x$인 조건하에서

두 점 간의 거리 $D=\sqrt{D_X^2+D_Y^2}$ 조건부 확률밀도를 구해보자.

식 (1.14.6)으로부터 $f_{D_X,D_Y}(x,y)/f_{D_X}(x)=2(1-y)$(즉, D_X와 D_Y는 독립)가 되므로 조건부 누적분포함수가

$$\Pr(D\le d|D_X=x)=\int_0^{\sqrt{d^2-x^2}}2(1-y)dy=2\sqrt{d^2-x^2}-d^2-x^2$$

가 되어, 이를 미분하면 조건부 확률밀도함수가 구해진다.

$$f_{D|D_X}(d|x)=2\left(\frac{d}{\sqrt{d^2-x^2}}-d\right),\quad x<d\le\sqrt{1+x^2}\ .\ 0\le x\le 1 \tag{1.14.7}$$

이로부터 조건부 기댓값을 구하면

$$\begin{aligned}E(D|D_X=x)&=2\int_x^{\sqrt{1+x^2}}u\left(\frac{u}{\sqrt{u^2-x^2}}-u\right)du\\&=\left[u\sqrt{u^2-x^2}+x^2\ln(u+\sqrt{u^2-x^2})-\frac{2u^3}{3}\right]_x^{\sqrt{1+x^2}}\\&=\frac{\sqrt{1+x^2}(1-2x^2)}{3}+x^2[\ln(1+\sqrt{x^2+1})-\ln x)+\frac{2x^3}{3}\\&=(1+x^2)^{1/2}-\frac{2(1+x^2)^{3/2}}{3}+x^2\sinh^{-1}(1/x)+\frac{2x^3}{3}\end{aligned}$$

(여기서 $\sinh^{-1}(x)=\ln(x+\sqrt{x^2+1})$임.)

가 되므로 D의 기댓값은 다음과 같이 구해진다.

$$\begin{aligned}E(D)&=\int_0^1 2(1-x)E(D|D_X=x)dx\\&=2\int_0^1\left[(1+x^2)^{1/2}-\frac{2(1+x)^{3/2}}{3}-x(1+x^2)^{1/2}+\frac{2x(1+x^2)^{3/2}}{3}\right.\\&\qquad\left.+(x^2-x^3)\sinh^{-1}(1/x)+\frac{2(x^3-x^4)}{3}\right]dx\\&=2\left[h_1(x)+h_2(x)+\frac{(1+x^2)^{3/2}}{3}+\frac{2(1+x^2)^{5/2}}{15}+\frac{x^4}{6}-\frac{2x^5}{15}\right]_0^1\\&=\frac{\ln(1+\sqrt{2})}{3}+\frac{2+\sqrt{2}}{15}=0.5214\end{aligned} \tag{1.14.8}$$

여기서

$$h_1(x) = \int\left[(1+x^2)^{1/2} - \frac{2(1+x)^{3/2}}{3}\right]dx = \frac{x\sqrt{1+x^2}+\sinh^{-1}(x)}{4} - \frac{x(1+x^2)^{3/2}}{6},$$

$$\begin{aligned} h_2(x) &= \int (x^2-x^3)\sinh^{-1}(x)dx \\ &= \frac{(4x^3-3x^4)\sinh^{-1}(1/x)}{12} + \frac{(2+2x-x^2)(1+x^2)^{1/2}}{12} \\ &\quad - \frac{\tanh^{-1}(x/\sqrt{1+x^2})}{6}, \end{aligned}$$

$$\tanh^{-1}(t) = \frac{1}{2}\ln\left(\frac{1+t}{1-t}\right).$$

그리고 식 (1.14.5)를 이용하면 $E(D^2) = E(D_X^2) + E(D_Y^2) = 1/3$이 되어 분산은 0.0615가 된다.

한편 Boehm(1996)은 정사각형을 보다 일반화하여 서식 영역이 직사각형(두 변이 각각 L, 1인 경우)일 때의 $E(D)$를 다음과 같이 도출하였다.

$$E(D) = \frac{\sinh^{-1}(L)}{6L} + \frac{L^2\sinh^{-1}(1/L)}{6} - \frac{(1+L^2)^{1/2}(L^4-3L^2+1)}{15L^2} + \frac{1}{15L^2} + \frac{L^3}{15} \quad (1.14.9)$$

식 (1.14.9)에 $L=1$를 대입하면 식 (1.14.8)이 된다.

- 동물의 서식 영역을 두 변이 L과 1인 직사각형으로 간주하여 두 동물의 거리를 Euclidean 거리 대신에 수평과 수직거리의 합으로 정의한다면 평균 거리와 분산은 얼마가 되겠는가?

해답

여기서는 거리 D'는 $|X_1 - X_2| + |Y_1 - Y_2|$로 정의되므로 식 (1.14.4)와 (1.14.5)를 이용하여 거리의 평균과 분산은 다음과 같이 구할 수 있다.

$$E(D') = \frac{1+L}{3}$$

$$E(D'^2) = E(D_X^2) + E(D_Y^2) + 2E(|X_1 - X_2|)E(|Y_1 - Y_2|)$$

$$= \frac{1+L^2}{6} + \frac{2L}{9} = \frac{3L^2+4L+3}{18}$$

$$Var(D') = \frac{L^2+1}{18}$$

추가문제 1-14-2

첫 번째 추가문제에서 대상 영역이 반지름이 1인 원이라면 두 점의 평균 거리는 어떻게 되겠는가(Eisenberg and Sullivan, 2000)?

1-14-2 해답

〈그림 1.14.1〉의 반지름이 L인 원을 보면 코사인 법칙에 의해 두 점의 거리는

$$l = \sqrt{r_1^2 + r_2^2 - 2r_1 r_2 \cos\phi(\theta_1, \theta_2)}$$

$$(\text{단, } 0 \le \phi(\theta_1, \theta_2) \le \pi)$$

가 되므로, 다음의 4중적분을 풀어야 한다.

$$E(D) = \frac{1}{(\pi L^2)^2} \int_0^L \int_0^L \int_0^{2\pi} \int_0^{2\pi} (l r_1 r_2) d\theta_1 d\theta_2 dr_1 dr_2 \qquad (1.14.10)$$

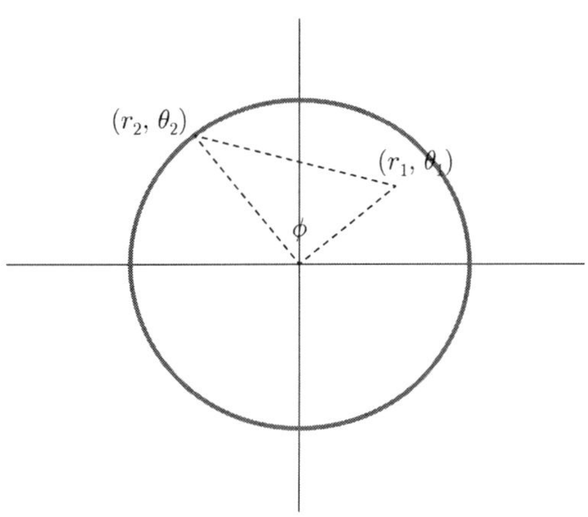

그림 1.14.1 두 점 간의 거리: 원(disk)

식 (1.14.10)을 직접 풀기는 쉽지 않으므로, Crofton의 미분방정식을 통해 식 (1.14.10)을 보다 단순화하여 다중적분을 풀 수 있다.

v가 거리, 면적, 부피 등을 나타내고, Y가 공간상의 점을 나타내는 확률변수 X_i, $i=1,2,\ldots,n$의 대칭함수이며, 그리고 이의 기댓값을 μ, 한 점이 경계에 있고 다른 점이 영역 내에서 무작위로 선택할 경우의 Y의 조건부 기댓값을 μ_1로 둘 때 Crofton의 미분방정식은 다음과 같이 요약할 수 있다(Solomon, 1978; Eisenberg and Sullivan, 2000).

$$v\frac{d\mu}{dv}=n(\mu_1-\mu) \tag{1.14.11}$$

(단, $\mu=E(Y|A(v))$

$\mu_1=\lim_{h\to 0}E(Y|X_1\in S(v+h)-S(v), X_j\in S(v),\ j=2,\ldots,n)$

$S(v)$: k차원 실수공간 $\boldsymbol{R}^k$에서 유계 볼록(closed bounded convex) 집합

$A(v)$: 모든 j에 대해 $X_j\in S(v)$, $j=1,2,\ldots,n$)

식 (1.14.11)이 어떻게 활용되는가를 파악하기 위해 먼저 기본 문제에 적용해 보자. $n=2$이고 X_1과 X_2는 $[0, L]$의 균일분포를 따르며, $S(v)=[0, v]$이고, $Y=|X_1-X_2|$이므로 대칭함수이다. $\mu_1(v)$는 한 점이 v에, 다른 점이 $[0, v]$에 있으므로 두 점 간의 거리의 평균인 $v/2$가 된다, 이를 식 (1.14.11)에 대입하면

$$v\frac{d\mu}{dv}=2\left(\frac{v}{2}-\mu\right),\quad \mu(0)=0$$

가 되므로 미분방정식을 다음과 같은 형태로 나타낼 수 있다.

$$\frac{d\mu}{dv}+\frac{2}{v}\mu=1 \quad\Rightarrow\quad v^2\frac{d\mu}{dv}+2v\mu=v^2 \quad\Rightarrow\quad \frac{d(v^2\mu)}{dv}=v^2$$

따라서 상기 미분방정식으로 0에서 L까지 적분하면 μ는 $L/3$이 되어, 전술한 결과와 일치한다.

현 문제에 적용하면 반지름이 l일 때 $v=\pi l^2$, $n=2$이므로, 식 (1.14.11)에 대입하면

$$\pi l^2\frac{d\mu}{d(\pi l^2)}=2(\mu_1-\mu),\quad \mu(0)=0 \tag{1.14.12}$$

가 되므로, μ_1은 한 점이 $(0,0)$에 있다고 보면 〈그림 1.14.2〉로부터 극좌표로 변환하여 (극좌표의 Jacobian은 r이 됨) 다음과 같이 구할 수 있다.

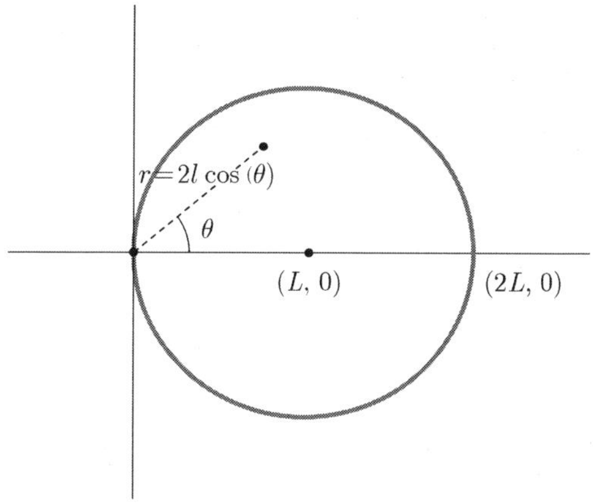

그림 1.14.2 μ_1의 도출: 원

$$\mu_1 = \frac{1}{\pi l^2}\int_{-\pi/2}^{\pi/2}\int_0^{2l\cos(\theta)}(r \cdot r)drd\theta = \frac{32l}{9\pi}$$

이를 식 (1.14.12)에 대입하면

$$\frac{d\mu}{dl} = \frac{4}{l}\left(\frac{32l}{9\pi} - \mu\right) \quad \Rightarrow \quad \frac{d\mu}{dl} + \frac{4}{l}\mu = \frac{128}{9\pi} \quad \Rightarrow$$

$$l^4\frac{d\mu}{dl} + 4l^3\mu = \frac{128l^4}{9\pi} \quad \Rightarrow \quad d(l^4\mu)dr = \frac{128l^4}{9\pi} \tag{1.14.13}$$

따라서 상기 미분방정식으로 0에서 L까지 적분하면 μ는 $128L/(45\pi)$이 된다.

- 기본 문제에서 2차원이 아닌 3차원 공간으로 확장하면 두 점의 평균 거리는 얼마가 되겠는가(Dunbar, 1997)?

해답

이 문제에서 $v = 4\pi l^3/3$이므로, 식 (1.14.11)에 대입하면

$$\frac{4\pi l^3}{3}\frac{d\mu}{d(4\pi l^3/3)} = 2(\mu_1 - \mu), \quad \mu(0) = 0 \tag{1.14.14}$$

가 되므로, 구(ball)의 대칭성에 의해 한 점은 편리한 곳, 즉 남쪽 극점(pole)에 있다고 보면 3차원 극좌표의 Jacobian은 $r^2\sin(\theta)$이므로 μ_1은 다음과 같이 구할 수 있다.

$$\mu_1 = \frac{3 \cdot 2}{4\pi l^3}\int_0^{\pi/2}\int_0^{\pi}\int_0^{2l\sin(\theta)}(r \cdot r^2\sin(\theta))drd\phi d\theta$$

$$= 6l\int_0^{\pi/2}\cos^4(\theta)\sin(\theta)d\theta = \frac{6l}{5}$$

이를 식 (1.14.14)에 대입하면 다음과 같고,

$$\frac{d\mu}{dl} = \frac{6}{l}\left(\frac{6l}{5} - \mu\right) \Rightarrow \frac{d\mu}{dl} + \frac{6}{l}\mu = \frac{36}{5} \Rightarrow$$

$$l^6\frac{d\mu}{dl} + 6l^5\mu = \frac{36l^6}{5} \Rightarrow d(l^6\mu)dr = \frac{36l^6}{5} \tag{1.14.15}$$

따라서 위의 미분방정식으로 0에서 L까지 적분하면 μ는 $36L/35$이 된다.

1.15

최고 점수를 얻는 학생 수는 몇 명이 되겠는가?

다수의 진위형(OX) 문제를 준비한 교수가 50명의 수강학생에게 각 문제를 보여주면서, 맞힌 학생은 다음 문제로, 맞히지 못한 학생은 탈락시킨다. 각 학생이 각 문제를 맞힐 확률은 독립적이며 모두 1/2이라고 가정하며, 최고 점수를 얻는(마지막 단계에서 같이 탈락하는) 학생들에게 상품을 주기로 한다. 상품을 3개를 준비한다면 이것으로 충분할 확률은 얼마가 되겠는가?

해답

각 문제를 맞힐 확률을 q로, 학생의 수를 n로 두자. 각 문제에 대해 학생들이 동전을 던져 뒷면이 나오는 경우를 문제를 맞히는 사건으로 간주하면, n개의 동전을 동시에 던져 앞면이 나온 동전은 옆으로 제쳐둔 후에 남아 있는 동전으로 같은 행위를 반복하는 실험과 동일하다.

Y_n을 마지막 시행에서의 동전의 수로, $B_i = \{ Y_n = i \}$로, k번째 만에 실험이 완성될 사건을 C_k로 나타내자. 어떤 동전이 $k-1$번째까지 뒷면이, k번째에 앞면이 나오면 '성공적'으로 정의하면, 이의 확률은 $a_k = q^{k-1}p\,(q = 1-p)$가 된다. 또한 어떤 동전이 $k \geq 2$까지 성공적이지 않을 확률, 즉 k번째 시행이 되기 전에 앞면이 출현할 확률 b_k는

$$b_k = p + qp + q^2 p + \cdots + q^{k-2}p = 1 - q^{k-1}$$

이며, $b_1 = 0$이 된다.

이를 이용하면

$$\Pr(B_i \cap C_k) = \binom{n}{i} a_k^i b_k^{n-i} = \binom{n}{i} (pq^{k-1})^i (1-q^{k-1})^{n-i}$$

가 되므로,

$$\Pr(Y_n = i) = \binom{n}{i} p^i \sum_{k=1}^{\infty} q^{i(k-1)} (1 - q^{k-1})^{n-i} \tag{1.15.1}$$

가 된다. 여기서

$$\begin{aligned}\sum_{k=1}^{\infty} q^{i(k-1)} (1 - q^{k-1})^{n-i} &= \sum_{k=1}^{\infty} q^{i(k-1)} \sum_{j=0}^{n-i} \binom{n-i}{j} (-1)^j q^{(k-1)j} \\ &= \sum_{j=0}^{n-i} (-1)^j \binom{n-i}{j} \sum_{k=1}^{\infty} q^{(k-1)(i+j)} \\ &= \sum_{j=0}^{n-i} (-1)^j \binom{n-i}{j} \frac{1}{1 - q^{i+j}}\end{aligned}$$

가 되므로, 식 (1.15.1)에 대입하면 원하는 식은 다음과 같이 구해진다.

$$\Pr(Y_n = i) = \binom{n}{i} p^i \sum_{j=0}^{n-i} (-1)^j \binom{n-i}{j} \frac{1}{1 - q^{i+j}} \tag{1.15.2}$$

마지막 단계에서 같이 탈락하는 학생 수가 1, 2, 3명일 확률을 구하려면 식 (1.15.2)에 $n = 50,\ p = 1/2,\ i = 1, 2, 3$을 대입하면, 각각 0.7214, 0.1803, 0.0601이 된다. 따라서 준비한 상품이 부족할 확률인 4명 이상이 마지막 단계에서 탈락한 확률은 0.0382가 된다.

추가문제 1-15-1

기본 문제에서 모두가 탈락하기 직전의 마지막 문제에서 남아 있는(최고 점수) 학생 수에 관한 기댓값을 구하라.

1-15-1 해답

Y_n의 기댓값은 $pq^{k-1} + 1 - q^{k-1} = 1 - q^k$인 점을 이용하면

$$\begin{aligned}E(Y_n) &= \sum_{i=1}^{n} \sum_{k=1}^{\infty} i \binom{n}{i} (pq^{k-1})^i (1 - q^{k-1})^{n-i} \\ &= \sum_{k=1}^{\infty} (1 - q^k)^n \sum_{i=1}^{n} i \binom{n}{i} \left(\frac{pq^{k-1}}{1 - q^k} \right)^i \left(\frac{1 - q^{k-1}}{1 - q^k} \right)^{n-i} \end{aligned} \tag{1.15.3}$$

가 되는데, 식 (1.15.3)의 두 번째 시그마 항이 두 모수가 n과 $pq^{k-1}/(1-q^k)$인 이항분포의 기댓값이 되므로 다음과 같이 간략화할 수 있다.

$$
\begin{aligned}
E(Y_n) &= \sum_{k=1}^{\infty}(1-q^k)^n \frac{npq^{k-1}}{1-q^k} = n\sum_{k=1}^{\infty} pq^{k-1}(1-q^k)^{n-1} \\
&= \frac{n}{q}\sum_{k=1}^{\infty} pq^k(1-q^k)^{n-1} = \frac{n}{q}\sum_{k=2}^{\infty} pq^{k-1}(1-q^{k-1})^{n-1} \\
&= \frac{1}{q}\binom{n}{1}p\sum_{k=1}^{\infty} q^{k-1}(1-q^{k-1})^{n-1} = \frac{\Pr(Y_n=1)}{q}
\end{aligned}
\tag{1.15.4}
$$

$n=50,\ p=1/2$일 때 Y_{50}이 1이 될 확률은 기본 문제에서 0.7214가 되므로 이의 기댓값은 1.443명이 된다.

여기서 n가 무한히 커질 때 $\Pr(Y_n=1)$은 수렴하지 않고 $1/(2\ln 2)=0.7213475$의 근처인 0.721340과 0.721355 사이에서 진동한다고 알려져 있다(Griffin and Lossers, 1991).

추가문제 1-15-2

탁구 동호회에서는 월례 모임의 각 게임에서 이기면 2점, 지면 1점을 주는 포인트 시스템으로 회원들의 연간 성적을 평가하고 있다. 이 동호회의 회원인 A씨가 각 게임에서 이길 확률이 1/2일 때 얻은 포인트가 5점과 10점이 될 수 있을 확률을 구하라.

1-15-2 해답

A씨가 m점의 포인트를 얻을 사건은 $j=1,2,\ldots,\lfloor m/2 \rfloor$일 때 $m-2j$게임에서 지고 j게임에서 이길 사건들의 합집합이다.

m점을 획득할 확률 Q_m은 이항분포에 의해 다음과 같이 주어진다.

$$
Q_m = \sum_{j=0}^{\lfloor m/2 \rfloor}\binom{m-j}{m-2j}\frac{1}{2^{m-j}} = 2^{-m}\sum_{j=0}^{\lfloor m/2 \rfloor}2^j\binom{m-j}{j}
\tag{1.15.5}
$$

이보다 랜덤보행(random walk)으로 다음과 같이 풀어보자.

$$Q_m = \frac{1}{2}Q_{m-1} + \frac{1}{2}Q_{m-2},\ m \geq 2$$

$$(\text{단}, Q_0 = 1,\ Q_1 = \frac{1}{2}) \tag{1.15.6}$$

식 (1.15.6)의 차분방정식에 관한 특성방정식은 $x^2 - x/2 - 1/2 = 0$이 되므로 이의 근은 1, $-1/2$이 된다. 따라서 차분방정식의 일반해는

$$Q_m = A_1 + A_2\left(-\frac{1}{2}\right)^m$$

가 되므로 초기조건을 이용하며 다음과 같다.

$$Q_m = \frac{2 + (-1/2)^m}{3},\ m \geq 0 \tag{1.15.7}$$

이 식은 식 (1.15.5)보다 간략한 형태가 되며, $Q_5 = 0.65625$, $Q_{10} = 0.66634$가 된다. m가 커지면 2/3에 수렴한다.

- 탁구 동호회의 두 회원인 B씨와 C씨의 현 포인트는 동일하지만, B씨는 12게임, C씨는 10게임이 남아 있으며 두 사람 간의 게임은 남아 있지 않다. 이 동호회는 각 게임에서 이기면 1점, 지면 -1점을 부여한다면, 두 사람이 각 게임에서 이길 확률이 독립적으로 1/2일 때 B씨가 C씨보다 더 많은 포인트를 얻을 확률을 구하라.

해답

B씨가 $m+r$(여기서 $r \geq 1$)게임, C씨는 m게임이 남아 있다고 할 때 B씨가 k게임 더 이길 확률을 P_k라 두면, C씨가 j게임을 이길 때 B씨가 $j+k$게임을 이기면 되므로

$$\begin{aligned} P_k &= 2^{-2m-r}\sum_{j=0}^{m+r-k}\binom{m}{j}\binom{m+r}{j+k} = 2^{-2m-r}\sum_{j=0}^{m+r-k}\binom{m}{j}\binom{m+r}{m+r-j-k} \\ &= 2^{-2m-r}\binom{2m+r}{m+r-k} \end{aligned} \tag{1.15.8}$$

가 된다. 마지막 식은 $\sum_{j=0}^{n}\binom{a}{j}\binom{b}{n-j} = \binom{a+b}{n}$를 이용한 것이다.

B씨가 C씨보다 더 많은 게임을 이길 확률을 $P(m,r)$로 두면 식 (1.15.8)로부터

$$P(m,r) = \sum_{k=1}^{m+r} P_k = \sum_{k=1}^{m+r} 2^{-2m-r}\binom{2m+r}{m+r-k} = 2^{-2m-r}\sum_{k=1}^{m+r}\binom{2m+r}{m+k} \tag{1.15.9}$$

가 된다. 여기서 $\sum_{k=1}^{m+r}\binom{2m+r}{m+k} = \sum_{l=0}^{m+r-1}\binom{2m+r}{2m+r-l} = \sum_{l=1}^{m+r-1}\binom{2m+r}{l}$이 되므로 식 (1.15.9)는

$$\begin{aligned} P(m,r) &= 2^{-2m-r} \times \frac{1}{2}\left(\sum_{l=0}^{m+r-1}\binom{2m+r}{l} + \sum_{k=1}^{m+r}\binom{2m+r}{m+k}\right) \\ &= 2^{-2m-r-1}\left(\sum_{l=0}^{2m+r}\binom{2m+r}{l} + \sum_{k=m+1}^{m+r-1}\binom{2m+r}{k}\right) \\ &= \frac{1}{2} + 2^{-2m-r-1}\sum_{k=m+1}^{m+r-1}\binom{2m+r}{k} \end{aligned} \tag{1.15.10}$$

이 된다(Renneie, 1980).

식 (1.15.10)에서 $P(m,1) = \frac{1}{2}$, $P(m,2) = \frac{1}{2}\left(1 + \frac{1}{2^{2m+2}}\binom{2m+2}{m+1}\right)$이 되므로, 원하는 답인 $P(10,2)$는 0.5841이 된다.

1.16

선거개표에서 항상 앞설 확률은 얼마인가? (Ballot problems)

아파트 입주민 회장 선거에 출마한 두 후보자 A와 B는 1,200표와 1,000표를 얻어 최종적으로 후보자 A가 당선된 경우 개표 순서가 무작위라고 간주할 경우에 개표에서 후보자 A가 항상 득표수에서 앞설 확률은 얼마인가?

해답

최종적으로 후보자 A가 3표를, 후보자 B가 2표를 얻었다면, 개표 과정에서 A가 항상 앞서는 경우를 따져 보자. 발생 가능한 경우의 수는 $\binom{5}{2}=10$가지이고, A가 항상 앞서려면 첫 두 표는 AA이어야 하므로, 이런 경우는 AABAB, AAABB만 해당된다. 따라서 이 확률은 $2/10=(3-2)/(3+2)=0.2$가 된다.

A와 B의 득표수가 n, m (단, $n>m$)일 때 A가 항상 앞설 확률 $P_{n,m}$은 $(m-n)/(m+n)$가 됨을 확인해 보자.

항상 후보자 A가 앞서려면 첫 개표는 A로 시작되어야 하므로, 이와 같은 경우의 수는 $\binom{n+m-1}{n-1}$이다. 이런 결과 중에서 항상 A가 앞서는 경우를 'O'로, 그렇지 않는 경우를 'X'로 표기하자.

'X'의 예시인 〈그림 1.16.1〉의 (a)는 개표결과가 AABBBAAABAA인 경우다. 이 그림에서 수직축은 A의 득표수에서 B의 득표수를 차감한 값인데, 0(동 득표수)과 만나므로 'X'에 해당된다. 이 그림에서 0과 만나기 이전 점들의 반사상을 도시한 것이 〈그림 1.16.1〉의 (b)로 (a)와 1:1 대응관계를 가진다. (b)는 당연히 첫 득표가 B로 시작하는 BBAABAAABAA이다. 첫 득표가 B로 시작하는 경우의 수는 $\binom{n+m-1}{m-1}$이므로, $\binom{n+m-1}{n-1}$에서 이 값들의 차감하면 'O'에 해당되는 경우의 수가 된다.

즉, A가 항상 앞서는 경우의 수는

$$\binom{n+m-1}{n-1}-\binom{n+m-1}{m-1} \tag{1.16.1}$$

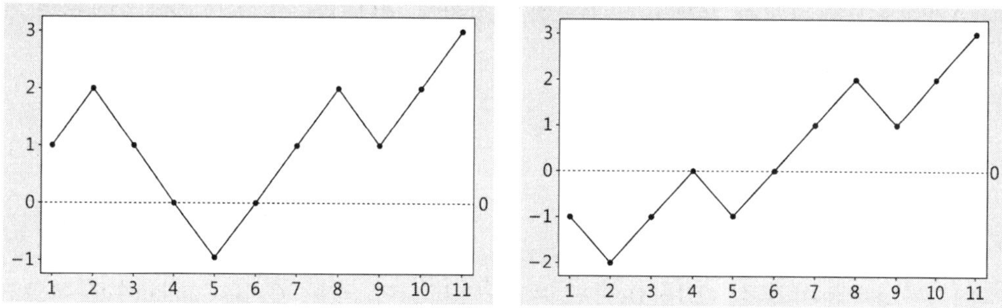

그림 1.16.1 개표 과정의 'X' 예시

이고, A와 B의 득표수가 n, m인 득표과정에 관한 경우의 수는 $\binom{n+m}{n}$이므로 $P_{n,m}$은

$$P_{n,m} = \frac{\binom{n+m-1}{n-1} - \binom{n+m-1}{m-1}}{\binom{n+m}{n}} = \frac{n-m}{n+m} \tag{1.16.2}$$

가 된다. 식 (1.16.2)는 프랑스의 저명한 수학자인 Joseph Bertrand(1822～1900)가 1887년에 최초로 도출한 문제에 관한 답이다.

아파트 입주민 회장 선거결과인 $n = 1{,}200$, $m = 1{,}000$을 식 (1.16.2)에 대입하면 1/11이 된다.

추가문제 1-16-1

기본문제에서 두 후보자의 득표수가 100표로 동일할 때 개표과정상에서 후보자 A의 득표수가 항상 후보자 B의 득표수 이상(즉, 동 득표수일 경우도 포함)일 확률은 얼마인가?

1-16-1 해답

후보자 A와 B의 최종 득표수가 n, $m(n \geq m)$일 때 A의 득표수가 항상 B의 득표수보다 크거나 같을 확률을 구하는 문제로 볼 수 있다. 이 문제는 A의 득표수에 1표를 덧붙이면 기본문제와 동일한 상황이 된다. 즉, 이 과정은 역행가능(reversible)하므로, 후보자 A가 $n+1$을, 후보자 B가 m을 득표하는 상황에 해당되어 식 (1.16.2)를 이용하면 경우의 수는

$$\frac{(n+1)-m}{(n+1)+n}\binom{(n+1)+m}{n+1}=\frac{n+1-m}{n+1}\binom{n+m}{n} \tag{1.16.3}$$

가 된다.

여기서 $n=m$이면 식 (1.16.3)은 $C_n=\frac{1}{n+1}\binom{2n}{n}$이 되며, C_n을 Catalan수로 부르고 있다. 따라서 원하는 확률은 $1/(n+1)$이 되어, 답은 1/101이다.

- 상기 문제에서 마지막 개표 직전까지 후보자 A가 후보자 B를 항상 앞설 확률을 구하라.

해답

후보자 A가 앞서려면 첫 개표는 A 후보자, 동 득표수가 되려면 마지막 개표는 B 후보자의 득표가 되어야 한다. 따라서 이 두 장을 제외한 $n-2$장의 개표 과정에서 후보자 A의 득표수가 항상 후보자 B의 득표수 이상이면 마지막 개표 직전까지 후보자 A가 후보자 B를 항상 앞서게 되므로, 이에 해당되는 경우의 수는 C_{n-1}이다.

원하는 확률은 $\frac{C_{n-1}}{\binom{2n}{n}}=\frac{\frac{1}{n}\binom{2n-2}{n-1}}{\binom{2n}{n}}=\frac{1}{2(2n-1)}$이 되므로 구하고자 하는 답은 1/398이 된다.

추가문제 1-16-2

두 후보자 A와 B는 201표와 100표를 얻어 최종적으로 후보자 A가 당선된 경우 개표 순서가 무작위라고 간주할 경우에 개표과정에서 후보자 A의 득표수가 항상 후보자 B의 득표수의 2배를 초과할 확률은 얼마인가?

1-16-2 해답

A와 B의 득표수가 n, m (단, $n>km$)일 때 A가 B 득표수의 k배보다 항상 앞설 확

률 $P'_{n,m}$ 은 $(m-kn)/(m+n)$이 된다. 이를 개략적으로 증명하면 다음과 같다.

기본문제와 같이 (0, 0)에서 출발하면 후보자 A의 득표는 +1을, 후보자 B의 득표는 $-k$를 부과하는 방식이 된다. 이런 방식으로 항상 수평축 위에 있으면 'O'에, 그렇지 않으면 'X'에 해당된다. 후자에 속하는 각 유형은 수평축 아래가 되는 첫 단계가 $-k, -(k-1), \ldots, -1, 0$가 될 수 있으므로 $k+1$ 가지 수가 되며, 각각의 유형은 음수가 되는 이 1표를 제외하면 후보자 A와 B가 각각 n, $m-1$표를 얻게 되는 경우와 일치하므로, 총 경우의 수는 $(k+1)\binom{n+m-1}{m-1}$이 된다(Renault, 2008). 따라서 원하는 경우의 수는 $\binom{n+m}{n}$에서 이를 차감하면 되므로 $P'_{n,m}$ 은

$$P'_{n,m} = \frac{\binom{n+m}{n} - (k+1)\binom{n+m-1}{n}}{\binom{n+m}{n}} = \frac{n-km}{n+m} \tag{1.16.4}$$

이며, 이를 일반화 득표수 문제(generalized ballot problem)라고 부른다.

$n=201$, $m=100$, $k=2$를 식 (1.16.4)에 대입하면 구하고자 하는 답은 1/401이다.

추가문제 1-16-3

두 후보자 A와 B는 최종적으로 동일하게 $2n$를 득표하였다. 개표 순서가 무작위라고 간주할 경우에 중간까지, 즉, $2n$장을 개표할 시점에서 두 후보자 득표수가 S_{2n}과 J_{2n}일 때 두 후보자 득표수의 차($|S_{2n}-J_{2n}|$)의 기댓값을 얼마인가?

1-16-3 해답

$S_k + J_k = k$(k는 짝수가 됨)로 두면 $X_k = |S_k - J_k|$의 기댓값을 구해보자. X_k가 가질 수 있는 값은 $0, 2, \ldots, k-2, k$인데, S_k가 i이면 $X_k = k-2i$가 되므로

$$\Pr(X_k = k-2i) = \frac{2\binom{2n}{i}\binom{2n}{k-i}}{\binom{4n}{k}}, \quad 0 \le i < k/2$$

$$\Pr(X_k=0)=\frac{\binom{2n}{k/2}^2}{\binom{4n}{2n}}, \quad i=k/2$$

이다. 따라서 $X_k=0$일 때는 무시할 수 있으므로 기댓값은

$$E(X_k)=2\sum_{i=0}^{k/2}\frac{(k-2i)\binom{2n}{i}\binom{2n}{k-i}}{\binom{4n}{k}} \tag{1.16.5}$$

이다. 여기서

$$j\binom{m}{i}\binom{n}{j}=m\left[\binom{m-1}{i}\binom{m-1}{j-1}+\binom{m-1}{i-1}\binom{m-1}{j-1}\right],$$
$$i\binom{m}{i}\binom{n}{j}=m\left[\binom{m-1}{i-1}\binom{m-1}{j}+\binom{m-1}{i-1}\binom{m-1}{j-1}\right]$$

로부터 $(j-i)\binom{m}{i}\binom{n}{j}=m\left[\binom{m-1}{i}\binom{m-1}{j}-\binom{m-1}{i-1}\binom{m-1}{j}\right]$이 됨을 이용하여 식 (1.16.5)에 대입하면(즉, $k-2i=(k-i)-i$),

$$E(X_k)=\frac{4n}{\binom{4n}{k}}\sum_{i=0}^{k/2}\left[\binom{2n-1}{i}\binom{2n-1}{k-i-1}-\binom{2n-1}{i-1}\binom{2n-1}{k-i}\right]$$
$$=\frac{\frac{k(4n-k)}{4n}\binom{2n}{k/2}^2}{\binom{4n}{k}} \tag{1.16.6}$$

이다(단, $\binom{i}{-1}=0$임). $k=2n$을 식 (1.16.6)에 대입하면 원하는 답은

$$E(X_k)=\frac{n\binom{2n}{n}^2}{\binom{4n}{2n}} \tag{1.16.7}$$

가 된다. 만약 $4n=400$이면 중간 개표 시점에서 두 후보자의 표 차이의 기댓값인 $E(X_{200})$는 식 (1.16.7)로부터 9.96이 된다.

1.17

호수에 사는 물고기 수를 어떻게 추정할 것인가? (Capture and recapture problems)

호수에 살고 있는 물고기 수를 추정하기 위해서는 어떤 방법을 사용하여야 하며, 어떻게 추정하여야 하는가?

해답

일반적으로 최대우도(maximum likelihoood) 추정을 얻기 위해 t마리를 태그를 하여 풀어준다. 크기가 m인 두 번째 샘플 중 태그된 물고기 r개가 포함되어 있다. 우리는 최대우도추정에 의해 n을 추측하기 위해 구한 발생확률은 다음과 같이 주어진다.

$$L_n = \frac{\binom{t}{r}\binom{n-t}{m-r}}{\binom{n}{m}}, \quad r = 0, 1, \ldots, \min(m, t) \tag{1.17.1}$$

L_n을 최대로 만드는 n의 값을 찾으려면, 두 연속된 정수값에 관한 비율을 고려한다. 이 비율은

$$\frac{L_n}{L_{n-1}} = \frac{(n-t)(n-m)}{m(n-t-m+r)}$$

로 주어진다. 만약에,

$$(n-t)(n-m) > n(n-t-m+r) \quad \Rightarrow$$
$$n^2 - nm - nt + mt > n^2 - nt - nm - nr \quad \Rightarrow$$
$$\frac{mt}{r} > n$$

이 존재하면, 이 비율은 1보다 크다. 즉, L_n은 증가하고 있다.

그래서 $n < mt/r$일 때 L_n이 증가하고 $n > mt/r$일 때 L_n이 감소한다. 따라서 L_n을 최대화하는 n의 값은 mt/r을 초과하지 않는 최대 정수 값이다(Rice, 2007).

위의 결과를 활용하는 일례로 광역시에서 노숙자를 위한 복지정책을 추진할 목적으로, 최초 조사기간 동안 300명의 노숙자를 만난 지 한 달 후 두 번째 조사기간에 노숙자와 대면 인터뷰를 진행하였다 이때 만난 400명 중에서 100명이 지난번에 만난 사람이었다. 이 데이터로부터 광역시 노숙자의 총 수는 $mt/r = 400(300)/100 = 1,200$으로 추산된다 (Williams, 2010).

추가문제 1-17-1

오늘 출근길에 택시를 이용하였다. 택시를 보니 지역에서 가장 규모가 큰 한국택시회사 차였다. 이 회사는 소속 차에 일련번호를 부여하여 표시하고 있는데 오늘 탄 차의 번호가 80번이었다. 이 정보를 가지고 이 회사의 전체 택시의 수를 추정하라.

1-17-1 해답

먼저 모멘트법(method of moments)을 이용하는 경우는 모집단의 모멘트와 표본 모멘트의 관계로서 모르는 모수를 추정한다. 여기서 임의의 택시를 탔으므로 오늘 탄 택시는 회사소속택시들에서 무작위로 추출(이산 균일분포(uniform distribution) 가정)된 것으로 본다. n을 총 택시 수라고 하면

$$\text{모집단의 평균}= \frac{(n+1)}{2} = 80 = \text{표본평균}$$

이므로, 159대로 추정가능하다.

만일 최우추정법(maximum likelihood estimation)으로 문제를 푼다면 이 문제의 우도함수(likelihood function)는

$$L(n) = \frac{1}{n}, \quad n \geq 80 \tag{1.17.2}$$

인데, 이 우도함수를 최대로 하기 위해서는 n을 작게 하면 되는데 80보다는 작게 할 수 없다. 따라서 최우추정법에 의한 추정값은 80이 된다.

- 공장에서 들어오는 원자재, 공정 간에서의 중간조립품, 최종 완성제품에 대해 부적합

품을 가려내기 위해 검사를 실시한다. 이 같은 검사결과를 가지고 부적합률을 추정하거나 샘플링검사의 경우는 로트를 기각하기도 한다. 지난 주 원자재 검사(수입검사) 자료에서 부적합품 개수와 이의 일련번호가 주어질 경우에 총 검사 수와 부적합률을 추정하는 방법을 제시하라.

해답

만약 부적합수가 4개이고 이들의 검사번호(순서)가 16, 27, 67, 82로 확인된다면 총 검사된 제품의 수를 추정하는 문제가 된다.

위의 경우와 같이 모멘트법으로 채택하면 대략 평균의 2배에 해당되는 $2\overline{X}-1$($\overline{X}$는 검사번호의 평균)인 95가 된다. 또한 모수를 중앙값으로 채택하여 대략 중앙값의 2배에 해당되는 $2\widetilde{X}-1$($\widetilde{X}$는 검사번호의 중앙값)로 추정하면 $2[(27+67)/2]-1=93$이고, 위의 최우추정법을 적용하면 82가 된다.

세 가지 추정법에 추가하여 첫 번째 간격이 마지막 간격과 동일하다고 간주하면 $L+(S-1)=L+S-1$(L과 S는 가장 큰 값과 작은 값)인 97이 된다.

마지막으로 L의 기댓값은 $E(L)=\dfrac{m(n+1)}{m+1}$이 되므로 n의 불편 추정량인 $\hat{n}_L=\dfrac{(m+1)L}{m}-1$으로 추정할 수 있다. 이 추정값은 $101.5 \approx 102$가 된다.

따라서 이산 균일분포를 따를 때 최우추정량은 불편추정량이 되지 않으며, 다른 네 추정량은 불편 추정량이 된다. 특히 $\hat{n}_L$은 최소분산불편추정량으로 알려져 있어, 이 중에서 가장 양호한 추정방법으로 판단할 수 있다.

이 문제는 제2차 세계대전 중에 포획된 독일 탱크의 일련번호로부터 보유 전차대수를 추정하는 독일 전차 문제로 알려져 있다(Johnson, 1994),

이 문제에서 $E(L)=\dfrac{m(n+1)}{m+1}$을 증명해 보자. 먼저

$$\Pr(L=j)=\frac{\binom{j-1}{m-1}\binom{1}{1}\binom{n-j}{0}}{\binom{n}{m}}=\frac{\binom{j-1}{m-1}}{\binom{n}{m}},\quad j=m,m+1,\ldots,n \tag{1.17.3}$$

가 되므로

$$E(L) = \sum_{k=m}^{n} k\Pr(L=k) = \frac{1}{\binom{n}{m}} \sum_{k=m}^{n} k\binom{k-1}{m-1}$$

$$= \frac{m}{\binom{n}{m}} \sum_{k=m}^{n} \binom{k}{m} = \frac{m}{\binom{n}{m}} \binom{n+1}{m+1} = \frac{m(n+1)}{m+1} \tag{1.17.4}$$

가 된다. 위의 식은 식 (1.17.4)에서 $\sum_{j=m}^{n}\binom{j-1}{m-1}=\binom{n}{m}$이 되므로, $\sum_{k=m}^{n}\binom{k}{m}=\binom{n+1}{m+1}$임을 이용하면 된다.

추가문제 1-17-2

공장의 원자재 검사(수입검사) 문제에서 앞의 문제와 달리 지난 몇 주간의 자료가 있지만 단지 부적합품 개수만 알 수 있는 경우(즉, 일련번호는 모름)에 한 주당 총 검사단위 수를 구하라. 여기서 주별 총 검사단위 수는 동일하며 부적합률은 알려져 있다고 가정한다.

1-17-2 해답

이 문제에서 n이 주당 총 검사단위 수일 때 모멘트방법으로 추정한다면, k주의 불량품 수의 자료(x_i)로부터 간단히

$$\frac{\sum_{i=1}^{k} x_i}{kn} = p \Rightarrow n = \frac{\sum_{i=1}^{k} x_i}{kp}$$

이다.

최우추정량을 구하고자 우도비를 구하면 다음과 같다.

$$L(n) = \prod_{i=1}^{k} \binom{n}{x_i} p^{x_i} (1-p)^{n-x_i}$$

이제 이를 최대로 하는 n을 구하면 된다. 그런데 이는 단순히 미분함으로 구할 수 있는 것은 아니다. 먼저 추정치는 $\hat{n} \geq \max(x_i)$이다. 그리고

$$\frac{L(n|p)}{L(n-1|p)} \ge 1, \frac{L(n+|p)}{L(n|p)} < 1$$

을 만족해야 하므로, 이를 정리하면

$$[n(1-p)]^k \ge \prod_{i=1}^{k}(n-x_i), \quad [(n+1)(1-p)]^k < \prod_{i=1}^{k}(n+1-x_i)$$

이다. 이를 요약하면

$$\prod_{i=1}^{k}[1-x_i/(n+1)] < (1-p)^k \le \prod_{i=1}^{k}(1-x_i/n), \quad n \ge \max(x_i) \tag{1.17.5}$$

가 된다. 여기서 좌변과 우변 항은 n의 단순증가함수이다. 그러므로 위의 방정식을 만족하는 n이 유일하게 존재함을 알 수 있다.

예를 들어 부적합률이 5%이고 4주(한 달) 부적합품의 수가 1, 0, 0, 2로 주어진 경우 모멘트법에 의한 추정치는 $\frac{2}{4\times 0.05}=10$이며, 최우추정치를 구하기 위해서는 다음 식을 만족하는 n을 구하여야 한다.

$$[1-1/(n+1)]^2 \le 0.95^4 \le (1-1/n)^2, \quad n \ge 1.$$

이를 만족하는 값은 9.26~10.26인 10이므로, 최우추정치는 10이 되어 모멘트 추정치와 동일하다.

만일 부적합률도 주어지지 않은 경우에는 모멘트법으로는 추정치를 구할 수 없으나, 최우추정치들은 구할 수 있다. 즉, 단지 부적합 수만 주어진 경우라도 총 검사 개수와 부적합률을 동시에 구할 수 있다. 그러나 이 추정량들은 매우 불안정하며, 추정량의 분산도 매우 큰 것으로 알려져 있다.

추가문제 1-17-3

살인 용의자가 1,000명으로 한정되었다. 범인을 색출할 수 있는 강력한 증거로 족적이 발견되어 1명씩 순차적으로 대조하여 201번째에 최초로 일치하는 용의자를 찾았다. 이 용의자를 살인범으로 확정할 수 있는가?

1-7-13 해답

n명 중에서 이 족적과 동일한 m명이 있을 때 최초로 발견될 때까지 족적이 일치하지 않는 용의자를 X라 할 때 이의 확률($D(n,m)$으로 표기)은 다음과 같다.

$$\begin{aligned}\Pr(X=k) &= \frac{n-m}{n}\frac{n-m-1}{n-1}\cdots\frac{n-m-k+1}{n-k+1}\frac{m}{n-k} \\ &= \frac{(n-m)!}{(n-m-k)!}\frac{(n-k-1)!}{n!}\frac{m!}{(m-1)!} \\ &= \frac{\binom{n-k-1}{m-1}}{\binom{m}{n}}, \quad k=0,1,\ldots,n-m\end{aligned}$$

모멘트법으로 구한 $m^* = \dfrac{n-k}{k+1}$이 되며, 최우추정법을 적용하면 $\hat{m}= \left\lfloor \dfrac{n+1}{k+1} \right\rfloor$이 되므로 $m^* = \dfrac{1{,}000-200}{201} = 3.98 \approx 4$, $\hat{m}= \left\lfloor \dfrac{1{,}001}{201} = 4.98 \right\rfloor = 4$이 되어 최우추정치도 4가 된다. 따라서 4명 중의 1명인 이 용의자를 범인으로 단정할 수 없다.

여기서 m^*은 m의 불편추정량이 되지 않고 과대 추정한다고 알려져 있으며(Andel, 2001), 따라서 최우추정량도 역시 m을 과대 추정하고 있다.

위에 있는 두 추정량을 구해 보자.

$$\begin{aligned}E(n-m-X) &= \sum_{k=0}^{n-m}(n-m-k)\Pr(X=k) \\ &= \sum_{k=0}^{n-m-1}(n-m-k)\Pr(X=k) \\ &= \sum_{k=0}^{n-(m+1)}\frac{n-m}{n}\frac{n-m-1}{n-1}\cdots\frac{n-m-k+1}{n-k+1}\frac{m}{n-k}(n-m-k) \\ &= \frac{(n-m)m}{m+1}\sum_{k=0}^{n-(m+1)}\frac{n-(m+1)}{n}\frac{n-(m+2)}{n-1}\cdots\frac{n-(m+1)-k+1}{n-k+1}\frac{m+1}{n-k} \\ &= \frac{(n-m)m}{m+1} \qquad (1.17.6)\end{aligned}$$

마지막 등식은 $D(n,m+1)$ 분포에서 이들 확률의 합이 1임을 이용한 결과이다.

따라서 $E(X)=n-m-\dfrac{(n-m)m}{m+1}=\dfrac{n-m}{m+1}$이 되므로 X의 관측값이 k일 때 모멘트 방법을 적용하면 $m^* = \dfrac{n-k}{k+1}$이 된다.

최우추정량은 $L(m)=\Pr(X=k)$을 최대화 하는 정수값을 구하면 된다. 즉, $L(m)/L(m-1)>1$이 되는 m은 다음과 같다.

$$\frac{L(m)}{L(m-1)}=\frac{n-m-k+1}{n-m+1}\frac{m}{m-1}>1 \quad\Rightarrow\quad m<\frac{n+1}{k+1}$$

그래서 $m<(n+1)/(k+1)$일 때 $L(m)$은 증가하고 $m>(n+1)/(k+1)$일 때 $L(m)$이 감소한다. 따라서 $L(m)$을 최대화하는 m의 값은 $(n+1)/(k+1)$을 초과하지 않는 최대 정수값이 최우추정량이 된다.

1.18

모든 인형을 모으려면 몇 세트의 햄버거를 구입해야 하는가? (Coupon collection problems)

어떤 패스트푸드점에서 행사로 인형을 5종류 만들어 특정 햄버거 세트를 사는 경우 무작위로 하나씩 준다고 하자. 모든 종류의 인형을 수집하기 위해 몇 개의 세트를 구입해야 하는가? 평균과 분산을 구하라.

해답

X_i, $i=1,2,3,\ldots,n$를 i번째 종류의 인형을 받을 때까지 햄버거 세트를 사는 횟수(여기서 $X_1=1$임)로 정의하면 모든 종류의 인형을 수집하기 위해 세트를 사는 횟수는 $X=\sum_{i=1}^{n} X_i$, $i=1,2,3,\ldots,n$로 주어진다.

다음에 X_r의 분포를 살펴보자. $r-1$종류의 인형을 다 받은 후에 햄버거 세트를 살 때마다 r번째 새로운 종류의 인형을 받을 수 있는 확률은 $(n-r+1)/n$이다. 그래서 X_r는 평균이 $E(X_r)=n/(n-r+1)$인 기하분포를 따른다. 이로부터

$$
\begin{aligned}
E(X) &= \sum_{r=1}^{n} E(X_r) \\
&= \frac{n}{n}+\frac{n}{n-1}+\frac{n}{n-2}+\ldots+\frac{n}{1} \\
&= n\sum_{r=1}^{n}\frac{1}{r} \approx n(\ln n+\gamma) \qquad (1.18.1)
\end{aligned}
$$

가 된다. 여기서 $\sum_{r=1}^{n}\frac{1}{r}=\ln n+\gamma+\epsilon_n$, ln 은 자연로그이고, γ는 Euler상수로 0.5772...이며, 그리고 n이 무한대로 접근할 때 ϵ_n이 0으로 접근하므로 식 (1.18.1)의 근사식이 도출된다.

또한 분산은 기하분포의 분산 공식으로부터

$$Var(X) = Var(\sum_{r=1}^{n} X_r) = \sum_{r=1}^{n} Var(X_r) = \sum_{r=1}^{n} \frac{1-(n-r+1)/n}{[(n-r+1)/n]^2}$$

$$= n\sum_{j=1}^{n-1} \frac{j}{(n-j)^2} = n^2 \sum_{j=1}^{n-1}\left[\frac{1}{(n-j)^2} - \frac{1}{n(n-j)}\right] \qquad (1.18.2)$$

가 된다.

여기서 $\lim_{n\to\infty}\left(1+\frac{1}{2^2}+\frac{1}{3^2}+\cdots\right)=\frac{\pi^2}{6}$ 이므로 분산은 n가 클 때 근사값은 $n^2\pi^2/6$이 된다.

$n=5$일 때 평균과 분산은 각각 11.417, 25.174가 된다. 그리고 $n=50$이면 평균의 정확한 값과 근사값은 각각 224.96과 224.46으로 상당히 근접한 값을 제공하나 분산은 $n=50$일 때 정확한 값은 3,837.9인데, 근사값은 4,112.3로 근접도가 높지 않다.

- 생일이 1월 1일부터 12월 31일(2월 29일은 제외한 365일)인 사람을 모두 만날 때까지 만나야 되는 사람의 기댓값과 분산을 구하라.

해답

기댓값은 식 (1.18.1)에서 n=365을 대입하면 $E(X) = 365\sum_{r=1}^{365}\frac{1}{r} = 2{,}364.64$가 되며, 분산은 식 (18.2)로부터

$$Var(X) = 365^2\sum_{j=1}^{364}\left[\frac{1}{(365-j)^2} - \frac{1}{365(365-j)}\right] = 365^2\sum_{k=1}^{364}\frac{1}{k^2} - 365\sum_{k=1}^{364}\frac{1}{k} = 216{,}418$$

가 된다.

추가문제 1-18-1

기본문제의 구입횟수에 대한 확률 질량함수를 구하라.

1-18-1 해답

n개의 구입 내에 또는 한꺼번에 구입 시 r개의 서로 다른 장난감을 획득할 확률은

$$P(n,r) = \Pr(X \le n) = \sum_{i=0}^{r-1}(-1)^i \binom{r}{i}\left(1-\frac{i}{r}\right)^n, \quad n \ge r \tag{1.18.3}$$

이 된다(Feller, 1975). 이로부터 식 (1.18.3)의 분포함수로부터 질량함수는

$$\begin{aligned} p(n,r) &= P(n,r) - P(n-1,r) \\ &= \sum_{i=0}^{r}(-1)^i \binom{r}{i}\left[\left(1-\frac{i}{r}\right)^n - \left(1-\frac{i}{r}\right)^{n-1}\right] \end{aligned} \tag{1.18.4}$$

기 된다.

식 (1.18.3)은 다음과 같이 유도할 수 있다.

U_i가 n개 중에 장난감 i가 포함되지 않을 사건이라면 $\Pr(U_i) = (1-1/r)^n$이며, $\Pr(U_i U_j) = (1-2/r)^n$, $1 \le i < j \le r$이다.

n개 중에 최소한 하나 이상의 장난감이 포함되지 않을 확률 Q은 포함-제외 원리에 의해 다음과 같다.

$$\begin{aligned} Q &= \binom{r}{1}\left(1-\frac{1}{r}\right)^n - \binom{r}{2}\left(1-\frac{2}{r}\right)^n + \cdots + (-1)^r \binom{r}{r-1}\left(1-\frac{r-1}{r}\right)^n \\ &= r^{-n}\sum_{i=1}^{r-1}(-1)^{i+1}\binom{r}{i}(r-i)^n \end{aligned} \tag{1.18.5}$$

따라서 $P(r,n)$은 1에서 Q를 차감하면 되므로

$$\begin{aligned} P(n,r) &= \Pr(X \le n) = 1 - Q = 1 - r^{-n}\sum_{i=1}^{r-1}(-1)^{i+1}\binom{r}{i}(r-i)^n \\ &= \sum_{i=0}^{r-1}(-1)^i \binom{r}{i}\left(1-\frac{i}{r}\right)^n \end{aligned}$$

가 된다.

추가문제 1-18-2

음식 패키지에는 기념상품이 하나씩 포함되어 있다. 패키지에 포함되는 기념상품은 크게 두 가지 유형으로 구분되어 각 유형에 속하는 기념상품의 종류는 3개(A형)와 2(B형)

개이다. 패키지를 계속하여 구입하다가 둘 중 하나의 유형의 기념상품세트(A 혹은 B)가 획득되면 구입을 마무리한다고 한다. 이때 구입하여야 하는 패키지의 평균수는 얼마인가? 여기서 모든 기념상품 5개의 획득 확률은 동일하다고 간주한다.

1-18-2 해답

이 문제의 경우는 유형 A, B의 서로 다른 획득경로를 나열하여 기댓값을 구할 수 있다. 각 경로에서의 기하분포를 이용한 기대횟수와 발생확률은 다음과 같다.

A-A-A: 1+5/4+5/3; $\frac{3}{5}\frac{2}{4}\frac{1}{3}=\frac{1}{10}$

A-A-B-A: 1+5/4+5/3+5/2; $\frac{3}{5}\frac{2}{4}\frac{2}{3}\frac{1}{2}=\frac{1}{10}$

A-A-B-B: 1+5/4+5/3+5/2; $\frac{3}{5}\frac{2}{4}\frac{2}{3}\frac{1}{2}=\frac{1}{10}$

A-B-A-A: 1+5/4+5/3+5/2; $\frac{3}{5}\frac{2}{4}\frac{2}{3}\frac{1}{2}=\frac{1}{10}$

A-B-A-B: 1+5/4+5/3+5/2; $\frac{3}{5}\frac{2}{4}\frac{2}{3}\frac{1}{2}=\frac{1}{10}$

A-B-B: 1+5/4+5/3; $\frac{3}{5}\frac{2}{4}\frac{1}{3}=\frac{1}{10}$

B-A-A-A: 1+5/4+5/3+5/2; $\frac{2}{5}\frac{3}{4}\frac{2}{3}\frac{1}{2}=\frac{1}{10}$

B-A-A-B: 1+5/4+5/3+5/2; $\frac{2}{5}\frac{3}{4}\frac{2}{3}\frac{1}{2}=\frac{1}{10}$

B-A-B: 1+5/4+5/3; $\frac{2}{5}\frac{3}{4}\frac{1}{3}=\frac{1}{10}$

B-B: 1+5/4; $\frac{2}{5}\frac{1}{4}=\frac{1}{10}$

따라서 기댓값은 $\frac{9}{4}\frac{1}{10}+\frac{47}{12}\frac{3}{10}+\frac{77}{12}\frac{6}{10}=\frac{630}{120}=5.25$이다.

- 위의 음식 패키지 문제에서 두 유형 중 각 유형에 속하는 상품의 종류는 동일하게 n개이다. 패키지를 계속하여 구입하다가 둘 중 하나의 유형의 모든 종류의 상품이 획득되면 구입을 마무리한다고 한다. 이때 구입하여야 하는 패키지의 평균 개수는 얼마인가?

해답

먼저 구입을 중단할 때까지의 패키지 수를 R이라고 하면 $n \le R \le 2n-1$이다. R에 대한 질량함수는 다음과 같다(즉, 흰 구슬과 검은 구슬이 각각 n개씩 들어 있는 주머니에서 뽑힌 것은 다시 주머니에 넣지 않는다고 할 때 흰 구슬이나 검은 구슬 n개를 다 추출할 때까지의 추출횟수에 대한 분포와 동일).

$$P(R=r)=\frac{2\binom{r-1}{n-1}}{\binom{2n}{n}}\,,\quad r=n,n+1,\ldots,n-1$$

다음은 R이 주어진 경우의 기대 구입횟수를 구하여,

$$E(N|R=r)=2n\left(\frac{1}{2n}+\frac{1}{2n-1}+\cdots+\frac{1}{2n-r+1}\right)=2n\sum_{j=0}^{r-1}\frac{1}{2n-j}$$

구입하여야 하는 패키지의 평균 개수 $E(N)$는 다음과 같이 주어진다.

$$E(N)=\sum_{r=n}^{2n-1}E(N|R=r)P(R=r)=2n\sum_{r=n}^{2n-1}\left(\sum_{j=0}^{r-1}\frac{1}{2n-j}\right)\frac{2\binom{n-1}{r-1}}{\binom{2n}{n}} \qquad (1.18.6)$$

추가문제 1-18-3

철수는 오늘 서로 다른 인형을 되도록 많이 얻기 위해 햄버거 가게에서 7세트를 구입하였다. 7세트에 포함된 서로 다른 인형의 기대 개수는 몇 개가 되겠는가?

1-18-3 해답

구입한 세트 수를 m으로, 인형의 종류를 n으로, I_k를 k번째 인형이 m세트에 포함되면 1, 그렇지 않으면 0이 되는 지시 확률변수로 정의하면 여기에 포함된 서로 다른 인형의 수 Y는 $I_1+I_2+\cdots+I_n$가 된다.

여기서 $\Pr(I_k=1)$는 1에서 k번째 인형이 m세트에 포함되지 않을 확률을 차감하면 되므로,

$$E(I_k) = 1 - \left(1 - \frac{1}{n}\right)^m, \quad k = 1, , 2, \dots, n$$

가 된다. 따라서

$$E(Y) = \sum_{j=1}^{n} E(I_j) = n\left[1 - \left(1 - \frac{1}{n}\right)^m\right] \tag{1.18.7}$$

로 구해진다. 여기서 $m = 7$, $n = 5$이므로 서로 다른 인형의 개수는 3.95개가 된다.

- 백두산 호랑이의 개체 수를 조사하기 위해 만주 지역에 1년간 자동카메라 여러 대를 설치하였다. 이들 카메라에 찍힌 호랑이 개체 수는 60마리, 중복되게 찍힌 개체 수를 제외한 구별 가능한 호랑이 수는 25마리로 조사되었다. 실제 이 지역에 서식하는 호랑이 수는 몇 마리로 추산할 수 있는가(Finkelstein et al., 1998)?

해답

카메라에 찍힌 호랑이 개체 수가 m마리, 구별 가능한 호랑이 수는 y마리라면 인형 수집 문제에서 n을 추정하는 문제가 된다.

즉, 식 (1.18.7)로부터

$$y = \hat{n}\left[1 - \left(1 - \frac{1}{\hat{n}}\right)^m\right] \tag{1.18.8}$$

가 되므로, $m = 60$, $y = 25$을 대입하면 $\hat{n}$는 28～29마리로 추산된다.

1.19

작품의 저자를 어떻게 파악할 것인가?

과거 유명한 작가가 사망한 경우 미완성 유작이 있다면 경우에 따라서는 다른 작가가 마무리를 하여 출간하는 경우가 있었다. 또는 작품이 많은 작가의 경우 사망 후 일부 작품에 대해서는 진짜 작가의 작품인지 혹은 모방작품인지가 문제되는 경우도 있었다. 이 같은 경우에 동일인의 문체인지를 어떻게 과학적으로 검정할 수 있을까?

해답

과거 유명한 작가가 사망할 때 미완성 유작이 있었다. 다른 작가(대필자)가 마무리를 하여 출간하였다. 유명작가의 확실한 세 작품과 다른 작가가 마무리한 작품 하나에서 비슷한 분량의 페이지를 분석하여 〈표 1.19.1〉과 같은 중요한 단어들의 빈도를 얻었다고 하자(Rice, 2007).

이런 주요 단어들이 동일 작가의 여러 작품 중 나타낸 빈도를 검토하여 보면 서로 다소 차이는 있다 하더라도 작가의 습관적인 문체의 특징을 구할 수 있을 것이다. 이를 모방작가의 문체(즉, 가짜 작품으로 의심되는 작품이나 추가로 마무리된 부분에서의 분석된 경향)와 비교하여 우리는 작품의 진위여부나 마무리의 완성도를 평가할 수 있을 것이다.

표 1.19.1 중요 단어들의 빈도

Word	A	B	C-I(원작자)	C-II(대필자)
a	147	186	101	83
an	25	26	11	29
this	32	39	15	15
that	94	105	37	22
with	59	74	28	43
without	18	10	10	4
Total	375	440	202	196

이를 위해 먼저 우리는 다항분포를 고려한다. 즉 나올 수 있는 종류가 2 이상인 분포를 고려하여 보자. 각 작품에 따른 각 종류별(개별 단어별) 빈도를 비교한다. 이의 모형으로 각각에 I종류가 있는 J개의 다항분포를 비교해야 한다. 만약에, j번째 다항분포 중의 i번째 종류에 대한 확률이 π_{ij}로 표시하면 검정되는 귀무가설은

$$H_0 : \pi_{i1} = \pi_{i2} = \ldots = \pi_{iJ},\ i = 1,\ldots,I \tag{1.19.1}$$

로 주어진다.

이 문제는 동일성 검정문제로 각 작품이 동일하다고 할 때의 기댓값과 관측값을 비교한다. 각각 다항분포를 따르는 독립적인 샘플로 조성된 데이터에서 j번째 다항분포 중 i번째 종류의 관측값을 n_{ij}로 정의한다.

H_0하에서 J개의 각 다항분포의 i번째 종류에 대한 확률은 π_i로 똑같다고 하면 이에 대한 최대우도추정은 $n_{i.}/n_{..}$이다. 여기서 $n_{i.}$는 i번째 종류의 총 관측도수이고, $n_{..}$는 전체의 총 관측도수이고, $n_{.j}$는 j번째 다항분포의 총 관측도수이다.

j째 다항분포에 대한 i번째 종류의 기대도수는 $E_{ij} = \dfrac{n_{\cdot j} n_{i.}}{n_{\cdot\cdot}}$로 추정된다.

그래서 카이제곱통계량은

$$\chi^2 = \sum_{i=1}^{I}\sum_{j=1}^{J} \frac{(O_{ij} - E_{ij})^2}{E_{ij}} = \sum_{i=1}^{I}\sum_{j=1}^{J} \frac{(n_{ij} - n_{i.}n_{.j}/n_{..})^2}{n_{i.}n_{.j}/n_{..}} \tag{1.19.2}$$

임을 알 수 있다.

샘플 크기가 큰 경우에는 이 통계량의 귀무가설이 참일 때 분포는 카이제곱분포이다. 자유도는 독립된 종류의 수에 데이터에서 추정된 독립 매개 변수(파라미터)의 수를 빼서 얻은 값이다. 다항분포마다 $I-1$개 독립된 종류를 가지므로 총 종류 수는 정해진 $J(I-1)$이고 추정된 독립변수도 $I-1$개이다. 따라서 카이제곱분포의 모수인 자유도는 $df = J(I-1) - (I-1) = (I-1)(J-1)$로 주어진다.

이제 이 동일성검정으로 위의 자료를 분석하여 보자. 우선, 우리가 작가 A의 세 작품 간의 일치성을 분석해보자. 〈표 1.19.2〉에 각 단어에 대한 관측값이 정리되어 있으며, 그 각 수치 밑에 대응하는 값은 기대도수이다.

관측값과 기댓값을 비교해 보면 그 차이가 매우 작으며 카이제곱통계량은 12.27이다. 자유도가 10인 카이제곱은 10% 우측 백분위수(upper percentile) 값은 15.99이고, 25% 우측 백분위수 값은 12.54이다.

그러므로 검정통계량이 기각치보다 적으므로 귀무가설을 기각할 수 없다. 따라서 작가

표 1.19.2 작가 A의 관측도수와 기대도수

Word	A	B	C-I
a	147 (160.0)	186 (187.8)	101 (86.2)
an	25 (22.9)	26 (26.8)	11 (12.3)
this	32 (31.7)	39 (37.2)	15 (17.1)
that	94 (87.0)	105 (102.1)	37 (46.9)
with	59 (59.4)	74 (69.7)	28 (32.0)
without	18 (14.0)	10 (16.4)	10 (7.5)

의 서로 다른 세 작품에서 문체는 매우 유사하다고 판단할 수 있다. 또는 작가는 작품에 따른 문체의 변화가 크지 않다고 할 수 있다. 즉, 세 작품에서 나오는 주요 단어들의 빈도가 유사한 비율로 나타남을 알 수 있다.

이제 작가의 문체가 잘 반영된 마무리인지를 확인하기 위해 세 작품의 각 주요 단어들의 도수를 합하여 X라고 하자. 이를 정리한 것이 〈표 1.19.3〉이며 괄호 안의 수치는 만일 두 문체가 동일하다면 기대되는 빈도수이다.

표 1.19.3 대필자와 원작가의 관측도수와 기대도수

Word	Y(대필자)	X(원작가)
a	83 (83.5)	434 (433.5)
an	29 (14.7)	62 (76.3)
this	15 (16.3)	86 (84.7)
that	22 (41.7)	236 (216.3)
with	43 (33.0)	161 (171.0)
without	4 (6.8)	38 (35.2)

표 1.19.4 χ^2통계량 값

Word	Y(대필자)	X
a	0.00	0.00
an	13.90	2.68
this	0.11	0.02
that	9.30	1.79
with	3.06	0.59
without	1.14	0.22

〈표 1.9.3〉에서 얻은 카이제곱 검정통계량의 값은 32.81이고, 자유도는 5이며, P값은 0.001보다 작게 나온다. 즉 동일 문체라는 귀무가설을 기각할 정도의 값이다. 즉, 대필자가 원작가의 창작 방법을 성공적으로 모방하지 않았다고 볼 수 있다.

카이제곱을 통해서 두 작가의 작품이 얼마나 크게 불일치하는지 판단하기 위해 각 셀마다의 카이제곱통계량을 표시한 것이 〈표 1.19.4〉이다.

이를 보면 원작가가 "an"을 대필자보다 훨씬 적게 사용하였으며, 또한 "this"보다는 "that"을 상대적으로 많이 사용한 것으로 판단된다.

추가문제 1-19-1

〈표 1.19.5〉는 각각 50명을 대상으로 세 식당의 칼국수를 가지고 선호도를 조사하여 셋 중에서 가장 맛있는 칼국수를 선택한 결과이다.

표 1.19.5 칼국수 선호도 조사 결과

	식당 1	식당 2	식당 3	합계
남자	32	7	11	50
여자	16	12	22	50
합계	48	19	33	100

남녀 간에 선호도가 차이가 나는지를 검정하라.

1-19-1 해답

이 문제는 남자들이 각 칼국수에 가지는 선호비율과 여자들의 선호비율이 차이가 있는지를 따지는 문제이다. 만일 $p_{1j,}$, p_{2j} 를 남자와 여자가 j칼국수를 좋아하는 선호도 비율이라면

$$H_0 : p_{1j} = p_{2j} = p_j,\ j = 1,2,3$$

$$H_1 : H_0 \text{가 아니다.} \tag{1.19.3}$$

를 검정하는 문제로서 〈표 1.19.5〉와 같이 2개의 속성에 따라 자료를 분류한 표를 교차분류표(또는 분할표(contingency table))라고 하며 이 분석은 독립성 검정이라고 한다. 먼저 표의 각 셀에서 H_0가 참일 때의 비율을 추정하면

$$\hat{p}_1 = \frac{48}{100} = 0.48,\ \hat{p}_2 = 0.19,\ \hat{p}_3 = 0.33$$

이므로 기대도수의 추정값 $e_{11} = 50 \times 0.48 = 24$ 등 같은 방식으로 각 셀의 기대도수를 구하고 나면 다음과 같은 검정통계량을 구한다.

$$Q = \sum_{i=1}^{2}\sum_{j=1}^{3} \frac{(n_{ij} - e_{ij})^2}{e_{ij}} = \frac{(32-24)^2}{24} + \cdots + \frac{(22-16.5)^2}{16.5} = 10.316$$

여기서 n_{ij}는 $(i,\ j)$ 셀의 측정값이다.

이 검정통계량에 대한 자유도는

$$(r-1)(c-1) = 1 \times 2 = 2$$

(여기서 r, c는 분류의 수들이다.)

이고, $Q = 10.316 > 5.991 = \chi^2_{0.05,2}$이므로 남녀 간에는 맛의 차이가 있다고 할 수 있다.

위에서 제시한 동일성 검정(두 문체의 동일성)이나 독립성(성별과 선호도의 독립성) 문제는 그 분석방법은 동일한 카이제곱 검정에 속한다. 이외에 이산분포가 적정한지 판정하는 적합도(goodness-of-fit) 검정에도 사용된다(추가문제 1-19-2 참고). 또한 일반적으로 공학의 많은 문제에서 변동이 있는 연속값을 가지는 변수가 정규분포를 따른다고 가정하고 문제를 모형화하여 다루는 경우가 많다. 이때 정규분포를 따르는지를 검정하고자 하는 경우에 이 검정방법 중의 하나로서 카이제곱검정을 활용할 수 있다. 즉, 얻어진 자료를 적절한 구간으로 나누어 각 구간에 들어가는 데이터의 수를 세어서, 이를 가지고 정규분

포(데이터로부터 분포의 매개변수를 추정하여 사용)를 따르는 경우의 기대도수와 실제 얻어진 도수와의 차이를 가지고 검정한다.

추가문제 1-19-2

세계적 문호인 셰익스피어가 의식적으로 두음법(alliteration)을 쓴다는 주장을 하는 전문가들이 있다. 일례로 《The Tempest》 중 아리엘의 노래(Ariel's song)에 나오는 "full fathom five thy father lies"를 들고 있다. 미국의 유명한 심리학자인 스키너(B. F. Skinner, 1904～1990)는 정형시 중에서 대표적인 14행시(sonnet) 100수(즉, 1,400줄)에서 's' 소리가 나는 횟수를 찾아서 분석한 〈표 1.19.6〉과 같은 결과를 발표하였다(Diaconis and Mosteller(1989)에서 재인용). 이런 결과가 우연히 발생했는지 또는 의도적인지를 분석하라.

표 1.19.6 14행시 's' 소리의 관측과 기대도수

횟수	0	1	2	3	4	계
관측도수	702	501	161	29 (24)*	7 (4)*	1,400 (1,392)*
기대도수	685	523	162	26	2	1,398

주 *: 동일 단어를 배제할 경우

1-19-2 해답

기대도수는 이항분포를 가정하여 $N[p+(1-p)]^n$에서 구한 값이다. 여기서 N은 줄의 수, p는 s의 출현 비율, n은 1줄당 단어 수이다.

카이제곱검정에 의해 이항분포를 따르는지를 검토해보자. 횟수가 '4'인 경우는 기대도수가 너무 작으므로 옆 범주인 '3'에 결합하여 Q를 구하면 3.63116인데, 이 경우는 p를 추정해야 하므로 자유도는 $4-1-1=2$가 된다. 이 경우의 P값을 구하면 0.163이 되어 이항분포를 따르고 있음을 보여준다(또한 $Q=3.63116<5.991=\chi^2_{0.05,2}$). 즉, 셰익스피어가 의도적으로 두음법을 채택했다고 보기는 힘들다. 더욱이 동일 단어의 중복을 배제한다면 더욱 분명해진다.

다음 사례는 포아송 분포의 유용성을 보여 주는 고전적 사례에 속한다. 제2차 세계대전 중 독일의 V2 미사일 폭격이 남 런던의 특정지역에 집중되었다. 이는 특정 목표지역을 정해 집중 공격한 것이라는 주장이 있어(더불어 정밀 타격이 가능한지에 관한) 통계적 기법을 통해 조사한 내용이다.

〈표 1.19.7〉은 대상지역인 144km^{2}을 0.25km^{2}으로 균등 분할한 576구역으로 나눈 후에 투하된 폭탄의 수를 조사한 결과이다(Clarke, 1946). 이 결과로부터 특정 지역을 정밀 타격한 것인지, 아니면 우연히 발생한 결과인지를 검토하라.

표 1.19.7 남 런던 지역의 투하 폭탄 자료

구역별 폭탄 수	관측 구역 수	기대 구역 수
0	229	227
1	211	221
2	93	98
3	35	31
4 이상	8	9
계	576	576

해답

동일한 단위 구역에 투하된 폭탄 수에 관한 분포이므로 포아송 분포를 고려할 수 있다. 포아송 분포의 모수는 평균인데. 총 투하된 폭탄 수는 535개이므로 평균은 $535/576 = 0.929$가 된다. 따라서 기대도수는 예를 들어 구역별 폭탄 수가 '2'일 때 $576 \times (0.929)^2 e^{-0.929}/2! = 98$와 같은 방식으로 구한 값이다.

카이제곱검정에 의해 포아송 분포를 따르는지를 검토해보자. Q를 구하면 0.900인데, 이 경우는 평균을 추정해야 하므로 자유도는 $5-1-1=2$가 된다. 이 경우의 P값을 구하면 0.825가 되어 강력하게 포아송 분포를 따르고 있음을 보여주다(또한 $Q = 0.900 < 7.815 = \chi^2_{0.05,3}$). 따라서 독일이 특정 지역을 집중 타격한 것이 아닌 우연히 발생한 결과로 볼 수 있다.

1.20

편지와 편지봉투의 짝이 맞는 것은 몇 개가 될까? (Matching problems)

연말에 메일 대신에 안부 편지를 보내고자 편지와 주소를 적은 봉투를 각각 30통씩 마련하여 편지를 봉투에 넣어 부치는 것을 동생에게 부탁하였다. 동생은 귀찮아서 편지를 보지 않고 아무 봉투에 넣어 부쳐버렸다. 이때 제대로 짝을 맞춘 편지가 하나도 없을 확률은 얼마인가? 만일 편지 수가 많아진다면 이 확률 값은 어떻게 될까?

해답

편지와 서로 맞는 봉투가 동일한 번호를 갖는 것으로 간주하자. 편지와 봉투에 각각 1번에서 n번까지 번호를 붙이고, i번의 번호를 가진 편지와 이와 맞은 봉투의 번호를 x_i $(i=1,2,\dots,n)$라고 하자. 이와 같이 하면, 이 실험의 결과는 $1,2,\dots,n$의 순열로 나타낼 수 있으며, 각각의 실험 결과는 동일한 확률로 일어나는 것이다. 이제, i번째 편지가 맞는 봉투로 제대로 간 사건을 A_i라고 하면, 구하는 확률은 $1-\Pr(\bigcup_{i=1}^{n} A_i)$가 된다.

또한, 특정 k쌍의 편지와 봉투가 서로 맞게 될 확률은

$$\Pr(A_{i1}\cap A_{i2}\cap\dots\cap A_{ik})=\Pr(A_1\cap A_2\cap\dots\cap A_k)=\frac{(n-k)!}{n!}\quad(1\le i_1<\dots<i_k\le n)$$

로 편지에 구별 없이 동일하게 주어진다. 따라서 k쌍의 편지와 봉투가 서로 맞게 될 확률 S_k는 다음과 같이 주어진다.

$$S_k=\binom{n}{k}\frac{(n-k)!}{n!}=\frac{1}{k!},\quad k=1,2,\dots,n$$

따라서 하나 이상의 편지와 봉투가 맞을 확률은 포함-제외 원리에 의해

$$\Pr(\bigcup_{i=1}^{n}A_i)=\Pr(S_1)-\Pr(S_2)+\cdots+(-1)^{n-1}\Pr(S_n)=\sum_{k=1}^{n}(-1)^{k-1}\frac{1}{k!}$$
$$=1-\sum_{k=0}^{n}(-1)^k\frac{1}{k!}\qquad(1.20.1)$$

이 되므로, 제대로 짝을 맞춘 편지가 하나도 없을 확률은

$$1-\Pr(\bigcup_{i=1}^{n} A_i) = \sum_{k=0}^{n}(-1)^k \frac{1}{k!} = \frac{1}{2!} - \frac{1}{3!} + \cdots + (-1)^n \frac{1}{n!} \tag{1.20.2}$$

가 된다.

n이 커지면 $P(\bigcup_{i=1}^{n} A_i) \approx 1-e^{-1}$이 되므로 구하는 확률은 $1-P(\bigcup_{i=1}^{n} A_i) \approx e^{-1} =$ $0.367879\ldots$임을 알 수 있다.

- 제대로 된 봉투에 든 편지 수에 대한 평균을 구하라.

해답

X를 제대로 된 봉투에 들어간 편지 수라고 하자. 그리고

$$X_i = \begin{cases} 1, & i \text{ 편지가 제대로 된 봉투에 들어가면} \\ 0, & \text{아니면} \end{cases}$$

이면 $X = X_1 + \cdots + X_n$이며 그리고 모든 편지는 무작위로 봉투에 들어가므로

$$P(X_i = 1) = \frac{1}{n},\ E(X_i) = \frac{1}{n}$$

$$E(X) = E(X_1) + \cdots + E(X_n) = 1 \tag{1.20.3}$$

총 편지의 수와는 관계없이 평균값은 1이다.

추가문제 1-20-1

제대로 넣어진 편지의 수가 $k(0 \le k \le n)$통일 확률을 구하라. 그리고 제대로 된 편지 수의 분산을 구하라.

1-20-1 해답

제대로 넣어진 편지의 수가 k통일 확률을 구하기 위해 먼저 특정한 편지들이 제대로 봉투에 들어가는 확률은

$$\frac{1}{n}\frac{1}{n-1}\cdots\frac{1}{n-(k-1)}P_{n-k}=\frac{(n-k)!}{n!}P_{n-k}$$

이다. 여기서 P_{n-k}는 $n-k$통의 편지와 봉투가 전부 제대로 매칭되지 않을 확률을 의미하며 식 (1.20.1)로부터 구할 수 있다. 그러면 제대로 넣어진 편지의 수가 k통일 확률은

$$\binom{n}{k}\frac{(n-k)!P_{n-k}}{k!}=\frac{P_{n-k}}{k!}=\frac{\frac{1}{2!}-\frac{1}{3!}+\cdots+\frac{(-1)^{n-k}}{(n-k)!}}{k!} \tag{1.20.4}$$

이다.

다음으로 제대로 된 편지 수는 두 번째 기본문제에서 $X=X_1+\cdots+X_n$이다.

역시 $E(X_i^2)$=1이므로, $Var(X_i)=1/n-1/n^2=(n-1)/n^2$ 이 된다. 따라서 분산은

$$\begin{aligned}Var(X) &= Var(X_1+\cdots+X_n)=E[(X_1+\cdots+X_n)^2]-[E(X_1+\cdots+X_n])]^2 \\ &= \sum_{i=1}^{n}E(X_i^2)+2\sum_{i<j}E(X_iX_j)-n=2\sum_{i<j}E(X_iX_j)\end{aligned}$$

로부터 구할 수 있다.

여기서 $E(X_iX_j)=\Pr(X_i=1,X_j=1)=\Pr(X_i=1)\Pr(X_j=1|X_i=1)=1/[n(n-1)]$

이므로 $Var(X)=2\sum_{i<j}^{n}E(X_iX_j)=2\frac{\binom{n}{2}}{n(n-1)}=1$이 된다.

추가문제 1-20-2

n개의 봉투와 편지를 무작위로 넣은 편지를 검사하여 제대로 된 것은 부치고 아닌 것은 다시 분리하여 무작위로 다시 넣어서 제대로 된 것만을 부치는 작업을 계속하는 경우를 생각해보자. 이때 편지를 봉투에 넣는 작업을 평균적으로 몇 번 하여야 하는가? 그리고 임의의 한 편지가 제대로 보내질 때까지 평균적으로 몇 번이나 잘못된 봉투에 넣어졌을까?

1-20-2 해답

먼저 한 번의 무작위 편지 넣기에서 재대로 넣어진 편지의 수는 전체 편지 수와 무관

하게 평균적으로 1개이므로 직관적으로 우리는 전체 편지를 제대로 부치기 위해 평균적으로 n번의 편지 넣기를 하여야 한다면 전체적으로 편지를 봉투에 넣는 작업의 평균 횟수는

$$n+(n-1)+(n-2)+\cdots+2+1=\frac{n(n+1)}{2}$$

이 된다. 그리고 총 편지 넣기 횟수 S_n을 처음 n개를 넣어서 확인한 결과를 조건으로 하여 구하여 보면 다음과 같다.

$$ES_n=\sum_{i=0}^{n}E[S_n \text{ 제대로 넣은 봉투의 수}=i]P[\text{제대로 넣은 봉투의 수}=i]$$

$$=n+\sum_{i=0}^{n}E[S_{n-i}]P[\text{제대로 넣은 봉투의 수 } X_n=i]$$

위의 직관적인 결과로부터 $E[S_n]=an+bn^2$의 형식일 것이라고 가정하고 관계식을 풀면 $an+bn^2=n+E[a(n-X_n)+b(n-X_n)^2]$이고 제대로 넣은 봉투의 수의 기댓값과 분산은 1이므로 $E[S_n]=n+\frac{1}{2}n^2$이다.

그리고 임의 편지가 봉투에 들어갈 수를 C_j라고 하면 $\sum_{j=1}^{n}C_j=S_n$이고 $\sum_{j=1}^{n}EC_j=n+\frac{n^2}{2_n}$이고 모두 동일한 평균을 가지므로 $EC_j=1+\frac{n}{2}$이고 잘못 넣어질 횟수는 C_j-1이고 $E[C_j-1]=\frac{n}{2}$이다(상세한 증명은 Ross(2014)를 참고).

추가문제 1-20-3

테니스 시합에 참가한 12명의 부부가 성별 구별 없이 무작위로 복식조를 구성하여 시합을 한다. 어떤 부부도 같은 복식조가 되지 않을 확률을 구하라.

1-20-3 해답

각 부부를 $2j-1$, $2j$로 번호를 매겨 순열$(1, 2, \ldots, 2n-1, 2n)$을 형성하자. A_j를 부부 j쌍이 복식조를 형성할 사건이라면

$$P(A_1 \cap A_2 \cap \ldots \cap A_k) = \frac{n \times (n-1) \times \cdots \times 2^k (2n-2k)!}{(2n)!}$$

$$= \frac{n!\,2^k (2n-2k)!}{(n-k)!\,(2n)!}\ ,\ \ k = 1, 2, \ldots, n$$

가 되므로, 원하는 답은 포함-제외 원리에 의해 다음과 같다.

$$1 - \Pr\left(\bigcup_{i=1}^{n} A_i\right) = 1 - \sum_{k=1}^{n} (-1)^{k+1} \binom{n}{k} \frac{n!\,2^k (2n-2k)!}{(n-k)!\,(2n)!}$$

$$= 1 - \sum_{k=1}^{n} (-1)^{k+1} \frac{(n!)^2\, 2^k (2n-2k)!}{[(n-k)!]^2 k!\,(2n)!} \tag{1.20.5}$$

식 (1.20.5)에 $n = 12$를 대입하면 0.5938이 되며, n가 커지면 근사값은 $e^{-1/2} = 0.6065$가 된다.

추가문제 1-20-4

짜장면을 좋아하는 A씨는 같은 길이를 가진다고 볼 수 있는 짜장면 가닥의 두 끝을 무작위로 택하여 이 끝들을 이어 준다. 짜장면 한 그릇에 100개의 면 가닥이 있으며, 각 면 가닥은 길고, 섞여 있어 서로 같은 가닥인지 알 수 없다고 간주한다. 이렇게 이어주면 하나의 루프를 형성하거나 더 긴 면 가닥이 된다. 전자일 경우는 그릇에서 꺼내며, 후자일 때는 그릇에 그대로 둔다.

만약 다시 두 면의 가닥 끝을 무작위로 선택하여 이어주다가 더 이상 이어줄 수 없게 될 때까지 실행한다면 루프를 형성한 면 가닥 수의 기댓값은 얼마가 되겠는가? 이때 형성된 루프는 길이가 다른 가닥이 형성될 수 있다.

또한 하나의 면 가닥의 끝이 서로 이어져 루프(단위 루프로 명명)가 되는 경우에 관심이 있다면 루프 개수에 관한 기댓값은 얼마나 되겠는가?

1-20-4 해답

면 가닥수가 n일 때 P_n을 랜덤하게 선택된 두 가닥이 한 가닥에 속할 확률이면 이 값은 $1/(2n-1)$이 된다. L_n을 루프를 형성하는 가닥수에 대한 기댓값이라면 다음과 같은 순환관계가 성립한다.

$$L_n = (L_{n-1}+1)P_n + L_{n-1}(1-P_n) = L_{n-1} + P_n = L_{n-1} + \frac{1}{2n-1}$$

여기서 $L_1 = 1$이므로 $L_n = 1 + \frac{1}{3} + \frac{1}{5} + \cdots + \frac{1}{2n-1}$이 된다.

그런데 n이 클 때 $\sum_{j=1}^{n} \frac{1}{j} \approx \ln n + \gamma$(Euler의 공식, γ는 Euler 상수로 0.5772...임)가 되므로 다음과 같이 근사할 수 있다.

$$L_n = \sum_{j=1}^{2n} \frac{1}{j} - \frac{1}{2} \sum_{j=1}^{n} \frac{1}{j} \approx \ln(2n) + \gamma - \frac{1}{2}(\ln n + \gamma) = \ln 2 + \frac{\gamma}{2} + \frac{\ln n}{2}$$

$$\approx 0.98175 + \frac{\ln n}{2} \tag{1.20.6}$$

n이 100이면 정확한 값이나 근사 값이 모두 3.28434가 된다.

면 가닥을 $1, 2, \ldots, n$을 번호를 매겨 Y_i를 단위 루프 형성에 관한 지시 확률변수(즉, 0 또는 1을 가지는 확률변수)로 두면 단위 루프의 수 Y는 $\sum_{j=1}^{n} Y_j$가 된다.

$\Pr(Y_j = 1) = 1/(2n-1)$이므로 Y의 기댓값은 다음과 같이 주어진다.

$$E(Y) = \sum_{j=1}^{n} E(Y_j) = \frac{n}{2n-1} \tag{1.20.7}$$

n이 100이면 0.5955가 되며, n가 커지면 1/2에 수렴한다.

1.21

룸메이트를 구성할 때 신입생만으로 배정되지 않은 방은 몇 개가 되겠는가?

방이 r개인 한국대학교 남학생 기숙사는 2인 1실로 배정하는데, 신입생을 3/4 이상 선발한다. 즉, 신입생 n_1명과 재학생 $n_2 = n - n_1 = 2r - n_1 (\leq n_1/3\,,\, n = n_1 + n_2)$명을 선발하여 무작위로 룸메이트를 정한다. 원래는 신입생의 대학생활에 도움을 주기 위해 재학생 1명과 신입생 1명씩을 짝을 이루어 우선 배정하는 방식을 취했으나, 일부 신입생 중에 이런 배정에 불만을 표시하는 학생들이 있어 학년 구분 없이 무작위로 배정하는 방식으로 운영하고 있다.

이렇게 배정할 때 재학생과 신입생으로 구성되는 방의 개수는 평균적으로 얼마나 될까? 먼저 단순한 상황을 가정하여, 즉 신입생과 재학생이 각각 4, 2명일 때 혼합 학년으로 구성되는 쌍의 수(M)에 대한 기댓값은 얼마인가?

해답

〈그림 1.21.1〉에는 신입생과 재학생이 각각 4, 2명일 때와 더불어 3, 1명일 때의 모든 경우가 도시되어 있다. 전자는 $\binom{6}{2} = 15$가지, 후자는 $\binom{4}{1} = 4$가지가 발생가능한데, 후자는 모두 1개의 혼합 학년 룸메이트가 되며, 전자는 혼합 룸메이트 쌍의 수가 '0'인 경우가 3가지, '2'인 경우가 12가지가 된다. 즉, n_1과 n_2가 모두 짝수이면 M은 짝수('0' 포함)개, 모두 홀수이면 M은 홀수 개의 값만을 가진다.

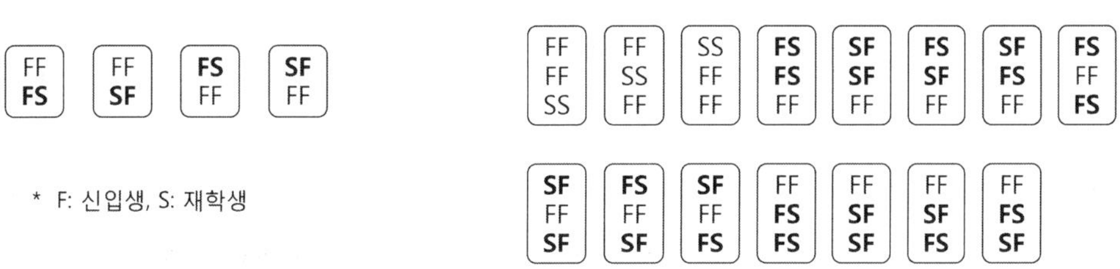

(a) 신입생 3명과 재학생 1명일 경우 (b) 신입생 4명과 재학생 2명일 경우

그림 1.21.1 두 가지 단순한 경우

따라서 $r=3, n=6,\ n_1=4,\ n_2=2$일 때

$$\Pr(M=0)=\frac{3}{15}\ ,\ \Pr(M=2)=\frac{12}{15}$$

가 되므로, 기댓값과 분산은 다음과 같다.

$$E(M)=\frac{8}{5}\ ,\ \ Var(M)=\frac{16}{5}-\left(\frac{8}{5}\right)^2=\frac{16}{5}$$

추가문제 1-21-1

기숙사의 방의 개수가 500실이고, 신입생이 800명, 재학생이 200명이면 혼합 학년으로 구성되는 방이 75실 이상일 확률을 구하라.

1-21-1 해답

X와 $Y=r-M-X$를 각각 신입생과 재학생만으로 구성된 쌍의 수이라면(관측값은 소문자로 표시), 먼저 혼합 학년 쌍의 경우의 수는 $\binom{r}{m}$, 그 쌍에서 각각 2가지가 발생하므로 2^m가지를 고려해야 한다. $r-m$쌍 중에서 신입생만으로 구성된 쌍의 개수는 $\binom{n-m}{(n_1-m)/2}$가 되며, 방을 배정하는 가지 수는 $\binom{n}{n_1}$가 되므로 $\Pr(M=m)$은 다음과 같이 구할 수 있다.

$$\Pr(M=m)=\frac{\binom{r}{m}2^m\binom{r-m}{(n_1-m)/2}}{\binom{n}{n_1}},\ \ m=1,,\dots,\min(n_1,n_2)$$

$$=\frac{r!2^m n_1!(n-n_1)!}{m![(n_1-m)/2]![r-m-(n_1-m)/2]!n!} \tag{1.21.1}$$

여기서 $n_2=n-n_1,\quad x=(n_1-m)/2\,,\ y=(n_2-m)/2=(n-n_1-m)/2=r-m-(n_1-m)/2$가 되므로 식 (1.21.1)은 다음과 같이 간략화된다(Hader, 1967).

$$\Pr(M=m)=\frac{2^m r!n_1!n_2!}{n!m!x!y!} \tag{1.21.2}$$

여기서 n_1과 n_2가 짝수(홀수)가 될 때 m은 짝수(홀수) 값만 가지므로,

$$\Pr(M \le m) = \sum_{j=0}^{m} \frac{2^{2j} r! n_1! n_2!}{n!(2j)!x!y!}, \quad n_1, n_2\text{는 짝수} \tag{1.21.3}$$

$$\Pr(M \le m) = \sum_{j=0}^{m} \frac{2^{2j+1} r! n_1! n_2!}{n!(2j+1)!x!y!}, \quad n_1, n_2\text{는 홀수} \tag{1.21.4}$$

가 된다. $n = 1{,}000,\ r = 500,\ n_1 = 800,\ n_2 = 200$을 식 (1.21.3)에 대입하면 $\Pr(M \ge 75) = 1 - \Pr(M \le 74) = 0.9384$가 된다.

추가문제 1-21-2

추가문제 1-21-1에서 기댓값과 분산을 구하라.

1-21-2해답

i 번째 방이 혼합 학년으로 구성여부를 나타내는 지시 확률변수를 Z_i(즉, 혼합 학년이면 '1', 그렇지 않으면 '0')로 나타내면,

$$\Pr(Z_i) = \frac{n_1}{n}\frac{n_2}{n-1} \times 2 = \frac{2n_1 n_2}{n(n-1)}$$

가 된다. $M = Z_1 + Z_2 + \cdots + Z_r$이므로 이의 기댓값은 다음과 같이 구해진다.

$$E(M) = \sum_{i=1}^{r} E(Z_i) = r \times \frac{2n_1 n_2}{n(n-1)} = \frac{n_1 n_2}{n-1} \tag{1.21.5}$$

그리고 M의 분산은 $Var(M) = E[(\sum_{i=1}^{r} Z_i)^2] - E(M)^2$이고,

$$E\left[\left(\sum_{i=1}^{r} Z_i\right)^2\right] = rE(Z_i^2) + r(r-1)E(Z_i Z_j)\text{, 단 } \ i \ne j$$

가 된다. $E(Z_i^2) = E(Z_i)$이고,

$$
\begin{aligned}
E(Z_iZ_j) &= \Pr(Z_iZ_j=1)=\Pr(Z_i=1, Z_j=1)=\Pr(Z_i=1)\Pr(Z_j=1 \mid Z_i=1)\\
&= \frac{2n_1}{n}\frac{n_2-1}{n-1}\frac{n_1-1}{n-2}\frac{n_2-2}{n-3}\times 2\\
&= \frac{4n_1(n_1-1)n_2(n_2-1)}{n(n-1)(n-2)(n-3)}, \quad i \neq j
\end{aligned}
$$

가 되므로,

$$
E\left[\left(\sum_{i=1}^{r} Z_i\right)^2\right] = \frac{n_1n_2}{n-1} + \frac{2r(r-1)n_1(n_1-1)n_2(n_2-1)}{(n-1)(n-2)(n-3)}
$$

가 된다. $2(r-1)=n-2$인 점을 이용하면 다음을 얻을 수 있다(Andel, 2001).

$$
\begin{aligned}
Var(M) &= \frac{n_1n_2}{n-1} + \frac{n_1(n_1-1)n_2(n_2-1)}{(n-1)(n-3)} - \left(\frac{n_1n_2}{n-1}\right)^2\\
&= \frac{n_1n_2}{n-1}\left[1+\frac{(n_1-1)(n_2-1)}{n-3} - \frac{n_1n_2}{n-1}\right] \qquad (1.21.6)
\end{aligned}
$$

$n=1{,}000$, $r=500$, $n_1=800$, $n_2=200$을 식 (1.21.5)와 (1.21.6)에 대입하면 M의 평균과 분산은 각각 160.16과 51.136이 된다. 체비세브(Chebyshev)의 부등식에 적용하면

$$
\Pr(|M-160.16| \le 3\sigma_M = 3(7.151) = 21.453) \ge 1-\frac{1}{3^2} = 0.889
$$

가 되므로, 혼합 학년 쌍의 수가 139～182가 될 확률이 최소한 88.9%가 된다.

참고적으로 재학생 쌍으로 배정된 방 개수의 기댓값은 $E(Y)=\dfrac{n_2(n_2-1)}{2(n-1)}$가 되므로, 이 예에서는 19.92, 신입생으로만 배정된 방 개수의 기댓값은 319.92이 된다. 그리고 $X=(n_1-M)/2$, $Y=(n_2-M)/2$이므로 $Var(X)=Var(Y)=Var(M)/4$가 되어 이 예에서 X와 Y의 표준편차는 모두 3.575가 된다.

- 2017년 새 정부는 신고리 원전 5·6호기에 대한 사회적 합의를 도출하기 위해 '공론조사'를 실시하고 있다. 공론조사는 일반 여론조사에 숙의(deliberation)를 더한 조사기법으로, 여론을 수렴해 선정한 시민참여단이 중단 여부에 대한 최종 결론을 도출하게 된다. 공론화 위원회는 2만 명을 대상으로 한 1차 조사를 진행한 후에 이들의 연령·성별·지역과 찬반 비율 등을 고려해 이 중 500명을 시민참여단으로 뽑을 계획이다. 시민참여단은 심층 학습과 조사에 참여하는 '숙의 과정'을 거쳐 신고리 5·6호

기 건설 중단 여부를 묻는 최종 설문에 응답하는 과정을 거친다.

만약 원자력 발전소 인근 지역 5,000명을 대상으로 시민참여단으로 400명을 뽑는 공론조사를 실시하는 상황을 가정하자. 5,000명에는 부부관계인 300쌍(즉, 600명)이 포함되어 있다. 공론조사의 공정성을 위해 조사기관에서는 k쌍 이상의 부부가 시민참여단에 들어가는 확률을 0.001 이하로 제어하기를 원한다면 k는 얼마가 되어야 하겠는가?

해답

지역주민 수를 n명, 부부의 수를 r쌍, 뽑는 사람의 수를 m명이라 하자. m명 중에 부부가 모든 뽑힌 쌍의 수를 i, 부부인데 한 사람만 뽑힌 수를 j라 하면 이런 경우가 일어날 확률 $p(i,j)$는 다음과 같이 주어진다.

$$p(i,j) = \frac{\binom{r}{i}\binom{r-i}{j}2^j\binom{n-2r}{m-2i-j}}{\binom{n}{m}} \tag{1.21.7}$$

따라서 k는 다음의 부등식으로부터 구할 수 있다.

$$Q(k) = \sum_{i=k}^{m/2}\sum_{j=0}^{m-2i} p(i,j) \le 0.001 \tag{1.21.8}$$

식 (1.24.8)의 좌변에 포함-제외 원리를 적용하면 $Q(k)$는 다음과 같이 변형될 수 있다 (Staley and Cooper, 1989).

$$Q(k) = \sum_{i=k}^{m/2}(-1)^{i-k}\frac{\binom{i-1}{k-1}\binom{r}{i}\binom{m}{2i}}{\binom{n}{2i}} \tag{1.21.9}$$

$n=5{,}000$, $r=300$, $m=400$을 식 (1.21.8)(또는 (1.21.9))에 대입하면 k가 8과 9일 때 $Q(k)$는 0.00212와 0.00043가 되어 원하는 답은 9쌍 이상이 된다.

1.22

성냥갑에 남아 있는 성냥은 몇 개일까? (Banach's match box problems)

한 사람이 양쪽 호주머니에 각각 하나의 성냥갑을 가지고 있다고 하자. 성냥이 필요하면 무작위로 한쪽 주머니의 성냥을 사용한다고 한다. 만일 성냥이 필요하여 하나의 성냥갑을 선택한 경우 이 성냥갑이 빈 것을 알았을 때 다른 쪽 성냥갑에 남아 있는 성냥 수의 기댓값은 얼마인가? 단, 성냥갑에는 10개의 성냥이 있다고 한다. 이 문제는 수학자 S. Banach(1892～1945)의 성냥갑 문제로 불리고 있다(Feller, 1968).

해답

격자로 이루어진 2차 평면을 고려하여 보자. 원점에서 출발하여 1/2의 확률로서 세로, 혹은 가로 방향으로 한 칸씩 움직이는 Random walk를 고려하여 보자. 그러면 (10, j), $j = 1,2,\ldots,10$과 (i, 10), $i = 1,2,\ldots,10$ 위치가 한 쪽의 성냥이 없게 되는 시점들이다. 각 위치에 이르게 될 확률은 한쪽이 비더라도 한 번 더 찾아야 하므로,

$$P(10,j) = \frac{(10+j)!}{10!j!}\left(\frac{1}{2}\right)^{10+j+1}, \quad P(i,10) = \frac{(i+10)!}{i!10!}\left(\frac{1}{2}\right)^{i+10+1}$$

이다. 그리고 각 위치에서의 남은 개수는 $N(10,j) = 10-j,\ N(i,10) = 10-i$이다. 그러므로 확률과 개수를 곱하며 합하면 기대개수는

$$E(N) = \sum_{j=0}^{10}(10-j)\frac{(10+j)!}{10!j!}\left(\frac{1}{2}\right)^{10+j+1} + \sum_{i=0}^{10}(10-i)\frac{(i+10)!}{i!10!}\left(\frac{1}{2}\right)^{i+10+1} = 2.70$$

가 된다.

- 10개에서 n개로 일반화하여 다른 쪽 성냥갑에 남아 있는 성냥 개수의 기댓값을 구하라.

해답

다른 호주머니에 남아 있는 성냥의 개수를 N이라 할 때 $\Pr(N=k)$를 구해야 한다. 두 호주머니의 각 성냥갑에 들어 있는 성냥의 수를 n라 할 때 각각 왼쪽 주머니 성냥갑이 비었다면 이 확률은 왼쪽 호주머니에 n회, 오른쪽 주머니에 $n-k$의 성냥을 꺼낸 후에 왼쪽 호주머니를 한 번 더 찾은 경우이므로 $\Pr(N=k)$는 음이항 분포의 확률을 적용하여 구한 값의 2배가 된다.

$$\Pr(N=k)=2\binom{2n-k}{n}\left(\frac{1}{2}\right)^{2n-k+1}=\binom{2n-k}{n}\left(\frac{1}{2}\right)^{2n-k},\quad k=0,1,\ldots,n \qquad (1.22.1)$$

여기서 $\sum_{k=0}^{n}\binom{2n-k}{n}\left(\frac{1}{2}\right)^{2n-k}=1$임을 됨을 알 수 있다.

그리고 $\frac{\Pr(N=k)}{\Pr(N=k-1)}=2\frac{n-(k-1)}{2n-(k-1)}=\frac{n-(k-1)}{n-(k-1)/2}$이 되므로, $\Pr(N=0)=\Pr(N=1)$이고 $k\geq 1$에서 $\Pr(X=k)$는 감소함수임을 알 수 있다.

한편 왼쪽 호주머니에 n_L개, 오른쪽 호주머니에 n_R개, 왼쪽 호주머니를 찾을 확률이 p일 때로 일반화하면 $\Pr(N=k)$는 다음과 같다.

$$\Pr(X=k)=\binom{n_L+n_R-k}{n_L}p^{n_L+1}(1-p)^{n_R-k}+\binom{n_L+n_L-k}{n_L}p^{n_L-k}(1-p)^{n_R+1}$$

그리고 식 (1.21.1)을 이용하여 X의 기댓값을 구하면

$$\begin{aligned}E_n(N)&=\sum_{k=0}^{n}k\binom{2n-k}{n}\left(\frac{1}{2}\right)^{2n-k}=\sum_{k=0}^{n-1}(k+1)\binom{2n-k-1}{n}\left(\frac{1}{2}\right)^{2n-k-1}\\&=\sum_{k=0}^{n-1}(k+1)\binom{2n-k-2}{n-1}\left(\frac{1}{2}\right)^{2n-k-1}+\sum_{k=0}^{n-1}(k+1)\binom{2n-k-2}{n}\left(\frac{1}{2}\right)^{2n-k-1}\\&=G+H\end{aligned}$$

인데,

$$G=\frac{1}{2}E_{n-1}(N)+\frac{1}{2}$$
$$H=\frac{1}{2}E_n(N)-\frac{1}{2}+\binom{2n}{n}\left(\frac{1}{2}\right)^{2n+1}$$

가 되므로, 다음과 같은 순환관계가 성립한다.

$$E_n(N) = E_{n-1}(N) + \binom{2n}{n}\left(\frac{1}{2}\right)^{2n}, \quad E_1(N) = \frac{1}{2} \tag{1.22.2}$$

식 (1.21.2)의 차분방정식을 풀면 다음이 구해지며,

$$E_n(N) = \binom{n+\frac{1}{2}}{n} - 1 = \frac{2n+1}{2^{2n}}\binom{2n}{n} - 1 \tag{1.22.3}$$

n가 클 때 Stirling의 공식에 의해 $2\sqrt{n/\pi}-1$로 근사화된다.

추가문제 1-22-1

화장실에 두 종류의 두루마리 휴지가 비치되어 있는데, 두 휴지 걸이는 화장실 양쪽에 각각 부착되어 있다. 관리실에서 매일 동일한 길이 m을 가진 두 휴지 두루마리를 걸이에 비치하며, 이용자는 휴지종류와 상관없이 동일한 길이의 휴지인 1단위를 사용한다고 가정한다.

이용자들이 남아 있는 휴지가 긴 쪽의 두루마리를 선택할 확률이 p이라면 한쪽 휴지 두루마리가 소진되었을 때 남아 있는 다른 휴지 두루마리 크기 N_m의 기댓값은 얼마가 되겠는가? 여기서 두 휴지 두루마리가 같은 크기로 남아 있을 때 각각을 선택할 확률은 1/2이다.

이 문제는 기본 문제인 성냥갑 문제와 유사하지만, 한쪽을 선택할 확률이 1/2 대신에 일반화하고 있으며, 성냥갑의 남아 있는 성냥 수를 모르는 경우와 달리 남아 있는 휴지 두루마리의 길이를 알 수 있는 것이 차이점이다.

현재 양쪽에 각 3단위가 남아 있다면 N_3의 기댓값을 구하라.

1-22-1 해답

$E(N_1)=1$이므로 먼저 $E(N_2)$를 구해보자. x와 y가 각각 남아 있는 한쪽의 휴지 두루마리의 단위 수일 때 〈그림 1.22.1〉의 (2,2)에서 x와 y의 축 또는 (1,1)에 가는 경로는 4가지가 된다. 여기서 (1,1)에 도달하면 어느 방향으로 가던지 한 쪽이 소진되면 1단위만 남게 된다.

4가지 경로를 반영하여 $E(N_2)$를 구하면 다음 식 (1.22.4)와 같이 $2-p$가 된다.

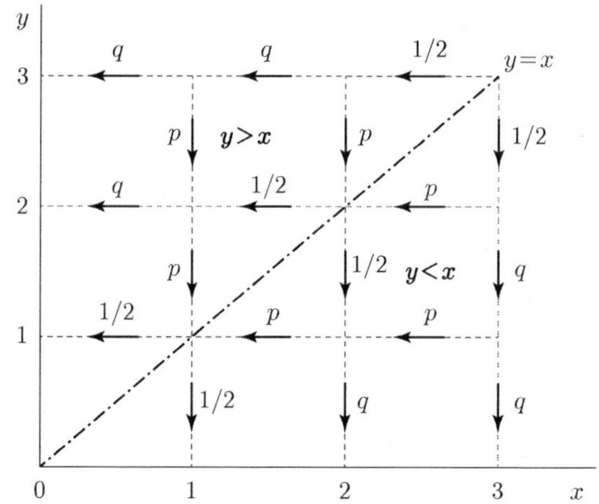

그림 1.22.1 $m = 3$일 경우의 화장지 사용 프로세스

$$E(N_1) = 2(1/2)q + 1(1/2)p + 1(1/2)p + 2(1/2)q = 2q + p = 2 - p \tag{1.22.4}$$

그리고 $E(N_3)$을 구하기 위해 최종 도착점과 도착확률을 검토하면

$N_3 = 3$: (0,3), (3,0); 확률=$2(q^2/2)$

$N_3 = 2$: (0,2), (2,0); 확률=$4(pq/2^2) + 2(pq^2)$

$N_3 = 1$: (1,1)에 도착하면 되므로 그 확률=$2(p^2q/2) + 4(p^2/2^2)$

이 되므로 기댓값은 다음과 같다(Nahin, 2008).

$$E(N_3) = 3q^2 + 2(pq + 2pq^2) + (p^2q + p^2) = 3 - 2p - p^2 + p^3 \tag{1.22.5}$$

추가문제 1-22-2

m을 2와 3보다는 일반화하여 N_m의 기댓값을 구하라.

1-22-2 해답

두 휴지 걸개에 각각 m_1과 m_2가 남아 있을 때 한쪽이 소진될 때 다른 쪽에 남아 있는 휴지 양의 기댓값을 $M_{m_1, m_2}(p)$로, $E(N_m) = M_{m,m}(p) = M_m(p)$라 두면, 다음의 관계를 얻을 수 있다.

(i) $M_m(0) = m$, $M_m(1) = 1$

(ii) $M_{m,0}(p) = m$

(iii) $M_{m,m}(p) = M_{m,m-1}(p)$, $m > 0$

즉, $M_{m,m}(p) = (1/2)M_{m,m-1}(p) + (1/2)M_{m-1,m}(p) = M_{m.m-1(p)}$가 된다.

(iv) 첫 단계 분석을 적용하면 다음과 같다.

$$M_{m_1,m_2}(p) = pM_{m_1-1,m_2}(p) + qM_{m_1,m_2-1}(p), \quad m_1 > m_2 > 0$$

기본문제인 $m_1 = m_2 = 3$일 경우를 풀어 확인해 보자. 먼저 (iii)과 (iv)을 적용하면

$$M_3(p) = M_{3,3}(p) = M_{3,2}(p) = pM_{2,2}(p) + qM_{3,1}(p) \tag{1.22.6}$$

가 되는데, 식 (1.22.5)에서 $M_{2,2}(p) = 2 - p$이고, (iv)와 (i), (ii)를 이용하면

$$M_{3,1}(p) = pM_{2,1}(p) + qM_{3,0}(p) = p(pM_{1,1}(p) + qM_{2,0}) + 3q = p^2 + 2pq + 3q$$

가 되므로 식 (1.22.6)에 대입하면

$$\begin{aligned} M_3(p) &= p(2-p) + q(p^2 + 2pq + 3q) \\ &= 2p - p^2 + p^2(1-p) + 2p(1-p)^2 + 3(1-p)^2 = 3 - 2p - p^2 + p^3 \end{aligned}$$

가 되어 식 (1.22.5)와 일치한다.

하지만 $M_m(p)$를 구하려면 복잡한 과정을 거쳐야 하므로 Knuth(1984)의 결과를 인용하면 다음과 같다.

$$\begin{aligned} M_m(p) &= m - (m-1)C_1p - (m-2)C_2pq - \cdots - 1 \cdot C_{m-1}p^{m-1}q^{m-2} \\ &= m - \sum_{j=1}^{m-1}(m-j)C_jp^jq^{j-1} \end{aligned}$$

(여기서 $C_j = \frac{1}{j}\binom{2j-2}{j-1}$, $j \geq 1$이며, c_j는 Catalan 수로 불림.) (1.22.7)

〈그림 1.22.2〉에는 $m = 50, 80$일 때 p에 따른 $M_m(p)$가 도시되어 있는데, p가 0.5를 넘어서면 양쪽 화장지를 골고루 쓰는 상황이 되기 때문에 $M_m(p)$는 급격하게 감소하는 경향을 보여주고 있다.

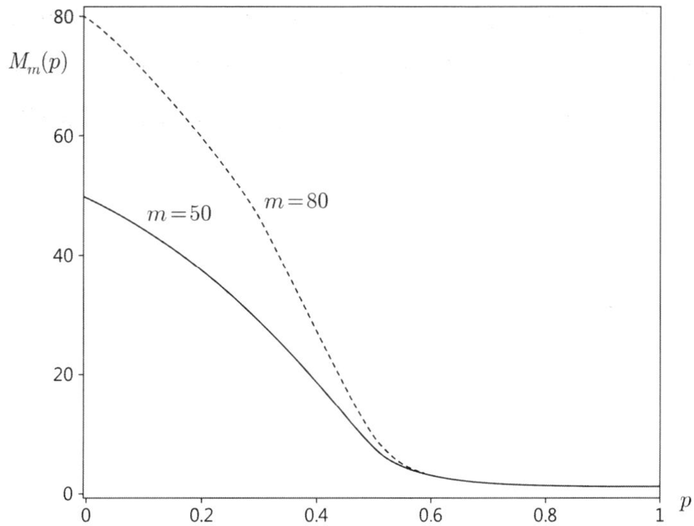

그림 1.22.2 p에 따른 $M_m(p)$

추가문제 1-22-3

$p=1/2$일 때 N_m의 기댓값을 구하라. 여기서 Banach의 성냥갑 문제와 동일한 상황으로 볼 수 있는지를 검토하라.

1-22-3 해답

$p=1/2$일 때는 $\Pr(N_m=j)$를 용이하게 구할 수 있다. $2m-1$ 중에서 한쪽 휴지를 $m-1$회, 다른 쪽을 $m-j$회 사용한 후에 하나 남은 쪽을 사용하는 경우가 되는데, 양쪽에 각각 발생할 수 있으므로 그 확률은 다음과 같이 구해진다.

$$\Pr(N_m=j)=2\times\frac{1}{2}\left(\frac{1}{2}\right)^{2m-j-1}\binom{2m-j-1}{m-1}=(1/2)^{2m-j-1}\binom{2m-j-1}{m-1} \quad (1.22.8)$$

따라서 N_m의 기댓값은

$$M_m(1/2)=\sum_{j=1}^{m} j\left(\frac{1}{2}\right)^{2m-j-1}\binom{2m-j-1}{m-1}=\frac{2m}{4^m}\binom{2m}{m}$$

가 된다. 여기서 최종 도출 과정은 생략하고 Knuth(1968)을 참조한 것이다.

그리고 Banach의 성냥갑 문제는 한 쪽이 소진되더라도 그 여부를 확인할 수 없기 때문에 소진된 쪽을 마지막으로 한 번 더 방문하여야 파악이 되는 경우로 기댓값은 식 (1.22.3)으로부터 다음 같이 되므로 소진여부를 바로 알 수 있는 이 문제와 차이가 있다.

$$E(N_m^{'}) = \frac{2m+1}{4^m}\binom{2m}{m} - 1 \tag{1.22.9}$$

제 2 장

게임과 확률 문제

2.1

상금을 어떻게 분배할 것인가?

갑과 을은 상금 10만 원을 걸고 6번 먼저 이기는 사람이 이 상금을 차지하는 바둑 시합을 하고 있다. 갑 또는 을이 이길 확률은 0.5이고(fair), 비기는 경우가 없는 게임(예를 들면 체스, 바둑)이며, 각 시합은 독립으로 볼 수 있다. 갑이 5번 이기고, 을이 3번 이겼을 때 피치 못할 사정으로 시합을 더 진행할 수 없게 되었다. 갑과 을은 상금 10만 원을 어떻게 배분하는 것이 합리적인가?

이 문제는 Blaise Pascal(1623～1662)과 그의 부친의 친구인 Pierre de Fermat(1607～1665)가 확률이론을 체계적으로 적용한 최초의 문제로 알려져 있다(Gorroochurn, 2012).

해답

다음은 두 사람의 편지에 언급된 이 문제에 대한 풀이이다. 현재 상황에서 다음과 같이 (이긴 사람을 표기) 최대 3번의 바둑 시합을 더 해야 상금의 주인을 가릴 수 있다.

갑갑갑, 갑갑을, 갑을갑, 을갑갑, 갑을을, 을갑을, 을을갑, 을을을

마지막 사건이 아니면 모두 갑이 상금을 획득하므로 상금 10만 원을 7:1로, 즉, 갑에게 87,500원, 을에게 12,500원으로 배분하는 것이 합리적이다.

만약 여기서 시합을 더 진행한다면 기대 시합 수는 $1\times 4/8+2\times 2/8+3\times 2/8=1.75$가 된다.

추가문제 2-1-1

기본문제를 다음과 같이 확장해 보자. 갑(을)이 이길 확률은 $p(q=1-p)$이고, 갑은 을이 s시합을 이기기 전에 r시합을 먼저 이기면 상금을 차지하며, 반대로 을이 s시합을 먼저 이기면 상금을 가진다. 갑과 을이 상금을 차지할 확률과 기대 시합 수를 구하라(Andel, 2001).

2-1-1 해답

게임의 상태를 〈그림 2.1.1〉과 같이 좌표로 나타낼 수 있다. $i \le r-1$, $j \le s-1$일 때 좌표 (i,j)는 갑이 i게임을 이기고 을이 j게임을 이긴 상태이며, 여기서 갑이 이기면 확률 p로 $(i+1,j)$로, 을이 이기면 확률 q로 $(i,j+1)$로 이동한다. 또한 정사각형의 우 극단 또는 상 극단의 점들에 도달하면 갑 또는 을이 상금을 차지하며, (r,s)에는 도달할 수 없다.

이 게임은 $(0,0)$에서 시작하며, 확률변수 Y_{ij}를 다음과 같이 정의하여

$$Y_{ij} = \begin{cases} 1, & \text{좌표 } (i,j)\text{를 방문하면} \\ 0, & \text{그렇지 않으면} \end{cases}$$

이들의 확률을 다음과 같이 구할 수 있다.

$$\Pr(Y_{ij}=1) = \binom{i+j}{i} p^i q^j, \quad i=0,1,\ldots,r-1;\ j=0,1,\ldots,s-1 \tag{2.1.1}$$

$$\Pr(Y_{rj}=1) = \Pr(Y_{r-1,j}=1)p = \binom{r-1+j}{r-1} p^r q^j, \quad j=0,1,\ldots,s-1 \tag{2.1.2}$$

$$\Pr(Y_{is}=1) = \Pr(Y_{i,s-1}=1)q = \binom{i+s-1}{i} p^i q^s, \quad i=0,1,\ldots,r-1 \tag{2.1.3}$$

$$\Pr(Y_{rs}=1) = 0$$

따라서 식 (2.1.2)와 (2.1.3)으로부터 갑과 을이 이길 확률 Pr(갑)과 Pr(을)은 식 (2.1.4)와 같이 된다.

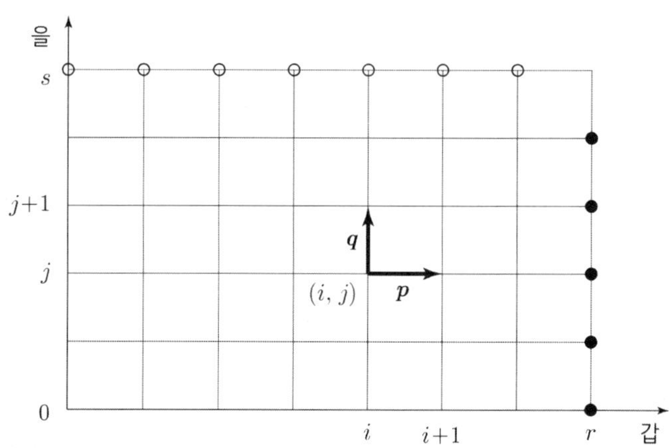

그림 2.1.1 시합의 진행 상태

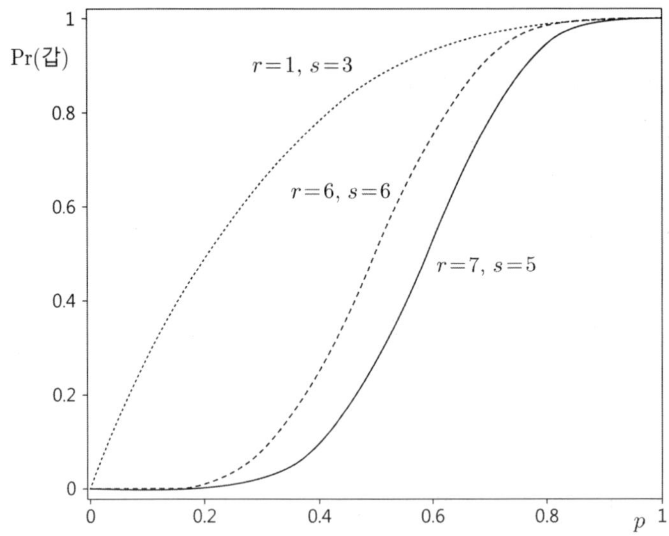

그림 2.1.2 p에 따른 $\Pr(갑)$

$$\Pr(갑) = \sum_{j=0}^{s-1} \Pr(Y_{rj}=1) = p^r \sum_{j=0}^{s-1} \binom{r-1+j}{r-1} q^j$$

$$\Pr(을) = \sum_{i=0}^{r-1} \Pr(Y_{is}=1) = q^s \sum_{i=0}^{r-1} \binom{i+s-1}{i} p^i = 1 - \Pr(갑) \tag{2.1.4}$$

기본문제에 해당되는 $r=1, s=3$와 더불어 $r=6, s=6$ $r=7, s=5$일 때 p에 따른 $\Pr(갑)$가 〈그림 2.1.2〉에 도시되어 있다. 이를 보면 전술한 바와 같이 $r=1, s=3$일 때 0.875임을 확인할 수 있다.

상금의 소유자가 결정될 때까지 게임 수는 Y_{00}이 1이므로,

$$Y = \left(\sum_{i=0}^{r-1} \sum_{j=0}^{s-1} Y_{ij} - 1 \right) + 1 = \sum_{i=0}^{r-1} \sum_{j=0}^{s-1} Y_{ij}$$

가 되어 기대 게임 수는 식 (2.1.1)을 이용하여 다음 식으로부터 구할 수 있다.

$$E(Y) = \sum_{i=0}^{r-1} \sum_{j=0}^{s-1} E(Y_{ij}) = \sum_{i=0}^{r-1} \sum_{j=0}^{s-1} \Pr(Y_{ij}=1)$$

〈그림 2.1.3〉에 $r=1, s=3$와 더불어 $r=6, s=6$ $r=7, s=5$일 때 p에 따른 $E(Y)$가 도시되어 있다. 이를 보면 전술한 바와 같이 $r=1, s=3$일 경우 예상과 같이 p가 커지면 감소하며, $r=6, s=6$일 경우 p가 0.5일 때 최대 9.293, $r=7, s=5$일 경우 p가

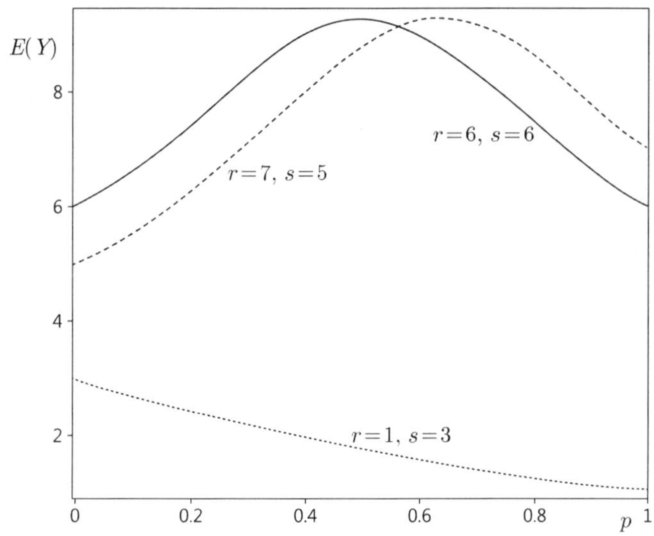

그림 2.1.3 p에 따른 $E(Y)$

0.633일 때 최대 9.329가 된다.

한편 $r=s$이면 p=0.5일 때 $E(Y)$이 최대가 되는데, 이는 추가문제 2-2-1에서 다룰 예정이다.

추가문제 2-1-2

추가문제 2-1-1에서 두 사람이 아니고, n명($B_1,\ B_2,\dots,B_n$)이 시합에 참가하며, 각 시합은 독립이라고 본다. B_i가 각 시합을 이길 확률은 $p_i,\ i=1,2,\dots,n$이고, $b_i,\ i=1,2,\dots,n$ 시합을 먼저 이기면 상금을 차지한다. B_1이 상금을 차지할 확률을 구하라.

2-1-2 해답

총 시합 수는 $b_1+m_2+m_3+\cdots+m_n,\ 0\le m_i\le b_i-1,\ i=1,2,\dots,n$가 되는데, 마지막 시합 전까지 B_1는 b_1-1회, $B_i,\ j=2,3,\dots,n$는 각각 m_i회 이기면서 마지막 시합에서 B_1이 이기면 된다. 따라서 이 확률 $\Pr(B_1)$은 다음과 같이 다항분포를 이용하여 구할 수 있다.

$$\Pr(B_1) = \sum_{i=2}^{n} \sum_{m_i=0}^{b_i-1} \frac{(b_1 + m_2 + \cdots + m_n - 1)!}{(b_1-1)! m_2! \cdots m_{n!}} p_1^{b_1} p_2^{m_1} \cdots p_n^{m_n} \tag{2.1.5}$$

〈그림 2.1.4〉에는 $n=3$, $b_1 = b_2 = b_3 = 4$이고, $p_2 = p_3$일 때 p_1에 따른 $\Pr(B_1)$이 도시되어 있다. p_1이 1/4, 1/3, 1/2일 때 식 (2.1.5) 또는 〈그림 2.1.4〉로부터 0.1591, 1/3, 0.7136이 되다.

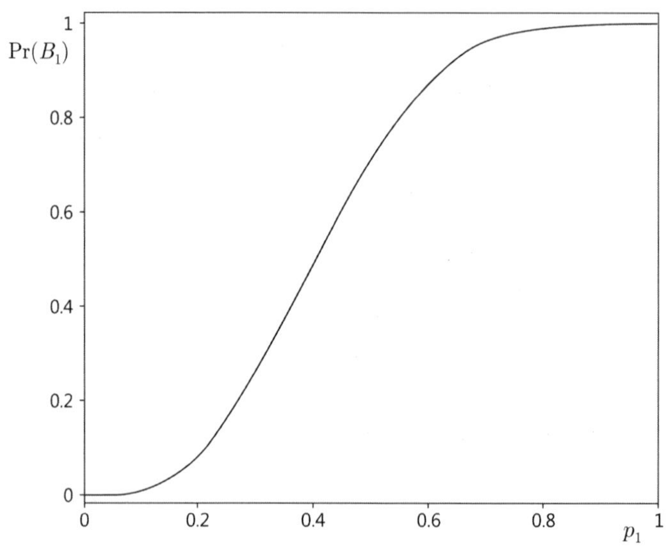

그림 2.1.4 n이 3명일 때 p에 따른 $\Pr(B_1)$

2.2

코리언 시리즈는 7차전까지 갈 것인가?

A씨는 이번 한국(Korean) 시리즈 7번째 시합의 입장권을 예매하고자 한다. A씨가 입장권을 예매할 필요가 있는지 궁금하여 다음을 검토하고자 한다.

(1) 즉, 7전 4선승제의 한국 시리즈에서 최종 7번째 시합에서 우승이 결정될 확률은 얼마인가? 여기서 미국의 월드 시리즈처럼 비기는 시합은 없다고 가정하며, 홈 이 점 등의 여러 가지 복잡한 요인을 무시하고 각 시합에서 두 팀의 이길 확률이 동일하다고 전제한다.

(2) 또한 4, 5, 6번째 시합에서 우승이 결정될 확률은 얼마인가?

(3) 두 팀 중에서 우리가 응원하는 팀이 각 시합에서 이길 확률이 독립이고 동일한 p일 때 7번째 시합에서 우승이 결정될 확률은 얼마인가? 또한 한국 시리즈에서 응원하는 팀이 우승할 확률은 얼마인가?

해답

(1) 여섯 번째 시합까지 진행될 때 두 팀의 승리 시합 수가 3:3이면 7번째 시합이 열린다. 각 단순사건이 일어날 확률이 동일하므로 고전적 확률의 정의에 의해 다음과 같이 5/16이 된다.

$$\frac{\binom{6}{3}}{2^6} = \frac{20}{64} = \frac{5}{16}$$

(2) 4번째 시합에서 결정: $\dfrac{2\binom{4}{4}}{2^4} = \dfrac{1}{8}$

5번째 시합에서 결정: $\dfrac{2\binom{5}{4}}{2^5} = \dfrac{1}{4}$

6번째 시합에서 결정: $\dfrac{2\binom{6}{4}}{2^6} = \dfrac{5}{16}$

따라서 이 경우의 기대 시합 수는 $\dfrac{4}{8} + \dfrac{5}{4} + \dfrac{6(5)}{16} + \dfrac{7(5)}{16} = \dfrac{93}{16} \approx 5.81$

(3) 응원팀이 7번째 시합에서 우승할 확률은 음이항 분포를 따르므로(Ross, 2014), $\binom{6}{3}p^4(1-p)^3$이 되며, 7번째 시합이 성사될 확률 P_7은 다음과 같이 이항분포의 확률로 구할 수 있다.

$$P_7 = \binom{6}{3}p^4(1-p)^3 + \binom{6}{3}p^3(1-p)^4 = \binom{6}{3}p^3(1-p)^3$$

그리고 응원하는 팀이 한국 시리즈에서 우승할 확률 P_W은 4～7번째 시합에서 우승을 결정할 확률을 더한 다음 값이 된다.

$$P_W = \sum_{k=0}^{3}\binom{k+3}{k}p^4(1-p)^k = p^4[1+4(1-p)+10(1-p)^2+20(1-p)^3]$$
$$= 35p^4 - 84p^{4+70p^6} - 20p^7$$

p가 발생 가능성이 높은 범위인 0.3～0.7을 따를 때 두 확률이 〈그림 2.2.1〉에 도시되어 있다. 이를 보면 응원팀이 우승할 확률 P_W는 0.1260～0.8740, 7번째 시합이 열릴 확률 P_7은 0.1852～0.3125(즉, 5/16)이 된다.

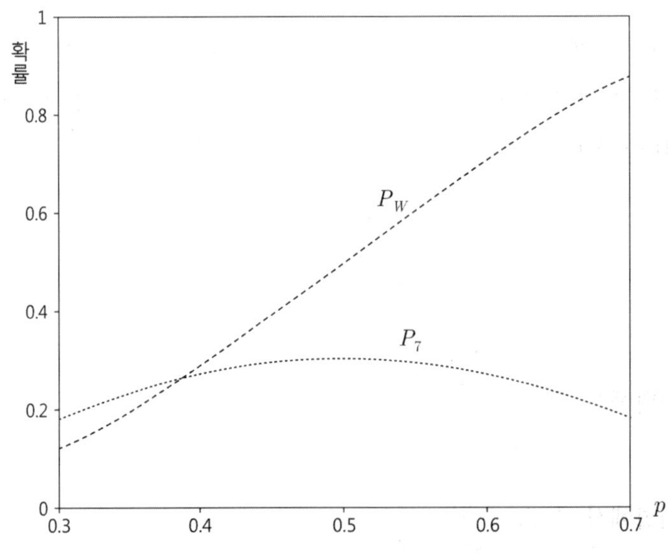

그림 2.2.1 p에 따른 P_7과 P_W

추가문제 2-2-1

$(2n-1)$ 시합에서 n회 먼저 이긴 팀이 승리하는 시리즈의 경우에 기대 시합 수를 최대화 하는 경우는 두 팀이 이길 확률이 동일할 때임을 보여라(Georghiou and Kumar, 1992).

2-2-1 해답

이 시리즈의 시합 수를 L이라 두며 $n+k$의 시합이 이루어질 확률은 음이항 분포에 따라 다음과 같다.

$$\Pr(L=n+k)=\binom{n+k-1}{k}[p^n(1-p)^k+p^k(1-p)^n],\ k=0,1,\ldots,n-1 \tag{2.2.1}$$

따라서 $q=1-p$로 두면 L의 기댓값은

$$E(L)=\sum_{k=0}^{n-1}(n+k)\binom{n+k-1}{k}(p^nq^k+p^kq^n)=n\sum_{k=0}^{n-1}\binom{n+k}{k}(p^nq^k+p^kq^n) \tag{2.2.2}$$

이 된다. 여기서 $m_n=E(L)/n$로 두면 다음과 같이 나타낼 수 있다.

$$m_n=\sum_{k=0}^{n-1}\binom{n+k}{n}w^kg(n-k)$$

$$(\text{단, } w=pq,\ g(j)=p^j+q^j, m_1=1) \tag{2.2.3}$$

한편 다음 관계를 이용하고

$$\begin{aligned}g(j)&=p^{j-1}(1-q)+q^{j-1}(1-p)=(p^{j-1}+q^{j-1})-pq(p^{j-2}+q^{j-2})\\&=g(j-1)-wg(j-2)\end{aligned}$$

식 (2.2.3)에서 m_n의 시그마의 마지막 항을 전개하여 다음과 같이 나타낼 수 있다.

$$\begin{aligned}m_n&=\sum_{k=0}^{n-1}\binom{n+k}{n}w^k[g(n-1-k)-wg(n-2-k)]=\binom{2n-1}{n}w^{n-1}\\&+\sum_{k=0}^{n-2}\binom{n+k}{n}w^kg(n-1-k)-\sum_{k=0}^{n-2}\binom{n+k}{n}w^{k+1}g(n-2-k)\end{aligned} \tag{2.2.4}$$

여기서 $\sum_{k=0}^{n-2}\binom{n+k}{n}w^{k+1}g(n-2-k)=\sum_{k=0}^{n-3}\binom{n+k}{n}w^{k+1}g(n-2-k)-2\binom{2n-2}{n}w^{n-1}$

$$=\sum_{k=0}^{n-2}\binom{n-1+k}{n}w^{k}g(n-1-k)-2\binom{2n-2}{n}w^{n-1}$$

가 되므로, 이를 식 (2.2.4)에 대입하면

$$m_n=\left(\frac{2n-1}{n}-2\frac{n-1}{n}\right)\binom{2n-2}{n-1}w^{n-1}+\sum_{k=0}^{n-2}\left(\binom{n+k}{n}-\binom{n-1+k}{n}\right)w^k g(n-1-k)$$
$$=\frac{1}{n}\binom{2n-2}{n-1}(pq)^{n-1}+m_{n-1}$$

가 된다. m_n-m_{n-1}을 식 (2.2.2)에 대입하면

$$E(L)=n(1+\sum_{k=2}^{n}(m_k-m_{k-1})=n\sum_{k=0}^{n-1}\frac{1}{k+1}\binom{2k}{k}(pq)^k \qquad (2.2.5)$$

가 되므로, $p=1/2$일 때 pq가 최대가 되어 $E(L)$이 최대화 된다.

- k명이 참여한 퀴즈에서 m회 먼저 맞추면 퀴즈 게임이 끝나는 콘테스트에서 기대게임 횟수를 최대화 하는 경우는 어떤 조건하에서인가?

해답

추가문제의 2팀에서 k명으로 확장하더라도 퀴즈에 참여한 맞출 확률이 같을 때인, 즉, $1/k$일 때 최대가 된다(Georghiou and Kumar, 1992).

추가문제 2-2-2

미국의 메이저 리그에서 7전 4선승제로 열리는 월드 시리즈의 결과를 조사한 결과가 〈표 2.2.1〉과 같다. 월드 시리즈는 1903년 9전 5선승제로 시작되었지만 1904년은 열리지 않았으므로, 7전 4선승제로 시행된 1905년을 기점으로 잡을 수 있다. 여기서 1919~1921년간의 9전 5선승제와 파업으로 취소된 1994년을 포함한 4년을 제외하면 2016년까지 108번 시행된 데이터이다.

표 2.2.1 메이저 리그 월드 시리즈 결과(1905~2016년)

시합 수	도수	상대도수	발생 확률	기대도수
4	21	21/108	2/16	13.50
5	25	25/108	4/16	27.00
6	24	24/108	5/16	33.75
7	38	38/108	5/16	33.75

이 데이터를 대상으로 월드 시리즈에 진출한 두 팀이 이길 확률이 같다고 볼 수 있는가?

2-2-2 해답

〈표 2.2.1〉의 4번째 칸에 두 팀 이길 확률이 같을 때 시합 수에 관한 확률, 5번째 칸에 기대 시합 수가 계산되어 있다.

기본문제 1.19에서 다룬 χ^2 통계량($\sum$(도수-기대도수)^2/기대도수)을 구하면 7.67로, 자유도 3인 χ^2분포에 적용하면 P값이 0.053으로, 강력하지는 않지만 두 팀이 이길 확률이 같다고 보기는 힘들다.

추가문제 2-2-3

코리언 시리즈에서 비길 경우도 허용한다고 가정하자. 응원하는 팀이 이길 확률, 질 확률, 비길 확률은 각각 1/3로 볼 수 있으며, 이기면 1점, 지면 -1점, 비기면 0점을 부여하는 점수체계를 적용하고 있다. 6번째와 7번째 시합 후에도 두 팀의 승점이 같을 확률은 얼마가 되겠는가(Ash, 1998)?

2-2-3 해답

$p_n^{(0)}$를 n번째 시합 후에 승점이 같을, 즉 0일 확률로 정의하면 $p_1^{(0)}=1/3$이 되며, $p_2^{(0)}$는 응원 팀이 이기고 지거나, 지고 이기거나, 둘 다 비기는 경우가 포함되므로 그 확률은 1/3이 된다.

그래서 다항분포를 이용하면

$$p_n^{(0)} = \sum_{j=0}^{\lfloor n/2 \rfloor} \frac{n!}{j!j!(n-2j)!}\left(\frac{1}{3}\right)^n \ , \ k=0,1,\ldots,n$$

(여기서, $\lfloor \cdot \rfloor$ 는 절사함수임.) (2.2.6)

가 되므로, $p_6^{(0)} = 47/243 = 0.1934$이고, $p_7^{(0)} = 131/729 = 0.1797$가 된다.

여기서 승점이 j일 때의 $N_n^{(j)} = 3^n p_n^{(j)}$라 두면 $N_n^{(n-1)} = n$, $N_n^{(-n+1)} = n$이 되며, $n+1$번째 시합의 승점이 j라면 n번째 시합의 승점은 $j-1$, j, $j+1$이므로 다음의 순환 관계가 성립한다.

$$N_{n+1}^{(j)} = N_n^{(j-1)} + N_n^{(j)} + N_n^{(j+1)} \ , \ |j| = 0, 1, 2, \ldots, n+1$$

(단, $N_n^{(k)} = 0$, $|k| > n$) (2.2.7)

n이 크지 않을 때 식 (2.2.7)로부터 〈그림 2.2.2〉의 Pascal의 삼각형처럼 $N_n^{(j)}$를 쉽게 구할 수 있으므로, $p_n^{(0)}$도 쉽게 계산할 수 있다.

〈그림 2.2.2〉를 보면 $j=0$을 중심으로 대칭이며, 각 행의 끝은 모두 1이고 그 옆($N_n^{(n-1)}$, $N_n^{(-n+1)}$)은 n이다. 또한 그 옆인 $N_n^{(n-2)}$, $N_n^{(-n+2)}$은 한 시합을 지거나 두 시합을 이기는 경우이므로 $\binom{n}{1} + \binom{n}{n-2} = n(n+1)/2$가 됨을 확인할 수 있다.

그리고 $N_6^{(0)} = 45 + 51 + 45 = 141$이므로 $p_6^{(0)} = 141/3^6 = 0.1934$이고, $N_7^{(0)} = 126 + 141 + 126 = 393$이므로 $p_7^{(0)} = 393/3^7 = 0.1797$이 됨을 식 (2.2.6)보다 쉽게 계산할 수 있다.

j	-6	-5	-4	-3	-2	-1	0	1	2	3	4	5	6
$n=1$						1	1	1					
$n=2$					1	2	3	2	1				
$n=3$				1	3	6	7	6	3	1			
$n=4$			1	4	10	16	19	16	10	4	1		
$n=5$		1	5	15	30	45	51	45	30	45	5	1	
$n=6$	1	6	21	50	90	126	141	126	90	50	21	6	1

그림 2.2.2 $N_n^{(j)}$의 계산

2.3

번트 사인을 내려야 하는가?

야구 경기에서 무사에서 주자가 1루로 진출할 경우에 후속 타자에게 번트 사인을 내려야 하는가?

감독 취향에 따라 경기 초반부터 번트 사인을 비교적 많이 내는 감독이 있는 반면에, 경기 후반에 승부를 결정지을 수 있는 상황이 아니면 타자에게 맡기는 유형의 감독이 있다. 요즈음 우리나라 프로 야구에서는 메이저 리그와 달리 무사 1루에서 번트를 하는 경향이 줄어들고 있지 않다.

이의 타당성을 〈표 2.3.1〉의 메이저 리그 기록(1989년 아메리칸 리그 데이터로 내셔널 리그도 유사함)으로부터 분석해 보자.

〈표 2.3.1〉은 아웃과 주자 상황에 따른 적어도 1점 이상의 점수 획득 비율(즉, 확률)을 정리한 표이다(Stern, 1997). 노 아웃에서 주자가 만루일 때가 주자 2루와 3루일 때보다 점수 획득 확률이 낮은 점을 통해 무사 만루일 때 점수가 잘 나지 않는다는 속설을 확인할 수 있다.

표 2.3.1 적어도 1점 이상 획득할 확률

베이스 진출 상태	노 아웃	원 아웃	투 아웃
주자 없음	0.26	0.16	0.07
주자 1루	0.39	0.26	0.13
주자 2루	0.57	0.42	0.24
주자 3루	0.72	0.55	0.28
주자 1루와 2루	0.59	0.45	0.24
주자 1루와 3루	0.76	0.61	0.37
주자 2루와 3루	0.83	0.74	0.37
만루	0.81	0.67	0.43

해답

희생 번트의 실행결과는 다음의 네 가지 상태로 구분할 수 있다(Keller, 2015).

Ⅰ. 타자는 아웃되지만, 희생 번트의 성공으로 주자는 한 베이스 진출(확률=0.75).

Ⅱ. 타자는 아웃되며, 주자도 한 베이스 진출 못함(확률=0.10).

Ⅲ. 타자와 주자가 모두 아웃되어 더블 플레이 당함(확률=0.10).

Ⅳ. 타자는 안타나 에러로 살며, 주자도 한 베이스 진출(확률=0.05); 여기서 주자가 두 베이스 가는 경우도 있지만 가능성이 그리 높지 않으므로 한 베이스만 이동하는 경우로 한정함.

위에 있는 사건을 A_I, A_{II}, A_{III}, A_{IV}으로 점수 획득 사건을 B로 표시하며, 다음의 전확률의 공식(Rice, 2007)에 의해 〈그림 2.3.1〉과 같이 $\Pr(B)$는 0.3775가 된다.

$$\Pr(B) = \Pr(A_I)\Pr(B|A_I) + \Pr(A_{II})\Pr(B|A_{II}) + \Pr(A_{III})\Pr(B|A_{III}) + \Pr(A_{IV})\Pr(B|A_{IV}) = 0.3775 \quad (2.3.1)$$

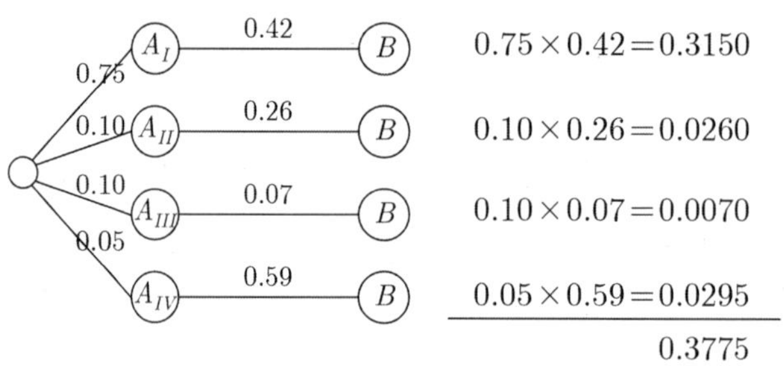

그림 2.3.1 번트에 관한 확률나무 그림

여기서 $\Pr(B|A_I)$는 1사 주자 2루 상황이 되어 이 확률은 〈표 2.3.1〉에서 0.42가 된다. 희생 번트를 하지 않을 경우의 무사 1루에서 점수 획득 확률인 0.39보다 작으므로 위에 있는 번트 실행 결과의 확률분포를 따를 경우는 희생 번트를 하지 않는 편이 유리하다.

추가문제 2-3-1

점수획득 확률을 높이는 기준보다 다 득점 상황을 반영한 기대 점수를 기준으로 삼을 수 있다. 이 기준하에서도 번트를 해야 하는가?

〈표 2.3.2〉는 아웃과 주자 상황에 따른 기대 점수를 정리한 표이다(Stern, 1997).

표 2.3.2 기대 획득 점수

베이스 진출 상태	노 아웃	원 아웃	투 아웃
주자 없음	0.49	0.27	0.10
주자 1루	0.85	0.52	0.23
주자 2루	1.06	0.69	0.34
주자 3루	1.21	0.82	0.38
주자 1루와 2루	1.46	1.00	0.48
주자 1루와 3루	1.65	1.10	0.51
주자 2루와 3루	1,94	1.50	0.62
만루	2.31	1.62	0.82

2-3-1 해답

Y를 획득한 점수를 나타내면

$$E(Y)=\sum_{j=I}^{IV}E(Y|A_j)\Pr(A_j)$$
$$=0.69(0.75)+0.52(0.1)+0.10(0.1)+1.46(0.05)=0.6525 \qquad (2.3.2)$$

가 되어 무사 주자 1루의 기대 점수 0.85보다 작으므로 기대 점수 측면에서는 더욱 희생 번트를 하지 않는 편이 유리하다.

추가문제 2-3-2

〈표 2.3.2〉를 이용하여 주자가 1루에 있을 때 아웃상황에 따라 도루를 시도해야 하는가를 조사하라. 도루 성공확률은 70%인데 이 중 5%는 에러로 인해 3루에 갈 수 있다고 가정한다.

2-3-2 해답

무사에서 도루 실패로 주가 아웃되는 사건을 C_I로, 도루 성공으로 2루와 3루에 갈 사건을 각각 C_{II}, C_{III}로 두면 $\Pr(B)$는 다음과 같이 구해진다.

$$E(Y)=\sum_{j=I}^{III}E(Y|C_j)\Pr(C_j)$$

$$= 0.30(0.27) + 0.65(1.06) + 0.05(1.21) = 0.8305$$

따라서 무사 1루의 기대 점수 0.85보다 작으므로, 도루 성공률 70%일 경우는 바람직하지 않다.

1사와 2사인 경우는

$$1\text{사:}\quad E(Y) = 0.30(0.10) + 0.65(0.69) + 0.05(0.82) = 0.5195$$
$$2\text{사:}\quad E(Y) = 0.65(0.34) + 0.05(0.38) = 0.24$$

이므로 1사 주자 1루인 경우의 0.52와 거의 비슷하며, 2사 주자 1루는 0.23이므로 도루가 바람직하다.

- 희생 번트로서의 성공확률은 우연성과 행운에 의한 A_{IV}를 배제하면 $\Pr(A_I)/(\Pr(A_I) + \Pr(A_{II}) + \Pr(A_{III}))$의 비율인 p_S로도 볼 수 있다. A_{II}와 A_{III}의 발생 비율을 3:1로 가정하여, 〈표 2.3.1〉의 자료로 무사 주자에서 번트가 유용한 비김점이 되는 번트 성공확률 p_S를 구하라.

해답

$\Pr(A_I) = 0.95x,\ \Pr(A_{II}) = 0.95 \times 3(1-x)/4,\ \Pr(A_{III}) = 0.95(1-x)/4,\ \Pr(A_{IV}) = 0.05$로 두고 식 (1)에 대입하여 무사 1루에서 점수 획득 확률인 0.39로부터 x를 구하면 된다.

$$\Pr(B) = 0.95x(0.42) + 0.7125(1-x)(0.26) + 0.2375(1-x)(0.07)$$
$$= 0.197125x + 0.201875 = 0.39$$

비김점이 되는 $x = 0.954$이 되어 완벽에 가까운 번트 성공확률을 가져야 시도해볼 만하다.

2.4

테니스 시합에서 이길 확률은 얼마인가?

테니스의 점수계산 방법은 다른 구기종목과 차별화된 특징을 가지고 있다. 표준 점수는 0(Love), 15(Fifteen), 30(Thirty), 40(Forty), 60(Game)이고 40:40이 될 경우(듀스, deuce)는 두 번 연속으로 이겨야 그 게임을 승리한다.

이 문제에서는 표준 점수 대신에 포인트인 0, 1, 2, 3, 4,..로 나타내는데, 4포인트를 따면 1게임을 얻고, 6게임을 얻어야 1세트를 얻는다. 또한 대회 요강에 따라 2세트 또는 3세트를 먼저 이기면 승리하는 방식이다.

그런데 각 게임에서 듀스가 발생할 수 있으므로 A 선수가 B 선수를 이기는 포인트 상황은 4:0, 4:1, 4:2, 5:3, 6:4, 7:5 등이 되어야 한다.

A(B) 선수가 한 포인트를 얻을 확률이 $p(q=1-p)$일 때 각 게임에서 A 선수가 이길 확률은 얼마인가? 여기서 각 포인트를 얻을 확률은 일정하며, 독립성을 충족한다고 가정한다.

해답

$P(i,j)$를 A 선수와 B 선수의 포인트가 각각 i와 j일 때 A 선수가 이길 확률로 정의하면, $0 \le i \le 3$, $0 \le j \le 3$이거나 $|i-j| \le 1$일 때 첫 단계 분석(first step analysis)에 의해 다음 관계가 성립한다.

$$P(i,j) = pP(i+1,j) + qP(i,j+1) \tag{2.4.1}$$

식 (2.4.1)에서 $i=j=3$일 때를 2단계 전개하면

$$P(3,3) = pP(4,3) + qP(3,4) = p^2P(5,3) + 2pqP(4,4) + q^2P(2,5)$$

가 되는데, $P(5,3)=1$, $P(3,5)=0$, $P(4,4)=P(3,3)$이므로 $P(3,3)$은 다음과 같이 구해진다.

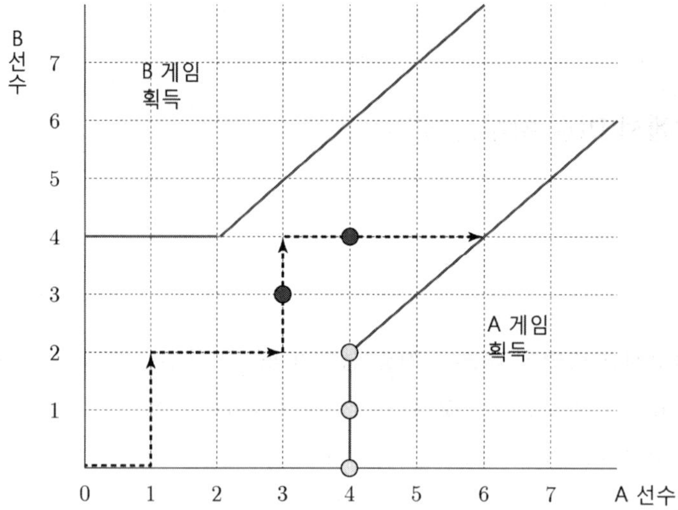

그림 2.4.1 게임 경로

$$P(3,3)=\frac{p^2}{1-2pq}=\frac{p^2}{p^2+q^2} \tag{2.4.2}$$

$Q(i,j)$가 〈그림 2.4.1〉의 좌표 (i,j)를 방문할 확률일 때 $P(0,0)$는 (4,0), (4,1), (4,2)를 방문하거나 첫 번째 듀스인 (3.3)을 방문할 경우이므로 $Q(i,j)$로부터 다음과 같이 구할 수 있다.

$$P(0,0)=Q(4,0)+Q(4,1)+Q(4,2)+Q(3,3)P(3,3) \tag{2.4.3}$$

$Q(3,3)$을 제외한 $Q(i,j)$는 4번째 성공이 처음으로 발생하는 게임 횟수를 나타내는 음이항분포에 의해 다음과 같이 된다(Ross, 2014).

$$Q(4,0)=p^4,\ \ Q(4,1)=\binom{4}{3}p^4q=4p^3q,\ \ Q(4,2)=\binom{5}{3}p^4q^2$$

또한 $Q(3,3)$은 5번째 게임에서 두 선수의 포인트가 3:2이거나 2:3에서 3:3이 된 경우이므로 그 확률은 다음과 같이 구해진다.

$$Q(3,3)=\binom{5}{3}p^3q^2\times q+\binom{5}{2}p^2q^3\times p=20p^3q^3$$

이들을 식 (2.4.3)에 대입하면

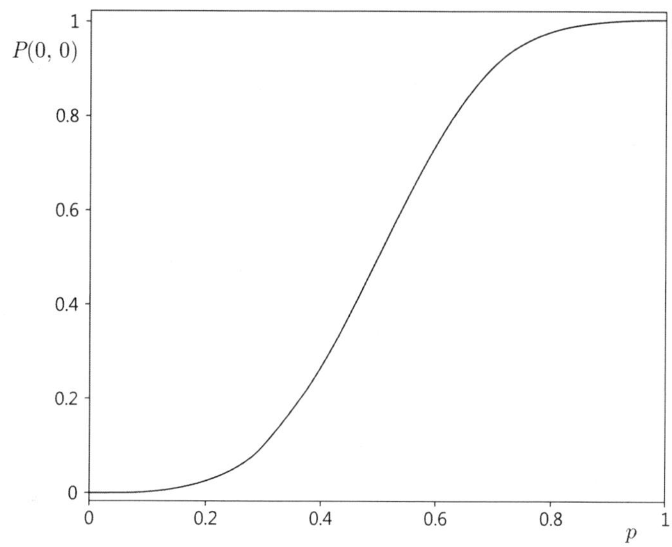

그림 2.4.2 p에 따른 $P(0,0)$

$$\begin{aligned}
P(0,0) &= p^4(1+4q+10q^2) + \frac{20p^5q^3}{p^2+q^2} \\
&= \frac{r^4(r^4+6r^3+16r^2+26r+15)}{(1+r)^6(1+r^2)} \\
&= \frac{r^4(r^3+5r^2+11r+15)}{(1+r)^5(1+r^2)}
\end{aligned}$$

$$(\text{단, } r = \frac{p}{q},\ p = \frac{r}{r+1},\ q = \frac{1}{r+1}) \tag{2.4.4}$$

가 된다.

〈그림 2.4.2〉는 p에 따른 $P(0,0)$이 도시되어 있는데, p가 0.3, 0.4, 0.5, 0.6, 0.7일 때 0.099, 0.264, 0.5, 0.736, 0.901이 된다.

추가문제 2-4-1

위와 같은 조건에서 각 게임의 기대 길이를 구하라.

2-4-1 해답

$L(i,j)$를 두 선수의 포인트가 각각 i와 j일 때 기대 게임 수로 정의하면, $0 \le i \le 3$,

$0 \le j \le 3$이거나 $|i-j| \le 1$일 때 첫 단계 분석에 의해 다음 관계가 성립한다.

$$L(i,j) = 1 + pL(i+1, j) + qL(i, j+1) \tag{2.4.5}$$

$i = j = 3$일 때를 2단계 전개하면

$$\begin{aligned} L(3,3) &= 1 + pL(4,3) + qL(3,4) \\ &= 1 + p(1 + pL(5,3) + qL(4,4)) + q(1 + pL(4,4) + qL(3.5)) \end{aligned}$$

가 되는데, $L(5,3) = L(3,5) = 0$, $L(4,4) = L(3,3)$이므로 $L(3,3)$은 다음과 같이 구해진다.

$$L(3,3) = \frac{2}{1-2pq} = \frac{2}{p^2+q^2} \tag{2.4.6}$$

따라서 $p = q = 1/2$일 때 최대인 $L(3,3) = 4$가 된다.

이를 이용하여 기대 게임 수인 $L(0,0)$은

$$\begin{aligned} L(0,0) &= 4(Q(4,0) + Q(0,4)) + 5((Q(4,1) + Q(1,4)) + 6(Q(4,2) + Q(2,4)) \\ &\quad + Q(3,3)(6 + L(3,3)) \\ &= 4(p^4 + q^4) + 20(p^4 q + pq^4) + 60(p^4 q^2 + p^2 q^4) + 40p^3 q^3 \left(3 + \frac{1}{p^2+q^2}\right) \end{aligned} \tag{2.4.7}$$

가 된다. 〈그림 2.4.3〉에는 p에 따른 $L(0,0)$이 도시되어 있는데, p가 0.5일 때 최댓값

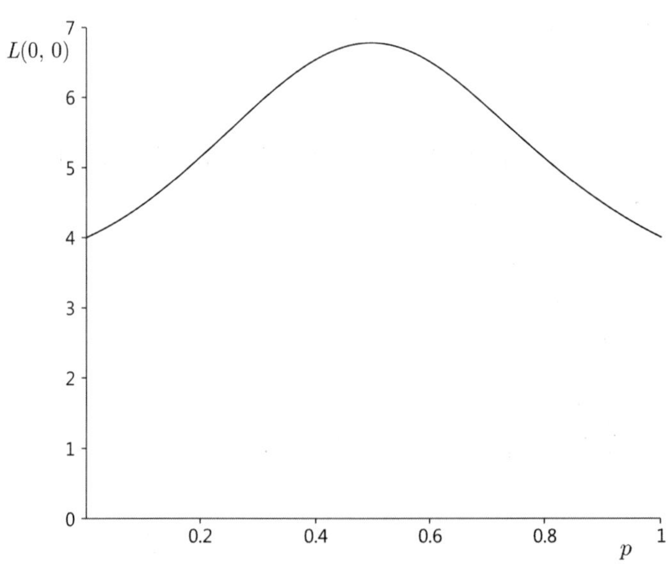

그림 2.4.3 p에 따른 기대 게임 수

6.75를 가진다.

추가문제 2-4-2

배구와 탁구에서도 듀스 상황이 발생한다. 배구에서는 마지막 세트의 두 팀 점수가 14:14가 되면 듀스가 된다. 두 팀의 점수 획득 확률이 1/2일 때 이기는 팀의 기대 점수가 얼마가 되어야 이 시합이 끝나겠는가?

2-4-2 해답

테니스에서 듀스가 될 때 식 (2.4.6)에 대입하면 $L(3,3)=4$이므로 이기는 팀의 기대 점수는 18점이 된다.

2.5

윷놀이가 보다 바람직한 게임이 되려면 어떻게 해야 할까?

A씨는 윷놀이에서 모가 윷보다 자주 나온다고 믿고 있다. 놀이의 관점에서 왜 이런 불합리한 현상이 발생하는지 궁금하게 여기고 있다. 실제 이런 현상이 발생할 수 있는지를 검토해 보고, 이런 현상이 존재한다면 어떤 방법으로 이를 줄이거나 없앨 수 있을까?

고대 부여부터 전래되었다고 알려진 우리나라의 전통 놀이인 윷놀이에서 윷의 모양을 보면 배와 등의 출현 확률이 같지 않음을 쉽게 알 수 있다. 즉, 〈그림 2.5.1〉의 윷의 모양(가락윷)을 보면 등(곡면)이나 배(평면)가 출현할 확률이 동일하지 않지 않을 것으로 판단된다.

이 그림의 윷은 가락윷으로 불리며, 콩윷(반구형태)와 밤윷(알밤의 크기와 모양) 등이 있는데, 주로 쓰이는 윷은 가락윷이므로 여기서는 이에 한정한다.

윷놀이는 29개의 점으로 구성된 윷판(〈그림 2.5.4〉) 위에서 네 개의 윷가락을 던지며 각각 네 개의 말을 이동시키고 네 개의 말이 말판을 모두 빠져나왔을 때 승부가 나는 놀이이다.

윷 사위는 4개의 윷에서 배가 1, 2, 3, 4, 0개 나오면 도(돼지), 개(개), 걸(염소 또는 코끼리 또는 신마(神馬)), 윷(소), 모(말)가 되며, 각각 1~5칸씩 말이 앞으로 가게 된다.

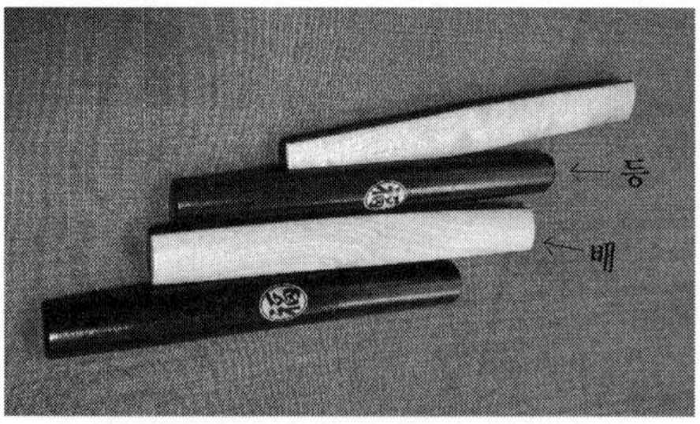

그림 2.5.1 윷가락의 배와 등

해답

이들의 출현 확률은 4개의 윷가락이 동일한 형태를 가진다면 이항분포를 따르지만, 배가 0개 나오면 0칸 대신에 5칸을 진행하는 변형된 이항분포가 된다.

즉, 배와 등의 출현 확률을 p와 $q=1-p$로 두고 W를 진행된 칸의 수를 나타낸다면 이의 출현 확률은 다음과 같다.

$$\Pr(W=j)=\begin{cases}\binom{4}{j}p^j q^{4-j}, & j=1,2,3,4 \\ q^4, & j=5\end{cases} \tag{2.5.1}$$

여기서 $p=q=1/2$일 때 윷사위 출현 확률의 순서는 '개 ≥ 도 = 걸 ≥ 윷 = 모'가 된다. 놀이의 특성인 1회당 진행할 수 있는 칸의 수를 고려하면 '도 ≥ 개 ≥ 걸 ≥ 윷 ≥ 모'의 출현 확률이 바람직하지만, 이런 조건을 충족하는 p를 구할 수는 없다.

이에 따라 위의 조건에 가장 근접하는 경우로 '개 ≥ 걸 ≥ 윷 ≥ 모'의 출현 확률 조건을 상정할 수 있다(오창혁, 2010). 〈그림 2.5.2〉를 보면 p를 0.5~0.6로 한정한다면 이 조건을 충족한다.

모와 윷의 관계를 보면 p가 0.5보다 작을수록 항상 모의 발생 확률이 높아지며, 특히 0.290보다 작으면 걸보다 더 많이 발생한다. 한편 p가 0.6일 때 개와 걸의 출현 확률이 같으며, p가 0.710일 때 개와 윷의 출현 확률이 같다.

보통 윷을 던지면 배의 출현 확률이 0.5보다 커지며, 윷을 굴리면 배의 출현 확률이

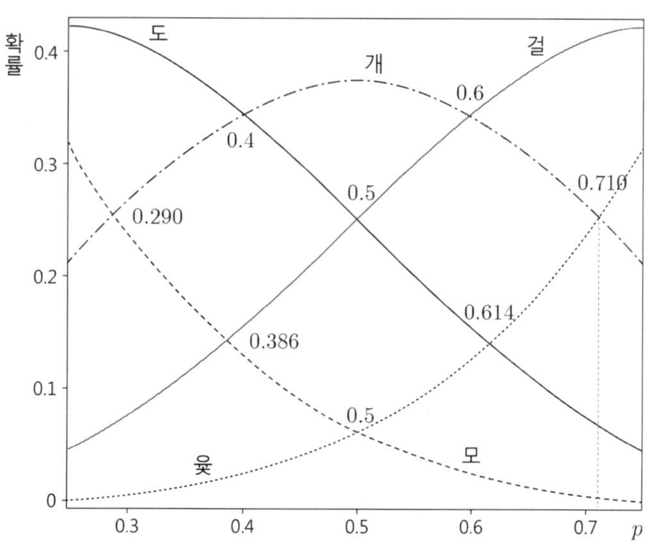

그림 2.5.2 윷 사위의 출현 확률

0.5보다 낮아지므로 모를 더 많이 얻으려면 윷을 굴리는 편이 특히 유리하다.

추가문제 2-5-1

윷 사위의 바람직한 출현 확률 관계를 만족하면서 기대 진행 칸수를 최소(대)화하는 배의 출현 확률을 구하라.

2-5-1 해답

윷이나 모가 나올 경우는 다시 던질 수 있는 보너스 기회가 주어지므로 1번의 기회에서 말이 갈 수 있는 칸의 기댓값에 대해 다음과 같은 관계가 성립한다.

$$E_B = \sum_{j=1}^{3} j\Pr(W=j) + (4+E_B)\Pr(W=4) + (5+E_B)\Pr(W=5)$$

따라서 이의 기댓값은 다음 식 (2.5.2)와 같다.

$$E_B = \frac{\sum_{j=1}^{5} j\Pr(W=j)}{1-\Pr(W=4)-\Pr(W=5)} \tag{2.5.2}$$

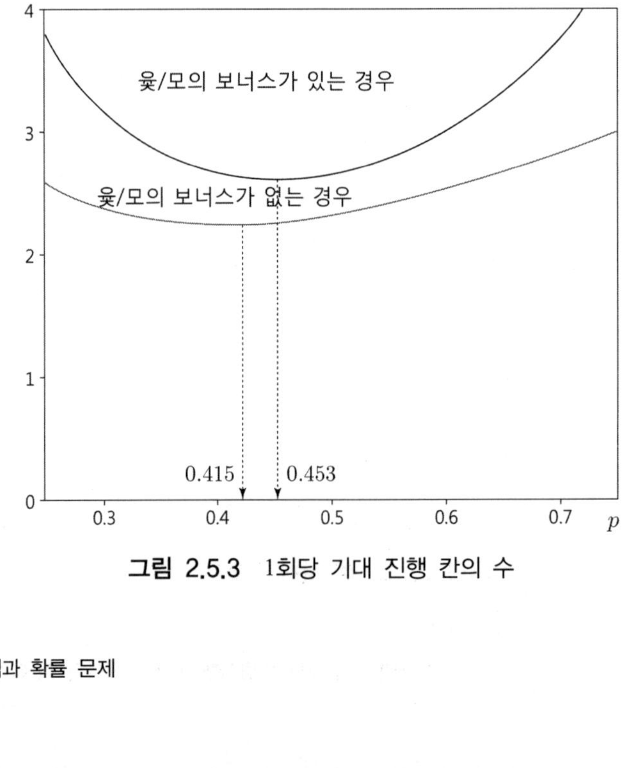

그림 2.5.3 1회당 기대 진행 칸의 수

이를 도시한 〈그림 2.5.3〉을 보면 E_B를 최소화하는 p는 0.453이 된다. 참고로 보너스 기회를 무시하면 최소화하는 p는 0.415가 된다.

윷 사위의 바람직한 출현 확률 관계를 만족하면서 E_B를 최소(대)화하는 p는 0.5(0.6)이 된다.

추가문제 2-5-2

〈그림 2.5.4〉의 윷판을 보면 말이 A를 거쳐 B에 도착하는 것이 가장 짧은 코스임을 알 수 있다. 1번의 기회에서 모가 나오면서 다음에 걸이 출현하면 이 코스로 갈 수 있으므로 이 확률을 최대화하는 p는 얼마가 되겠는가?

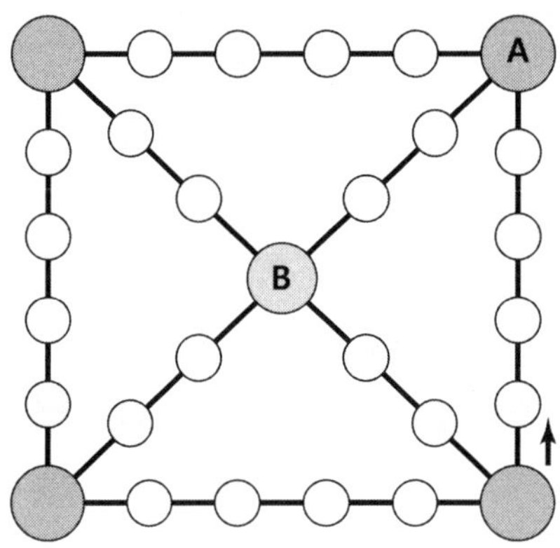

그림 2.5.4 윷판

2-5-2 해답

이 확률은 $P_{AB} = q^4 \times \binom{4}{3} p^3 q = 4p^3(1-p)^5$이 되며 이를 p에 대해 미분하면

$$\frac{dP_{AB}}{dp} = 12p^2(1-p)^5 - 20p^3(1-p)^4 = p^2(1-p)^4(12-32p) = 0$$

가 되므로, 이를 0으로 둔 p는 0.375, 이때의 P_{AB}은 2.012%가 된다.

- 1번만이 아닌 여러 번의 기회를 통해 A를 거쳐 B에 도착하는 확률을 구하고 이를

최대화하는 p를 구하라.

해답

먼저 A에 도착할 확률(P_A)은 1~5회 만에 도착할 수 있으므로 이의 확률을 구하면 다음과 같다.

1회: q^4

2회: 각 회차에 따른 진행 칸의 수가 (4,1), (1,4), (3,2), (2,3)이므로

$$2\left(p^4 \times \binom{4}{1}pq^3 + \binom{4}{3}p^3q\binom{4}{2}p^2q^2\right) = 56p^5q^3$$

3회: (3,1,1), (1,3,1), (1,1,3), (2,2,1), (2,1,2), (1,2,2)이므로

$$3\left(\binom{4}{3}p^3q\binom{4}{1}pq^3\binom{4}{1}pq^3 + \binom{4}{2}p^2q^2\binom{4}{2}p^2q^2\binom{4}{1}pq^3\right) = 624p^5q^7$$

4회: (2,1,1,1), (1,2,1,1), (1,1,2,1), (1,1,1,2)이므로

$$4\binom{4}{2}p^2q^2\left(\binom{4}{1}pq^3\right)^3 = 1,536p^5q^{11}$$

5회: (1,1,1,1,1)이므로 $\left(\binom{4}{1}pq^3\right)^5 = 1,024p^5q^{15}$

가 되어, $P_A = q^4 + 8p^5q^3(7 + 78q^4 + 192q^8 + 128q^{12})$로 구해진다.

동일한 방식으로 A에서 B로 갈 확률 P_B는 다음과 같이 구할 수 있다.

$$P_B = \binom{4}{3}p^3q + 2\left(\binom{4}{2}p^2q^2\binom{4}{1}pq^3\right) + \left(\binom{4}{1}pq^3\right)^3 = 4p^3q(1 + 12q^4 + 16q^8)$$

따라서 A를 거쳐 B에 도착하는 확률 P_{AB}는 다음과 같다.

$$P_{AB} = P_AP_B = 4p^3q[q^4 + 8p^5q^3(7 + 78q^4 + 192q^8 + 128q^{12})](1 + 12q^4 + 16q^8) \quad (2.5.3)$$

식 (2.5.3)을 p에 대해 미분하면 0으로 둔 p는 〈그림 2.5.5〉와 같이 0.428, 그때의 P_{AB}는 0.2160이 된다. 또한 p의 바람직한 범위인 0.5~0.6에서 p가 0.5일 때 가장 큰 0.2075를 가지며, 단조 감소하다가 p가 0.5일 때 0.1771이 된다.

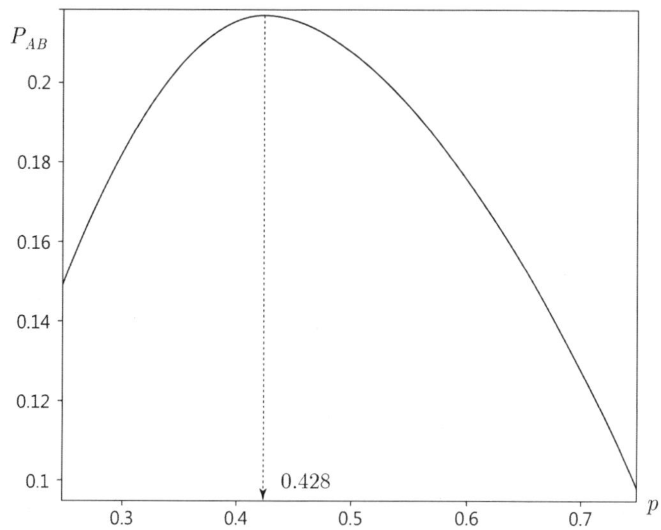

그림 2.5.5 A를 거쳐 B에 도착할 확률

추가문제 2-5-3

A씨는 윷놀이에서 모를 얻기 위해 윷을 던질지, 또는 굴릴지 고심하고 있다. 윷가락에서 등이나 배가 나올 확률이 같다면 어떤 방법을 택하나 동일하지만, 그렇지 않음을 경험하고 있다. 어떤 방식이 좋을까?

2-5-3 해답

윷가락을 던지는 경우와 굴리는 경우의 p에 관한 논리적 확률이 동역학적인 접근법에 의해 제공되어 있다(김미경과 허명회, 1995). 논리적(logical) 확률은 고전적 확률에서 발전된 개념으로 어떤 전제조건하에서 그 전제가 사건을 함축할 정도로 논리적으로 수량화하여 객관적 믿음의 척도로 정의한 확률이다.

〈그림 2.5.6〉과 같이 윷가락의 단면은 반원이 아니고 아래 부분이 잘려나간 반원보다 큰 형태를 가진 형태이므로 원점이 (0,0)이고 반지름 1인 원에서 반원 아래 부분의 각도가 θ라면 이의 무게중심 m은 $(m_x = 0, m_y = 4\cos^3\theta / [3(\pi + 2\theta + 2\sin\theta\cos\theta)])$가 된다. 여기서 반원이 되면, 즉 $\theta = 0$이 되면 무게중심은 $(0,\ 4/(3\pi))$가 된다.

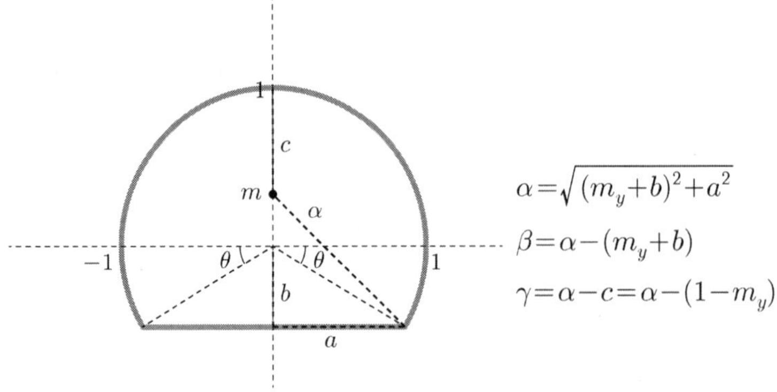

그림 2.5.6 윷가락의 단면도

윷가락을 던질 때 배가 나올 확률(기울기가 a/α보다 크면 배로 나타난다는 논리적 확률)은

$$p=1-q=1-\frac{\tan^{-1}\left(\dfrac{\cos\theta}{\sin\theta+m_y}\right)}{\pi} \tag{2.5.4}$$

가 되며, 굴릴 때 배가 나올 확률(필요 운동 에너지의 비로부터의 논리적 확률)은 다음과 같다(김미경과 허명회, 1995).

$$p=1-q=\frac{\gamma}{\beta+\gamma}$$

(여기서, β와 γ는 〈그림 2.5.6〉을 참고함.) (2.5.5)

θ가 0∼45도(즉, 0에서 $\pi/4$ 라디안)로 변할 때 식 (2.5.4)와 (2.5.5)에 의한 p의 그래프가 〈그림 2.5.7〉에 도시되어 있다. 이를 보면 논리적 확률로서는 던지든지 굴리든지 바람직한 p의 범위인 0.5∼0.6이 출현할 가능성이 존재하지 않는다.

m의 좌표를 도출해 보자. 〈그림 2.5.6〉에서의 단면적은 반지름이 1이므로 $\pi/2+\theta+\sin\theta\cos\theta$가 된다. 따라서 이의 좌표를 확률변수로 정의한 이변량 균일분포를 다음과 같이 나타낼 수 있다.

$$f_{X,Y}(x,y)=\frac{1}{\dfrac{\pi}{2}+\theta+\sin\theta\cos\theta},\quad x^2+y^2\le 1,\ -\sin\theta<y<1$$

m_x와 m_y는 다음의 두 주변분포 $f_X(x)$와 $f_Y(x)$로부터 구할 수 있다.

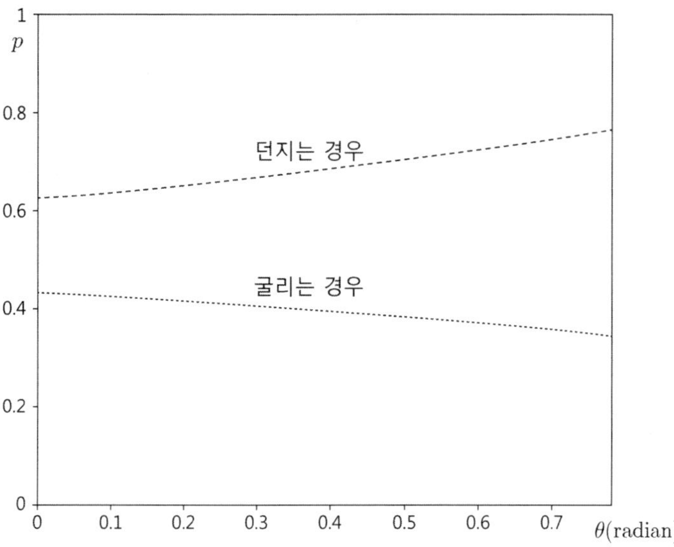

그림 2.5.7 던지는 경우와 굴리는 경우의 배의 출현 확률

$$f_X(x) = \int_{-\sin\theta}^{1} f_{X,Y}(x,y)dy = \frac{2+2\sin\theta}{\pi+2\theta+2\sin\theta\cos\theta}, \quad -1 \le x \le 1$$

$$f_Y(y) = \int_{-\sqrt{1-y^2}}^{\sqrt{1-y^2}} f_{X,Y}(x,y)dx = \frac{4\sqrt{1-y^2}}{\pi+2\theta+2\sin\theta\cos\theta}, \quad -\sin\theta \le y \le 1$$

따라서 m_x와 m_y는 다음과 같이 구해진다.

$$m_x = \int_{-1}^{1} x f_X(x)dx = 0$$

$$m_y = \int_{-\sin\theta}^{1} y f_Y(y)dx = \frac{\int_{-\sin\theta}^{1} 4y\sqrt{1-y^2}\,dy}{\pi+2\theta+2\sin\theta\cos\theta} = \frac{4\cos^3\theta}{3(\pi+2\theta+2\sin\theta\cos\theta)} \qquad (2.5.6)$$

이런 논리적 확률은 윷이 떨어지는 순간 충격 에너지를 바닥이 모두 흡수한다는 가정과 윷가락이 떨어질 때 바닥과 수평하다는 가정은 실제와 거리가 있다. 또한 윷가락을 1개씩 던지는 것이 아니고 한꺼번에 던지므로 서로 충돌할 가능성을 배제할 수 없으므로 이런 논리적 확률은 실제와 차이가 발생한다고 볼 수 있다(박진영과 박홍선, 1996). 그리고 θ 외에 윷가락의 길이 또는 무게, 재질, 윷 바닥판의 종류와 두께에 따라 실제 배의 출현 확률은 논리적 확률과 달라질 수 있다.

- 〈그림 2.5.7〉을 보면 윷가락을 굴리면 모가 출현할 가능성이 높으므로, 실제에서는 굴리는 방식을 금지하는 경우가 대부분이라고 보고하고 있다(박진경과 박홍선, 1996). 따라서 하나의 대안으로 두 방식을 혼합하는 방안을 고려해 볼 수 있다. 어떻게 혼합하는 것이 윷 사위의 대소 관계 관점에서 추천할 수 있겠는가?

해답

윷가락 3, 2, 1개는 던지고, 1, 2, 3개는 굴리는 방식을 혼합한 경우의 윷 사위가 나올 확률을 구해보자. 여기서 θ를 실제 윷과 비슷하면서 단순화한 20도($\pi/9$라디안)라고 간주하면 식 (2.5.4)로부터 던지는 경우의 배가 나올 확률은 0.6782, 굴리는 경우는 식 (2.5.5)에서 0.4062가 된다.

〈표 2.5.1〉을 보면 바람직한 출현 확률 조건(즉, 개 ≥ 걸 ≥ 윷 ≥ 모)을 충족하는 방식은 윷가락 2개를 던지고 나머지 2개는 굴리는 방식을 혼합하는 것이 합리적이다.

표 2.5.1 혼합 방식에 따른 윷 사위 출현 확률

던지는 윷 사위 개수	3개	2개	1개
도	0.1386	0.2039	0.2803
개	0.3493	0.3898	0.3860
걸	0.3656	0.2939	0.2209
윷	0.1267	0.0759	0.0454
모	0.0198	0.0365	0.0674

표의 수치에 대한 예시를 던지는 윷 사위 개수가 각각 3, 2, 1개일 때 순으로 작성하면 다음과 같다.

도: $3\times 0.6782\times 0.3218^2\times 0.5938+0.3218^3\times 0.4062=0.1386$

$2\times 0.6782\times 0.3218\times 0.5938^2+0.3218^2\times 2\times 0.4062\times 0.5938=0.2039$

$0.6782\times 0.5938^3+0.3218\times 3\times 0.4062\times 0.5938^2=0.2803$

개: $3\times 0.6782^2\times 0.3218\times 0.5938+3\times 0.6782\times 0.3218^2\times 0.4062=0.3493$

$0.6782^2\times 0.5938^2+0.3218^2\times 0.4062^2+2\times 0.6782\times 0.3218\times 2\times 0.4062\times 0.5938$
$=0.3898$

$0.6782\times 3\times 0.4062\times 0.5938^2+0.3218\times 3\times 0.4062^2\times 0.5938=0.3860$

2.6

주사위를 이용한 크랩(Crap) 게임의 승률은 얼마나 될까?

두 개의 주사위를 이용하는 크랩(crap) 게임의 승률은 얼마나 될까?

크랩 게임은 1800년경 미국의 미시시피 주에서 노예들이 시작했다고 알려져 있는 슬픈 역사를 지니고 있으며, 여기서는 이 게임 방식 중에서 가장 널리 쓰이는 형태를 다룬다. 이 책에서 다루는 주사위는 특별한 언급이 없으면 가장 널리 쓰이는 정육면체 주사위에 한정한다.

크랩 게임은 플레이어가 주사위 두 개를 던져 두 눈의 합이 2, 3, 12가 되면 지고, 7 또는 11이 되면 이긴다. 이들 외의 숫자가 나오면(4, 5, 6, 8, 9, 10)가 나오면 이를 포인트(point)로 부르며, 계속 시행하여 7보다 포인트를 먼저(늦게) 얻으면 이긴다(진다)(Issac, 1995).

주사위 게임에서 사용가능한 주사위로는 정다면체 주사위로 4, 6, 8, 12, 20면체의 5가지가 가능하다. 다른 주사위로서 기원전 3000년경에 이집트에서 게임 도구로 사용한 기록이 있는 주사위가 있으며 이는 우리나라에서도 1975년 경주 안압지에서 출토된 14면체 주사위(목제 주령구로 불림)이다. 목제 주령구는 거의 면적이 비슷한 정사각형 6개와 정육각형 8개가 결합된 구조로, 신라시대 왕과 귀족들의 주연에서 놀이기구로 사용한 것으로 보고 있다.

해답

두 상호배반인 사건 A, B가 각각 출현할 확률을 p_A, p_B로 두면 먼저 사건 A가 B보다 먼저 발생할 확률은 구하면 다음과 같다.

$$\Pr(A \text{ before } B) = p_A + (1-p_A-p_B)p_A + (1-p_A-p_B)^2 p_A (1-p_A-p_B)^3 p_A + \cdots$$

$$= \frac{p_A}{p_A + p_B} \qquad (2.6.1)$$

식 (2.6.1)을 이용하여 4, 5, 6, 8, 9, 10의 포인트를 얻을 확률은 각각 3/9, 4/10, 5/11,

5/11, 4/10, 3/9가 된다.

따라서 첫 번째의 결과인 두 눈의 합이 k일 때의 사건을 E_k, 플레이어가 이길 사건을 W로 두면 이길 확률은 다음과 같이 계산된다.

$$\Pr(W) = \sum_{k=2}^{12} \Pr(W \cap E_k) = \sum_{k=2}^{12} \Pr(E_k)\Pr(W|E_k)$$

$$= \frac{6}{36} + \frac{2}{36} + 2\left(\frac{3}{36} \cdot \frac{3}{9} + \frac{4}{36} \cdot \frac{4}{10} + \frac{5}{36} \cdot \frac{5}{11}\right) = \frac{488}{990} = 0.4929$$

이 크랩 게임은 승률은 0.5보다 작지만 0.5에 거의 근접한 값을 가지며, 도박장의 우위 백분율(edge)의 기대값은 1.42%($\$1 \times 0.5071 + (-\$1) \times 0.4929$)가 된다.

추가문제 2-6-1

주사위 1개를 계속 던져서 나온 눈의 합이 12를 초과하여 최초로 도달한 숫자, 즉 13~18에 관한 확률 중에서 최대가 되는 경우는 어떤 값인가? 당연히 13이 될 것이다(Andel, 2001). 그러면 이 값은 18이 될 경우의 확률보다 몇 배쯤 되겠는가?

2-6-1 해답

먼저 자연수 값을 가지는 수직선을 고려하여 수직선상의 점 k을 방문할 확률 p_k를 구해 보자.

$$p_1 = \frac{1}{6} = 0.166667$$

$$p_2 = \frac{1}{6}p_1 + \frac{1}{6} = \frac{7}{36} = 0.194444$$

$$p_3 = \frac{1}{6}p_2 + \frac{1}{6}p_1 + \frac{1}{6} = \frac{49}{216} = 0.226852$$

$$p_4 = \frac{1}{6}p_3 + \frac{1}{6}p_2 + \frac{1}{6}p_1 + \frac{1}{6} = \frac{343}{1,296} = 0.264660$$

$$p_5 = \frac{1}{6}p_4 + \frac{1}{6}p_3 + \frac{1}{6}p_2 + \frac{1}{6}p_1 + \frac{1}{6} = \frac{2,401}{7,776} = 0.308771$$

$$p_6 = \frac{1}{6}p_5 + \frac{1}{6}p_4 + \frac{1}{6}p_3 + \frac{1}{6}p_2 + \frac{1}{6}p_1 + \frac{1}{6} = \frac{16,807}{46,656} = 0.360232$$

$$p_k = \frac{1}{6}p_{k-1} + \frac{1}{6}p_{k-2} + \frac{1}{6}p_{k-3} + \frac{1}{6}p_{k-4} + \frac{1}{6}p_{k-5} + \frac{1}{6}p_{k-6},\ k \geq 7 \qquad (2.6.2)$$

따라서 식 (2.6.2)를 반복적으로 적용하면 다음과 같이 구할 수 있다.

$$p_7 = \frac{70,993}{279,936} = 0.253604,\ p_8 = \frac{450,295}{1,679,616} = 0.268094,$$

$$p_9 = \frac{2,825,473}{10,077,696} = 0.280369,\ p_{10} = 0.289288,\ p_{11} = 0.293393,\ p_{12} = 0.290830$$

따라서 수직선상의 점 k를 처음으로 방문할 확률 P_k, $k = 13, 14, \dots, 18$는

$$P_{13} = \frac{1}{6}p_{12} + \frac{1}{6}p_{11} + \frac{1}{6}p_{10} + \frac{1}{6}p_9 + \frac{1}{6}p_8 + \frac{1}{6}p_7 = 0.279263$$

$$P_{14} = \frac{1}{6}p_{12} + \frac{1}{6}p_{11} + \frac{1}{6}p_{10} + \frac{1}{6}p_9 + \frac{1}{6}p_8 = 0.236996$$

$$P_{15} = \frac{1}{6}p_{12} + \frac{1}{6}p_{11} + \frac{1}{6}p_{10} + \frac{1}{6}p_9 = 0.192313$$

$$P_{16} = \frac{1}{6}p_{12} + \frac{1}{6}p_{11} + \frac{1}{6}p_{10} = 0.145585$$

$$P_{17} = \frac{1}{6}p_{12} + \frac{1}{6}p_{11} = 0.097371$$

$$P_{18} = \frac{1}{6}p_{12} = 0.048472$$

가 되므로 점 13을 처음 방문할 확률은 점 18을 처음 방문할 확률보다 5.76배가 된다.

식 (2.6.2)가 선형 차분방정식이므로 p_k를 이로부터 구할 수 있다. 즉, 식 (2.6.2)의 특성 방정식인 $x^6 - x^5/6 - x^4/6 - x^3/6 - x^2/6 - x/6 - 1/6 = 0$의 근은 다음과 같다.

$$x_1 = 0,\ x_2 = -0.6703320,\ x_3, x_4 = -0.3756952 \pm 0.5701752i,$$

$$x_5, x_6 = 0.2941946 \pm 0.6683671i$$

이 차분 방정식의 일반해는 다음과 같이 주어진다.

$$p_n = \sum_{k=1}^{6} A_k x_k^n = \frac{2}{7} + \frac{1}{7}\sum_{k=1}^{6} x_k^n$$

이들 계수 값 $A_k, k=1,2,\ldots,6$는 $p_k, k=1,2,\ldots,6$의 초기조건으로 구한 것이다. 이를 보면 $\lim_{n\to\infty} p_n$은 주사위 하나를 던질 때 눈에 관한 기댓값의 역수인 2/7로 수렴한다.

추가문제 2-6-2

중국 남부와 홍콩에서 제법 널리 보급되어 있는 'Mang Kung'이라는 주사위 게임이 있다.

이 게임은 6개의 주사위를 한꺼번에 던져 출현한 눈의 합을 이용하는 게임인데, j번째 주사위에는 5개의 빈 면과 j개($j=1,2,\ldots,6$)의 눈이 표시된 한 면으로 구성되어 있다. 자세한 게임 규칙은 후술하기로 하고 한 번 시행에서 눈의 합이 k가 될 사건 A_k, $k=0,2,\ldots,21$의 확률 p_k를 구해 보자.

2-6-2 해답

j번째 주사위에서 출현하는 눈의 수를 Y_j는 다음과 같이 나타낼 수 있다.

$$Y_j = \begin{cases} j & \text{확률} = \dfrac{1}{6} \\ 0 & \text{확률} = \dfrac{5}{6} \end{cases}$$

그리고 $X = Y_1 + Y_2 + \cdots + Y_6$로 두면 Y의 확률생성함수(probability generating function)는 다음과 같이 정의된다.

$$G(s) = E(s^X) = \sum_{j=0}^{21} p_j s^j \tag{2.6.3}$$

여기서 Y_j는 독립이고 $E(s^{Y_j}) = (s^j + 5)/6$이므로

$$G(s) = E(s^{Y_1 + Y_2 + \cdots + Y_6}) = \prod_{j=1}^{6} E(s^{Y_j}) = \frac{1}{6^6} \prod_{j=1}^{6} (5 + s^j) \tag{2.6.4}$$

가 된다.

표 2.6.1 Mang Kung 게임에서 눈의 출현 확률

j	$p_j/6^6$	j	$p_j/6^6$	j	$p_j/6^6$
0	15,625	8	1,500	16	55
1	3,125	9	1,625	17	30
2	3,125	10	1,025	18	30
3	3,750	11	1,025	19	5
4	3,750	12	425	20	5
5	4,375	13	300	21	1
6	4,500	14	200		
7	2,000	15	180		

확률생성함수의 성질인 $p_j = G^{(j)}(0)/j!$을 이용하여 이들 확률을 구할 수 있다. 예를 들어 p_0과 p_1은 다음과 같으며, 이들 확률 값을 〈표 2.6.1〉에서 볼 수 있다.

$$p_0 = \frac{5^6}{6^6} = \frac{15,625}{46,656} = 0.33490$$

$$p_1 = \frac{5^5}{6^6} = \frac{3.125}{46,656} = 0.06698$$

이 값들을 보면 0일 때를 제외하더라도 단조 증가하다가 단조 감소하는 패턴에 속하는 유형이 아니다. 즉, 6일 때가 출현가능성이 가장 높으며 이들의 기댓값은 한 주사위 눈의 경우와 같은 3.5가 된다.

참가자가 3명일 때 이 게임의 상세한 절차는 다음과 같다.

(1) 3명이 게임을 한다면 각 자가 7,000원을 내어 21,000원의 판돈을 만든다. 3명 이상도 가능한데, 만약 k명이 참여하면 각자가 내는 금액인 $21/k$(단위: 1,000원)가 정수가 되어야 하므로, 총 판돈을 21,000원 배수가 되도록 정한다. 즉, 4명이면 각자가 21,00원씩, 6명이면 7,000원(또는 이의 배수)씩 내면 된다.

(2) 참여자 중에서 랜덤으로 첫 번째 게임 플레이어를 정한다. 여기서 첫 번째 플레이어를 A씨라 칭하자.

(3) A씨가 던진 6개 주사위 눈의 합을 X라 하고, 직전 남아 있는 판돈을 W라 하자. 최초의 W는 21,000원이 된다.

(4) $1,000X < W$이면 A씨는 $1,000X$의 돈을 가져간다. $1,000X > W$이면 A씨는

$(1,000X-W)$을 판돈에 내어 놓아야 하며, $1,000X=W$이면 A씨가 모든 판돈을 모두 가져가면서 이 게임은 종료된다.

(5) (4)에서 종료되지 않으면, A씨의 다음 왼편에 있는 플레이어 순으로 (4)의 방식을 계속적으로 시행한다.

이렇게 반복적으로 수행되는 게임에 대한 분석은 해석적으로는 불가능하며, 시뮬레이션을 이용하여 풀 수 있다. 각 게임에서 첫 번째 플레이어의 기대 청산액은 17,000원, 두 번째와 세 번째의 플레이어 수익이 1,000원, $-18,000$원으로 알려져 있으므로, 무작위로 첫 번째 플레이어를 선택하여 여러 번의 게임을 하지 않는다면 불공정(unfair) 게임에 속한다(Andel, 20001).

추가문제 2-6-3

주사위 게임과 유사한 것으로 유대교 축제인 하누카(Hanukah)기간 동안 어린이들이 많이 하는 전통적 게임인 정사면체를 이용하는 Dreidel을 들 수 있다.

이 게임은 m명의 플레이어가 동전 1개씩 낸 판돈(즉, 최초의 판돈은 m)으로부터 1명씩 Dreidel을 회전시켜 N, G, H가 나오면 각각 0개, 판돈 전액, 판돈의 절반을 플레이어가 가져가며, S가 나오면 도로 1개의 동전을 판돈에 내어 놓아야 한다. 따라서 G가 나오면 다시 동전 1개씩을 내어야 하므로 재시작하는 형식이 되며, 어떤 플레이어가 마치자고 할 때까지 게임을 지속한다(Freinerman, 1976).

Dreidel의 j번째 시행을 시작하기 직전의 판돈을 W_j로, $\overline{G}_{j-1}$를 처음 $j-1$시행까지 G가 발생하지 않을 사건이라 정의하면

$$E(W_j|\overline{G}_{j-1})=2+(m-2)(5/6)^{j-1} \tag{2.6.5}$$

이 됨을 수학적 귀납법으로 증명해 보자.

2-6-3 해답

먼저 $j=1$이면 최초 판돈은 m이므로 식 (2.6.5)는 당연히 성립한다.

$j+1$일 때 j시행까지 G가 발생하지 않고 j번째 시행에서는 세 가지 글자가 나올 수

있으므로 $E(W_{j+1}|\overline{G}_j)$는

$$E(W_{j+1}|\overline{G}_j) = \frac{1}{3}E(W_j|\overline{G}_{j-1}) + \frac{1}{3}\cdot\frac{1}{2}E(W_j|\overline{G}_{j-1}) + \frac{1}{3}(1+E(W_j|\overline{G}_{j-1}))$$
$$= \frac{5}{6}E(W_j|\overline{G}_{j-1}) + \frac{1}{3} = \frac{5}{6}[2+(m-2)(5/6)^{j-1}] + \frac{1}{3}$$
$$= 2+(m-2)(5/6)^j \qquad (2.6.6)$$

가 되어 식 (2.6.5)가 성립함을 증명할 수 있다.

- Dreidel 게임에서 n번째 시행에서 얻을 수 있는 수익의 기댓값을 구하라.

해답

X_n을 n번째 시행에서의 얻을 수 있는 수익으로 정의하여 이의 기댓값을 구해 보자. 먼저 n번째 시행 직전인 $n-1$시행까지 G가 한 번도 발생하지 않았다면 그 확률은 $(3/4)^{n-1}$이 되며 그때의 수익인 $E(X_n|\overline{G}_{n-1})$는 식 (2.6.5)를 이용하여 다음과 같이 구해진다.

$$E(X_n|\overline{G}_{n-1}) = \frac{1}{4}\cdot 0 + \frac{1}{4}E(W_n|\overline{G}_{n-1}) + \frac{1}{4}\cdot\frac{1}{2}E(W_n|\overline{G}_{n-1}) + \frac{1}{4}(-1)$$
$$= \frac{1}{4}\left[\frac{3}{2}E(W_n|\overline{G}_{n-1}) - 1\right]$$
$$= \frac{1}{4}\left[2 + \frac{3(m-2)}{2}(5/6)^{n-1}\right] \qquad (2.6.7)$$

그리고 $n-1$시행까지 G가 한 번 이상 발생하고 마지막 발생시점이 $n-j$인 사건을 G_{n-j}로 나타내면 $\Pr(G_{n-j}) = \frac{1}{4}(3/4)^{j-1}$이 되며, $E(X_n|G_{n-j})$는 식 (2.6.5)를 이용하여 다음과 같이 구해진다.

$$E(X_n|G_{n-j}) = \frac{1}{4}\cdot 0 + \frac{1}{4}E(W_j|\overline{G}_{j-1}) + \frac{1}{4}\cdot\frac{1}{2}E(W_j|\overline{G}_{j-1}) + \frac{1}{4}(-1)$$
$$= \frac{1}{4}\left[\frac{3}{2}E(W_j|\overline{G}_{j-1}) - 1\right]$$
$$= \frac{1}{4}\left[2 + \frac{3(m-2)}{2}(5/6)^{j-1}\right] \qquad (2.6.8)$$

식 (2.6.7)과 식 (2.6.8)을 이용하면 $E(X_n)$은 다음과 같다.

$$\begin{aligned}
E(X_n) &= \sum_{j=1}^{n-1} E(X_n | G_{n-j}) \Pr(G_{n-j}) + E(X_n | \overline{G}_{n-1})(3/4)^{n-1} \\
&= \sum_{j=1}^{n-1} \frac{1}{16}(3/4)^{j-1}\left[2 + \frac{3(m-2)}{2}(5/6)^{j-1}\right] \\
&\quad + \frac{1}{4}(3/4)^{n-1}\left[2 + \frac{3(m-2)}{2}(5/6)^{n-1}\right] \\
&= \frac{1}{2}\left[1-(3/4)^{n-1}\right] + \frac{m-2}{4}\left[1-(5/8)^{n-1}\right] \\
&\quad + \frac{1}{2}(3/4)^{n-1} + \frac{3(m-2)}{8}(5/8)^{n-1} \\
&= \frac{m}{4} + \frac{m-2}{8}(5/8)^{n-1}
\end{aligned} \tag{2.6.9}$$

식 (2.6.9)를 보면 $m=2$이면 $E(X_n)=1$이 되어 n에 무관한 공정한 게임이 되지만, $m \geq 3$이면 n에 따라 감소하는 패턴을 따르므로 첫 번째 플레이어가 유리한 불공정한 (즉, $E(X_1)=(3m-2)/8$이지만 $\lim_{n\to\infty} E(X_n) = m/4$ 임) 게임이 된다. 여기서 수익에 각 플레이어가 판돈으로 낸 동전 1개가 고려되지 않음도 유의해야 한다.

2.7

카지노 게임의 승률은 얼마나 될까?

우리는 해외에 여행갈 때 카지노에서 여가 활용 정도의 게임을 하는 경우가 가끔 있다. 이때 도박장에서 널리 보급된 게임의 승률은 얼마쯤 될까? 또한 본인에게 유리한 베팅 전략은 어떤 것이 있을까?

확률이론은 도박 세계에서 출발했다고 알려져 있다. 1800년도 경에 프랑스에서 개발된 룰렛(roulette)은 가장 널리 알려진 카지노 게임의 하나로 0에서 36까지의 눈금으로 37등분된(유럽식이며, 미국식은 00이 있어 38등분 되어 있음) 정교한 회전원반(〈그림 2.7.1(a)〉 참조) 가운데에 주사위 1개를 넣고 딜러가 매우 빠른 속도로 회전시켜 회전반이 정지했을 때 어느 눈금 위에 멈추느냐에 금전을 거는 게임이다.

룰렛 테이블은 〈그림 2.7.1(b)〉와 같이 1~36개의 숫자 중에서 18개는 붉은 색, 나머지 18개는 검은 색, 0(미국식의 00도 포함)은 두 색 어디에도 속하지 않는다. 이 게임에

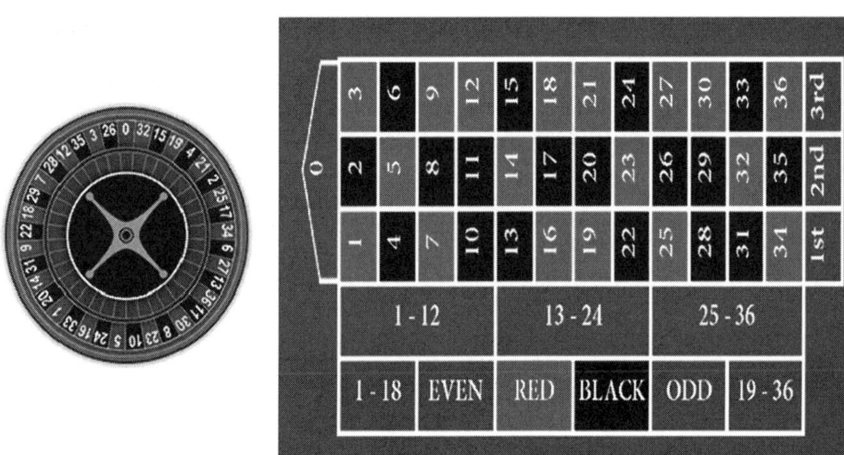

(a) 회전원판　　　　(b) 룰렛 테이블

그림 2.7.1　룰렛

서는 개별 숫자 또는 색깔로 거는 방법 등 12종류의 베팅 방법이 있다.

만약 플레이어가 검은 색에 1,000원을 걸어 검은 색이 나오면 1,000원을 더 받게 되며, 그렇지 않으면 1,000원을 잃는 1:1 배당 방식이다. 이 경우에 승률은 얼마 될까?

만약 검은 색에 1,000원을 걸어 지면, 다음에 2,000원, 또 지면 4,000원을 거는, 즉 검은 색이 나올 때까지 2배 씩 베팅 금액을 올리는 2배 베팅 전략(doubling betting strategy)을 채택한다면 플레이어가 유리할까(Tijms, 2007)?

해답

만약 〈그림 2.7.1〉과 같은 유럽식에서 검은 색(18개 숫자)에 1,000원을 베팅하면 이 게임의 청산액 X의 기댓값은 다음과 같다.

$$E(X) = (1{,}000)\frac{18}{37} + (-1{,}000)\frac{19}{37} = -27.03 \tag{2.7.1}$$

따라서 카지노의 우위 백분율(edge)은 27.03/1,000=1/37=2.703%가 된다.

미국식일 경우는

$$E(X) = (1{,}000)\frac{18}{38} + (-1{,}000)\frac{20}{38} = -52.63 \tag{2.7.2}$$

가 되어 카지노의 우위 백분율(edge)은 52.63/1,000=1/19=5.263%가 된다.

2배 베팅 전략을 플레이어에게 보다 유리한 유럽식에 적용해 보자. 플레이어가 최초 1단위(1,000원)로부터 시작하여 최대 1,000단위(즉, 일 백만 원)까지 이 전략을 적용할 경우를 상정하자. 이 경우에 10번째에 $2^9 = 512$단위를 걸 수 있으므로 많아야 11번까지 지더라도 연속적으로 베팅할 수 있다.

먼저 X를 이 전략하에서의 베팅횟수로 정의하면 X의 확률은 다음과 같이 나타낼 수 있다.

$$\Pr(X=k) = \begin{cases} (19/37)^{k-1}\dfrac{18}{37}, & k = 1,2,\ldots 10 \\ (19/37)^{10}, & k = 11 \end{cases} \tag{2.7.3}$$

k회차에 이 전략이 끝난다면 플레이어가 베팅한 총 금액 b_k는

$$b_k = \begin{cases} \sum_{j=0}^{k-1} 2^j = 2^k - 1 & , \quad k = 1, 2, \ldots, 10 \\ 2^{10} - 1 + 1{,}000 = 2{,}023, & k = 11 \end{cases} \tag{2.7.4}$$

가 되므로 플레이어가 베팅한 총 금액의 기댓값 W은 다음과 같이 구해진다.

$$\begin{aligned} E(W) &= \sum_{k=1}^{11} b_k \Pr(X = k) \\ &= 36\left[(38/37)^{10} - 1\right] - \left[1 - (19/37)^{10}\right] + 2{,}023 \times (19/37)^{10} \\ &= 12.583 \end{aligned}$$

이 전략하에서 11번째 이전에 플레이어가 이기면 1단위의 순 수익이 발생하며, 11번째에 이기면 23단위의 손실이, 지면 2,023단위의 손실이 발생한다.

따라서 이 전략하의 기대 청산액 V는

$$E(V) = 1 \times \left[1 - (19/37)^{10}\right] - 23 \times (19/37)^{10}(18/37) - 2{,}023 \times (19/37)^{11} = -0.3401$$

가 되므로 손실비율은 $0.3401/12.583 = 0.027$이 되어 식 (2.7.1)의 비율에 근접한다. 즉, 2배 베팅 전략은 일시적으로 누적 베팅금액을 회수할 수도 있지만 장기적으로 보면 매번 베팅 금액의 2.7%의 금액을 카지노에 지불하는 셈이 된다.

추가문제 2-7-1

포커(poker)에서 카드 5장으로 족보(약(約), hands)가 나올 확률은 기초적인 셈 기법으로 비교적 쉽게 구할 수 있다. 또한 보통 포커는 5장보다 7장으로 하는 경우가 더 많으므로 이 경우의 족보가 나올 확률도 구해 보자. 여기서 받은 카드를 바꾸지 않는 포커(stud poker; 바꾸면 draw poker)로 한정한다.

2-7-1 해답

카드는 spade, club, diamond, heart의 네 종의 무늬(suits)와 A(ace로 1에 해당), 2~10, J(11), Q(12), K(13)의 13개의 끗수(숫자)로 구성되어 한 벌(deck)은 52장이 된다.

포커의 족보는 끗발의 하향순으로 〈그림 2.7.2〉에 예시되어 있다.

royal flush	10 ♥	J ♥	Q ♥	K ♥	A ♥
straight flush	3 ♠	4 ♠	5 ♠	6 ♠	7 ♠
four of a kind	10 ♦	10 ♣	10 ♥	10 ♠	4 ♦
full house	J ♥	J ♣	7 ♥	7 ♦	7 ♣
flush	2 ♥	6 ♥	9 ♥	Q ♥	K ♥
straight	3 ♠	4 ♥	5 ♣	6 ♦	7 ♦
three of a kind	9 ♠	9 ♥	9 ♣	6 ♦	2 ♦
two pairs	4 ♠	4 ♥	J ♣	J ♦	9 ♦
one pair	6 ♠	6 ♥	3 ♣	Q ♦	10 ♦

그림 2.7.2 포커의 족보

카드 5장인 게임일 때 포커의 족보가 발생하는 셈 계산방식, 경우의 수(괄호 안은 straight flush 출현 횟수에 관한 배수), 그 확률이 〈표 2.7.1〉에 정리되어 있다.

먼저 〈표 2.7.1〉에서 straight flush는 5장의 카드가 동일한 무늬로 첫 숫자가 A(A-2-3-4-5)에서 9(9-10-J-Q-K)의 9가지와 포커에서는 10-J-Q-K-A(royal straight flush)가 straight로 인정되어 총 10(4)=40가지가 된다. four of a kind와 full house는 경우의 수를 쉽게 구할 수 있으며, flush와 straight에서는 straight flush인 경우를 제외하여야 한다.

그리고 three of a kind, two pair, one pair 〈표 2.7.1〉과 같이 동일한 끗수의 매수가 발생하는 경우의 수에 나머지 카드의 발생 가능 장수를 고려하여 곱하여 구할 수 있다. 여기서 출현 순서에 상관이 없으므로 이를 감안한 경우의 수를 나누면 된다.

또한 5장의 카드를 뽑는 경우의 수는 $\binom{52}{5}$이므로 족보가 아닌 no pair인 경우는 족보의 경우의 수를 $\binom{52}{5}$에서 차감하면 되지만, 이보다 5장의 카드 끗수가 다르면서 straight가 아닌 경우의 수에 flush가 아닌 경우의 수를 곱하여 쉽게 구할 수 있다.

카드가 6장 이상이 되면 계산방식은 전과 같이 단순하지 않다. 일례로 straight이면서 flush이더라도 straight flush 되지 않는 경우가 발생한다.

포커 게임에서 7장 중에서 5장을 선택하여 족보를 구성하는 게임이 널리 보급되어 있

표 2.7.1 5장 포커의 족보 출현 확률

족보	경우의 수(배수)		확률(%)
straight flush(royal straight flush)	10×4 (4)	40(1) (4(0.1))	0.00154 (0.00015)
four of a kind	13×48	624(15.6)	0.02401
full house	$\left(13\times\binom{4}{3}\right)\cdot\left(12\times\binom{4}{2}\right)$	3,744(93.6)	0.14406
flush	$4\binom{13}{5}-40$	5,108(128)	0.19654
straight	$10\cdot 4^5-40$	10,200(255)	0.39246
three of a kind	$\left(13\times\binom{4}{3}\right)\times 48\times 44/2!$	54,912(1,373)	2.11285
two pair	$\left(13\times\binom{4}{2}\right)\left(12\times\binom{4}{2}\right)/2!\times 44$	123,552(3,089)	4.75390
one pair	$\left(13\times\binom{4}{2}\right)\times 48\times 44\times 40/3!$	1,098,240(27,456)	42.25690
no pair	$\left(\binom{13}{5}-10\right)\cdot(4^5-4)$	1,302,540(32,563)	50.11774
합계	$\binom{52}{5}$	2,598,960(64,794)	100.00000

으므로 이의 출현 확률을 구해 보자.

여기서는 three of a kind 이상인 족보를 다루며, 보다 복잡한 분류와 과정이 요구되는 straight와 two pair 이하인 경우는 김태성과 채경철(1995) 논문을 참조하기 바란다.

(i) straight flush: 7, 6, 5장이 연속인 상호배반인 사건으로 구분하여 구하면 된다.

7장: A에서 8부터 시작하는 8가지와 무늬를 고려하면 $8\times 4=32$

6장: A～6과 9～A의 2가지 경우와 이를 제외한 7가지로 구분

$$[2\times(52-6-1)]+7\times(52-6-2)]\cdot 4=1,592$$

5장: A～5와 10～A의 2가지 경우와 이를 제외한 8가지로 구분

$$\left[2\times\binom{52-5-1}{2}+7\times\binom{52-5-2}{2}\right]\cdot 4=39,960$$

따라서 세 사건의 합은 41,584가 된다.

여기에 포함되는 royal straight flush는 7, 6, 5장이 연속되더라도 모두 royal straight flush가 되므로 다음과 같이 5장이 연속되는 경우만 고려하면 된다.

$$\binom{52-5}{2}\cdot 4 = 4,324$$

(ii) four of a kind: 끗수의 매수 출현 유형을 고려하면 (4,3), (4,2,1), (4,1,1,1)의 상호배반인 사건으로 구분하여 유형 출현 경우의 수와 해당 족보 발생 경우를 곱하면 된다.

$$\text{(4,3):}\quad \binom{13}{2}\frac{2!}{1!1!}\cdot\binom{4}{4}\binom{4}{3} = 624$$

$$\text{(4,2,1):}\quad \binom{13}{3}\frac{3!}{1!1!}\cdot\binom{4}{4}\binom{4}{2}\binom{4}{1} = 41,184$$

$$\text{(4,1,1):}\quad \binom{13}{4}\frac{4!}{2!1!1!}\cdot\binom{4}{4}\binom{4}{1}\binom{4}{1}\binom{4}{1} = 183,040$$

따라서 이 족보가 출현하는 경우의 수는 세 사건을 합하면 224,848이 된다.

(iii) full house: (ii)와 같이 유형을 열거하면 (3,3,1), (3,2,2), (3,2,1,1)의 상호배반인 세 사건으로 구분할 수 있다.

$$\text{(3,3,1):}\quad \binom{13}{3}\frac{3!}{2!1!}\cdot\binom{4}{3}\binom{4}{3}\binom{4}{1} = 54,912$$

$$\text{(3,2,2):}\quad \binom{13}{3}\frac{3!}{1!2!}\cdot\binom{4}{3}\binom{4}{2}\binom{4}{2} = 123,552$$

$$\text{(3,2,1,1):}\quad \binom{13}{4}\frac{4!}{1!1!2!}\cdot\binom{4}{3}\binom{4}{2}\binom{4}{1}\binom{4}{1} = 3,294,720$$

따라서 이 족보가 출현하는 경우의 수는 세 사건을 합하면 3,473,184가 된다.

(iv) flush: 동일 무늬 개수로 유형을 구분하면 (7,0), (6,1), (5,2)가 되는데 이 족보에는 straight flush가 중복되므로 이의 발생 가지 수를 차감해야 한다.

$$\text{(7,0):}\quad 4\cdot\binom{13}{7} - 32 = 6,832$$

$$\text{(6,1):}\quad 4\binom{13}{6}\binom{39}{1} - 1,592 = 266,104$$

$$\text{(5,2):}\quad 4\binom{13}{5}\binom{39}{2} - 39,960 = 3,774,708$$

따라서 이 족보가 출현하는 경우의 수는 세 사건을 합하면 4,047,644가 된다.

(v) three of a kind: 끗수의 매수 출현 유형을 고려하면 (4,1,1,1)만 가능하다. 하지만 이 경우에 flush와 straight가 가능하므로 이 경우를 차감하면 된다.

$$(4,1,1,1):\ \binom{13}{5}\binom{5}{1}\cdot\binom{4}{3}\binom{4}{1}\binom{4}{1}\binom{4}{1}=6,589,440$$

$$\text{flush: }\binom{13}{5}\binom{5}{1}\cdot\binom{4}{3}\binom{4}{1}\binom{4}{1}\binom{4}{1}=77,220$$

$$\text{straight: }10\cdot\binom{5}{1}\cdot\binom{4}{3}\binom{4}{1}\binom{4}{1}\binom{4}{1}=51,200$$

$$\text{straight flush: }10\cdot\binom{5}{1}\cdot\binom{4}{3}\binom{3}{1}=600$$

여기서 네 번째 케이스는 두 번째와 세 번째 케이스의 교집합이 되므로 이를 반영하면 이 족보의 출현하는 경우의 수는 6,589,440-(77,220+51,200)+600=6,461,620가 된다.

5장 포커와 7장 포커의 족보 출현 확률을 절대적이 아닌 상대적 출현 크기로 비교하면 상당히 달라지는 현상을 발견할 수 있다. 예를 들면 full house는 바로 위 족보인 four of a kind보다 5장 카드에서는 6배 정도이지만(〈표 2.7.1〉과 〈표 2.7.2〉의 straight flush의

표 2.7.2 7장 포커의 족보 출현 확률

족보	경우의 수(배수)	확률(%)
straight flush (royal straight flush)	41,584(1) (4,324(0.104))	0.03108 (0.00323)
four of a kind	224,848(5.41)	0.16807
full house	3,473,184(83.5)	2,59610
flush	4,047,644(97.3)	3.02549
straight	6,180,020(149)	4.61938
three of a kind	6,461,620(155)	4.82987
two pair	31,433,400(756)	23.49554
one pair	58,627,800(1,410)	43.812255
no pair	23,294,460(560)	17.41192
합계	$\binom{52}{7}$=133,784,560 (2,071,320)	100.00000

경우의 수를 1로 두고 구한 배수 참조) 7장 카드에서는 15.5배가 된다. 또한 flush는 full house보다 1.35배(5장 카드)와 1.15배(7장 카드), straight는 flush의 2배, 1.5배, three of a kind는 straight보다 5.4배, 1.05배이다. 7장 카드에서는 5장 카드보다 상대적으로 full house의 출현 가능성이 높으며, three of a kind는 상대적으로 낮아짐을 알 수 있다.

또한 여기서 구한 이 확률들은 한 사람의 플레이어가 하는 상황을 상정하였으므로 여러 사람이 참여하는 포커 게임에서는 그 확률이 달라질 수 있음에 유념해야 한다.

추가문제 2-7-2

카지노에서 널리 보급된 게임으로 블랙잭(blackjack)이 있다. 이 게임은 룰렛이나 크랩과는 달리 플레이어가 카지노와 거의 비슷한 승률을 얻을 수 있다.

블랙잭에서 J, Q, K는 10으로, A(ace)는 1 또는 11으로 간주한다. 이 게임은 카드의 끗수 총합이 21에 근접하는 패가 이기는 게임으로, 딜러를 포함한 모든 플레이어는 처음 2장의 카드로 시작하며, 본인의 선택에 따라 카드를 받지 않거나(stand), 더 받을 수 있지만(hit) 총합이 21을 초과하면 해당 플레이어는 이 게임에서 무조건 진다. 두 장의 총합이 21이 될 때를 블랙잭이라고 부르며, 플레이어가 블랙잭을 가지고 있고 딜러가 이를 가지고 있지 않으면 플레이어는 게임에 베팅한 금액의 1.5배를 받는다. 이 외는 각 게임에서 플레이어는 베팅한 금액만큼 더 받거나 잃게 되며, 비기면 베팅 금액만 돌려받게 된다.

모든 플레이어의 순서가 끝나면 딜러는 마지막에 오픈되지 않는 하나의 카드(hole card)를 보여주면서 아래의 운용규칙에 따라 카드를 더 받을 수도 있지만 딜러가 이때 21을 초과더라도 이미 이를 초과한 플레이어는 잃은 베팅 금액을 돌려받을 수 없으므로 이점이 딜러에게 유리하게 작용하는 주요 요인이다. 하지만 딜러가 21을 초과하면 이를 초과하지 않는 모두 플레이어는 이기게 된다.

카지노에서 딜러의 운용규칙은 단순하다. 즉, 딜러의 카드 끗수의 총합이 16 이하이면 카드를 더 받아야 하며, 이를 초과하면(17 이상) 카드를 더 받지 않는다.

플레이어가 두 장의 9를, 딜러의 오픈 카드가 7이라면 플레이어가 이길 확률은 얼마인가? 여기서는 딜러가 한 장만 더 받는 상황까지 다룬다(Cooke, 2010).

2-7-2 해답

X를 hole card의 패라면 다음과 같은 확률을 가지므로,

$$\Pr(X=x)=\begin{cases}\dfrac{16}{49}, & x=10\\ \dfrac{2}{49}, & x=9\\ \dfrac{3}{49}, & x=7\\ \dfrac{4}{49}, & x=A,2,3,4,5,6,8\end{cases} \tag{2.7.5}$$

이 단계에서 $x=A$(즉, 11)이면 비기게 되고(확률 4/49), $x=10$이면 지게 되며 (16/49), 그 외의 경우 딜러는 우선 한 장을 더 받게 된다.

X가 10 또는 11이 아닐 때 패의 출현 확률을 $p_X(x)$로, Y를 처음으로 한 장 더 받는 카드의 패로 정의하면 그 출현 확률 $p_Y(y)$은 다음과 같다.

$$p_X(x)=\begin{cases}\dfrac{2}{29}, & x=9\\ \dfrac{3}{29}, & x=7\\ \dfrac{4}{29}, & x=2,3,4,5,6,8\end{cases} \tag{2.7.6}$$

$$p_Y(y)=\begin{cases}\dfrac{\delta_2^x}{48}, & x=9\\ \dfrac{\delta_3^x}{48}, & x=7\\ \dfrac{16}{48}, & x=10\\ \dfrac{4}{49}, & x=A,2,3,4,5,6,8\end{cases} \tag{2.7.7}$$

(여기서 $\delta_m^x=\begin{cases}m, & x\neq y\\ m-1, & x=y\end{cases}$임.)

이들의 결합 확률은 다음 식으로부터 구할 수 있다.

$$\Pr(X=x,\ Y=y)=p_X(x)p_Y(y),\quad 2\le x\le 9,\ 2\le y\le 11$$

딜러가 추가 카드를 받을 경우 딜러의 패(x, y)가 〈표 2.7.3〉에, 이들이 발생 가능한 경우의 수가 〈표 2.7.4〉에 수록되어 있다. 〈표 2.7.3〉의 * 표시는 이때 ace는 1로 취급되는

경우임을 표시한 것이며, 발생 가능한 총 경우의 수는 $29 \times 48 = 1{,}392$이다. 〈표 2.7.4〉에서 비길 경우의 숫자는 굵게 이탤릭 체로, 딜러가 한 장 더 받아야 될 경우의 숫자는 이탤릭 체로, 딜러가 질 경우는 굵게 표시하였으며, 그 외는 플레이어가 이길 경우의 숫자이다.

따라서 이 상황까지 플레이어가 이길 확률은 딜러의 카드가 두 장과 세 장일 때의 확률의 합이므로 $\frac{16}{49} + \frac{29}{49} \times \frac{462}{1{,}392} = 0.5229$가 된다. 그리고 딜러의 카드가 세 장일 때 딜러가 이길 수 있으므로 이 확률은 $\frac{29}{49} \times \frac{434}{1{,}392} = \frac{31}{168} = 0.1845$, 그리고 비길 확률(딜러의 카드가 두 장과 세 장일 때)은 $\frac{4}{49} + \frac{29}{49} \times \frac{104}{1{,}392} = 0.1259$, 이 단계에서 승패가 결정나지 않을(카드를 더 받게 되는 경우도 포함됨) 확률은 $\frac{29}{49} \times \frac{392}{1{,}392} = \frac{1}{6} = 0.1667$(또는 $1 - 0.5229 - 0.1845 - 0.1259 = 0.1667$)가 된다.

표 2.7.3 한 장 더 받을 때 발생 가능한 $(x,\ y)$

2,2	2,3	2,4	2,5	2,6	2,7	2,8	2,9	2,10	2,11
3,2	3,3	3,4	3,5	3,6	3,7	3,8	3,9	3,10	3,11
4,2	4,3	4,4	4,5	4,6	4,7	4,8	4,9	4,10	4,1*
5,2	5,3	5,4	5,5	5,6	5,7	5,8	5,9	5,10	5,1
6,2	6,3	6,4	6,5	6,6	6,7	6,8	6,9	6,10	6,1
7,2	7,3	7,4	7,5	7,6	7,7	7,8	7,9	7,10	7,1
8,2	8,3	8,4	8,5	8,6	8,7	8,8	8,9	8,10	8,1
9,2	9,3	9,4	9,5	9,6	9,7	9,8	9,9	9,10	9,1

표 2.7.4 $(x,\ y)$에 대한 경우의 수

12	*16*	*16*	*16*	*16*	*12*	***16***	**8**	64	16
16	*12*	*16*	*16*	*16*	***12***	**16**	8	64	16
16	*16*	*12*	*16*	***16***	**12**	16	8	64	*16*
16	*16*	*16*	***12***	**16**	12	16	8	***64***	*16*
16	*16*	***16***	**16**	12	12	16	***8***	***64***	*16*
12	***12***	**16**	12	12	6	***12***	***6***	***48***	*12*
16	**10**	12	16	16	***12***	***12***	***8***	***64***	*16*
8	8	8	8	***8***	***6***	***8***	***2***	***32***	*8*

- 블랙잭 게임에 참여한 A씨가 현재 받은 두 장의 카드 합이 12이다. 딜러의 오픈 카드가 4라면 한 장을 더 받아야 하는가? 또한 A씨의 카드 합이 18이고 딜러의 오픈 카드가 A라면 어떻게 해야 하는가?

해답

단순한 운용규칙을 가지는 딜러의 관점에서 카드 패 출현 확률을 분석해 보자.

딜러의 현재 끗수 총합이 k일 때 최종 총합이 j일 확률 $b(j,k)$을 구할 수 있다. 여기서 ace가 1 또는 11로 취급되므로 약간 복잡한 문제가 생긴다. 하나의 ace가 11로 간주되면 soft hand, 어떤 ace도 1로 간주되면 hard hand로 구분하여 부른다. soft hand에서는 10이 되는 카드가 나오더라도 21을 초과하지 않으므로 'soft'라 칭하고 있다.

$b(j,k)$를 hard hand일 경우로 한정하고, soft hand일 때의 해당 확률을 $a(j,k)$로 구별하여 표시하자.

$j \geq 17$일 때 $a(j,j)$와 $b(j,j)$는 모두 1이며, hard hand일 경우 다음과 같은 순환관계가 성립한다.

$$11 \leq j \leq 16: \quad a(j,k) = p_1 a(j+1,k) + \sum_{i=2}^{10} p_i a(j+i,k) \tag{2.7.8}$$

$$2 \leq j \leq 10: \quad a(j,k) = p_1 b(j+11,k) + \sum_{i=2}^{10} p_i a(j+i,k) \tag{2.7.9}$$

(여기서, $p_i = 1/13$, $i = 1, 2, \ldots, 9$이고 $p_{10} = 4/13$임.)

식 (2.7.9)에서는 ace를 받게 되면 11로 간주하므로 soft hand가 된다.

soft hand일 경우 ace는 11로 간주하게 되므로 12보다 작은 soft hand는 존재할 수 없으며, 만약 21을 초과하게 되면 ace는 1로 바뀌게 되므로 다음과 같은 순환관계가 성립한다.

$$b(j,k) = p_1 b(j+11,k) + \sum_{i=2}^{21-j} p_i b(j+i,k) + \sum_{i=22-j}^{10} p_i a(j+i-10,k) \tag{2.7.10}$$

식 (2.7.8)~(2.7.10)을 수작업으로 풀기는 거의 불가능하며, 컴퓨터를 이용하여 풀 수 있을 것이다. 〈표 2.7.5〉는 딜러의 오픈 카드가 주어질 때 17 이상(bust 포함)이 나올 확률을 구하여 정리한 것이다(Durret, 2007). 이 표를 보면 딜러의 오픈 카드패가 2~6일 때는 22 이상이, 7~10과 ace일 때는 각 숫자에 10을 더한 값(굵은 표시)이 될 확률이 가

표 2.7.5 딜러의 카드 패 출현 확률

오픈 카드	딜러의 최종 카드 패					
	17	18	19	20	21	22 이상 (bust)
2	0.13981	0.13491	0.12966	0.12403	0.11799	**0.35361**
3	0.13503	0.13048	0.12558	0.12033	0.11470	**0.37387**
4	0.13049	0.12594	0.12139	0.11648	0.11123	**0.39447**
5	0.12225	0.12225	0.11770	0.11315	0.10825	**0.41640**
6	0.16544	0.10627	0.10627	0.10171	0.09716	**0.42315**
7	**0.36857**	0.13780	0.07863	0.07863	0.07407	0.26231
8	0.12857	**0.35934**	0.12857	0.06939	0.06939	0.24474
9	0.12000	0.12000	**0.35076**	0.12000	0.06082	0.22843
10	0.11142	0.11142	0.11142	**0.34129**	0.11142	0.21211
ace	0.13079	0.13079	0.13079	0.13079	**0.36156**	0.11529

장 높다.

Baldwin et al.(1956)의 논문을 필두로 Thorp(1961) 등 여러 연구에서 다음과 같이 비교적 단순한 기본 운용규칙을 플레이어에게 추천하고 있다(〈표 2.7.5〉 참조).

(i) hard hands

딜러의 카드가 7, 8, 9, 10, A이면 17 이상일 때 카드를 더 받지 마라(stand).

딜러의 카드가 4, 5, 6이면 12 이상일 때 카드를 더 받지 마라.

딜러의 카드가 2, 3이면 13 이상일 때 카드를 더 받지 마라.

(ii) soft hands

딜러의 카드가 9, 10, A가 아니면 18 이상일 때 카드를 더 받지 마라.

딜러의 카드가 9, 10, A이면 19 이상일 때 카드를 더 받지 마라.

이 규칙을 문제 상황에 적용하면 현재 받은 두 장의 카드 합이 12이고 딜러의 오픈 카드가 4일 때 딜러가 22가 될 가능성을 감안하면(〈표 2.7.5〉 참고) 한 장을 더 받지 않아야 유리하다. 그리고 A씨의 카드 합이 18이고 딜러의 오픈 카드가 A라면 한 장을 더 받는 것이 유리해진다.

위에 있는 운용규칙을 적용하면 플레이어가 이길 확률이 0.5에 근접한 0.49 이상이 된다(Baldwin et al., 1956). 이런 기본 규칙 외에 플레이어의 두 장 카드가 페어(ace와 8)일 때 두 개의 패로 분리하여 각각 베팅할 수 있다(splitting pairs). 또한 플레이어가 두 장의 카드일 때 베팅 금액을 두 배로 올리면서 한 장의 카드를 더 받을 수 있는 기회를 얻을 수 있다(doubling down). 이런 보조규칙은 10의 카드를 받을 기회를 활용하는 것으로, 이때 받은 한 장의 카드가 만족스럽지 않더라도 더 이상 카드를 받을 수 없다. 이런 규칙을 잘 활용하면 딜러의 우위비율을 보다 줄일 수 있다.

1962년 Edward O. Throp는 《Beat the Dealer》라는 책에서 오픈된 10과 2～6까지의 카드 매수의 차이를 세면서 베팅금액을 조절하면(Kelly betting system) 카지노를 이길 수 있음을 보여 주었다. 이에 대응하기 위해 카지노에서는 한 벌의 카드 대신에 여러 벌(4～8벌)의 카드로 블랙잭 게임을 하고 있으며, 이런 시도를 하는 플레이어를 퇴장시키거나 블랙리스트에 등재한다고 알려져 있다.

또한 6명의 미국의 MIT 학생들이 팀을 이루어 위에 있는 기본 운용규칙과 여러 전략을 활용하여 카지노에서 블랙잭으로 돈을 벌은 과정을 기술한 《Bring Downing the House》(2002)라는 책도 출간되었다.

2.8

Parrondo의 역설은 역설인가?

어떤 교수가 대학원생인 D씨에게 동전을 던져 앞면이 나오면 1,000원을 따며, 뒷면이 나오면 1,000원을 잃게 되는 두 종류의 게임에 대해 참여 의향을 물었다. 첫 번째 게임은 하나의 동전(A)으로 진행하는데 앞면의 출현 확률은 0.493이다. 두 번째 게임은 동전 2개로 게임을 하는데, 수중의 돈이 3,000원의 배수이면 동전 B를, 배수가 아니면 동전 C로 게임을 진행한다. 동전 B와 C의 앞면 출현 확률은 각각 0.093와 0.743이다.

D씨는 두 종류의 게임은 모두 본인에게 불리한 게임으로 여겨져 참여하지 않겠다고 하자, 교수는 두 게임을 랜덤하게 혼합하여 수행하면 D씨에게 유리한 게임이 된다고 얘기한다(Harmer and Abbott, 1999a). 이 교수의 주장은 옳은가?

해답

첫 번째 게임의 한 회당 기대 이득은 $-1{,}000 \cdot 2(0.5-0.493)=-140$원이 되어 D씨에게 불리한 게임이다. 두 번째 게임은 상태를 세 가지(즉, 3,000원으로 나눈 나머지가 0원(상태 0), 1,000원(상태 1), 2,000원(상태 2))로 정의하여 이산 시간 마코브 체인(Markov chain)에 의해 풀 수 있다.

두 번째 게임에서 X_n를 n회가 끝난 후의 상태를 나타내면 마코브 체인의 전이확률행렬을 다음과 같이 나타낼 수 있다.

$$\begin{array}{cccc} & 0 & 1 & 2 \end{array}$$

$$\boldsymbol{P}_2=\begin{bmatrix} 0 & 0.093 & 0.907 \\ 0.257 & 0 & 0.743 \\ 0.743 & 0.257 & 0 \end{bmatrix} \tag{2.8.1}$$

전이확률 행렬이 $\boldsymbol{P}$인 마코브 체인이 비가략(irreducible), 양재귀(positive recurrent), 비주기(aperiodic)이면 정상상태(stationary) 확률

$$\pi_j = \lim_{n \to \infty} \Pr(X_n = j \mid X_0 = i)$$

이 존재하며 이 확률들은 다음 조건을 만족한다(Ross, 2014).

$$\pi_j = \sum_i \pi_i P_{ij}, \quad j = 0, 1, \ldots$$
$$\sum_j \pi_j = 1 \tag{2.8.2}$$

식 (2.8.2)의 첫 번째 식에서 하나가 여분이므로 이를 제외하고 두 번째 식과 연립하여 π_j를 구할 수 있으므로 식 (2.8.1)을 대입하면 다음의 연립방정식이 해를 구하는 문제가 된다.

$$\begin{aligned} 0.257\pi_1 + 0.743\pi_2 &= \pi_0 \\ 0.093\pi_0 + \qquad\quad 0.257\pi_2 &= \pi_1 \\ \pi_0 + \quad \pi_1 \quad + \quad \pi_3 \quad &= 1 \end{aligned}$$

위의 연립방정식의 해는 정상상태 벡터 $\pi_2 = (0.3832,\ 0.1545,\ 0.4623)$가 되므로 이 게임에서 D씨가 이길 확률은

$$p_{W2} = 0.3822(0.093) + 0.1545(0.743) + 0.4623(0.743) = 0.4939$$

가 되며, 한 회당 기대 이득은 $E(G_{W2}) = 1{,}000(0.4939) - 1{,}000(1 - 0.4939) =- 12.2$원이 되어 역시 D씨에게 불리한 게임이다.

게임 1과 게임 2를 랜덤하게 혼합하는 방식을 게임 3이라 칭하자. 게임 3에서 Y_n를 n회가 끝난 후의 상태를 나타내면 마코브 체인의 전이확률 행렬을 게임 1과 2의 전이확률 행렬로부터 다음과 같이 나타낼 수 있으므로,

$$\boldsymbol{P}_3 = \frac{1}{2}\boldsymbol{P}_1 + \frac{1}{2}\boldsymbol{P}_2$$
$$(\text{여기서, } \boldsymbol{P}_1 = \begin{bmatrix} 0 & 0.493 & 0.507 \\ 0.507 & 0 & 0.493 \\ 0.493 & 0.507 & 0 \end{bmatrix} \text{임.}) \tag{2.8.3}$$

$\boldsymbol{P}_3$은 다음과 같이 구해진다.

$$\boldsymbol{P}_3 = \begin{bmatrix} 0 & 0.293 & 0.707 \\ 0.382 & 0 & 0.618 \\ 0.618 & 0.382 & 0 \end{bmatrix} \tag{2.8.4}$$

식 (2.8.2)에 대입하여 구한 정상상태 벡터 $\pi_3 = (0.3449,\ 0.2542,\ 0.4009)$가 되어 이 게임에서 D씨가 이길 확률과 한 회당 기대 이득은 다음과 같이 구해진다.

$$p_{W3} = 0.3449(0.293) + 0.2542(0.618) + 0.4009(0.618) = 0.5059$$
$$E(G_{W3}) = 1{,}000(0.5059) - 1{,}000(1 - 0.5059) = 11.8(\text{원})$$

따라서 D씨가 유리한 게임이 되는 직관과 상반된 현상이 발생된다. 〈그림 2.8.1〉은 이 경우의 세 게임을 각 5,000회 시뮬레이션을 수행한 결과로 위의 사실을 뒷받침하고 있다.

이런 사실은 게임이론의 최근 연구성과 중에서 가장 중요한 업적으로 인정받는 스페인의 물리학자인 J. M. R. Parrondo가 1996년에 최초로 발견하였으며, Parrondo의 역설로 알려져 있다(Gorroochurn, 2012). Parrondo의 역설은 위에 있는 도박 문제 등의 게임이론 외에 경제학, 재무위험 분석, 생물학, 신호처리 등의 분야에, 특히 동적인 경제 및 사회 현상 모형(감소하는 생성-소멸과정(declining birth and death process) 등)에 응용될 수 있다(Harmer and Abbott, 1999b).

하지만 위와 같이 이런 현상의 원인을 파악할 수 있으므로 엄격한 관점에서 역설로 보기 힘들다는 견해도 있지만, 반직관적(counterintuitive)이면 역설로 인정받고 있으므로 광의로 보면 역설에 포함된다고 볼 수 있다.

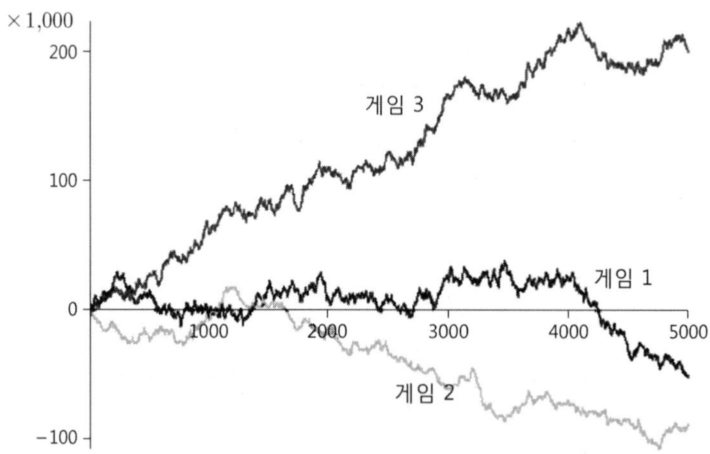

그림 2.8.1 세 동전 게임의 시뮬레이션 수행 결과

추가문제 2-8-1

룰렛 게임(유럽식)에서 1회당 1단위 금액씩 적색과 백색의 한쪽(18/37의 승률)에 베팅하는 기본적인 게임(첫 번째 게임)과 다음 게임을 고려하자. 두 번째 게임은 수중의 금액 단위가 3의 배수일 때 룰렛의 출현 숫자가 1 또는 2 또는 3이 나오면 이 게임을 이기며, 3의 배수가 아닐 때는 1～28 사이의 숫자가 나오면 이긴다. 만약 3으로 나눈 나머지가 0, 1, 2일 가능성이 동일하다고 볼 수 있으므로 기대 금액은 $1/3(3/37)+2/3(28/37)=59/111=0.532>0.5$(단위)가 되어 문제 2-8처럼 D씨에게 유리한 게임이 된다. D씨의 이런 추측은 옳은가?

만약 위에 있는 두 규칙을 무작위로 혼합하게 되면(세 번째 게임) D씨에게 유리한 게임이 되는가(Schilling, 2008)? 문제 2-8과 유사한 상황에 속하므로 유리할 게임이 될 것으로 여겨진다.

그런데 게임 1부터 시작하여 게임 2를 교대로 바꾸면서 게임(네 번째 게임)을 시행한다면 어떤 현상이 발생하겠는가?

2-8-1 해답

전이확률 행렬이 다음의 $\boldsymbol{P}_2$인 마코브 체인에서 정상상태 확률을 구하면

$$\boldsymbol{P}_2=\begin{bmatrix}0 & 3/37 & 34/37\\ 9/37 & 0 & 28/37\\ 28/37 & 9/37 & 0\end{bmatrix}$$

이므로 각각 1/3이 아닌 $\pi_2=(0.3884,\ 0.1450,\ 0.4666)$이 되어, 기대 금액은 $0.3884(3/37)+(1-0.3884)/(28/37)=0.4943<0.5$이므로 D씨의 추측은 옳지 않다.

기본문제와 같이 동일한 방식으로 $\boldsymbol{P}_1$과 $\boldsymbol{P}_3$을 구하고, 후자로부터 π_3가

$$\boldsymbol{P}_1=\begin{bmatrix}0 & 18/37 & 19/37\\ 19/37 & 0 & 18/37\\ 18/37 & 19/37 & 0\end{bmatrix},\quad \boldsymbol{P}_3=\frac{1}{2}(\boldsymbol{P}_1+\boldsymbol{P}_2)=\begin{bmatrix}0 & 21/74 & 53/74\\ 14/37 & 0 & 23/37\\ 23/37 & 14/37 & 0\end{bmatrix}$$

(0.3457, 0.2508, 0.4035)가 되므로, 두 게임을 무작위로 혼합할 때 D씨가 이길 확률과 한 회당 기대 이득은 다음과 같이 구해진다.

$$p_{W3} = 0.3457(21/74) + 0.2508(23/37) + 0.4035(23/37) = 0.5048$$
$$E(G_{W3}) = 1(0.5048) - 1(1 - 0.5048) = 0.0096$$

따라서 이 게임은 D씨에게 유리한 게임에 속한다.

만약 게임 1과 2를 랜덤하게 혼합하지 않고, 1, 2, 1, 2, 1, 2 순으로 시행할 경우에 Y_{2n}를 $2n$회가 끝난 후의 상태를 나타내는 마코브 체인을 고려하는 것이 편리하다. 게임 1과 2가 시행될 때 전이확률 행렬 $\boldsymbol{P}_4$은

$$\boldsymbol{P}_4 = \boldsymbol{P}_1\boldsymbol{P}_2 = \begin{bmatrix} 694/1,369 & 171/1,369 & 504/1,369 \\ 504/1,369 & 219/1,369 & 646/1,369 \\ 171/1,369 & 54/1,369 & 1,144/1,369 \end{bmatrix}$$

가 되므로 π_4를 구하면 (0.2285, 0.0671, 0.7044)가 된다. 게임 1, 2 순으로 교대로 시행할 때 이길 확률(p_{W4})과 질 확률(p_{L4}), 그리고 수중 금액이 변동이 없을 확률(p_{D4})과 한 회당 기대 이득($E(G_4)$)은 다음과 같이 구해진다.

$$p_{W4} = 0.2285(18/37)(28/37) + 0.0671(18/37)(28/37) + 0.7044(18/37)(3/37)$$
$$= 0.1366$$
$$p_{L4} = 0.2285(19/37)(9/37) + 0.0671(19/37)(34/37) + 0.7044(19/37)(9/37)$$
$$= 0.1482$$
$$p_{D4} = 1 - 0.1366 - 0.1482 = 0.7152$$
$$G_{W4} = 2(0.1366 - 0.1482) = -0.0232$$

따라서 이런 교대 방식하에서는 D씨에게 불리한 게임이 된다.

추가문제 2-8-2

기본 문제의 게임 3에서 A, B, C의 앞면 출현 확률(P_A, P_B, P_C)이 각각 $0.5-\delta$, $0.1-\delta$, $0.75-\delta$로 나타낼 때 $\delta = 0.005, 0.007, 0.01, 0.013, 0.015$에서 D씨에게 유리한가를 조사하라.

2-8-2 해답

기본 문제의 절차에 따라 각 시합에서 이길 확률과 기대 금액이 〈표 2.8.1〉에 정리되어 있다. 이를 보면 δ가 커질수록 D씨의 이점이 줄어들고 있으며, δ가 0.013 근처에서 승패 확률이 같아지는 비김점이 된다. δ에 따른 게임 3의 기대 이득 $E(G_3)$이 〈그림 2.8.2〉에 도시되어 있으며, 수치해법으로 비김점을 구하면 0.01311이 된다.

표 2.8.1 δ에 따른 수치실험 결과

δ	0.005	0.007	0.010	0.013	0.015
P_A	0.495	0.493	0.490	0.487	0.485
P_B	0.095	0.093	0.090	0.087	0.085
P_C	0.745	0.743	0.740	0.737	0.735
p_{W3}	0.5079	0.5059	0.5030	0.5001	0.4982
$E(G_3)$(원)	15.70	11.83	6.02	0.21	−3.66

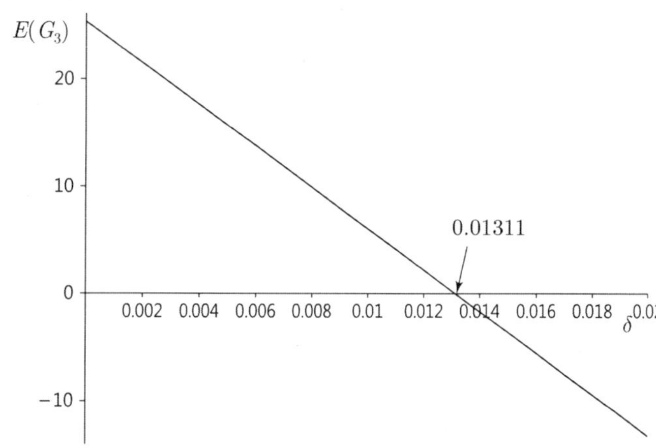

그림 2.8.2 δ에 따른 기대 이득 $E(G_3)$

- 마코브 체인을 활용하지 않으면서 직관적으로 Parrondo의 역설을 보여 주는 게임 방식을 예시하라.

해답

다음의 두 가지를 모범 케이스로 예시할 수 있다.

(1) 게임 1은 확정적 게임으로 수중의 돈이 짝수이면 1단위를, 홀수이면 2단위를 잃는 게임자에게 당연히 불리한 게임이다. 게임 2는 수중의 돈이 홀수일 때 동전의 앞면이 출현하면 51단위를 따며, 뒷면이 나오면 1단위를 잃는다. 수중의 돈이 짝수일 때 동전의 앞면이 출현하면 1단위를 따며, 뒷면이 나오면 101단위를 잃는다. 게임 2는 수중의 돈이 짝수일 때가 홀수일 때 따는 돈보다 더 많은 돈을 잃기 때문에 불리한 게임에 속한다.

그런데 이 두 게임을 무작위로 혼합하거나 게임 1과 2를 교대로 수행하면 게임 1의 결과로 인한 수중의 돈은 홀수가 되므로 게임 2로 갈 때 항상 게임자에게 유리한 상황이 되어 게임 2의 손실을 보상하고도 이득이 남는 결과를 초래한다.

(2) 〈그림 2.8.3〉의 흑색 또는 백색 영역으로 구분된 보드 게임은 공평한 주사위 2개를 던지는 2종의 게임을 진행하는데, 우측 끝에 도착하면 보드게임을 이기게 되고, 좌측 끝에 도착하면 지게 된다.

게임 규칙 X는 흑색 영역에 있을 때 두 주사위 눈의 합이 11(확률 2/36)이면 우측으로, 2 또는 4 또는 12(확률 5/36)이면 좌측으로, 백색 영역에 있을 때 두 주사위 눈의 합이 7 또는 11이면 우측으로(확률 8/36), 2, 3, 12(확률 4/36)이면 좌측으로 움직인다. 다른 값이 나오면 그대로 위치를 유지한다. 이 게임에서는 백색 영역일 때는 우측으로, 흑색 영역일 때는 좌측으로 이동할 가능성이 높다.

게임 규칙 Y는 백색 영역에 있을 때 두 주사위 눈의 합이 11이면 우측으로, 2 또는 4 또는 12이면 좌측으로, 흑색 영역에 있을 때 두 주사위 눈의 합이 7 또는 11이면 우측으로, 2, 3, 12이면 좌측으로 움직인다(Dworsky, 2008). 이 게임에서는 앞의 게임과는 반대로 백(흑)색 영역일 때는 좌(우)측으로 이동할 가능성이 높다. 먼저 하나의 게임 규칙만을 채택할 때 각 게임에서 이길 확률을 구해보자.

각 영역에서는 한쪽 방향으로 움직일 가능성이 2배 이상 높으므로, 결국 흑과 백의 경계를 넘어갈 때가 승패를 결정한다. 2개의 공평한 주사위를 던지는 경우이므로 우측과 좌측으로 갈 확률이 각각 P_R과 P_L이라면 두 게임 X와 Y에서 각각 이길

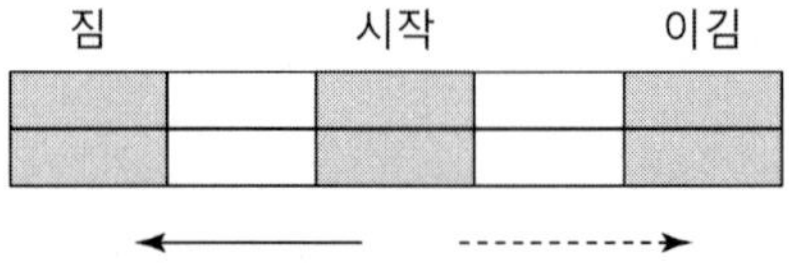

그림 2.8.3 보드 게임 영역

확률 p_X과 p_Y은 다음과 같아 두 게임은 불리한 게임에 속한다.

$$p_X = \frac{P_R}{P_R + P_L} = \frac{8/36 \cdot 2/36}{8 \cdot 2/36^2 + 4 \cdot 5/36^2} = \frac{16}{36} = 0.4444$$

$$p_Y = \frac{P_R}{P_R + P_L} = \frac{2/36 \cdot 8/36}{2 \cdot 8/36^2 + 5 \cdot 4/36^2} = \frac{16}{36} = 0.4444$$

그런데 두 게임 규칙을 무작위로 혼합할 경우(게임 Z)에서

$$P_R = \frac{(8+2)/2}{36} \cdot \frac{(2+8)/2}{36} = \frac{25}{36^2}$$

$$P_L = \frac{(5+4)/2}{36} \cdot \frac{(5+4)/2}{36} = \frac{20.25}{36^2}$$

가 되므로, 두 게임을 혼합하면 이길 확률이 0.5525가 되어 유리한 게임이 된다.

$$p_Z = \frac{25}{25 + 20.25} = \frac{100}{181} = 0.5525$$

2.9

두 사람이 교대로 주사위 던지기 게임을 할 때 누가 이길까?

갑과 을 두 사람이 교대로 독립 시행을 수행하는 게임을 하는데, 성공사건이 먼저 발생하는 사람이 이긴다. 만약 두 사람이 동일한 성공확률로 게임을 하게 되면 당연히 먼저 하는 사람이 유리하다. 이런 점을 알고 있는 두 사람 중 갑은 주사위를 하나 던져 3의 배수(즉, 눈의 수가 3 또는 6)가 출현하면 성공으로, 을은 동전을 던져 앞면이 나오면 성공으로 본다. 두 사람은 이 게임을 갑-을-갑-을... 순으로 게임을 진행하여 성공이 먼저 나오는 사람이 이기는 것으로 약속하였다면 누구에게 유리한 게임인가?

해답

만약 두 사람이 성공(실패)확률이 $p(q=1-p)$인 게임을 교대로 한다면, 홀(짝)수 시행에 성공이 나오면 갑(을)이 이기므로 갑과 을이 이길 확률인 P_1과 P_2는 기하분포(Ross, 2014)로부터 다음과 같이 구해진다.

$$P_1 = \sum_{j=0}^{\infty} pq^{2j} = \frac{1}{1+q}, \quad P_2 = \sum_{j=0}^{\infty} pq^{2j+1} = \frac{q}{1+q}$$

(여기서 X가 첫 번째 성공이 나올 때까지의 시행횟수라면 X는 기하분포를 따르며, $\Pr(X=x) = pq^{x-1}$, $x=1,2,\ldots$이고 $E(X)=1/p$가 된다.)

따라서 $q<1$이므로 당연히 먼저 하는 갑이 유리하다. 예를 들어 $p=1/2$이면 $P_1=2/3$, $P_2=1/3$이 된다.

이런 불공평한 점을 반영하여 두 사람이 무차별한 성공확률의 관계를 구해보자. 갑과 을의 성공(실패)확률이 각각 $p_1(q_1)$, $p_2(q_2)$일 때 첫 번째 성공이 일어날 시행횟수 X를 홀수와 짝수로 구분하여 확률을 구하면 다음과 같다.

$$\Pr(X=2j+1) = p_1(q_1q_2)^j, \quad \Pr(X=2j+2) = q_1p_2(q_1q_2)^j, \quad j=0,1\ldots,$$

따라서 갑과 을이 이길 확률인 P_1과 P_2는

$$P_1 = \sum_{j=0}^{\infty} p_1 (q_1 q_2)^j = \frac{p_1}{1-q_1 q_2}, \quad P_2 = \sum_{j=0}^{\infty} q_1 p_2 (q_1 q_2)^j = \frac{p_2 q_1}{1-q_1 q_2} \tag{2.9.1}$$

이 되므로, 두 확률이 같아지는 관계는 $p_2 = p_1/(1-p_1)$이 된다. $p_1 = 1/2$이면 $p_2 = 1$, $p_1 = 1/3$이면 $p_2 = 1/2$이 되며, $p_1 > 1/2$이면 식 (2.9.1)의 두 확률이 같아지는 p_2는 존재하지 않으므로 갑이 항상 유리하게 된다.

이 문제에서 $p_1 = 1/3$이고 $p_2 = 1/2$이므로, 을은 게임 순서에 영향을 받지 않게 되어 공평한 게임이 된다.

추가문제 2-9-1

갑과 을이 교대로 주사위를 던져 6이 먼저 나오면 이기는 게임을 한다면 먼저 던지는 사람이 유리하다(여섯 발의 총알이 들어갈 수 있는 권총의 탄창에 한 발만 집어넣고 하는, 참혹한 결과로 귀결되는 러시아 룰렛 게임도 이 유형에 속하지만, 이 경우는 먼저하는 사람이 불리하다). 즉, 식 (2.9.1)에 대입하면 먼저 던지는 사람이 이기는 확률이 6/11이 되므로, 이런 불합리한 점을 줄이기 위해 다음 방식을 도입했다. 갑이 먼저 1회 던져 6이 나오지 않으면 을에게 두 번 던질 기회를 준다. 을이 실패하면 갑에게 세 번 던질 기회가 주어진다. 이런 방식으로 앞 사람이 실패하면 기회를 한 번 더 주는 방식에서도 갑이 여전히 유리한지 확인하라(Nahin, 2000).

2-9-1 해답

〈그림 2.9.1〉로부터 갑이 이길 확률 P_1은

$$\begin{aligned}
P_1 &= \frac{1}{6} + \left[\frac{1}{6}\left(\frac{5}{6}\right)^3 + \frac{1}{6}\left(\frac{5}{6}\right)^4 + \frac{1}{6}\left(\frac{5}{6}\right)^5\right] \\
&\quad + \left[\frac{1}{6}\left(\frac{5}{6}\right)^{10} + \frac{1}{6}\left(\frac{5}{6}\right)^{11} + \frac{1}{6}\left(\frac{5}{6}\right)^{12} + \frac{1}{6}\left(\frac{5}{6}\right)^{13} + \frac{1}{6}\left(\frac{5}{6}\right)^{14}\right] + \cdots \\
&= \frac{1}{6}\left[1 + (5/6)^3\{1 + (5/6) + (5/6)^2\} + (5/6)^{10}\{1 + (5/6) + (5/6)^2 + (5/6)^3 + (5/6)^4\}\right. \\
&\quad + (5/6)^{21}\{1 + (5/6) + (5/6)^2 + (5/6)^3 + (5/6)^4 + (5/6)^5 + (5/6)^6\} \\
&\quad + (5/6)^{36}\{1 + (5/6) + (5/6)^2 + (5/6)^3 + (5/6)^4 + (5/6)^5 + (5/6)^6 + (5/6)^7 + (5/6)^8\} \\
&\quad \left. + \cdots \right]
\end{aligned} \tag{2.9.2}$$

```
s

f  ff  s
f  ff  fs
f  ff  ffs

f  ff  fff  ffff  s
f  ff  fff  ffff  fs
f  ff  fff  ffff  ffs
f  ff  fff  ffff  fffs
f  ff  fff  ffff  ffffs

f  ff  fff  ffff  fffff  ffffff  s
```

s: 성공
f: 실패

그림 2.9.1 갑이 이기는 경우

가 된다.

식 (2.9.2)의 중괄호 안을 보면 소괄호 항의 수는 1, 3, 5, 7, ... 등으로 1을 제외하면 j번째 소괄호 항의 수는 $2j+1$이 되며 이 항의 합은 $6\left[1-(5/6)^{2j+1}\right]$가 된다. 거듭제곱 항의 지수는 0, 3, 10, 21, 36, 55, ... 등이므로 0을 제외하면 j번째 지수는 $3+7(j-1)+2(j-1)(j-2)$이 된다. 이를 이용하여 Maple 등을 이용해 계산하면 P_1은 0.5239가 되어 $6/11=0.5455$보다는 작아지지만 역시 먼저 하는 갑이 유리한 게임에 속한다.

추가문제 2-9-2

갑과 을은 동시에 각각 주사위를 던져 1의 눈(즉, 성공)이 나올 때까지 진행한다. 한 사람이 먼저 나오면 이 사람은 다른 사람이 1이 나올 때까지 기다린다. 두 사람이 모두 성공에 도달할 때까지의 시행횟수의 기댓값은 얼마인가(Andel, 2001)?

2-9-2 해답

독립 시행의 성공확률을 p로, 갑과 을이 성공이 나올 때까지의 시행횟수를 각각 X_1와 X_2라 두면 구하고자 하는 시행횟수를 나타내는 확률변수 $Y=\max(X_1,\ X_2)$가 된다.

X_1와 X_2는 독립이고 모수가 p인 기하분포를 따르므로 $\Pr(Y \le y)$는

$$\Pr(Y \le y) = \Pr(X_1 \le y)\Pr(X_2 \le y) = (1-q^y)^2$$

로 주어지므로, $\Pr(Y=y)$는 다음과 같이 구해진다.

$$\begin{aligned}\Pr(Y=y) &= \Pr(Y \le y) - \Pr(Y \le y-1) = (1-q^y)^2 - (1-q^{y-1})^2 \\ &= pq^{y-1}(2-q^{y-1}-q^y), \qquad y=1,2,\ldots \end{aligned} \tag{2.9.3}$$

따라서 기하분포의 기댓값으로 유도할 수 있는 $\sum_{j=1}^{\infty} jq^{j-1} = 1/(1-q)^2$를 이용하면,

$$\begin{aligned}E(Y) &= \sum_{y=1}^{\infty} ypq^{y-1}(2-q^{y-1}-q^y) = 2p\sum_{y=1}^{\infty} yq^{y-1} - p(1+q)\sum_{y=1}^{\infty} y(q^2)^{y-1} \\ &= \frac{2p}{(1-q)^2} - \frac{p(1+q)}{(1-q^2)^2} = \frac{1+2q}{1-q^2} = \frac{3-2p}{p(2-p)} \end{aligned} \tag{2.9.4}$$

이 되므로, $p=1/6$을 대입하면 $E(Y)$는 $96/11 = 8.73$이 되어 한 사람의 성공까지의 시행횟수의 기댓값인 6보다 40% 이상 많은 시행횟수가 필요하다.

추가문제 2-9-3

500원짜리 동전을 던진 후 그 결과를 게임 참가자 A에게만 보여준다. 참가자 A는 기권할 것인가 게임을 할 것인가를 결정하여야 한다. 만일 기권하면 참가자 A는 B에게 만 원을 지불하여야 한다. 게임을 한다고 하면 참가자 B 역시 참가여부를 결정하여야 한다. 기권하면 만 원을 A에게 지불하고 만일 게임을 하는 경우 던진 동전이 앞면(학 그림)인 경우 2만 원을 A에게 지불하고 숫자(500)인 경우는 2만 원을 받는다고 한다. 각 참여자의 최적 전략은 무엇인가?

2-9-3 해답

서로 다른 경로(사건과 의사결정)를 나열하고 각 경로에서 얻을 수 있는 금액을 다음과 같이 구한다.

〈A의 관점 분석〉

앞면－A 불참 : －1만 원

앞면－A 참가－B 참가: ＋2만 원

앞면－A 참가－B 불참: ＋1만 원

뒷면－A 불참 : －1만 원

뒷면－A 참가－B 참가: －2만 원

뒷면－A 참가－B 불참: ＋1만 원

A의 관점에서 보면 앞면이면 당연히 참가하고, 뒷면이면 B의 불참 가능성이 1/2보다 클 때 참가하면 된다.

B의 관점에서 보면 A가 참가하는 경우에 어떻게 할 것인가를 따져보자. 만일 앞면일 확률 p인 경우를 예로 들면, B의 기대 이익은 $R=-2\times p+2\times(1-p)=2-4p$이다. 그러므로 $2-4p<-1$이 되는 $p<3/4$이면 참가하는 것이 유리하다. 그러므로 A가 참석하였을 때 앞면일 사후확률을 구하기 위해 뒷면일 때 A가 확률 w로 참가한다고 가정하자. 그러면 앞면일 사후 확률은 $(1/2)/(1/2+w/2)=1/(1+w)$이다. 따라서 이 확률이 3/4보다 작으면, 즉 $w>1/3$이면 B는 참석할 것이다. 그러므로 A의 전략은 앞면이면 무조건 참가하며 뒷면이면 1/3의 확률로 참가할 것이며 B는 A가 참가하면 1/2의 확률로 참가하면 된다. 이 같은 전략을 혼합전략 내쉬 균형이라고 한다.

추가문제 2-9-4

두 사람이 30소절로 이루어진 노래를 번갈아 가면서 3소절까지 부르는 경우 마지막 소절을 부르는 사람이 진다고 할 때 먼저 불러야 하는가? 그리고 어떤 방법을 사용하여야 이길 수 있는가?

2-9-4 해답

이 문제를 풀기 위해서는 마지막 소절로부터 최적 방법을 확인하여 보면 된다. 만약 30소절에 차례가 오는 사람은 게임에서 지게 된다. 그리고 25소절에 차례가 오면 무조건 진다. 즉, 상대가 1, 2, 3소절을 부를 때 3, 2, 1소절을 대응하게 되면 앞의 경우에 해당되어 이길 수 있다. 이를 계속하면 20, 15, 10, 5, 0(먼저 시작하는 경우) 소절에서 차례가 오는 사람이 지게 된다. 그러므로 최적방법은 상대방의 차례가 위의 소절이 되도록 하면 된다. 따라서 가능하면 시작을 양보하고 지게 되는 소절에 상대방의 노래 차례가 되도록 하면 된다.

2.10

도박사는 큰돈을 벌 수 있을까? (Gambler's ruin problems)

갑과 을 두 사람이 각각 1만 원, 10만 원을 가지고 게임을 한다고 하자. 매 게임마다 진 사람이 이긴 사람에게 천 원씩 주기로 하며, 한 사람이 돈이 떨어질 때까지 게임을 계속한다. 한 번의 게임에서 갑이 이길 확률이 0.8일 경우 최종적으로 갑이 모든 돈을 가질 확률을 구하라. 한쪽의 돈이 모두 떨어질 때까지의 기대게임 수는 얼마가 되겠는가?

해답

갑과 을이 각각 최초 n과 $N-n$단위(즉, 10과 100)를 가지고 갑이 을의 모든 돈을 따게 될 때(즉, 갑의 수중의 돈이 N가 되면서 을이 파산할 때)의 확률을 Q_n, 갑(을)이 매 게임에서 이길 확률을 $p(q=1-p)$라 하자. 첫 게임에서 갑이 이기면 Q_{n+1}, 갑이 지면 Q_{n-1}가 되는 점(랜덤보행, random walk)을 이용한 첫 단계 분석(first step analysis)에 의해 다음 관계가 성립한다.

$$Q_n = pQ_{n+1} + qQ_{n-1},\ 1 \le n \le N-1$$
$$(\text{단},\ Q_0 = 0,\ Q_N = 1) \tag{2.10.1}$$

식 (2.10.1)은 차분방정식의 일반해로부터 구하거나 또는 다음과 같이 나타낼 수 있으므로, 이를 계속 전개하면 다음과 같다.

$$\begin{aligned} Q_{n+1} - Q_n &= \frac{q}{p}(Q_n - Q_{n-1}) = (q/p)^2(Q_{n-1} - Q_{n-2}) \\ &= (q/p)^n(Q_1 - Q_0) = (q/p)^n Q_1 \end{aligned} \tag{2.10.2}$$

식 (2.10.2)에서 n을 1씩 감소시킨 다음 식의 합을 구하여 정리하면

$$Q_n - Q_{n-1} = (q/p)^{n-1} Q_1$$
$$Q_{n-2} - Q_{n-3} = (q/p)^{n-2} Q_1$$
$$Q_2 - Q_1 = (q/p) Q_1$$
$$Q_1 - Q_0 = Q_1$$

되므로, $p \neq q$이면 다음과 같다.

$$Q_n = [(q/p)^{n-1} + (q/p)^{n-2} + \cdots + 1] Q_1 = \frac{1-(q/p)^n}{1-(q/p)} Q_1$$

여기서 $Q_N = 1$인 점을 이용하면

$$Q_n = \frac{1-(q/p)^n}{1-(q/p)^N} \tag{2.10.3}$$

이 되고, $p = q = 1/2$이면 다음과 같이 간략하게 정리된다(Gorroochurn, 2012).

$$Q_n = n/N \tag{2.10.4}$$

여기서 $p < 1/2$이면 $N \to \infty$일 때 0이 되며, $p > 1/2$이면 $1-(q/p)^n$가 된다.

이 문제에서 $n = 10$, $N = 110$, $p = 0.8$, $q = 0.2$를 식 (2.10.3)에 대입하면 갑이 모든 돈을 딸 확률은 거의 1에 근접한다.

L_n을 이 시합의 게임 수에 대한 기댓값이면 식 (2.10.1)과 유사한 방식으로 다음을 얻을 수 있다.

$$L_n = (1 + L_{n+1})p + (1 + L_{n-1})q = pL_{z+1} + qL_{z-1} + 1 \tag{2.10.5}$$

$p \neq q$일 때 식 (2.10.4)와 같은 비동차 2계 차분방정식의 일반해는 다음과 같은 형태가 되므로

$$L_n = A + B(q/p)^n + \frac{n}{q-p}$$

$L_0 = L_N = 0$을 이용하여 A, B에 관한 다음 관계가 성립한다.

$$A + B = 0, \quad A + B(q/p)^N = -\frac{N}{q-p}$$

따라서 L_n은 다음과 같이 구해진다(Andel, 2001).

$$L_n = \frac{n}{q-p} - \frac{N}{q-p} \frac{1-(q/p)^n}{1-(q/p)^N} \tag{2.10.6}$$

$p = q$일 때 식 (2.10.4)의 비동차 2계 차분방정식의 일반해는 $L_n = A + Bn - n^2$가 되므로 $L_0 = L_N = 0$을 이용하여 L_n은 다음과 같이 구해진다.

$$L_n = n(N-n) \tag{2.10.7}$$

이 문제에서 $n = 10$, $N = 110$, $p = 0.8$, $q = 0.2$를 식 (2.10.5)에 대입하면 한 사람이 모든 돈을 딸 때까지 시행된 게임 수의 기댓값은 167게임이 된다.

추가문제 2-10-1

다음 두 게임 유형 중 두 가지 목표에 대해 본인에게 달성 가능하며 유리한 목표는 어느 것일까? 당연히 (b)일 것으로 여기는가?

(i) 게임 유형 Ⅰ: 공평한 동전을 던져 매회 앞면이 나오면 1단위를 받고 뒷면이 나오면 1단위를 지불하는 게임

(ii) 게임 유형 Ⅱ: 미국식 룰렛에 매회 1단위를 베팅하는 게임

여기서 본인의 두 가지 목표는 다음과 같다(Coyle and Wang, 1997).

(a) 900단위를 가지고 파산하기 전에 1,000,000단위를 만들 때까지 게임 유형 Ⅰ을 반복한다.

(b) 900단위를 가지고 파산하기 전에 1,000단위를 만들 때까지 게임 유형 Ⅱ를 반복한다.

2-10-1 해답

$N = 1{,}000{,}000$, $n = 900$, $p = 0.5$을 식 (2.10.4)에 대입하면 목표 (a)의 달성 확률은 0.0009, 목표 달성 또는 파산할 때까지의 기대 게임 수는 899,190,000이 되는데, 식 (2.10.3)에 $N = 1{,}000$, $n = 900$, $p = 18/38$을 대입하면 목표 (b)의 달성 확률은 0.000027, 기대 게임 수는 17,099이 되어 전자의 확률이 후자보다 30배 이상 크다.

만약 1단위보다 더 큰 단위를 베팅할 경우에 각 게임에서 이길 확률이 0.5보다 작은

표 2.10.1 베팅 금액에 따른 목표 (b)의 달성확률과 기대 게임 수

베팅 금액(단위)	목표 달성 확률	기대 게임 수
1	0.000027	17,099
2	0.005154	8,501
5	0.121567	2,958
10	0.348661	1,048
20	0.588369	296.0
100	0.846466	10.17

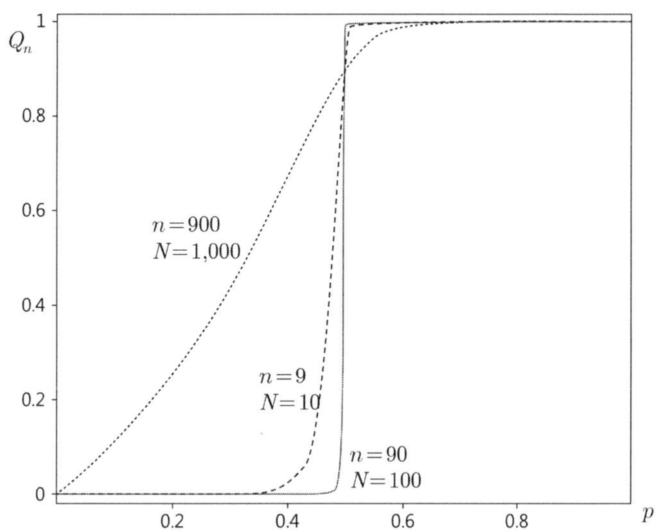

그림 2.10.1 p에 따른 목표 (b)의 달성 확률

목표 (b)의 달성 확률과 목표 달성 또는 파산할 때까지의 기대 게임 수가 〈표 2.10.1〉에 정리되어 있다. 이를 보면 베팅 금액이 높아질수록 목표 달성 확률이 가파르게 증가하고 있다.

〈그림 2.10.1〉과 〈그림 2.10.2〉에는 p에 따른 목표 (b)의 달성 확률과 목표 달성 또는 파산할 때까지의 기대게임 수가 도시되어 있다.

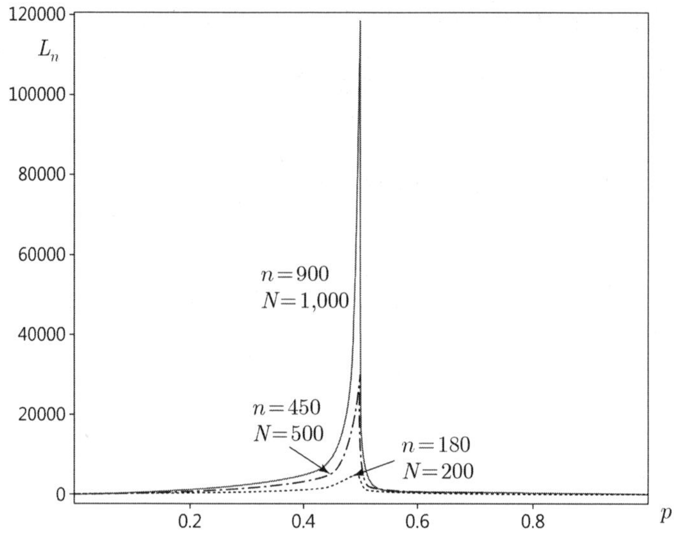

그림 2.10.2 목표 (b) 달성 또는 파산할 때까지의 기대 게임 수

추가문제 2-10-2

추가문제 2-10-1의 두 번째 목표를 달성하기 위해 2.7절의 카지노 문제에서 소개된 2배 베팅 전략(Durbins and Savage 전략)을 적용하면 전술한 방식보다 목표 달성 확률을 높일 수 있는가? 여기서는 최초 게임에 100단위를 베팅하는 상황을 다룬다. 또한 목표를 달성할 때 기대되는 게임 수는 얼마가 되겠는가?

2-10-2 해답

$H(900)$을 이 전략을 통해 1,000단위를 만드는 확률을 나타내면, $H(900)$에 대해

$$\begin{aligned}H(900) &= p+qH(800) = p+q[p+qH(600)] = p+pq+q^2H(600)\\ &= p+pq+q^2[p+qH(200)] = p+pq+pq^2+q^3H(200)\\ &= p+pq+pq^2+q^3[pH(400)+q\times 0] = p+pq+pq^2+pq^3H(400)\\ &= p+pq+pq^2+pq^3[pH(800)+q\times 0] = p+pq+pq^2+p^2q^3H(800)\end{aligned}$$

이 성립하므로, 먼저 $H(800)$이 다음과 같이 구해진다.

$$H(800) = \frac{p(1+q)}{1-p^2q^2} \tag{2.10.8}$$

따라서 $H(900) = p + \dfrac{pq(1+q)}{1-p^2q^2}$가 되므로, 게임 유형 Ⅱ의 p가 18/38이므로 목표 달성확률은 0.882976이 된다. 〈표 2.10.1〉의 방식보다 모든 경우에 더 좋은 결과를 보여준다.

$L(900)$을 이 전략을 통해 1,000단위를 만들거나 파산할 때까지의 기대 게임 수를 나타내면, $L(900)$에 대해

$$
\begin{aligned}
L(900) &= 1 + qL(800) = 1 + q[1 + qL(600)] = 1 + q + q^2L(600) \\
&= 1 + q + q^2[1 + qL(200)] = 1 + q + q^2 + q^3L(200) \\
&= 1 + q + q^2 + q^3[1 + pL(400)] = 1 + q + q^2 + pq^3L(400) \\
&= 1 + q + q^2 + pq^3[1 + pL(800)] = 1 + q + q^2 + pq^3 + p^2q^3L(800)
\end{aligned}
$$

이 성립하므로, $L(800)$과 $L(900)$은 다음과 같이 구해진다.

$$L(800) = \frac{1 + q + q^2 + pq^2}{1 - p^2q^2} \tag{2.10.9}$$

$$L(900) = 1 + \frac{q + q^2 + q^3 + pq^3}{1 - p^2q^2} \tag{2.10.10}$$

p가 18/38일 때 기대게임 수는 2.071이 된다.

여기서 룰렛 게임마다 1단위 또는 100단위 씩 베팅하는 전략과 최초 100단위부터 2배씩 베팅하는 전략을 기대 금액 측면에서 비교해 보자.

1단위씩: $0.000027 \times 100 + 0.999973 \times (-900) = -899.97$

100단위씩: $0.846466 \times 100 + 0.153534 \times (-900) = -53.53$

100단위부터 2배 전략: $0.882976 \times 100 + 0.117024 \times (-900) = -17.03$

이를 보면 2배 전략이 1단위씩 베팅하는 것보다 기대 손실을 줄일 수 있다. 하지만 세 베팅 방식하의 기대게임 수가 각각 17,099, 10.17, 2.071이므로 동일한 게임 수(1단위씩 베팅하는 전략을 기준으로 설정)를 수행한다면 기대 총 손실은 900, 90,000, 140,600단위가 되어 반복적으로 2배 베팅 전략을 수행한다면 플레이어의 손실은 매우 커진다.

2.11

세배 봉투를 바꾸어야 하는가?

이번 설날에 우리 집에 오신 삼촌에게 세배를 하니 삼촌이 2개의 봉투를 꺼내 한 봉투에는 다른 봉투보다 2배의 세뱃돈이 들어 있다면서 둘 중 하나를 선택하라고 한다. 한 봉투를 선택하고 나니 금액을 확인하기 전에 다른 봉투와 바꿀 기회를 준다고 하는데, 선택한 봉투를 그대로 가질지 아니면 바꿀지 고민이 된다.

이런 고민을 하자 대학생인 형이 지금 고른 봉투 금액이 x라면 다른 봉투 금액이 $x/2$ 또는 $2x$가 될 것이니 이들의 기댓값은

$$1/2(x/2)+1/2(2x)=1.25x \tag{2.11.1}$$

가 된다고 하며 이 기회에 봉투를 바꾸면 x보다 25% 증가되는 기댓값을 얻을 수 있으니 무조건 바꾸라고 한다. 형의 주장은 옳은가?

해답

형이 주장이 옳다면, 바꿀 기회가 한 번 더 주어지면 또 바꾸는 것이 유리하다. 이런 식으로 하다 보면 무한히 바꾸는 상황이 발생하는데, 이를 교환 역설(exchange paradox) 또는 두 봉투 역설(two envelope paradox)이라고 한다(Christensen and Utts, 1992; Falk, 2009).

하지만 형의 주장은 옳지 않다. 즉, 식 (2.11.1)의 좌변의 첫 항에 있는 x는 큰 값의 봉투 금액을, 둘째 항의 x는 작은 값의 봉투 금액을 나타내는 모순이 생긴다. 또한 식 (2.11.1) 우변의 x는 확률변수에 해당되어 대수적 일관성을 충족하지 않는다.

즉, 두 봉투 중의 작은 금액을 S라 하면 최초 봉투의 기대금액은 $S/2+(2S)/2=1.5S$가 되며, 교환하더라도 역시 $1.5S$가 되므로 교환 여부와 관련 없이 무차별한 값을 갖는다.

이를 기초 확률지식을 이용하여 다시 살펴보자. 선택한 봉투의 금액을 A_1, 다른 봉투의 금액을 A_2로 두면, 조건부 기대 값 공식에 의해 $E(A_2)$는

$$
\begin{aligned}
E(A_2) &= E(A_2|A_1 > A_2)\Pr(A_1 > A_2) + E(A_2|A_1 < A_2)\Pr(A_1 < A_2) \\
&= E(A_1/2|A_1 > A_2)(1/2) + E(2A_1|A_1 < A_2)(1/2) \\
&= E(A_1|A_1 > A_2)\frac{1}{4} + E(A_1|A_1 < A_2) \\
&= \frac{2S}{4} + S = 1.5S
\end{aligned}
\tag{2.11.2}
$$

가 $1.5S$가 되어 교환여부에 관련 없이 기댓값이 변하지 않는다.

추가문제 2-11-1

만약 삼촌이 봉투를 바꾸는 결정을 하기 전에 선택한 봉투의 금액을 확인할 수 있는 기회를 준다면 봉투를 바꾸는 것과 가지는 것 중 어느 쪽이 좋은가?

2-11-1 해답

기본 문제는 선택한 봉투로부터 얻는 정보가 없기 때문에 두 봉투는 대칭적인 역할을 하고 있어 바꾸는 여부에 따라 결과가 달라지지 않는다. 하지만 봉투 금액을 알게 되면 (금액이 x라면) 바꿀 경우 기댓값은 $x/2(1/2) + 2x(1/2) = 1.25x > x$가 되어 바꾸는 것이 유리하다. 즉, 이 경우는 두 봉투 중 한 봉투의 정보를 알게 되는 경우로 전자와 다른 상황이 된다.

실제 예를 들어 보자. 현재 선택한 봉투의 금액이 2만 원이고 다른 봉투의 금액은 1만 원 또는 4만 원이 될 수 있다. 따라서 바꾸면 2.5만 원의 기댓값을 가진다.

하지만 동일한 상황인데 현 봉투의 금액을 확인하기 전이라면, 두 봉투의 금액이 1만 원과 2만 원이든지, 또는 2만 원과 4만 원 중에서 한 가지가 될 것이다. 각 봉투 금액이 1, 2, 4만 원일 확률은 1/4, 1/2, 1.4이 될 것이며, 현 봉투의 기댓값은 $1(1/4) + 2(1/2) + 4(1/4) = 2.25$만 원이 된다. 만약 봉투를 바꾸면 1만 원은 2만 원으로, 4만 원은 2만 원으로, 2만 원은 1만 원과 2만 원의 평균인 2.5만 원이 되므로 그 기댓값은 $2(1/4) + 2.5(1/2) + 2(1/4) = 2.25$로 기본 문제 상황에서는 바꾸는 여부와 관련 없이 기댓값은 동일하다.

여기서 만약 여러분이 봉투 금액을 확인하여 1 또는 2만 원이면 봉투를 바꾸고, 4만 원이면 그대로 유지하는 영리한 전략을 구사한다면, 기대금액은 가장 높은 $2(1/4) +$

$2.5(1/2)+4(1/4)=2.75$만 원이 된다(Linzer, 1994).

추가문제 2-11-2

선택한 봉투의 금액 X가 S(작은 금액) 또는 L(큰 금액)일 확률이 1/2로 동일하지 않고 사전 분포로 주어질 경우에 선택한 봉투의 금액을 확인하여 바꾸는 여부를 결정할 때 어떤 전략을 구사해야 하는가(Christensen and Utts, 1992; Brams and Kilgour, 1995)?

2-11-2 해답

$X=x$일 때 다른 봉투의 금액을 나타내는 Y의 기댓값에 대해

$$\begin{aligned} E(Y|X=x) &= (x/2)\Pr(X=L|X=x)+(2x)\Pr(X=S|X=x)>x \\ \Rightarrow &\quad (1/2)\Pr(X=L|X=x)+2\Pr(X=S|X=x)>1 \end{aligned} \tag{2.11.3}$$

이 성립하면 봉투를 바꾸는 것이 유리한다.

식 (2.11.3)에 $\Pr(X=S|X=x)=1-\Pr(X=L|X=x)$를 대입하면

$$\Pr(X=L|X=x)<\frac{2}{3} \tag{2.11.4}$$

일 때 봉투를 바꾸는 것이 유리하다.

- 세배 봉투의 작은 금액이 2^j일 확률이 $(1/3)(2/3)^j$, $j=0,1,2,\ldots$(즉, 기하분포)일 때 선택한 봉투를 확인하여 바꾸는 여부를 결정할 경우에 현재 선택한 봉투를 바꾸어야 하는가(Linzer, 1994; Brams and Kilgour, 1995)?

해답

봉투 금액이 다른 금액의 2배 또는 1/2배가 되므로, 이 금액이 $2^j a\,(a>0)$의 형태로 간주하여

$$\Pr(X=2^j a|X=L)=p_j,\ \ j=1,2,\ldots$$

로 두면, 다음도 성립한다.

$$\Pr(X=2^j a|X=S)=\Pr(X=2^{j+1}a|X=L)=p_{j+1}$$

우리가 선택한 봉투로부터 어떤 j에 대해 $X=2^j a$을 관측하면,

$$\Pr(X=2^j a|X=S)+\Pr(X=2^j a|X=L)=p_{j+1}+p_j$$

가 되므로 베이즈(Bayes)의 정리로부터 다음을 얻을 수 있다.

$$\begin{aligned}&\Pr(X=L|X=2^j a)\\&=\frac{\Pr(X=2^j a|X=L)\Pr(X=L)}{\Pr(X=2^j a|X=L)\Pr(X=L)+\Pr(X=2^j a|X=S)\Pr(X=S)}\\&=\frac{p_j}{p_j+p_{j+1}}\end{aligned}$$

따라서 식 (2.11.4)로부터

$$\frac{p_j}{p_j+p_{j+1}}<\frac{2}{3} \text{ 또는 } \frac{p_j}{p_{j+1}}<2 \tag{2.11.5}$$

가 이산분포일 때의 봉투 교환조건이 된다.

이 예제에서 모든 j에 대해 $p_j/p_{j+1}=3/2<2$가 되므로 어떤 경우이던지 봉투를 바꾸는 것이 유리하다.

즉, 〈표 2.11.1〉과 같은 상황에서 선택한 봉투 금액이 1만 원일 때, 봉투를 바꾸면 2만 원이 되므로 바꾸어야 한다. 현 봉투 금액이 2만 원일 때, 봉투를 바꾸면 $(1/6)/(1/6+1/9)=0.6$의 확률로 1만 원이 되며, 0.4의 확률로 4만 원이 된다. 이때 기대금액은 $1(0.6)+4(0.4)=2.2$만 원>1만 원이 되어 바꾸는 것이 유리하다.

여기서 무한 번 바꾸는 것을 지속하면 바꾸는 것이 유리하므로 기댓값은 무한대가 된다. 하지만 현 봉투를 고수하는 전략의 기대금액도 다음과 같이 무한대(즉, 식 (2.11.6)의 등비급수 항이 무한대가 됨)가 되어 바꾸는 것이 좋다고 주장할 수 없다(Schilling, 2003).

$$\begin{aligned}E(X)&=1(1/6)+2(1/6+1/9)+4(1/9+2/27)+\cdots\\&=\frac{1}{6}+\sum_{j=1}^{\infty}2^j\left[\frac{1}{6}(2/3)^{j-1}+\frac{2}{9}(2/3)^{j-1}\right]\\&=\frac{1}{6}\left[1+\frac{5}{2}\sum_{j=1}^{\infty}(4/3)^j\right]\end{aligned} \tag{2.11.6}$$

표 2.11.1 봉투 금액이 기하분포를 따를 경우

봉투 1 금액	봉투 2 금액	확률
1만 원	2만 원	1/6
2만 원	1만 원	1/6
2만 원	4만 원	1/9
4만 원	2만 원	1/9
4만 원	8만 원	2/27
8만 원	4만 원	2/27
8만 원	16만 원	4/81
16만 원	8만 원	4/81
⋮	⋮	⋮

- 세배 봉투의 금액을 연속분포로 확장해보자 즉, 봉투의 큰 금액이 평균이 2만 원인 지수분포를 따른다면 봉투를 바꾸는 것이 유리한 조건을 구하라(Brams and Kilgour, 1995).

해답

연속인 경우는 현 봉투의 금액이 x일 때 이산분포와 유사한 방식으로 누적분포함수에 관한 다음 조건과 연관시킬 수 있다.

$$\Pr(S \le x) = \Pr(L \le 2x) \quad \Leftrightarrow \quad F_S(x) = F_L(2x) \tag{2.11.7}$$

식 (2.11.7)을 미분하면 $f_S(x) = 2f_L(2x)$이므로, 이산인 경우와 마찬가지로

$$\Pr(X = L | x \le X \le x + dx) = \frac{f_L(x)dx}{f_L(x)dx + f_S(x)dx} = \frac{f_L(x)}{f_L(x) + 2f_L(2x)}$$

가 되어, 이산일 때의 식 (2.11.4)와 유사한 식 (2.11.8)이 이산분포의 봉투 교환조건이 된다.

$$\frac{f_L(x)}{f_L(x) + 2f_L(2x)} < \frac{2}{3} \text{ 또는 } \frac{f_L(x)}{f_L(2x)} < 4 \tag{2.11.8}$$

이 문제에서 $f_L(x) = (1/2)e^{-x/2}$, $x > 0$이므로, $f_S(x) = 2f_L(2x) = e^{-x}$, $x > 0$가 되어 식 (2.11.8)에 대입하면 $e^{-x/2}/e^{-x} < 4$가 된다. 즉, 현 봉투를 바꾸는 것이 유리한 조건은 $x < 2\ln 4 = 2.7726$이 된다.

여기서 $\Pr(L \le 2\ln 4) = 1 - e^{-\ln 4} = 3/4$, $\Pr(S \le 2\ln 4) = 1 - e^{-2\ln 4} = 15/16$로부터 교환이 유리한 조건이 발생할 확률은 다음과 같이 구하면 0.844가 된다.

$$\Pr(X \le 2\ln 4) = (1/2)(3/4) + (1/2)(15/16) = 27/32 \approx 0.844$$

2.12

점심 내기에서 이길 확률은 얼마인가?

직장의 같은 부서에 근무하는 6명은 사다리 타기 등으로 점심 내기를 자주 한다. 최근 들어 사다리 그리기가 귀찮아서 각 자가 준비한 500원짜리 동전을 동시에 던져, 한 사람을 제외한 모든 사람이 동일한 면이 나오면 다르게 나온 사람이 점심값을 내는 방식을 채택하고 있다. 여기서 이런 경우가 나오지 않으면 앞에서의 결과(즉, 5명이 앞면(또는 뒷면), 1명이 뒷면(앞면))가 나올 때까지 계속 시행하는 방식이다. A대리는 이런 방식을 택하니 동전을 여러 번 던지게 되어 시행횟수를 줄이기 위해 본인은 편향된 동전을 준비하여 게임에 참여할 생각이다(Nahin, 2000). A대리의 판단이 옳은가?

해답

한 번의 시행에서 점심 값을 내는 사람이 정해지는 결과를 성공으로 두면, n명이 게임에 참여할 때 모두 공평한 동전으로 게임을 한다면 성공 확률 P는 다음과 같이 주어진다.

$$P = \binom{n}{1}(1/2)(1/2)^{n-1} + \binom{n}{n-1}(1/2)^{n-1}(1/2) = \frac{n}{2^{n-1}} \quad (2.12.1)$$

식 (2.12.1)의 우변 첫째 항은 n명 중에서 1명이 앞면, $n-1$명이 뒷면 출현할 확률이며, 둘째 항은 n명 중에서 $n-1$명이 앞면, 1명이 뒷면 출현할 확률이다. 6명이 참여하면 P는 0.1875가 되며, 기대 시행횟수는 기하분포를 따르므로 $1/P$인 5.333이 된다.

만약 한 사람(A대리로 칭함)은 앞면(뒷면) 출현 확률이 $p_b(q_b = 1 - p_b)$인 동전을 가지고 게임에 참여한다면, 성공이 발생할 사건은 다음 4가지의 상호배반인 사건으로 구분할 수 있다.

(i) A대리는 뒷면, $n-1$명은 앞면

(ii) A대리는 앞면, $n-1$명은 뒷면

(iii) A대리와 $n-1$명 중 $n-2$명은 뒷면, 그리고 나머지 한 사람이 앞면

(iv) A대리와 $n-1$명 중 $n-2$명은 앞면, 그리고 나머지 한 사람이 뒷면

상기 네 사건의 확률을 더한 성공확률 P_b는

$$
\begin{aligned}
P_b &= q_b(1/2)^{n-1} + p_b(1/2)^{n-1} + q_b\binom{n-1}{n-2}(1/2)^{n-1} + p_b\binom{n-1}{n-2}(1/2)^{n-1} \\
&= \frac{n}{2^{n-1}}
\end{aligned}
$$

가 되어 식 (2.12.1)과 동일한 값이 나온다. 따라서 A대리의 판단은 옳다고 볼 수 없다.

추가문제 2-12-1

여름휴가를 같이 온 친구 6명이 모여 각각 500원짜리 공평한 동전을 던져 5명이 동일한 면이 나오고 1명이 다른 면이 나오면, 다른 면이 나온 한 사람(승자로 칭함)이 그때까지 모인 모든 돈을 가져가는 게임을 하고 있다. 여기서 승자가 나오지 않으면 던진 동전 금액은 계속 적립된다. 승자가 가져가는 금액의 기댓값은 얼마인가?

2-12-1 해답

게임 참여자가 n명이고, 앞면(뒤면) 출현 확률을 $p(q=1-p)$로 두면 먼저 특정 게임에서 승자가 가려질 확률 P는

$$
P = \binom{n}{1}p^{n-1}q + \binom{n}{n-1}pq^{n-1} = npq(p^{n-2} + q^{n-2}) \tag{2.12.2}
$$

이 된다. 따라서 X를 승자가 가려질 때까지의 시행횟수라면 $E(X) = 1/P$가 되므로, 그때까지의 누적금액은 $E(nX) = 500n/P$가 된다.

여기서 $p = q = 1/2$이고 $n = 6$이므로 승자의 기대금액은 다음과 같이 16,000원이 된다.

$$
E(6X) = \frac{500 \cdot 6}{6 \cdot 0.5 \cdot 0.5(0.5^4 + 0.5^4)} = 16,000
$$

추가문제 2-12-2

친목계를 하고 있는 8명은 매월 한 번씩 모여 저녁을 같이 먹는데, 식대는 사다리 게임을 통해 결정한다(즉, 각 개인이 당첨될 확률은 같다). 처음으로 한 계원이 두 번 저녁을 사게 될 때까지 기대 모임 수를 구하라.

2-12-2 해답

회원이 n명일 때 상기 사건이 발생하는 모임 횟수(월 수)를 X로 정의하면 X는 2와 $n+1$ 사이의 값을 가진다.

여기서

$$\Pr(X>j)=\frac{n}{n}\frac{n-1}{n}\cdots\frac{n-j+1}{n}=\frac{n!}{n^j(n-j)!}\ ,\ j=1,2,\ldots,n$$

가 되므로, $\Pr(X=j)$는 다음과 같이 주어진다.

$$\Pr(X=j)=\Pr(X>j-1)-\Pr(X>j)=\frac{n!(j-1)}{n^j(n-j+1)!}\ ,\ j=2,3,\ldots,n+1 \quad (2.12.3)$$

기댓값 $E(X)$는 $\Pr(X>0)=1$이고 $\Pr(X>n+1)=0$인 점을 이용하면

$$\begin{aligned}E(X)&=\sum_{j=1}^{\infty}j\Pr(X=j)=\sum_{j=0}^{\infty}\Pr(X>j)\\&=\sum_{j=0}^{n}\frac{n!}{n^j(n-j)!}=\frac{n!e^n}{n^n}\sum_{k=0}^{n}\frac{e^{-n}n^j}{j!}\end{aligned} \quad (2.12.4)$$

가 되는데(여기서 $\Pr(X>n+1)=0$임), 시그마 항내는 포아송 분포 형태가 된다.

〈표 2.12.1〉에는 n가 8일 때 $\Pr(X=j)$가 주어져 있으며, 이 값으로부터 구하거나 식 (2.12.4)로부터 기댓값을 구하면 4.2450이 된다.

표 2.12.1 n이 8일 때 $\Pr(X=j)$

j	2	3	4	5	6	7	8	9	합
$\Pr(X=j)$	1/8	7/32	63/256	105 /512	525 /4096	945/ 16,384	2,205/ 131,072	315/ 131,072	1.0

2.13

몇 개의 주사위를 한꺼번에 던지는 것이 가장 유리한가?

여러 개의 주사위를 한꺼번에 던질 때 6의 눈 k개와 5의 눈 $n-k$개만 출현하려면 몇 개의 주사위를 던지는 것이 이 확률을 최대화하는가?

해답

6의 눈이 k개, 5의 눈이 $n-k$개 출현할 확률 $P_n, n \geq k$은 다항정리에 의해

$$P_n = \frac{n!}{k!(n-k)!0!}(1/6)^k(1/6)^{n-k}(4/6)^0 = \binom{n}{k}(1/6)^n \tag{2.13.1}$$

가 되므로 인접한 두 P_n의 비를 구하면

$$\frac{P_{n+1}}{P_n} = \frac{n+1}{6(n+1-k)}$$

이 된다. 따라서 $n+1 \geq 6(n+1-k)$일 때, 즉, P_n은 $5n < 6k-5$일 때 증가하고, $5n > 6k-5$일 때 감소하며, $n = 6k/5-1$일 때 $P_n = P_{n+1}$가 된다. 따라서 n가 5의 배수이면 n가 $6k/5-1, 6k/5$일 때 최대가 되며, n가 5의 배수가 아니면 $\lfloor 6k/5-1 \rfloor + 1 = \lfloor 6k/5 \rfloor$일 때 최대가 된다(Ringenberg, 1986).

만약 $k=5$이면 n과 5 또는 6일 때 최대 확률 P_n은 $(1/6)^6$이 된다.

추가문제 2-13-1

기본문제와 달리 다른 눈도 나올 수 있다, 즉, 여러 개의 주사위를 한꺼번에 던질 때 6의 눈이 2개, 5의 눈이 2개 출현하려면 몇 개의 주사위를 던지는 것이 이 확률을 최대화하는가?

2-13-1 해답

주사위가 n개일 때 6의 눈이 2개, 5의 눈이 2개 출현할 확률 P_n, $n \geq 4$은 다항분포에 의해

$$P_n = \frac{n!}{2!2!(n-4)!}(1/6)^2(1/6)^2(4/6)^{n-2} = \frac{n(n-1)(n-2)(n-3)}{2^{10}}(2/3)^n \quad (2.13.2)$$

가 된다. 인접한 두 P_n의 비를 구하면

$$\frac{P_{n+1}}{P_n} = \frac{2n+2}{3n-9}$$

이 되므로, P_n은 $4 \leq n < 11$일 때 감소하고 $n \geq 12$부터 증가하며, $n = 11$일 때 $P_{11} = P_{12}$이 된다. 따라서 $n = 11, 12$일 때 이 확률은 최대인 0.089가 된다(Andel, 2001).

추가문제 2-13-2

6의 눈이 k개 출현하는 확률을 최대화하기 위해서는 한꺼번에 던지는 주사위 개수는 몇 개가 되어야 하겠는가(Elsener, 1983)?

2-13-2 해답

주사위가 n개일 때 6의 눈이 k개 출현할 확률 P_n, $n \geq k$은 이항분포에 의해

$$P_n = \frac{n!}{k!(n-k)!}(1/6)^k(5/6)^{n-k} \quad (2.13.3)$$

가 된다. 인접한 두 P_n의 비를 구하면

$$\frac{P_{n+1}}{P_n} = \frac{5(n+1)}{6(n+1-k)}$$

이 되므로, P_n은 $n < 6k-1$일 때 증가하고 $n > 6k-1$일 때 감소하며, $n = 6k-1$일 때 $P_n = P_{n+1}$가 된다. 따라서 $n = 6k-1$와 $6k$일 때 이 확률이 최대가 된다.

만약 k가 3이면 주사위 개수는 17개와 18개일 때 6의 눈이 3회 나올 확률이 최대로,

0.2452가 된다.

- $n(\geq 6)$개 주사위를 한꺼번에 던질 때 모든 눈이 한 번씩은 나올 확률을 구하라.

해답

$n=6$이면 이 확률은 $6!/6^6 = 0.0154$가 된다. $n \geq 7$ 이상일 때 가능한 모든 경우의 수는 6^n이고, 하나의 눈이 빠질 경우의 수는 $\binom{6}{1}5^n$, 두 종의 눈이 빠질 경우의 수는 $\binom{6}{2}4^n$ 등이 되는데 하나 이상의 눈이 빠질 경우의 수는 포함-제외 원리에 의해 다음과 같이 구해진다.

$$\binom{6}{1}5^n - \binom{6}{2}4^n + \binom{6}{3}3^n - \binom{6}{4}2^n + \binom{6}{5}1^n$$

따라서 $n(\geq 6)$개 주사위를 한꺼번에 던질 때 모든 눈이 한 번씩은 나올 확률 P_n은

$$\begin{aligned} P_n &= 1 - \frac{\binom{6}{1}5^n - \binom{6}{2}4^n + \binom{6}{3}3^n - \binom{6}{4}2^n + \binom{6}{5}1^n}{6^n} \\ &= \sum_{j=0}^{5} (-1)^j \binom{6}{j} \left(\frac{6-j}{6} \right)^n \end{aligned} \tag{2.13.4}$$

가 된다.

- 앞의 문제에서 이 확률이 최소한 0.5, 0.9와 0.99 이상이 되려면 주사위 개수는 몇 개가 되어야 하는가(Andel, 2001)?

해답

식 (2.13.4)에서

$P_n \geq 0.5$가 되는 최소 n은 13개(즉, $P_{13} = 0.5139$),

$P_n \geq 0.90$가 되는 최소 n은 23개(즉, $P_{23} = 0.9108$),

$P_n \geq 0.99$가 되는 최소 n은 36개(즉, $P_{36} = 0.9915$)

가 된다.

2.14

연속경기 기록 달성이 얼마나 대단한가?

2017년 우리나라 프로 야구에서 김태균 선수의 연속경기 출루 기록이 매스컴의 관심사가 되었다. 스포츠에서 불멸의 기록(일부 매체(블리처 리포트)에서 MLB 역사상 깨뜨리기 어려운 기록 1위)으로 꼽히는 야구 기록 중의 하나가 메이저 리그에서 1941년에 달성한 조 디마지오(Joe DiMaggio, 1914∼1999; 1950∼60년대 유명 여배우인 마릴린 먼로의 두 번째 남편)의 56경기 연속 안타 기록이다. 이런 기록 달성은 얼마나 대단한 것인가?

해답

타율이 p이고 한 경기당 m회 타수가 된다면 연간 n(162)경기를 할 경우에 s(56) 연속경기 안타 기록을 달성할 확률 $P(n,s)$에 대해, B_j를 j번째 경기에서 안타를 못 치고 $j+1,\ j+2, \ldots,\ j+56$, $0 \le j \le 106$에서 안타를 칠 사건으로, p_G를 한 경기에서 안타를 기록할 확률로 정의하면 다음 관계가 성립한다(Durret, 2009).

$$P(162,\,56) = \Pr(\bigcup_{i=1}^{106} B_i) \le \sum_{1\le j\le 106} \Pr(B_i) = p_G^{56} + 105 p_G^{56}(1-p_G)$$

$$(\text{단},\ \Pr(B_1) = p_G^{56},\ p_G = 1-(1-p)^m) \qquad (2.14.1)$$

여기서, 각 타석의 안타여부는 독립으로 가정하였으며, 연속경기는 1∼56, 2∼57, ..., 106($n-s+1$)∼162(n)번째 경기에서 달성 가능한 점을 반영한 결과이다.

그리고 B_i는 $j(i<j\le 56+i)$번째 경기에서 안타를 기록해야 하므로 $B_i \cap B_j = 0$가 되어

$$\Pr(B_i\cap B_j) = \Pr(B_i)\Pr(B_j),\ 56+i<j\le 106$$

$$\Rightarrow\ \ \Pr(B_i\cap B_j) \le \Pr(B_i)\Pr(B_j),\ i\ne j$$

이다. 따라서 부등식 (2.14.1)의 우변을 $Q = 106 p_G^{56}(1-p_G)$로 근사화하면 다음과 같은 부등식이 성립한다.

$$\sum_{1 \le j \le 106} \Pr(B_i \cap B_j) \le \binom{106}{2} p^{112}(1-p)^2 = \frac{Q^2}{2}$$

따라서 포함-제외 원리에 의해

$$Q - \frac{Q^2}{2} \le P(162, 56) \le Q \tag{2.14.2}$$

상한과 하한이 얻어지며, 여기서의 Q는 상당히 작은 값을 가지므로 $1 - \frac{Q}{2} \approx 1$이 되어 두 경계 값은 거의 같은 값을 가진다.

디마지오는 한 경기당 4번 타수를 가진다면(56경기 연속경기 기록 시에 경기당 3.98 타수), 메이저 리그 경력에서 평균 타율인 0.325를 대입하면 $p_G = 1 - (1 - 0.325)^4 = 0.7924$이고, $Q = 106(0.7924)^{56}(0.2076) = 4.826 \times 10^{-5}$이 된다. 이 정도의 타수와 타율을 기록한 선수가 팀당 8.5명(지명타자 제도가 있는 American 리그 9명, National 리그 8명)으로 간주하면 한 해 260명이 되므로, 80년에 1번 정도 나올 수 있는 기록이다.

Freiman(2002)는 다음과 같은 순환 관계에 의해 정확한 확률을 구할 수 있다고 보고하고 있다.

$$P(n,s) = P(n-1,s) + (1 - P(n-s,s))(1-p_G)p_G^s, \quad n \ge s+1$$

(여기서 $P(n,j) = 0,\ j = 0, , \ldots, s-1$)

$$P(s,s) = p_G^s \tag{2.14.3}$$

식 (2.14.3)에 한 경기당 4번의 타수와 타율 0.325을 적용하면 $P(162,56)$는 5.045×10^{-5}가 된다.

한편 Chance(2009)는 Feller(1968)의 공식을 이용하여 n이 클 때 다음과 같은 근사공식을 제안하였다.

$$P(n, s) = 1 - \frac{1 - p_G x}{(s+1-sx)(1-p_G)x^{n+1}}$$

(여기서 x는 $x_{n+1} = 1 + (1-p_G)p_G^s x_n$, $x_0 = 1$의 해로

$x \approx 1 + (1-p_G)p_G^s + (s+1)[(1-p_G)p_G^s]^2$같이 근사화됨.) (2.14.4)

식 (2.14.4)에 한 경기당 4번의 타수와 타율 0.325을 적용하면 $P(162,56)$는 5.045×10^{-5}가 되어 이 경우에 식 (2.14.3)과 (2.14.4)는 거의 일치하는 값을 가진다.

추가문제: 2-14-1

우리나라의 야구 규칙에서는 연속경기 안타 기록은 경기의 모든 타석에서 4사구, 타격방해, 주루방해 및 희생번트 등으로 끝났을 경우에는 중단되지 않는다. 그러나 안타 없이 희생플라이만 있으면 그 기록은 중단된다.

즉, 타율 계산에 쓰이는 타수에는 희생플라이를 포함하며 위에 언급된 4사구(포볼과 사구), 타격방해, 주루방해 및 희생번트가 제외된다. 일반적으로 전 타석이 위와 같은 경우는 거의 발생하지 않는다. 따라서 타석에서 4사구 등은 연속경기 안타 기록에 부정적 영향을 미치므로 타수보다는 타석당 안타비율이 보다 적절하다.

디마지오의 메이저 리그 경력에서 타석당 안타비율은 29% 정도로 알려져 있고 한 경기당 4번 타석에 들어선다고 할 때 56연속경기 안타를 기록할 확률을 구하라.

2-14-1 해답

식 (2.14.2)의 Q와 (2.1.4)에 대입하면 1.995×10^{-6}, 2.069×10^{-6}가 되어 1,900년에 1번 정도 나올 수 있는 기록으로 이는 거의 다시 볼 수 없는 엄청난 기록이 된다.

〈그림 2.14.1〉에는 p가 0.2～0.45일 때 식 (2.14.4)의 확률(상용대수 변환)이 도시되어 있다.

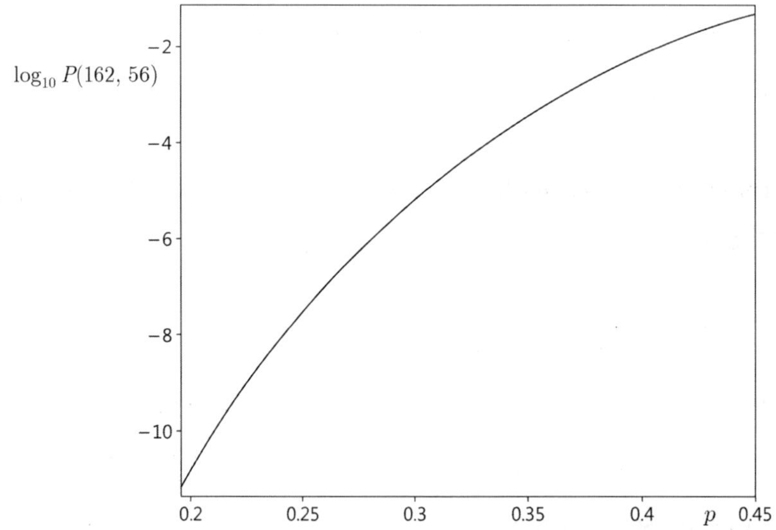

그림 2.14.1 56경기 연속경기 안타를 기록할 확률

추가문제 2-14-2

우리나라 프로야구에서는 2003～2004년에 걸쳐 달성한 박종호 선수(현대, 삼성)의 39경기 연속 안타 기록이 최고이다. 단일 시즌으로 한정하면 1999년의 박정태(롯데) 선수의 31경기이다.

현재 단일 시즌 144경기 체제에서 타석당 안타비율을 0.3으로 가정하면 39경기 안타 기록이 나올 확률은 얼마인가? 한 경기당 4번 타석에 들어설 수 있다고 간주한다.

2-14-2 해답

단일 시즌에서 39경기 연속 안타 기록은 식 (2.14.2)의 Q와 (2.14.4)에 대입하면 각각 5.637×10^{-4}과 5.860×10^{-4}가 된다. 이 정도의 타석을 기록할 수 있는 선수가 팀당 9명씩 총 90명이라고 간주하면 20년에 한 번 정도 발생하는 셈이 된다.

- 20경기 연속 안타 기록은 보통 선수의 타석 당 안타비율을 0.25로 가정하면 평균적으로 연간 몇 회쯤 달성할 수 있는가? 이 정도의 타석을 기록할 수 있는 선수가 팀당 10명씩 총 100명이라고 간주한다.

해답

단일 시즌에서 20경기 연속 안타 기록은 s가 작으므로 식 (2.14.2)와 (2.14.3)에 대입하면 각각 0.0193～0.0195(식 (2.14.1)의 상한을 구하면 0.0198과 0.0198이 된다. 매년 100명 정도의 선수를 고려하면 연간 2명 정도가 이를 달성할 수 있다.

2.15

상트페테르부르크 역설은 어떻게 설명할 수 있는가?

공평한 동전을 계속적으로 던져 최초로 앞면이 출현하면 멈추고 당첨금을 받는 게임이 있다. 이 게임에 참여한 사람은 동전을 처음 던질 때 바로 앞면이 나오면 1,000원을, 두 번째에서 처음으로 앞면이 나오면 2,000원을, 세 번째에서 앞면이 처음으로 나오면 4,000원을 받는 등 던지는 횟수가 한 회 늘어날 때마다 당첨금이 2배씩 증가된다. 즉, n번째에 처음으로 앞면이 나오면 $2^{n-1}\times 1,000$원을 받기로 한다면 이 게임에 참가비가 있다면 당신은 얼마를 내고 이 게임에 참여할 용의가 있는가?

해답

게임 참여자가 받는 당첨금을 X(단위:1,000원)로, 최초로 앞면이 출현하는 동전 던지는 횟수를 N으로 두자, N은 성공확률이 1/2인 기하분포를 따르므로 $\Pr(N=n)=(1/2)^{n-1}(1/2)=(1/2)^n,\ n=1,2,\ldots$이 된다. 따라서 당첨금의 기댓값은

$$E(X)=\sum_{n=1}^{\infty}2^{n-1}(1/2)^n=\sum_{n=1}^{\infty}1/2=\infty \qquad (2.15.1)$$

가 된다. 따라서 이 게임이 공평하기 위해서는 게임 참여자는 무한금액을 내고 이 게임에 참여해야 한다.

그런데 이 게임에서 무한한 당첨금을 기대할 수 있지만, 상당히 큰 금액을 내고 참여하는 사람은 거의 없을 것으로 추측된다. 여러 실증연구에 따르면 12,000~13,000원 이상을 이 게임에 투자하는 사람은 드물다고 알려져 있다(Vivian, 2003).

이 문제는 니콜라우스 베르누이 1세(Nicolaus I Bernoulli)에 의해 최초로 제기되었으며, 사촌인 다니엘 베르누이(Daniel Bernoulli)가 1738년에 상트페테르부르크에서 발표한 문제로 '상트페테르부르크 역설(St. Petersburg Paradox)'로 널리 알려져 있다. 보통 사람들이 기댓값을 의사결정의 기준으로 삼는다고 생각하지만 그러한 인식에 문제가 있음을

제시한 것으로 확률과 통계학의 발전 과정에서 가장 많이 논의된 문제 중의 하나이다 (Gorronchurn, 2012).

식 (2.15.1)에서 n이 100을 초과하면 이의 발생 가능성($< (1/2)^{100}$)은 불가능하다고 볼 수 있으므로 식 (2.15.1)의 기댓값은

$$E(X) \approx \sum_{n=1}^{100} 2^{n-1}(1/2)^n = 50(\text{단위: 천 원})$$

에 불과하며, 더욱이 $1/10,000(\approx 1/2^{13.29})$ 이하의 확률을 무시한다면 이 게임은 기댓값은 단지 6,500원 정도이므로 게임 참여자는 많은 돈을 내지 않는 것이 합리적이다.

추가문제 2-15-1

이 문제의 설명 방법으로 다니엘 베르누이는 기대효용(expected utility) 개념을 제시하였다. 그는 효용함수($U(\cdot)$)로 금액이 1단위 증가하면 한계효용은 점점 감소하는 수확체감 현상을 수용하는 $U(x) = \ln x$를 제안하였다. 이 효용함수하에서 게임 참여자는 얼마를 낼 수 있는가?

2-15-1 해답

게임 참여자의 효용의 기댓값 $E(U)$는 1단위를 1,000으로 두면

$$E(U) = \sum_{n=1}^{\infty} U(2^{n-1})\Pr(X = 2^{n-1}) = \sum_{n=1}^{\infty} \ln(2^{n-1})(1/2)^n$$

$$= \sum_{n=1}^{\infty} (n-1)(1/2)^n = \ln 2 \qquad (2.15.2)$$

가 되어 기본문제와 달리 유한한 값을 갖는다. 따라서 게임 참여자의 현 보유 금액이 b원이고 a원을 내고 이 게임에 참가할 때 공평한 게임이 되려면 다음 조건을 만족해야 하므로,

$$U(b) = U(b + 2^{n-1} - a)$$

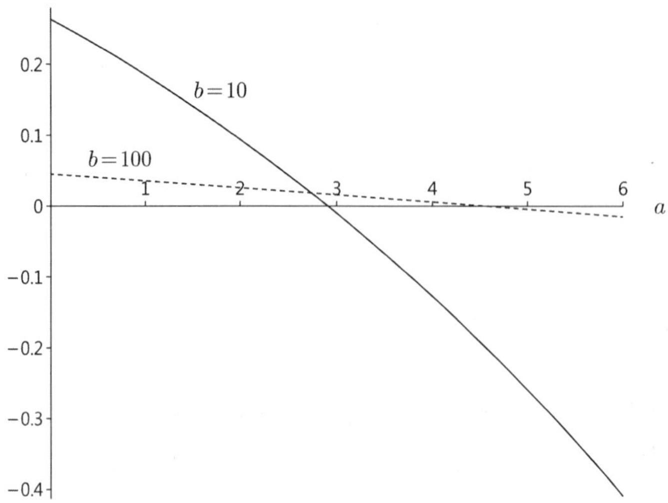

그림 2.15.1 식 (2.15.3)의 해에 관한 예시: $b=10$, 100

가 되어, 다음 관계가 성립한다.

$$\sum_{n=1}^{\infty}(1/2)^n \ln(b+2^{n-1}-a)-\ln b=0 \tag{2.15.3}$$

만약 b가 10, 100, 1,000(단위: 천 원)이라면 식 (2.15.3)에서 a는 2.9, 4.4, 6.0이 된다(〈그림 2.15.1〉의 두 경우 참조).

여기서 상금이 2^{n-1}에서 $e^{2^{n-1}}$로 설정한다면 위에 있는 효용함수하에서도 기대 효용은 무한대가 된다. 이를 'Super St. Petersburg paradox'로 부르며 상한(upper bound)을 가진 효용함수 등을 통해 역설을 회피할 수 있다(Gorronchurn, 2012).

추가문제 2-15-2

기본문제에서는 당첨금이 무한하다고 간주하는데, 이는 현실적이지 않다. 당첨금이 최대 W까지 늘어날 수 있다면, 기댓값 측면에서 이 게임이 공평하기 위해서 당신은 얼마를 내고 이 게임에 참여할 수 있는가?

2-15-2 해답

$n_0 = \lfloor \log_2 W \rfloor$ 로 두면 이 게임의 기댓값은

$$\begin{aligned} E(X) &= \sum_{n=1}^{n_0} 2^{n-1}(1/2)^n + W \sum_{n=n_0+1}^{\infty} (1/2)^n \\ &= \frac{n_0}{2} + \frac{W}{2^{n_0}} \end{aligned} \tag{2.15.4}$$

가 된다. 즉, $W = 2,\ 10,\ 100,\ 1{,}000,\ 1{,}000{,}000$(단위:1,000원)이 되면 기댓값은 1.5, 2.75, 4.56, 6.45, 11.41이 되어, W가 상당히 증가하더라도 이 게임이 공평해지도록 게임 참여자가 지불하는 금액은 그리 크지 않다.

추가문제 2-15-3

이 게임을 제공하려면 이 게임의 기댓값이 유한하도록 변형하는 것이 보다 합리적이다. 앞면의 출현 확률은 1/2이지만, n번째 던질 때 처음으로 앞면이 출현할 때 상금을 $(1/2)^{n-1} \times 1{,}000$에서 $(1/r)^{n-1} \times 1{,}000 (0 < r < 2)$로 바꾼다면 당신은 얼마를 내고 이 게임에 참여해야 기댓값 측면에 이 게임이 공평해지는가(Gorronchurn, 2012)?

2-15-3 해답

이 게임의 기댓값을 구하면 다음과 같다.

$$E(X) = \sum_{n=1}^{\infty} r^{n-1}(1/2)^n = \frac{1}{r}\sum_{n=1}^{\infty}(r/2)^n = \frac{1}{2-r} \tag{2.15.5}$$

$r = 0.5,\ 1,\ 1.5$이면 기댓값은 4/3, 1, 2(단위: 1,000원)가 되므로 게임이 공평하려면 이 금액을 내고 게임에 참여해야 한다. 그리고 r이 2에 수렴하면 기댓값은 기본문제와 같이 무한대가 된다.

추가문제 2-15-4

일부 경제학자는 무한한 손실을 초래할 수 있는 이런 게임을 제공하는 곳은 없을 것이므로, 상트페테르부르크 역설은 존재할 수 없다고 주장한다. 이런 점을 고려하여 앞의 추가문제에서 동전이 편향(biased)된 것으로 가정하자. 즉, 앞면의 출현 확률의 1/2에서 $\theta = 1/2 + \delta(0 < \delta < 1/2)$로 증가하며, 상금도 θ를 반영하여 2^{n-1}에서 $\left(\frac{1-\Delta}{\theta}\right)^{n-1}$ $(0 \le \Delta < 1)$로 설정한다면 기댓값 측면에서 이 게임이 공평하기 위해서 당신은 얼마를 내고 이 게임에 참여해야 하는가?

2-15-4 해답

이 게임의 기댓값을 구하면

$$E(X) = \sum_{n=1}^{\infty}\left(\frac{1-\Delta}{\theta}\right)^{n-1}(1-\theta)^{n-1}\theta = \theta\sum_{n=1}^{\infty}\left[\frac{(1-\Delta)(1-\theta)}{\theta}\right]^{n} \qquad (2.15.6)$$

이 된다. 여기서 $(1-\theta)/\theta < 1$이므로 식 (4.20.6)의 공비는 1보다 작은 값을 가져 기댓값은 수렴하므로

$$E(X) = \frac{\theta}{1-\dfrac{(1-\Delta)(1-\theta)}{\theta}} = \frac{\theta^2}{(2\theta-1)+\Delta(1-\theta)}$$

$$= \frac{(1+2\delta)^2}{8\delta+2\Delta(1-2\delta)} \qquad (2.15.7)$$

가 된다. $\Delta = 0,\ 0.05,\ 0.1$일 때 δ에 따라 식 (2.15.7)로 구한 이 게임의 기댓값이 〈그림 2.15.2〉에 도시되어 있다. 이를 보면 Δ(상금 보상 감소비율) 또는 δ(앞면의 편향성)가 증가되면 기댓값이 감소한다. 에를 들어 $\delta = 0.01,\ 0.05,\ 0.1$일 때 Δ가 0이면 게임 참여자는 13.0, 5.8, 3.8(단위: 천 원)을, Δ가 0.05이면 3.0, 2.5, 2.1를, Δ가 0.1이면 1.8, 1.6, 1.5를 지불하고 이 게임에 참여해야 공평한 게임이 된다.

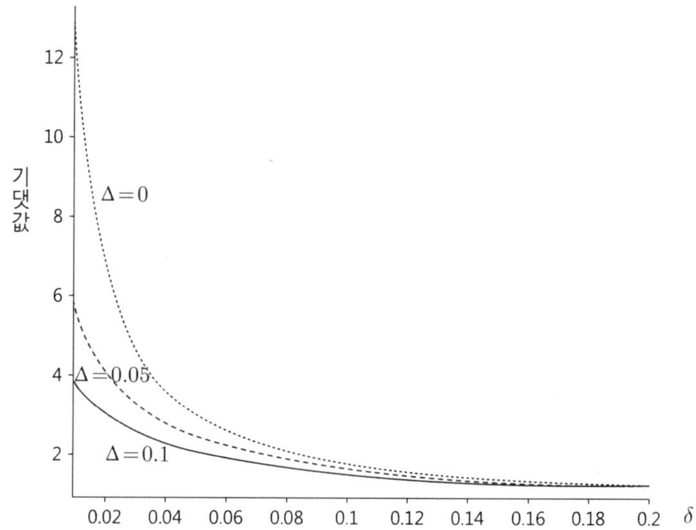

그림 2.15.2 편향된 동전일 경우의 Δ에 따른 기댓값: $\Delta = 0\,,\,0.05\,,\,0.1$

제 3 장

최적 전략과 확률 문제

3.1

처음 한 선택을 바꾸어야 하는가? (Quiz show problems)

퀴즈 쇼에서 우승한 사람에게 받은 상금을 걸고 자동차를 얻을 수 있는 기회가 제공된다. 우승자는 자동차가 들어 있는 세 개의 문 중에서 하나를 선택한 후에, 사회자가 자동차가 없는 한 문을 보여주면서 최초로 선택한 문을 사회자가 보여주지 않은 다른 문으로 바꿀 기회를 준다. 우승자는 최초로 선택한 문을 바꾸는 것이 유리한가? 그대로 고수하는 것이 유리한가? 아니면 바꾸든지 고수하든지 자동차를 획득할 확률은 동일한가?

1963년부터 방송된 미국의 유명한 TV 쇼인 “Let’s Make a Deal”의 사회자로 20여 년간 활동한 Monty Hall의 이름을 따온 문제이다. 이 쇼에서는 관람객 중에서 쇼 참여자를 임의로 선택한 후에 상금을 놓고 거래를 하는 게임이다. 즉, 참여자에게 상대적으로 적은 상금을 준 뒤, 더 큰 상금을 얻기 위해 이 상금을 거는 기회가 제공되는 게임이다.

해답

먼저 베이즈(Bayes)의 정리를 사용하지 않고 풀어 보자. 세 문을 #1, #2, #3으로 구분할 때 표본공간을 다음과 같이 4차원으로 정의한다. 4차원 벡터의 첫 번째 원소는 최초 선택한 문을, 두 번째는 사회자가 보여주는 문을, 세 번째는 최종 선택한 문을, 마지막 원소는 차의 획득여부(W이면 자동차 획득, L은 자동차를 획득하지 못하는 결과)를 나타낸다.

만약 자동차가 문 #1에 있다면 최초 선택한 문을 바꾸는 경우의 표본공간이다.

$$S = \{(1,2,3,L),\ (1,3,2,L),\ (2,3,1,W),\ (3,2,1,W)\}$$

즉, 최초 #2 또는 #3을 선택하면, 사회자가 #1을 보여 줄 수 없으므로, 최초 선택한 문을 바꾸면 원하는 자동차를 얻게 된다. 표본공간의 네 가지 사건 중에서 우승자가 랜덤하게 문을 선택하므로 문 #1, #2, #3을 선택할 확률은 각각 1/3이다. 이에 따라 최초 문 #1을 선택하는 두 사건이 일어날 확률은 각각 1/6이다. 따라서 최초 선택한 문을 바꾸면 자동차를 획득할 확률은 최초 1/3에서 1/3+1/3=2/3가 되어 2배로 증가한다.

또한 만약 자동차가 문 #1에 있을 때 최초 선택한 문을 바꾸지 않는 경우의 표본공간은 다음과 같이 되므로, 최초 선택한 문을 바꾸지 않으면 자동차를 획득하지 못할 확률은 2/3가 된다.

$$S = \{(1,2,1,\mathrm{W}),\ (1,3,2,\mathrm{W}),\ (2,3,2,\mathrm{L}),\ (3,2,3,\mathrm{L})\}$$

즉, 사회자가 자동차가 없는 문을 보여줄 때 최초 선택한 문을 바꿈으로써 자동차를 획득할 확률은 우리가 상식적으로 생각하는 1/2이 아닌 2/3가 된다.

추가문제 3-1-1

만약 사회자는 자동차가 없는 문 중에서 항상 높은 숫자를 가진 문을 택하여 보여줄 때 최초 선택한 문을 바꾸어야 하는가?

3-1-1 해답

자동차가 문 #1, 2, 3에 있을 사건을 C_1, C_2, C_3로, 사회자가 문 #1, 2, 3을 보여줄 사건을 O_1, O_2, O_3라 하자. 우승자가 문 #1을 선택할 때 사회자가 문 #3을 보여줄 확률을 q로 두면, 우승자가 계속 선택한 문을 고수한다면 자동차를 획득할 확률은 베이즈의 정리에 의해

$$\begin{aligned}\Pr(C_1 | O_3) &= \frac{\Pr(O_3 | C_1)\Pr(C_1)}{\sum_{j=1}^{3}\Pr(O_3 | C_j)\Pr(C_j)} = \frac{q(1/3)}{q(1/3)+1(1/3)+0(1/3)} \\ &= \frac{q}{1+q} \end{aligned} \tag{3.1.1}$$

가 된다(Gillman, 1992). 따라서 이 확률은 $1/2 \le \Pr(C_1 | O_3) \le 1$이 되며, 항상 숫자가 높은 문을 보여준다면 $q=1$이 되므로 $\Pr(C_1 | O_3)$은 1/2이 된다. 그리고 $q=0$(항상 숫자가 낮은 문을 보여줄 경우)이면 이 확률은 0이 되며, $q=1/2$이면 상기 문제에 해당되는 1/3이 된다.

따라서 사회자가 항상 높은 숫자를 가진 문을 택하여 보여주는 방식하에서 문 선택을 바꾼다면 사회자가 문 #3 또는 #2를 보여줄 때 자동차를 획득할 확률은 각각 1/2과 1이

된다. 즉, 사회자가 문 #3을 보여준다면 최초 선택한 문의 변경여부가 영향을 미치지 않으며, 문 #2를 보여준다면 무조건 바꾸어야 한다.

• 만약 사회자는 어떤 문에 자동차가 있는지 모를 경우에 위의 문제를 풀어라. 즉, 사회자는 우승자가 최초 선택하지 않은 두 문중에서 랜덤하게 택하여 보여주는데, 만약 그 문에 자동차가 있다면 우승자가 문을 바꿀 기회는 사라진다.

해답

식 (3.1.1)에서 $\Pr(O_3 | C_1) = 1/2$이 되므로 이를 대입하면,

$$\Pr(C_1 | O_3) = \frac{\Pr(O_3 | C_1)\Pr(C_1)}{\sum_{j=1}^{3}\Pr(O_3 | C_j)\Pr(C_j)} = \frac{(1/2)(1/3)}{(1/2)(1/3)+(1/2)(1/3)+0(1/3)}$$

$$= \frac{1}{2}$$

이 되어 최초 선택한 문의 변경여부가 자동차의 획득여부에 영향을 미치지 않는다.

추가문제 3-1-2

게임이론에서 널리 알려진 죄수의 딜레마(prisoner's dilemma)와 동일한 명칭을 가진 문제이다. 이번 특사로 '갑, 을 병' 중에서 두 사람이 포함되었다는 소식을 들은 갑은 잘 아는 교도관에게 본인의 석방여부를 바로 묻기가 힘들어 을과 병중에서 누가 석방되는지 알려 달라는 요청을 하였다. 이런 요청을 들은 교도관은 고심 끝에 이 요청을 거절하며, "만약 석방되는 1명에 대한 얘기를 하게 되면 당신이 석방될 확률이 2/3에서 1/2로 감소하여 낙담할 수 있기 때문이다"라는 이유를 부언하였다. 이 교도관의 주장은 옳은가 (Issac, 1995)?

3-1-2 해답

사건 A_1, A_2, A_3를 갑과 을, 갑과 병, 을과 병이 석방되는 사건을, E는 교도관이 을이 석방에 포함된다는 사실을 알려주는 사건으로 정의하면 베이즈의 정리에 의해

$$\Pr(A_1|E)=\frac{\Pr(E|A_1)\Pr(A_1)}{\sum_{j=1}^{3}\Pr(E|A_j)\Pr(A_j)}=\frac{1(1/3)}{1(1/3)+0(1/3)+(1/2)(1/3)}=\frac{2}{3} \quad (3.1.2)$$

가 되어 교도관의 정보 누설을 하더라도 원래의 확률과 같으므로, 교도관의 주장은 옳지 않다. 즉, Monty Hall의 기본문제에서는 사회자의 문 선택은 자동차가 어디에 있는가에 의존적이지만, 이 문제는 이와는 달리 교도관의 정보 누설과 갑의 석방은 독립적이다.

하지만 교도관이 을과 병이 석방되더라도 갑과 친한 을에 관해서만 얘기한다면 식 (3.1.2)의 분모의 마지막 항이 $1(1/3)$이 되므로 이 확률은 1/2이 된다.

추가문제 3-1-3

선택 가능한 문이 세 개인 기본 문제를 확장하여 다섯 문 중에서 하나의 문 뒤에만 자동차가 있다. 사회자가 자동차가 없는 하나의 문을 보여주면서 선택한 문을 바꿀 기회를 우승자에게 한 번이 아닌 3회 준다. 우승자는 언제 문을 바꾸는 것이 가장 유리한가 (Lucas, et al., 2009)?

3-1-3 해답

자동차가 문 i 뒤에 있을 사건을 C_i, $i=1,2,...,5$로, 사회자가 문 i를 보여줄 사건을 O_i로, 자동차가 i 뒤에 있을 최초 확률 벡터 $\boldsymbol{P}$는 다음과 같다.

$$\boldsymbol{P}=(1/5,\ 1/5,\ 1/5,\ 1/5\ 1/5)$$

우승자가 문 #1을 선택하고, 사회자가 먼저 문 #2을 보여줄 경우를 상정하면 확률 벡터 $\boldsymbol{P}$는 다음과 같이 갱신된다.

$$\boldsymbol{P}=(1/5,\ 0,\ 4/15,\ 4/15\ 4/15) \quad (3.1.3)$$

즉, 베이즈 정리를 적용하면,

$$\Pr(C_1|O_2)=\frac{\Pr(O_2|C_1)\Pr(C_1)}{\sum_{j=1}^{5}\Pr(O_2|C_j)\Pr(C_j)}=\frac{(1/4)(1/5)}{(1/4)(1/5)+3(1/3)(1/5)}=\frac{1}{5}$$

이 되어 계속 고수정책을 취하면 문 #1에 자동차가 있을 확률은 1/5로 불변이다. 이에 따라 문 #3, 4, 5에 자동차가 있을 확률은 같으므로 4/15가 된다. 이 단계에서 문을 바꾸는 것이 자동차를 획득할 확률을 증가시킨다.

우승자가 문 #3으로 바꾼 후 다음 단계에서 사회자가 문 #5를 보여준다면 자동차가 문 #1, 3, 4에 있을 확률은 다음과 같이 구해진다.

$$\boldsymbol{P}=(9/29,\ 0,\ 8/29,\ 12/29,\ 0)$$

$$(\text{단, } \Pr(C_1|O_5)=\frac{(1/2)(1/5)}{(1/2)(1/5)+(1/3)(4/15)+(1/2)(4/15)}=\frac{9}{29}$$

$$\Pr(C_3|O_5)=\frac{(1/3)(4/15)}{(1/2)(1/5)+(1/3)(4/15)+(1/2)(4/15)}=\frac{8}{29}$$

$$\Pr(C_4|O_5)=\frac{(1/2)(4/15)}{(1/2)(1/5)+(1/3)(4/15)+(1/2)(4/15)}=\frac{12}{29}$$

$$\Pr(C_1)=1/5,\ \Pr(C_3)=\Pr(C_4)=\Pr(C_5)=4/15$$

$$\Pr(O_5|C_1)=\Pr(O_5|C_4)=1/2,\ \Pr(O_5|C_3)=1/3) \tag{3.1.4}$$

이 경우도 문을 바꾸는 것이 유리하다.

그런데 여기서 사회자가 최초 선택한 문 #1을 보여준다면, 자동차가 문 #3, 4, 5에 있을 확률은 다음과 같이 갱신된다.

$$\boldsymbol{P}=(0,\ 0,\ 1/4,\ 3/8,\ 3/8)$$

$$(\text{단, } \Pr(C_3|O_1)=\frac{(1/3)(4/15)}{(1/3)(4/15)+(1/2)(4/15)+(1/2)(4/15)}=1/4$$

$$\Pr(C_4|O_1)=\Pr(C_4|O_1)=(1/2)[1-(1/4)]=3/8$$

$$\Pr(O_1|C_3)=1/3,\Pr(O_1|C_4)=\Pr(O_5|C_5)=1/2) \tag{3.15}$$

식 (3.1.5)를 보면 문 #3에 자동차가 있을 확률이 전 단계의 4/15에서 1/4로 감소되는 현상을 발생하므로, 여기서는 현재 선택한 문 #3을 바꾸는 것이 보다 유리하다.

식 (3.1.4)의 조건하에 우승자가 문 #4로 바꾼 후 최종 단계에서 사회자가 문 #3을 보여준다면 자동차가 문 #1과 #4에 있을 확률은 다음과 같이 구해지므로,

$$\boldsymbol{P}=(3/5,\ 0,\ 0,\ 2/5,\ 0)$$

$$\Pr(C_1|O_3)=\frac{1(9/29)}{1(9/29)+(1/2)(12/29)}=\frac{3}{5}$$

$$\Pr(C_4|O_3)=1-\frac{3}{5}=\frac{2}{5}$$

$$(\text{단, } \Pr(C_1) = 9/29,\ \Pr(C_3) = 8/29,\ \Pr(C_4) = 12/29$$
$$\Pr(O_3 | C_1) = 1,\ \Pr(O_3 | C_4) = 1/2) \tag{3.1.6}$$

여기서도 문을 바꾸는 것이 유리하다. 그러면 어떻게 바꾸는 것이 유리할까?

만약 사회자가 두 번 기회를 줄 때까지 최초 선택한 문을 고수하다가 마지막 두 개의 문이 남을 경우에 최초 선택된 문을 바꾼다면 자동차를 획득할 확률은 위와 같이 전개한 상황의 3/5보다 높은 4/5가 된다. 즉, 최초 선택한 문 #1를 바꾸지 않으면, 사회자가 하나의 문을 보여주면 나머지 세 문에서 각 문에 자동차가 있을 확률은 식 (3.1.3)과 같이 4/15가 된다. 다음 단계에서도 고수하는 전략을 취하면 문 #1에 있을 확률은 1/5로 불변이므로 나머지 두 개의 문에서 각 문에 있을 확률은 2/5가 된다. 마지막 단계에서 문 #1에 있을 확률은 1/5로 불변이고, 나머지 하나의 문에 자동차가 있을 확률은 4/5가 되므로, 우승자는 문을 바꾸어야 한다.

문이 n개 있을 때도 이런 전략이 최적이며, 자동차를 획득할 확률은 $(n-1)/n$이 된다고 알려져 있다(Lucas, 2009).

- 2명의 우승자(갑, 을)가 나올 경우를 고려하자. 두 사람은 세 개의 문 중에서 하나의 문을 각각 무작위로 선택하는데, 서로 다른 사람이 선택한 문을 모른다. 사회자는 다음과 같은 규칙에 의해 한 문을 선택하여 열어 보인 후에 선택한 문을 바꿀 기회를 준다.

(i) 두 우승자가 최초 선택한 문이 같으면 기본 문제와 동일한 방식으로 문을 열어 보인다.

(ii) 두 우승자가 각기 다른 문을 선택할 경우는 자동차의 존재에 무관하게 나머지 문을 열어 보인다.

이때 문을 바꾸는 것이 여전히 유리한가(Sprenger, 2010)?

해답

갑이 문 #1을 선택하고 사회자가 문 #3을 여는 상황을 상정하자. 을이 선택하는 문에 따라 다음과 같은 여건에서 사회자가 문 #3을 열게 된다.

(i) 을이 문 #2를 선택하면 사회자는 문 #3을 열 수밖에 없는데, 문 #3에 자동차가 없

을 확률은 2/3이다.

(ii) 을이 문 #1을 선택하고 자동차가 문 #1에 있다면 사회자는 문 #3을 열게 될 확률은 1/2이다. 따라서 이렇게 될 확률은 1/6이 된다.

(iii) 을이 문 #1을 선택하고 자동차가 문 #2에 있다면 사회자는 문 #3을 열어야 하며, 발생 확률은 1/3이 된다.

여기서 만약 자동차가 문 #3에 있을 때 갑과 을이 문 #1과 #2를 택하였다면 사회자는 문 #3을 열게 되어 두 사람 모두 자동차를 받을 수 없으며, 당연히 최초 선택한 문을 바꿀 기회가 사라진다.

따라서 사회자가 문 #3을 열게 될 때 을이 문 #1을 선택했을 확률은 베이즈의 정리를 적용하면 $(1/6+1/3)(1/3)/[(1/6+1/3)(1/3)+(2/3)(1/3)]=3/7$이 된다. 이에 따라 을이 문 #1과 2를 선택했을 확률은 각각 $3/7$, $4/7$이다.

갑의 관점에서 발생가능한 상황을 순서쌍(을이 선택한 문, 자동차가 있는 문)으로 나타내면 다음의 네 가지가 될 수 있다.

(2, 1), (2, 2), (1, 1), (1, 2)

(2, 1)과 (2, 2)의 경우에 을이 문 #2을 선택하면(확률 4/7) 사회자가 문 #3을 열 수밖에 없으므로, 두 경우의 발생확률은 같으므로 각각 2/7가 된다. (1, 1)과 (1, 2)의 경우에 전자는 사회자가 문 #3을 선택할 수 있지만 후자는 그럴 수 없으므로 후자의 발생확률이 전자의 2배가 된다. 따라서 (1, 1)과 (1, 2)의 발생 확률은 각각 1/7과 2/7가 된다.

갑이 최초 선택한 문을 고수하면 자동차를 획득할 확률은 (2, 1)과 (1, 1)의 발생 확률인 3/7, 문을 바꾸면 (2, 2)과 (1, 2)의 발생 확률인 4/7가 되므로, 최초 선택한 문을 사회자가 보여 주지 않은 문으로 바꾸는 편이 유리하다.

3.2

최고상을 획득하기 위한 좋은 전략은 무엇인가? (Best prize problems)

우리에게 상금이 다른 n개의 상이 차례로 제안된다고 하자. 이처럼 차례로 하나씩 제시되는 상을 바로 받을 것인지 아니면 다음 번의 상을 기대할 것인지를 매번 결정하여야 한다고 하자. 일단 하나의 상이 선택되면 이것으로 모든 선택 과정은 종료된다. 그리고 이전에 선택되지 않은 상은 다시 선택이 불가능하며, 마지막에 도달하면 할 수 없이 n번째 상을 받는다. n개의 서로 다른 상이 무작위로 배열되어 제시될 때 어떻게 하면 가장 상금이 높은 상을 선택할 확률을 최대로 할 수 있을까?

해답

이 상에 대한 모든 순서 종류인 $n!$개의 순서가 다 같은 확률로 선택된다고 가정할 수 있다.

k의 값이 정해지고 $0 \le k-1 < n$이 있다. $k-1$번째까지의 상금을 다 거부하고 그 뒤에 처음으로 앞의 모든 $k-1$개 상금보다 좋은 것을 선택한다는 전략을 고려한다. 이 전략으로 최고상을 얻을 수 있는 확률을 P_k로 표시하자.

$n=2$이면 $P_1 = 1/2$, $P_2 = 1/2$이므로 k의 선택에 고민할 필요가 없다.

$n=3$이면 다음의 세 가지 전략을 고려할 수 있다.

(i) 무조건 첫 번째 상금을 택한다: $k=1$로 $P_1 = 1/3$

(ii) 첫 번째 상금을 거절하고 이보다 큰 상금을 선택한다: $k=2$로 다음과 같이 $P_2 = 1/2$('*' 표시된 경우 참조)가 된다.

$$(1,2,3),\ (1,3,2),\ (2,1,3)^*,\ (2,3,1)^*,\ (3,1,2)^*,\ (3,2,1)$$

(iii) 마지막 상금을 택한다: $k=3$로 $P_3 = 1/3$

따라서 $k=2$가 최선의 전략이다.

$n=4$이면 다음의 네 가지 전략을 고려할 수 있다.

(i) $k=1$으로 $P_1=1/4$

(ii) $k=2$가 되면 다음과 같이 $P_2=11/24$가 된다.

(1,2,3,4), (1,2,4,3), (1,3,2,4), (1,3,4,2), (1,4,2,3), (1,4,3,2)
(2,1,3,4)*, (2,1,4,3)*, (2,3,1,4)*, (2,3,4,1)*, (2,4,1,3)*, (2,4,3,1)*
(3,1,2,4)*, (3,1,4,2)*, (3,2,1,4), (3,2,4,1), (3,4,1,2)*, (3,4,2,1)
(4,1,2,3)*, (4,1,3,2)*, (4,2,1,3), (4,2,3,1), (4,3,1,2), (4,3,2,1)

(iii) $k=3$이 되면 다음과 같이 $P_3=10/24$가 된다.

(1,2,3,4), (1,2,4,3), (1,3,2,4), (1,3,4,2), (1,4,2,3), (1,4,3,2)
(2,1,3,4), (2,1,4,3), (2,3,1,4)*, (2,3,4,1)*, (2,4,1,3)*, (2,4,3,1)*
(3,1,2,4), (3,1,4,2), (3,2,1,4)*, (3,2,4,1)*, (3,4,1,2)*, (3,4,2,1)
(4,1,2,3), (4,1,3,2), (4,2,1,3)*, (4,2,3,1)*, (4,3,1,2)*, (4,3,2,1)

(iv) $k=4$로 $P_4=1/4$

따라서 $k=2$가 되어 첫 번째 상금을 거절하고 다음에 이보다 더 큰 상금이 나오면 선택하는 방식이 최적이 된다.

n을 일반화하여 X가 최고상의 위치를 나타내는 확률변수일 때 P_k를 구해 보자.

$$P_k=\sum_{i=1}^{n}P_k(\text{최고상 획득}|X=i)\Pr(X=i)$$
$$=\frac{1}{n}\sum_{i=1}^{n}P_k(\text{최고상 획득}|X=i)$$

만약에 최고상이 $k-1$번째 상 이전에 있으면, 위의 전략으로 최고상을 얻을 수 없다. 다른 한편으로는, 만약에 최고상의 위치가 i에 있고 $i>k-1$이면, 최초 $k-1$번째 내에 있는 최고상이 $i-1$번째 이전의 최고상이 되면, 최고상을 얻을 수 있다(k, $k+1$, $\cdots$, $i-1$ 위치에 있는 상이 다 선택되지 않기 때문임). 그래서,

$$P_k(\text{최고상 획득}|X=i)$$
$$=\begin{cases} 0 & \text{, if } i \le k-1 \\ \Pr(i-1 \text{ 중의 최고상이 최초 } k-1\text{에 있음}) = \dfrac{k-1}{i-1} & \text{, if } i \ge k \end{cases}$$

이다.

이 과정을 통해서 P_k는 다음과 같이 구해진다.

$$P_k(\text{최고상 획득}) = \frac{k-1}{n}\sum_{i=k-1}^{n-1}\frac{1}{i} \tag{3.2.1}$$

최적 $k(k^*)$은 다음 조건을 만족하는 값이 된다.

$$P_{k+1} = \frac{k}{n}\sum_{i=k}^{n-1}\frac{1}{i} \le P_k = \frac{k-1}{n}\sum_{i=k-1}^{n-1}\frac{1}{i}$$
$$\Leftrightarrow \sum_{i=k}^{n-1}\frac{1}{i} \le 1$$

따라서 $k^* = \min\left(k \le 1 : \sum_{i=k}^{n-1}\frac{1}{i} \le 1\right)$가 된다. 〈표 3.2.1〉에는 k^*와 최고상 획득 확률 P_k^*가 주어져 있다.

또한 큰 n에 대해서는 다음과 같은 근삿값을 얻을 수 있다.

$$P_k = \frac{k-1}{n}\sum_{i=k-1}^{n-1}\frac{1}{i} \approx \frac{k-1}{n}\int_{k-1}^{n-1}\frac{1}{x}dx = \frac{k-1}{n}\ln\left(\frac{n-1}{k-1}\right) \approx \frac{k}{n}\ln\left(\frac{n}{k}\right) \tag{3.2.2}$$

여기서 $g(x) = \frac{x}{n}\ln\left(\frac{n}{x}\right)$을 고려하면 $g'(x) = \frac{1}{n}\ln\left(\frac{n}{x}\right) - \frac{1}{n}$이 되므로

$$g'(x) = 0 \Rightarrow \ln(n/x) = 1 \Rightarrow x = n/e$$

이 되어 $k^* = n/e$이 된다.

표 3.2.1 n에 따른 최적 k와 최고상 획득 확률

n	1	2	3	4	5	6	7	8	9	10	11
k^*	1	1	2	2	3	3	3	4	4	4	5
P_k^*	1.0	0.5	0.5	0.458	0.433	0.428	0.414	0.410	0.406	0.399	0.398

그래서 $P_k \approx g(k)$이므로 이런 전략 중의 최적전략은 앞의 $n/e-1$번째의 상을 거부하고 지나간 모든 상보다 처음으로 좋은 것을 선택해야 되는 방식임을 알 수 있다. 그리고 $g(n/e)=1/e$이라서, 이 전략으로 최고상을 선택할 수 있는 확률은 $1/e \approx 0.36788$이 되어 무작위로 선택할 확률 $1/n$보다 큰 값을 가진다.

이런 유형의 문제를 최선 선택 문제(best choice problem), 비서 채용 문제(secretary problem), 배우자 선택 문제(marriage problem) 등으로 부르고 있다.

17C 초에 행성 운동에 관한 법칙을 발표하여 코페르니쿠스(Nicolaus Copernicus)의 지동설을 발전시킨 독일의 천문학자 케플러(Johannes Kepler)는 부인이 사별하자, 중매에 의해 결혼하여 불행했다고 여긴 그는 위와 유사한 방식으로 재혼 배우자를 선택하였다. 그는 이런 선택 과정에 대한 상세한 기록을 남겼는데, 11명의 배우자 후보를 정하고 거의 2년 동안 이들을 만나 각 후보자의 장단점 조사, 지참금, 후보 부모와의 협상, 친구의 조언 등을 고려하여 다섯 번째 배우자를 선택하였다. 만약 케플러가 이 문제의 최선 해를 선택하는 방법을 알았더라면($n=11$일 때 $k^*=5$이므로) 보다 노력과 시간을 절약할 수 있었을 것이다.

추가문제 3-2-1

위에서 다룬 기본 문제는 최고의 상을 획득할 확률을 최대로 하고자 한다. 이것은 일등상 이외는 관심이 없는 경우로 "nothing but the best"이다. 이와 달리 선택된 상의 기대되는 순위(기대 상금액을 최대)를 최소로 하는 문제를 다루어 보자.

3-2-1 해답

이 문제를 풀기 위해 먼저 임의의 시점에서의 시스템 상태를 나타내기 위해 지금까지 총 제시된 상의 수 r과 마지막에 제시된 상의 상대적 순위(총 r개 중에서의 순위) s를 고려한다. 그리고 만일 i번째 상을 선택한 경우의 효용을 $n-i$라고 하면 기대효용을 최대화하면 기대 순위를 최소로 하게 된다.

만일 $(r,\ s)$ 상태에서 마지막 주어진 상을 선택하는 경우 그 선택된 상이 전체 n 중에서 i번째일 확률은 다음과 같이 나타낼 수 있다(음 초기하 분포).

$$p_{i,n}(r,s) = \frac{\binom{i-1}{s-1}\binom{n-i}{r-s}}{\binom{n}{r}}, \quad i = s, s+1, \ldots, n+s-r \tag{3.2.3}$$

따라서 기대효용은

$$U(r,s) = \sum_{i=s}^{n+s-r} (n-i) p_{i,n}(r,s) = n - \frac{n+1}{r+1} s \tag{3.2.4}$$

이므로, 이를 최대화하는 전략을 구하는 문제는 산업공학 분야에서 많이 연구된 동적계획법으로 모형화가 되고 풀 수 있다. 즉 $(r,\ s)$ 상태에서 효용을 최대화하는 전략이 적용되는 경우의 최대 효용치를 $V(r,s)$라고 하면

$$V(r,s) = \max\left[U(r,s),\ \frac{1}{r+1}\sum_{j=1}^{r+1} V(r+1,j)\right], \quad V(n,s) = n-s \tag{3.2.5}$$

로 표현가능하다. 이 식을 보면 처음 항은 s의 감소함수이며 두 번째 항은 s에 무관하다. 그러므로 최적 방법은 주어진 r에 대해 $s \le s^*(r)$이면 선택하고 아니면 계속하는 것이 기대순위를 최소화하는 전략임을 알 수 있다. $s^*(r)$를 구하는 문제는 주어진 n에 대해 순차적으로 풀어야 한다.

또한 j번째 높은 상금까지 획득할 경우를 바람직한 것으로 상정한다면 식 (3.2.5)에서 1 ~ j번째 순위까지의 효용은 1로, $j+1$ ~ n번째까지의 효용을 0으로 두면 된다.

- Chow et al.(1964)에 따르면 평균 순위는 n의 증가함수이며, $n \to \infty$일 때 평균 순위 $R(n)$는 다음과 같이 3.8695가 된다.

$$R(\infty) = \prod_{j=1}^{\infty}\left(1+\frac{2}{j}\right)^{1/(j+1)} = 3.8695 \tag{3.2.6}$$

n이 클 때 평균 순위를 최소화 하려면 어떻게 해야 하는가?

해답

바람직하게 여기는 상대 순위를 x로 둘 때

$$b(x) = \frac{1}{R(\infty)}\prod_{j=1}^{x-1}\left(1+\frac{2}{j}\right)^{1/(j+1)} \tag{3.2.7}$$

을 이용해 선택 규칙을 정할 수 있다.

즉, $b(1)=0.2584$, $b(2)=0.4476$, $b(3)=0.5640$이므로, n이 클 때 최적 규칙은 제공되는 상의 25.84%를 거절한 후에 현재까지의 상대 순위 1을, 44.76%을 거절한 후에 상대 순위 1 또는 2를, 56.4%을 거절한 후에 상대 순위 1 또는 2 또는 3을 선택하면 된다.

추가문제 3-2-2

기본문제를 확장하여 선택을 두 번 할 수 있는 경우에 최고상을 획득할 확률을 최대로 하려면 어떻게 해야 할까?

3-2-2 해답

k_1-1번째까지 지나친 후 처음으로 이보다 큰 상을 선택하는 방식을 고수하다가 k_2번째부터 k_2-1번째까지보다 처음으로 더 큰 상을 선택방식을 (k_1, k_2)로 정의한다. 이 방식하에서 최고상을 획득하는 사건은 다음의 세 가지 상호배반 사건으로 구성된다.

(a) 첫 번째 선택에서 최고상을 얻는 사건(두 번째 선택은 발생하지 않음)

(b) 두 번째 선택에서 최고상을 얻지만 k_2전에 첫 번째 선택이 발생하지 않는 사건

(c) $k_1, k_1+1, \ldots, k_2-1$번째에서 첫 번째로 상을 선택하지만, 두 번째 선택에서 최고상을 얻는 사건

기본문제에서 $n=3$일 때 $k_1=1, k_2=2$로 두면 최고상을 얻을 확률은 $5/6$이 되며, $n=4$일 때 $k_1=1, k_2=2$로 두면 그 확률은 $17/24$가 되어 기본문제보다 높은 값을 얻는다.

Gilbert and Mosteller(1966)에 따르면 n가 클 때 $k_1^*=n/e^{3/2}$, $k_2^*=n/e$가 되며, 최고상을 얻을 확률은 0.591로 알려져 있다. 만약 $n=100$이면 $k_1^*=n/e^{3/2}=22$, $k_2^*=n/e=37$(정확한 값은 각각 23과 38임)로 정하면 된다. 자세한 과정은 인용된 논문을 참조하기 바란다.

Remark: 최고상 획득문제는 다양한 다른 상황을 고려하여 연구하여 볼 수 있다. 예를 들어

- 전체 상의 수가 불확실한 경우
- 선택 시 선택될 확률이 있는 경우
- 지나간 상을 다시 선택할 경우 가능할 확률이 존재하는 경우
- 일반효용함수가 적용되는 경우

등 다양하게 확장가능하다.

3.3

혈액을 혼합하여 검사하면 얼마나 효율적인가? (Group testing problems)

특정한 병에 감염된 사람을 확인하기 위해 피검사를 해야 하는 경우를 생각해 보자. 총 1,000명의 사람을 확인하기 위해 한 사람의 피를 개별적으로 검사한다면 1,000번의 검사가 필요하다. 그런데 만일 몇 사람의 피를 섞어서 한다면 어떻게 될까? 예를 들어 두 사람의 피를 섞어 검사하는 경우 두 사람 모두 감염되지 않은 경우에 검사횟수는 한 번이다. 그러나 한 사람이라도 감염자가 있는 경우는 다시 한 사람씩 하여야 하므로 피를 섞지 않고 개별검사를 하는 경우의 2번보다 많은 총 3번의 검사가 필요하다. 그러면 감염자의 비율과 그룹검사의 총 검사 횟수 간에는 상관관계가 있을 것이 확실하며, 감염자의 비율이 낮을 때 그룹검사가 개별검사보다 더욱 유리해 질 것이다. 감염자 비율이 1%일 때 몇 사람의 피를 함께 검사하는 것이 최적일까?

이런 그룹검사문제는 1943년에 R. Dorfman에 의해 제시되었으며, 제2차 세계대전 중 징병검사 시 매독 등 특정 병의 감염여부를 파악하기 위한 피검사에 적용하였다고 보고되고 있다. 또한 1990년대 AIDS검사를 위한 혈액검사에도 적용되었다고 알려져 있다.

해답

크기 n개 샘플은 m그룹으로, 각 그룹은 k개 샘플로 구성하면, $n = mk$이라는 관계가 성립한다. 그 다음에 각 그룹별로 검사하여, 그룹검사 결과가 감염된다고 나오면 개별적으로 다시 검사해야 된다.

X_i는 i번째 그룹의 검사하는 횟수로 정의하면, 총 검사횟수는 $N = \sum_{i=1}^{m} X_i$가 된다. 따라서 총 검사횟수의 기댓값은 $E(N) = \sum_{i=1}^{m} E(X_i)$로 된다.

임의의 개별 샘플에 대한 비감염 확률이 p이면, X_i는 1일 때 확률 p^k, $k+1$일 경우에 확률 $1-p^k$를 갖는다. 그래서

$$E(X_i) = p^k + (k+1)(1-p^k) = k+1-kp^k$$

가 되므로, 이제 우리는

$$E(N) = m(k+1) - mkp^k = n(1 + \frac{1}{k} - p^k) \tag{3.3.1}$$

임을 얻을 수 있다.

여기서 $E(N)$은 샘플크기 n에 의존하므로 개별 샘플당 검사횟수 $C(k)$를 다음과 같이 정의하자.

$$C(k) = \frac{E(N)}{n} = 1 + \frac{1}{k} - p^k$$

여기서 식 (3.3.1)을 k에 대해 미분하여 0으로 둔 방정식의 해가 최적이 된다.

$$\frac{dC(k)}{dk} = -\frac{1}{k^2} - p^k \ln p = 0$$

또한 $q = 1 - p$로 두면 $C(k)$는 q가 보통 작은 값을 가지므로 다음과 같이 근사화된다.

$$C(k) \approx \frac{1}{k} + kq \tag{3.3.2}$$

이를 k에 대해 미분하여 구한 최적 $k(k^*)$는 $1/\sqrt{q}$(보다 근사적인 값은 $1/\sqrt{q} + \sqrt{q}/4$)이 되며, 그때의 $C(k^*)$는 $2\sqrt{q}$가 된다. 여기서 k^*가 정수가 되어야 하므로 $1/\sqrt{q}$의 소수점 부분이 0.5보다 작으면 $\lfloor 1/\sqrt{q} \rfloor + 1$로, 0.5 이상이면 $\lfloor 1/\sqrt{q} \rfloor + 1$와 $\lfloor 1/\sqrt{q} \rfloor + 2$($\lfloor a \rfloor$는 a를 넘지 않는 최대의 정수) 중에서 $C(k)$를 구하여 설정한다(Samuels, 1978).

따라서 q가 1%이면 각 그룹의 크기는 11, 1,000명의 기대 검사횟수는 근사적으로 $1{,}000 \times 2\sqrt{0.01} = 200$(정확한 값은 195.6)회가 되어 개별검사보다 약 80% 절감된다. 그리고 q가 0.1%이면 각 그룹의 크기는 32와 33 중에서 33을 택하며, 따라서 1,000명의 기대 검사횟수는 근사적으로 $1{,}000 \times 2\sqrt{0.001} = 63$(정확한 값은 62.7)회가 된다.

추가문제 3-3-1

검사의 오류가 존재하는 경우에 대해 분석하고자 한다. 검사오류는 일반적으로 두 가지가 존재할 수 있다. 즉, 감염된 피를 아니라고 하는 경우와 감염되지 않은 피를 감염되었다고 하는 경우이다. 여기서는 감염된 것을 아니라고 하는 경우는 매우 위험하여 이를 엄격하게 제어해야 하므로 이럴 경우는 없다고 가정하자. 그러면 감염되지 않은 피를 감염되었다고 하는 오류 확률이 p_e일 때 기대 검사횟수를 구하라. 검사 방법은 기본문제와 동일하다.

3-3-1 해답

임의의 개별 샘플의 비감염 확률이 p이면, X_i는 1일 때 확률 $p^k \times (1-p_e)$를, $k+1$일 때 확률 $1-p^k(1-p_e)$를 갖는다. 그래서

$$E(X_i) = p^k(1-p_e) + (k+1)[1-p^k(1-p_e)] = k+1-kp^k(1-p_e)$$

로 주어지므로, 기대 검사횟수는

$$E(N) = m(k+1) - mkp^k(1-p_e) = n\left[1+\frac{1}{k} - p^k(1-p_e)\right] \tag{3.3.3}$$

임을 얻을 수 있다. 따라서 식 (3.3.1)과 비교하여 평균 검사횟수를 보면 늘어남을 알 수 있다.

- 최초 그룹검사에서 감염이 확인된 경우에 이 그룹에 대해 개별검사를 실시하다가 하나의 감염자가 발견되면, 그룹 내 나머지 샘플에 대해서는 원래의 그룹검사를 적용하는 변형 방식을 고려할 수 있다. 여기서도 감염이 확인되면 위에 주어진 방식을 반복적으로 적용하는 이런 그룹검사 방식을 채택하면 기본문제의 표준방식보다 나은 결과를 가져오는지를 검토하라.

해답

절차가 번거롭지만 당연히 기본문제의 표준 방식보다 기대 검사횟수를 줄일 수 있다 (Sterrett, 1957). 감염률이 0.01일 경우의 〈그림 3.3.1〉의 예시와 같이 기대 검사횟수를 줄일 수 있음을 확인할 수 있다.

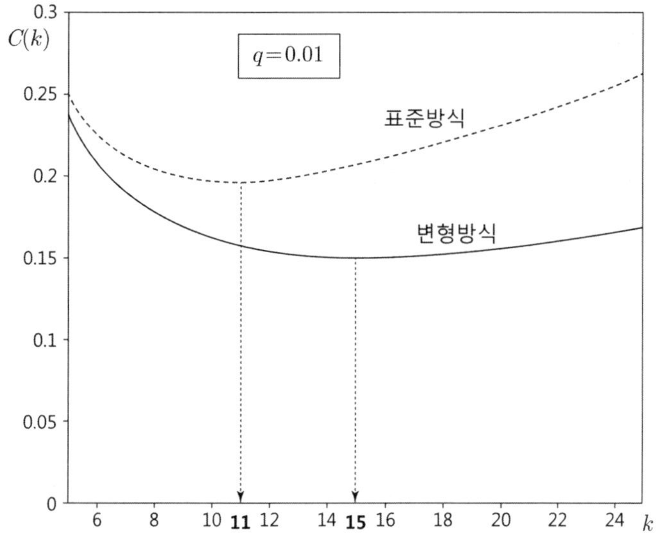

그림 3.3.1 표준 방식과 변형 방식의 기대 검사횟수

- n명의 샘플에서 1명의 감염자가 있다고 하자. 이 샘플을 k명으로 구성된 그룹으로 구분할 경우를 고려하여, 기대 검사횟수를 최소화하는 k를 구하라.

해답

Y를 이 감염자가 포함된 그룹을 나타내는 확률변수이면 기대 검사횟수는

$$E(N) = \sum_{j=1}^{m} E(X|Y=j)\Pr(Y=j) = \sum_{j=1}^{m}\left(j+\frac{k+1}{2}\right)\frac{1}{m}$$
$$= \frac{m+1}{2} + \frac{1+k}{2} = 1 + \frac{m+k}{2}$$

가 된다. 여기서 마지막 샘플 직전까지 감염자가 검출되지 않는다면 이 샘플을 검사할 필요가 없지만, 이 샘플까지 검사한다고 가정하였다.

$n=mk$의 조건하에서 $E(N)$(즉, $(m+k)/2$)를 최소화하는 k와 m은 모두 $\sqrt{n}$이 된다.

추가문제 3-3-2

단계적으로 그룹의 크기를 줄여나가는 방법, 즉 다단계 그룹검사방법을 고려할 수 있다. 만약 2단계 검사를 하는 경우 총 100명을 검사한다면 먼저 10명씩을 그룹으로 구분한 10개의 샘플을 검사하며, 감염이 확인된 경우 다시 5명씩 나누어진 2개의 부차샘플을 검사하고 마지막으로 감염이 확인된 경우는 개별검사를 하는 방식이다. 이와 같은 2단계 그룹검사방식의 기대 검사횟수를 구하라.

3-3-2 해답

10명의 한 그룹을 고려하여 평균 검사횟수를 구하여 보자. 먼저 이 그룹에서 감염자가 x명이 있는 경우의 평균 검사횟수를 구해보면, 감염자가 없는 경우는 검사횟수는 1이다. 만일 감염자 수가 1명이면 $1+2+5$이고 그리고 6 이상일 경우는 $1+2+10$이다. 감염자가 2~5명 사이인 경우에는 한 그룹에 모두 포함될 조건부 확률을 구하여 계산가능하다.

2명의 경우 $P_2 = \dfrac{\binom{2}{2}\binom{8}{3}}{\binom{10}{5}} + \dfrac{\binom{2}{0}\binom{8}{5}}{\binom{10}{5}}$이며, 만일 x명인 경우는

$$P_x = \frac{\binom{x}{x}\binom{10-x}{5-x}}{\binom{10}{5}} + \frac{\binom{x}{0}\binom{10-x}{5}}{\binom{10}{5}}$$

가 된다. 그러므로 평균검사횟수는 $1+2+5P_x+10(1-P_x)$이다. 그러므로 평균 검사횟수는 $1+\sum_{x=1}^{10}[2+5P_x+10(1-P_x)]p^x(1-p)^{10-x}$이다. 여기서 $P_1=1, P_x=0, x>5$.

- 감염률이 q인 n명의 샘플에서 두 단계 그룹검사방식을 설계하라.

해답

첫 단계 샘플의 그룹 크기를 k, 둘째 단계 샘플의 그룹 크기를 h로 정한다면 $C(k,h)$를 다음과 같이 근사화할 수 있다(Finucan, 1964).

$$C(k,h) \approx \frac{1}{k} + \frac{kq}{h} + qh \tag{3.3.4}$$

위의 식을 각각 k와 g에 대해 편미분하면 다음과 같이 되므로

$$-\frac{1}{k^2}+\frac{q}{h}=0, \quad -\frac{kq}{h^2}+q=0$$

$k^* = q^{-2/3}$, $h^* = \sqrt{k^*} = q^{-1/3}$, $C^*(k,h) = 3q^{2/3}$로 구해진다.

따라서 q가 1%이면 첫 단계와 둘째 단계의 그룹의 크기는 22와 5, 1,000명의 기대 검사횟수는 근사적으로 $1{,}000\times 3(0.01^{2/3}) = 45$회가 되어 1 단계의 그룹검사보다 기대 검사횟수(200회)를 더 줄일 수 있다.

추가문제 3-3-3

또 다른 문제로는 검사의 종류가 일반과 정밀검사가 존재하며 일반검사는 다소 엄격하게(즉, 검사를 보수적으로 하여 확실히 감염되지 않은 것으로 판단되는 경우만 제거) 검사하며, 감염 의심이 되는 것은 정밀검사를 하는 경우에 그룹검사의 효과를 분석하고자 한다. 감염여부는 10ml씩 채취된 혈액에 독성물질이 0.1ml 이상인 경우는 치료를 받아야 하는 것으로 판단한다. 그룹검사로서 100명의 혈액 10ml씩을 채취하여 혼합하여 검사하는 경우 전체 양에서 3ml 이상이 나와야 100명을 전부 정밀검사를 실시한다고 하면, 치료가 필요한 환자를 놓칠 확률을 구하고 평균 총 검사횟수를 구하라. 비정상인의 비율은 1% 정도 되며 정상인(비정상인)의 혈액 10ml에 독성물질의 분포는 평균이 0.05mm (0.15mm)이고 표준편차는 모두 0.1인 정규분포를 따른다고 알려져 있다.

3-3-3 해답

먼저 총 100명 가운데 비정상인이 n명$(0 \le n \le 100)$이 포함되었을 때 모두 정상으로 판단할 확률을 구하여 보자. 전체 혼합된 혈액에서의 독성물질의 양의 분포는 평균과 표준편차가 $0.15\times n + 0.05\times(100-n) = 5+0.1n$, 1인 정규분포를 따른다. 그러면 전체량이 3을 넘을 확률은 $P(T \ge 3) = P(z \ge -2-0.1n) = \Phi(2+0.1n)$이다. 그러므로 치료가 필요환자를 놓치는 확률은 $P = \sum_{n=1}^{100} \Phi(2+0.1n)\binom{100}{n}0.01^n 0.99^{100-n} = 0.624$이고 총 검사횟수는 $N = 1+(1-P)100 \simeq 39$이다.

3.4

어떻게 위조 동전을 찾아 낼 수 있을까?

9개의 동전에서 하나의 위조 동전이 포함되어 있다. 만약 하나의 위조 동전이 다른 동전보다 가볍다면(case 1) 몇 회의 천칭 사용에 의해 이 동전을 식별할 수 있겠는가? 이 위조 동전이 다른 정상 동전보다 가볍거나 무거운지 알 수 없다면(case 2) 몇 회의 천칭 사용이 필요한가?

그리고 case 1에서 위조 동전이 없을 수도 있다면(case 3) 위조 동전을 찾아내거나 없다는 사실을 알게 될 때까지 천칭의 최소 사용 횟수는 몇 번일까?

해답

case 1은 2번의 측정으로 이를 식별할 수 있다.

먼저 동전이 정상, 무거움, 가벼움을 C, A, B로 표기, 천칭의 왼쪽(오른쪽) 저울이 내려가면 L(R), 균형이면 E로 표기한다.

먼저 9개의 동전을 3개씩으로 그룹을 형성하여 구분한다. 이는 다음과 같이 정보 엔트로피 이론으로부터 설명할 수 있다.

확률실험에서 상호배반인 사건 발생확률이 $p_1,\ p_2,\ \cdots,\ p_k$일 때 이 시험이 제공하는 평균 정보량(엔트로피)은 $H=-\sum_{j=1}^{k} p_j \log_2 p_j$로 주어진다. $p_1+p_2+\cdots+p_k=1$인 제약조건하에서 H를 최대화하는 조건은 $p_j=1/k,\ j=1,2,\ldots k$가 됨을 쉽게 보일 수 있다.

따라서 한 번 천칭을 사용에서 3가지 그룹(천칭의 두 그룹과 남아 있는 한 그룹) 내에 포함되는 동전 개수가 가능하면 같도록(즉, $p_1=p_2=p_3=1/3$), 그것이 불가능하면 천칭에 사용되는 두 그룹의 개수는 동일하도록, 그리고 남아 있는 그룹의 개수도 이들 그룹과 가장 근접한 개수가 되도록 설정하면 된다. 이때 한 회의 천칭 측정에서 최대로 얻을 수 있는 정보량은 $H=-1/3\sum_{j=1}^{3} p_j \log_2(1/3)=\log_2 3$가 된다.

이 경우에 단순(근원)사건(각 동전이 B일 사건)의 개수가 9개이므로 필요한 정보량은 $\log_2 9$이므로 최소 2회의 측정으로 이를 식별할 수 있다.

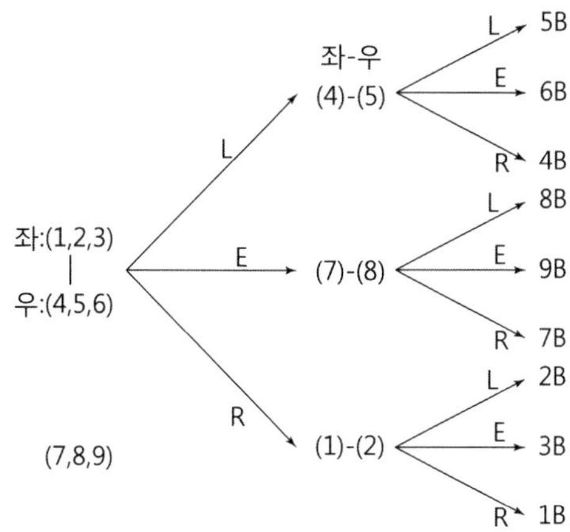

그림 3.4.1 case 1: 동전 9개

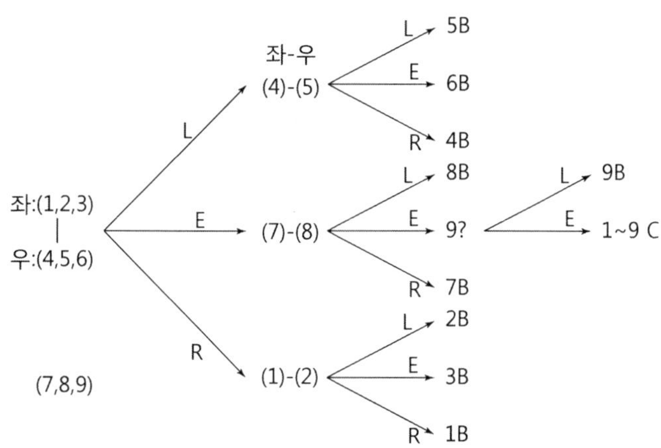

그림 3.4.2 case 3: 동전 9개

2회 측정 결과가 〈그림 3.4.1〉에서 볼 수 있다.

case 3일 경우는 단순사건이 case 1의 9개에 모든 동전이 정상일 사건 1개가 포함되어 총 10개가 되므로 2회의 측정으로 모든 경우를 식별할 수 없다.

따라서 〈그림 3.4.2〉와 같이 3회 측정에 의해 이를 달성할 수 있다.

그리고 case 2일 경우는 단순사건(각 동전이 B 또는 A일 사건)의 개수가 18개가 되어 필요한 정보량은 $\log_2 18$이므로 최소 3회($H = -3\log_2 3$)의 측정으로 이를 식별할 수 있다.

따라서 〈그림 3.4.3〉과 같이 3회 측정에 의해 이를 달성할 수 있다. 여기서 천칭이 불균형일 때 위조 동전은 측정에 사용된 두 그룹의 6개가 후보가 된다. 따라서 두 번째 측정 시에 다시 2개씩 세 그룹으로 재형성(즉, 두 그룹의 동전을 혼합)하여 측정하면 된다.

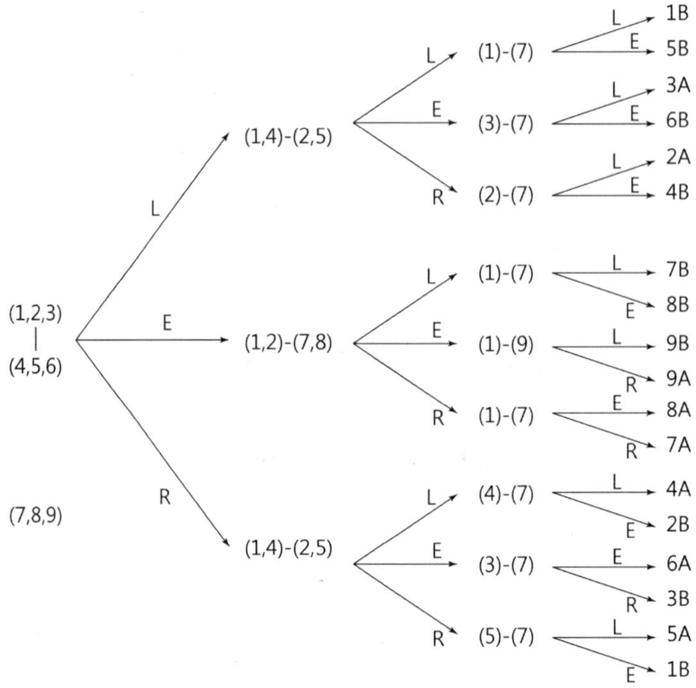

그림 3.4.3 case 2: 동전 9개

동전 개수가 N개이고 천칭 측정 횟수가 m일 때 Manvel(1977)과 Guy and Nowakowski(1995)에 의해 위조 동전의 식별에 관한 관계는 다음과 같이 정리할 수 있다.

(i) 하나 이하의 동전이 정상 동전보다 가벼울(또는 무거울) 경우: $3^{m-1} \le N < 3^m$

(ii) 하나의 동전이 정상 동전보다 가벼울(또는 무거울) 경우: $3^{m-1} < N \le 3^m$

(iii) 하나의 위조 동전이 있을 때 이 동전이 가볍거나 무거운지 식별할 경우:

$$N \le (3^m - 3)/2$$

(iv) 하나의 위조 동전이 있을 때 별도의 표준(정상) 동전이 한 개 제공되어 위조 동전이 가볍거나 무거운지 식별할 경우:

$$N \le (3^m - 1)/2$$

추가문제 3-4-1

12개의 동전 중 하나의 위조동전이 무거운 경우(case 1)와 위조동전이 무거운지 가벼운지 알 수 없는 경우(case 2), 그리고 13개의 동전이 case 4(case 2에서 별도의 정상 동전이 제공될 경우)일 경우에 위조 동전을 식별하는 방법을 설명하라(Mead, 1979).

3-4-1 해답

앞의 예제보다 비교적 복잡한 문제로 알려져 있다(Schell, 1947).

case 1은 전술한 위조 동전의 식별에 관한 관계 (ii)에 의해 3번의 측정으로 〈그림 3.4.4〉와 같은 방식에 의해 이를 식별할 수 있다.

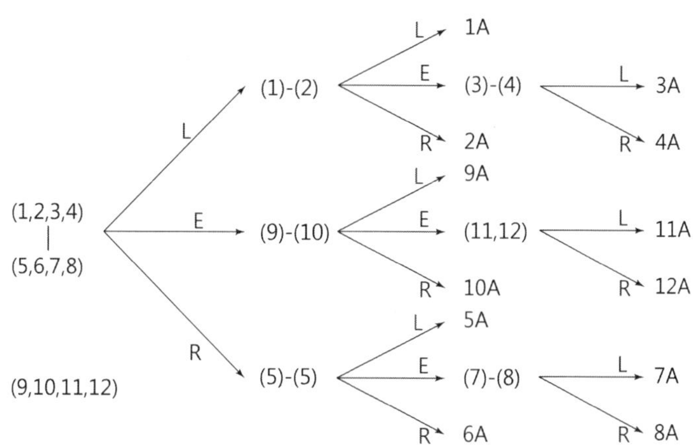

그림 3.4.4 case 1: 동전 12개

case 2는 전술한 (iii)에 속하므로 3번의 측정으로 다음과 같은 방식에 의해 이를 식별할 수 있다. 첫 번째 측정 시에 천칭이 불균형일 때 두 번째 측정 시 다시 3개씩 세 그룹으로 재형성(즉, 두 그룹의 동전을 혼합)하여 측정하면 되는데, 〈그림 3.4.5〉의 방식 외에 다른 방법을 채택할 수도 있다.

case 4는 (iv)에 해당되므로 별도의 표준 동전이 제공될 경우 12개보다 하나 더 많은 13개 동전이더라도 3번의 측정으로 〈그림 3.4.6〉의 방식에 의해 이를 식별할 수 있다.

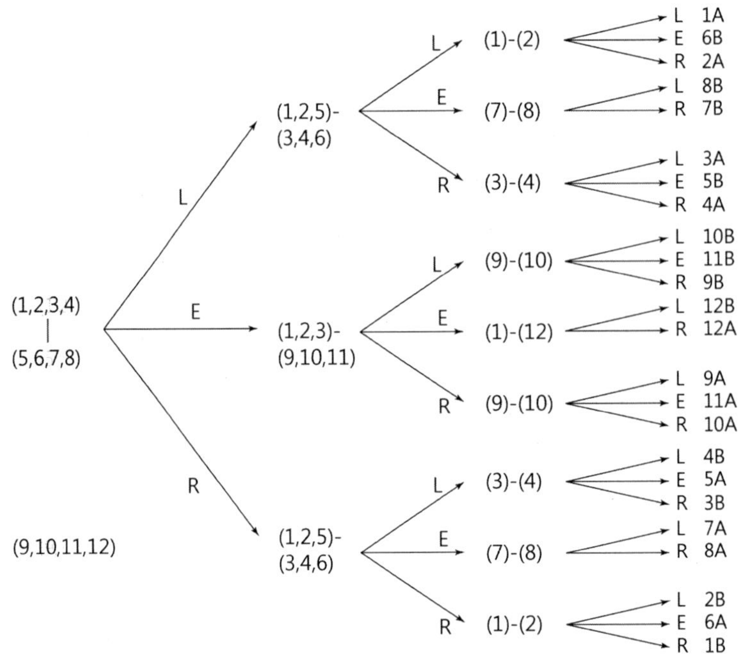

그림 3.4.5 case 2: 동전 12개

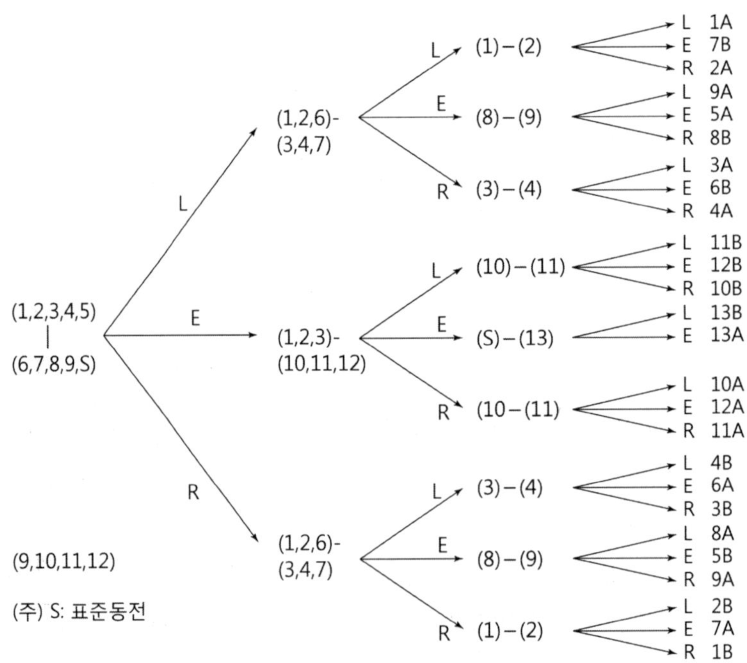

그림 3.4.6 case 4: 동전 13개

추가문제 3-4-2

위조동전을 식별할 수 있는 천칭에 의한 최소의 측정횟수 대신에 기대 측정횟수를 기준으로 삼을 수 있다. 6개와 7개의 동전이 있을 때 기본 문제의 case 1의 경우에 위조동전을 식별한다면 기대 측정횟수를 구하여 비교하라.

3-4-2 해답

평균 정보량을 고려하면 모두 2번의 측정 횟수가 필요하며, 6개일 경우는 〈그림 3.4.7(a)〉에서, 7개일 경우는 〈그림 3.4.7(b)〉의 방식으로 식별할 수 있다. 여기서 기대 최소 측정횟수는 6개일 경우는 2회, 7개일 경우는 13/7회가 되어 역전현상이 발생된다. 따라서 기대 측정횟수는 동전 개수 N의 단조함수가 아님에 유의해야 한다(Mead, 1979).

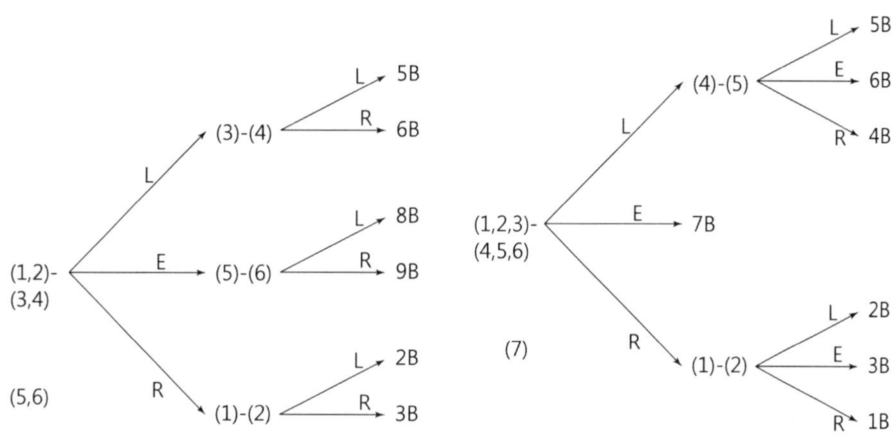

(a) 동전 6개일 경우　　　(b) 동전 7개일 경우

그림 3.4.7 case 1: 동전 6개와 7개

- 천칭 대신에 저울로 동전의 무게를 측정할 수 있다. 4개의 동전 중에서 정상 동전은 10g, 위조 동전이 9g일 때 최소 횟수의 측정으로 이를 식별하는 방법을 구하라. 만약 4개가 아닌 7개일 경우는 몇 회의 측정이 필요한가?

해답

각 동전의 무게에서 9g을 차감한 값을 x_j로 두면 x_j는 0 또는 1의 값을 갖는다.

처음은 3개의 동전, 다음 두 번은 2개의 동전 무게를 다음과 같이 측정하면 된다. 즉, 다음과 같이 측정한 후에

$$
\begin{aligned}
x_2 + x_3 + x_4 &= s_1 \\
x_1 \quad + x_3 \quad\quad &= s_2 \\
x_1 + x_2 \quad\quad\quad &= s_3
\end{aligned}
\tag{3.4.1}
$$

세 식을 더하면 $2x_1 + 2x_2 + 2x_3 + x_4 = s_1 + s_2 + s_3$가 되므로 우변을 2로 나눈 나머지가 x_4를 나타낸다. 따라서 이를 대입하여 식 (3.4.1)의 연립방정식을 풀면 3회의 측정으로 4개 동전의 무게를 구할 수 있다.

동전이 7개일 경우는 다음과 같이 5회의 측정에 의해

$$
\begin{aligned}
x_2 + x_3 + x_4 + x_5 + x_6 + x_7 &= s_1 \\
x_1 \quad + x_3 + x_4 + x_5 + \quad + x_7 &= s_2 \\
x_1 + x_2 + \quad x_4 + x_5 \quad\quad &= s_3 \\
x_1 + x_2 + x_3 + \quad x_5 \quad\quad &= s_4 \\
x_1 + x_2 + x_3 + x_4 \quad\quad\quad &= s_5
\end{aligned}
\tag{3.4.2}
$$

무게를 측정한 후 다섯 식을 더하여 구한 $\sum_{j=1}^{5} s_j$를 4로 나눈 나머지로부터 x_6, x_7를 구할 수 있다(예를 들어 나머지가 3(또는 1)이면 $x_6 = 1$, $x_7 = 1$(x_6만 1임)). 따라서 식 (3.4.2)의 연립방정식을 풀면 5회의 측정으로 7개 동전의 무게를 구할 수 있다.

동전 개수가 N개일 때 두 종의 무게를 가진 동전을 구별할 경우에 필요한 저울 측정 횟수는 근사적으로 $N/\log_4(N)$로 알려져 있다(Cantor and Mills, 1966).

추가문제 3-4-3

기념 동전을 만드는 주조소가 여러 군데 있다. 이 중 일부 주조소에서 함량이 미달되는 위조 동전을 제조하고 있다. 함량 미달을 제조하는 주조소의 모든 동전은 함량 미달이며, 함량 미달 동전의 무게는 주조소에 무관하게 같다고 가정할 때 6개 주조소에서 함량 미달 동전을 제조하는 주조소를 최소 횟수의 측정으로 식별하는 방법을 제시하라(Ford, 1947).

3-4-3 해답

첫 번째 측정에서 정상 동전의 정확한 무게 W를 구한다. 두 번째 측정에서는 6개의 주조소에서 만든 동전을 하나씩 추출하여 이들의 총 무게 T를 구한다. 여기서 불일치 양 $D = T - 6W$가 0이면 함량 미달 동전을 제조하는 주조소가 없으며, $D \neq 0$이면 다음과 같이 세 번째 측정을 수행한다. 각 주조소로부터 2^{i-1}, $i = 1,2,\cdots,6$을 동전을 추출하여 이들의 총 무게 T'를 구한다. 이로부터 불일치 양 $D' = T' - (2^6 - 1)W$로부터 $D'/D = S/\beta(S)$를 계산한다. 여기서 $S = \sum_{i=1}^{6} B_i 2^{i-1}$ (단, $B_i = 0$ 또는 1), $\beta(S)$는 함량 미달 동전 주조소의 개수, B_i가 1이며 함량 미달 주조소에 해당된다.

예를 들어 $D'/D = 10$일 때 $\beta(S)$가 2이면 2진법으로 $(10100)_2 = 20$가 되어 3번째와 5번째가 함량 미달 동전 주조소가 된다. 그런데 만약 $\beta(S)$가 3이면 2진법으로 $(11110)_2 = 30$이 되므로, 함량 미달 동전 주조소가 4개가 되어 해가 될 수 없다.

Hendy(1980)는 상기방법에서 주조소가 7개 이상이면 $D'/D = S/\beta(S)$를 만족하는 다수의 해가 존재함을 지적하였다. 예를 들어 7개의 주조소가 있을 경우 $D'/D = 23$이 되면 $\beta(S)$가 각각 3, 4, 5이면 $(1000101)_2 = 69$, $(1011100)_2 = 92$. $(1110011)_2 = 115$로 세 개의 해가 존재하여 각각 주조소 (1, 3, 7), (3, 4, 5, 7), (1, 2, 5, 6, 7)이 되어 주조소 7만 확실한 함량 미달 주조소가 된다.

이에 따라 Hendy(1980)는 주조소 개수가 l이면 2진법 대신 $b > l$인 b진법으로 표현하면 상기 방법으로 유일한 해가 얻어짐을 보여주었다.

즉, 주조소가 9개이면 세 번째 측정에서 $b = 10$로 정하여 10^{i-1}, $i = 1,2,\cdots,9$씩 추출하고 총 무게 T'를 측정한 후에 $D' = T' - (10^9 - 1)W$, $S = \sum_{i=1}^{9} B_i 10^{i-1}$, $D'/D = S/\beta_{10}(S)$(여기서 $\beta_{10}(S)$는 10진법을 적용 시 함량 미달 동전 주조소의 개수)로부터 모든 자리 수가 0과 1이 되는 정수를 구하여 해당 주조소를 식별한다.

예를 들어 $S/\beta_{10}(S) = 222002.2$이면 10진법에서 0과 1로 구성되는 유일한 정수는 1110011(즉, $\beta_{10}(S)$가 5임)이므로 다섯 주조소(1, 2, 5, 6, 7)가 함량 미달 제조 주조소가 된다.

3.5

시험점수를 올릴 수 있는 전략은 무엇일까?

우리는 자격시험이나 적성검사, 어학시험 등 여러 종류의 시험을 치른다. 이런 시험들은 한정된 시간 내에 주어진 개수의 문제를 풀어야 하며, 시험 준비를 위해 많은 기출문제와 예시 문제를 푼 후에 실제 시험에 응시한다.

응시자는 각 문제를 검토한(screening) 후에 문제를 푸는(working) 2단계로 나눌 수 있다. 두 번째 단계에서 너무 많은 시간이 소요된다면 다른 문제를 풀 수 없는 상황이 발생한다. 이런 여건하에서는 두 번째 단계에서 제한 시간(τ)을 설정하여, 1단계의 검토단계에서 이보다 더 많은 시간이 요구되는 문제로 여겨지면 이 문제를 띄어 넘고 다음 문제로 넘어가는 전략을 취할 수 있다(Chan, 1984).

첫 단계의 기대시간이 θ_1이고 두 번째 단계의 소요시간(Y)은 평균이 θ_2인 지수분포를 따를 경우에 최적 제한시간 τ^*를 구하라. 여기서 총 시험시간은 150분, 시험문제는 50문제, 문제당 시험 소요시간의 기댓값인 $\theta = \theta_1 + \theta_2$가 4.5분이고 θ_1이 1, 1.5, 2분일 때로 구분하여 푸는 문제의 수를 최대화(즉, 문제당 푸는 시간을 최소화)하는 τ^*를 구하라.

해답

Y의 확률밀도와 분포함수가 각각 $f(y)$, $F(y)$일 때 2단계의 문제당 소요시간의 기댓값은 다음과 같이 구할 수 있다.

$$t_y = E(Y|Y \le \tau) = \frac{\int_0^\tau y f(y)dy}{\Pr(Y \le \tau)} = \frac{\tau F(\tau) - \int_0^\tau F(y)dy}{F(\tau)} = \tau - \frac{\int_0^\tau F(y)dy}{F(\tau)} \quad (3.5.1)$$

문제 수가 n일 때 2단계까지 푼 문제의 비율과 두 단계의 기대 소요시간은 각각 $F(\tau)$, $n\theta_1 + nt_y$이므로 2단계까지 푼 문제당 기대시간은 다음과 같다.

$$Z(\tau)=\frac{n\theta_1+nF(\tau)t_y}{nF(\tau)}=\frac{\theta_1}{F(\tau)}+t_y=\tau+\frac{\theta_1-\int_0^\tau F(y)dy}{F(\tau)} \quad (3.5.2)$$

이를 최소화하는 τ^*는 2단계까지 푸는 문제의 수를 최대화하게 된다.

식 (3.5.2)에서 $\theta_1=\int_0^\tau F(y)dy$가 되면 최소가 되며, $\int_0^\tau F(y)dy$는 $\tau=0$일 때 0에서 증가하는 함수가 되므로 이를 만족하는 최적 τ도 유일하다. 또한 $Z(\tau^*)=\tau^*$가 되므로 τ^*는 고정점(fixed point)에 속한다(O'Brien, 1985).

따라서 Y가 지수분포를 따르면 $t_y=\theta_2-\frac{\tau e^{-\tau/\theta_2}}{1-e^{-\tau/\theta_2}}$가 되므로 식 (3.5.2)는 다음과 같다.

$$Z(\tau)=\frac{\theta_1+\theta_2-(\theta_2+\tau)e^{-\tau/\theta_2}}{1-e^{-\tau/\theta_2}} \quad (3.5.3)$$

식 (3.5.3)이 τ가 되는 수치해법으로 구한 최적 τ와 관련 값들이 〈표 3.5.1〉에 정리되어 있다.

표 3.5.1 지수분포를 따를 때: 50문제, 150분 시험인 경우

θ_1	θ_2	τ^*	$F(\tau^*)$	t_y^*	푼 문제의 기대 수
1	3.5	3.025	0.578	1.297	49.6
1.5	3	3.595	0.698	1.447	41.7
2	2.5	3.994	0.798	1.487	37.6

여기서 $F(\tau^*)$는 2단계에서 푼 문제의 비율이고, t_y^*는 문제당 2단계 기대 소요시간이며, $150/Z(\tau^*)=150/\tau^*$는 이 전략으로 150분간에 실제 푼 문제의 기대 수이다. 이를 보면 검토시간이 길어질수록 τ^*와 $F(\tau^*)$가 증가하며, 반대로 푼 문제의 기대 수는 감소한다.

추가문제 3-5-1

기본 문제와 달리 문제당 푸는 시간의 최소화보다는 주어진 시험시간하에서 모든 문제에 대해 이 전략을 수행하고 싶다. θ_1과 θ_2이 각각 1.5와 3분일 때 두 번째 단계의 제한시간(τ_1)을 구하고 이때 2단계까지 수행한 문제 수의 기댓값을 구하라.

3-5-1 해답

문제 수가 n이고 주어진 시험시간 T_0일 때 이 전략하의 총 시험 소요시간의 기댓값이 $n\theta_1 + nF(\tau_1)t_y = T_0$가 되는 τ를 구하는 문제가 된다. 관련 정보를 대입하면

$$50 \cdot 1.5 + 50(1 - e^{-\tau_1/3})\left(3 - \frac{\tau e^{-\tau_1/3}}{1 - e^{-\tau_1/3}}\right) = 150 \tag{3.5.4}$$

가 되므로, 비선형방정식의 해(τ_1)를 구하면 5.035가 된다. 이때 $150/Z(\tau_1)$를 구하면 40.7이 되어 최적인 경우보다 약간 작은 수의 문제를 풀게 된다.

추가문제 3-5-2

2단계의 문제를 푸는 시간이 지수분포를 따르면 즉시 풀 수 있는 문제가 될 확률이 가장 높으며, 〈그림 3.5.1〉처럼 시간이 증가될수록 그 출현 가능성은 점점 작아지는, 현실과 맞지 않는 현상이 발생된다. 지수분포의 이런 현상을 보완해 줄 수 있는 분포로 〈그림 3.5.1〉과 같이 봉이 존재하며, 매우 긴 시간이 요구되는 일부 문제에 관한 존재를 반영하고 있는 감마분포를 고려할 수 있다. 여기서 평균은 같도록 정하면 감마분포의 형상모수가 β일 때 척도모수 α는 θ_2/β가 된다. 감마분포의 형상모수가 2이고 $\theta_1+\theta_2$가 4.5분이고 θ_1이 1, 1.5, 2분일 때 최적 τ를 구하라.

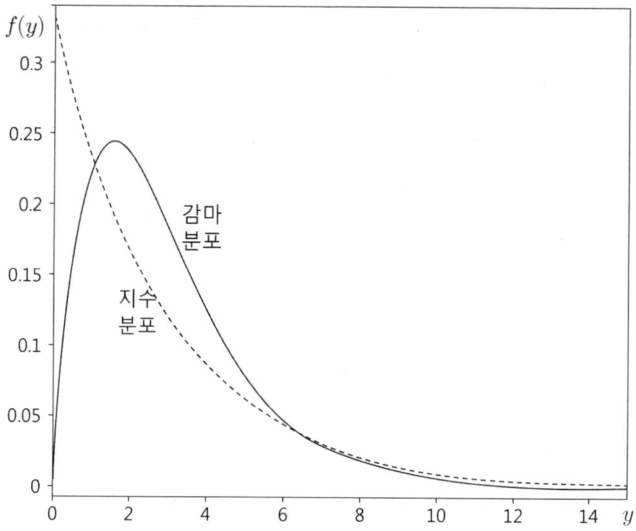

그림 3.5.1 평균이 3인 지수분포와 감마분포($\beta = 2$)

3-5-2 해답

Y가 형상과 척도모수가 각각 2와 $\theta_2/2$인 감마분포를 따르면 확률밀도와 분포함수는 다음과 같으므로,

$$f(y) = \frac{4y}{\theta_2^2} e^{-2y/\theta_2}, \quad y > 0$$

$$F(y) = 1 - e^{-2y/\theta_2}\left(1 + \frac{2y}{\theta_2}\right)$$

식 (3.5.1)과 식 (3.5.2)는 다음과 같다.

$$t_y = \theta_2 - \frac{\dfrac{2\tau^2}{\theta_2} e^{-2\tau/\theta_2}}{1 - e^{-2\tau/\theta_2}\left(1 + \dfrac{2\tau}{\theta_2}\right)}$$

$$Z(\tau) = \theta_2 + \frac{\theta_1 - \dfrac{2\tau^2}{\theta_2} e^{-2\tau/\theta_2}}{1 - e^{-2\tau/\theta_2}\left(1 + \dfrac{2\tau}{\theta_2}\right)} \tag{3.5.5}$$

식 (3.5.5)에서 $Z(\tau^*) = \tau^*$를 풀면 다음과 같은 비선형 방정식이 얻어진다.

표 3.5.2 형상모수가 2인 감마분포를 따를 때: 50문제, 150분 시험인 경우

θ_1	θ_2	τ^*	$F(\tau^*)$	t_y^*	푼 문제의 기대 수
1	3.5	3.588	0.607	1.941	41.8
1.5	3	4.018	0.747	2.011	37.3
2	2.5	4.279	0.856	1.942	35.1

$$\tau^* + (\tau^* + \theta_2)e^{-2\tau^*/\theta_2} - \theta_1 - \theta_2 = 0 \tag{3.5.6}$$

〈표 3.5.2〉에는 형상모수가 2인 감마분포를 따를 때 식 (3.5.6)의 근을 수치해법으로 구한 최적 τ와 관련 값들이 정리되어 있다. 지수분포일 경우의 〈표 3.5.1〉과 비교하면 τ^*가 증가하며, 푼 문제의 기대 수는 감소하고 있음을 확인할 수 있다.

추가문제 3-5-3

보통 1단계의 검토과정에서 2단계의 문제를 푸는 시간을 추산하기는 쉽지 않다. 여기서는 1단계와 2단계의 구분 없이 문제를 풀다가 제한 시간(τ)에 도달하면 이 문제를 중단하고 다음 문제로 넘어가는 전략을 취할 수 있다. 모든 문제를 풀기 위해 이런 전략을 적용한다면 평균(θ)이 4.5분이고 지수분포와 형상모수가 2인 감마분포를 따를 경우에 문제당 제한시간 τ_2를 구하라. 여기서도 총 시험시간은 150분, 시험문제는 50문제이다.

3-5-3 해답

두 단계을 통합한 문제당 소요시간의 기댓값은 다음과 같이 구할 수 있다.

$$t_y' = \int_0^{\tau} yf(y)dy + \tau\Pr(Y > \tau) = \tau F(\tau) - \int_0^{\tau} F(y)dy + \tau(1 - F(\tau)) = \tau - \int_0^{\tau} F(y)dy$$

문제 수가 n일 때 중단하지 않은 문제의 비율과 기대 소요시간은 각각 $F(\tau)$, nt_y'이며, τ_2는 다음 비선형방정식의 근이 된다.

$$n\left(\tau - \int_0^{\tau} F(y)dy\right) = T_0 \tag{3.5.7}$$

지수분포와 감마분포인 경우의 식 (3.5.6)는 다음과 같다.

$$\text{지수분포: } n(\theta - \theta e^{-\tau_2/\theta}) - T_0 = 0$$

$$\text{감마분포: } n(\theta - \theta e^{-2\tau_2/\theta} - \tau e^{-2\tau_2/\theta}) - T_0 = 0$$

상기 식에 $n = 50$, $T_0 = 150$, $\theta = 4.5$을 대입하여 풀면 지수분포인 경우는 τ_2가 4.944분이고, 푼 문제의 비율은 0.667, 감마분포인 경우는 τ_2가 3.867분이고, 푼 문제의 비율은 0.513이 된다.

3.6

교통경찰은 어떤 순찰 전략을 선택하는 것이 좋을까?

고속도로나 자동차 전용도로에서 교통경찰은 사고가 발생할 경우 부상자를 돕고 사고 처리를 위해 순찰을 한다. 이때 교통경찰 순찰차가 담당 구간의 중간에 항상 위치하는 전략과 담당 구간을 일정한 속도로 계속 순찰하는 것 중에서 어느 것이 더 좋은 전략인가 (Levine, 1986)?

여기서 도로에는 양 차선이 중앙분리대 대신에 녹색 안전지대로 분리되어 있어 순찰차량은 어느 곳에서나 회전이 가능하며, 사고가 자주 발생하지 않아 동시에 2건 이상 사고가 발생할 가능성은 거의 없다고 간주한다. 또한 사고는 구간 내에서 균일분포를 따른다고 가정한다면 두 전략 중에서 어느 것이 사고 발생 시 도착시간을 최소화하는가? 이때, 비교 기준은 차량의 속도가 일정하다면 사고 발생 장소까지의 평균 이동거리가 된다.

해답

담당 구간을 $[-L, L]$으로, 사고 지점을 확률변수 X로 나타낼 때 전략 1을 채택하면 관측값이 x일 때 소요거리는 $|x|$가 된다. 여기서 $L=1$로 두는 것이 편리하며, 이 조건하에서 전략 1 하에서 소요거리의 기댓값 D_1은 $f_X(x)=1/2,\ -1 \le x \le 1$로부터 다음과 같이 1/2로 구해진다.

$$E(D_1)=\int_{-1}^{1}|x|f_X(x)dx=2\int_0^1\frac{x}{2}dx=\frac{1}{2} \tag{3.6.1}$$

전략 2에서 순찰차의 위치를 나타내는 Y도 X와는 독립적으로 $[-1, 1]$에서 균일분포를 따르고, 소요거리는 $|x-y|$가 되므로 이의 기댓값 D_2은 다음과 같이 2/3가 된다.

$$E(D_2)=\int_{-1}^{1}\int_{-1}^{1}|x-y|f_X(x)f_Y(x)dxdy=\int_{-1}^{1}\int_{-1}^{1}|x-y|\frac{1}{4}dxdy$$
$$=\int_{-1}^{1}\int_{-1}^{y}\frac{(y-x)}{4}dxdy+\int_{-1}^{1}\int_{y}^{1}\frac{(x-y)}{4}dxdy$$

$$= 2\int_{-1}^{1}\int_{-1}^{y}\frac{(y-x)}{4}dxdy = \frac{2}{3} \qquad (3.6.2)$$

따라서 움직이지 않고 중간에 위치하는 것이 보다 바람직한 전략이 된다.

이런 유형의 문제는 고속도로상의 순찰차와 긴급 출동차와 더불어 화재 검지기, 원유 파이프라인의 수리기구, 디스크 암(disk arm), 유휴 엘리베이터 등 여러 장치의 위치 설정에 활용될 수 있다.

추가문제 3-6-1

만약 이 도로는 중앙에 콘크리트 중앙분리대가 있어 구간 양 끝에서만 유턴이 가능하다면 어떤 전략이 우수한가(Nahin, 2008)?

3-6-1 해답

전략 1인 경우의 〈그림 3.6.1〉을 보면 사고가 순찰 차량과 같은 방향에서 발생할 경우의 소요거리의 기댓값은 식 (3.6.1)을 이용하면 1/2과 7/2이 되며, 사고가 반대 방향 위치에 발생한 경우는 3/2과 5/2이므로 각 경우의 확률 1/4을 곱하면 2가 된다.

전략 2인 경우의 〈그림 3.6.2〉을 보면 사고가 같은 방향에서 발생할 경우는 (a)와 (b)이며, 서로 반대 방향에 있을 경우가 (c)와 (d)이다. 식 (2)의 $E(|x-y|) = 2/3$인 점을 이용하면 (a)의 경우의 기댓값은 2/3이고, (b)는 4-2/3=10/3, (c)와 (d)는 2가 된다. 각 경우가 발생할 확률은 1/4이므로 역시 2가 된다.

이 경우는 소요거리의 기댓값 기준으로는 두 전략 사이에 차이가 없다.

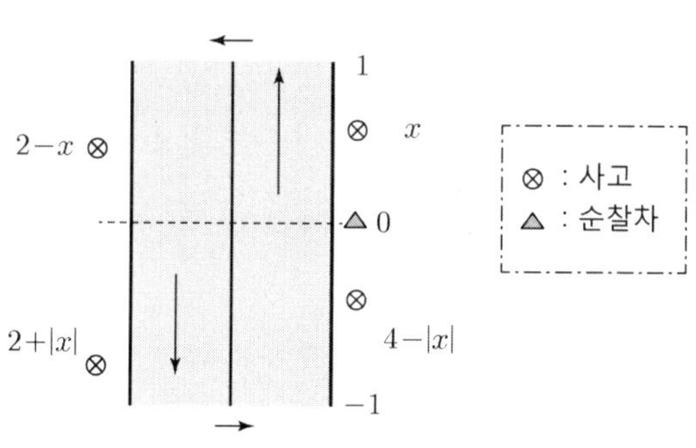

그림 3.6.1 전략 1

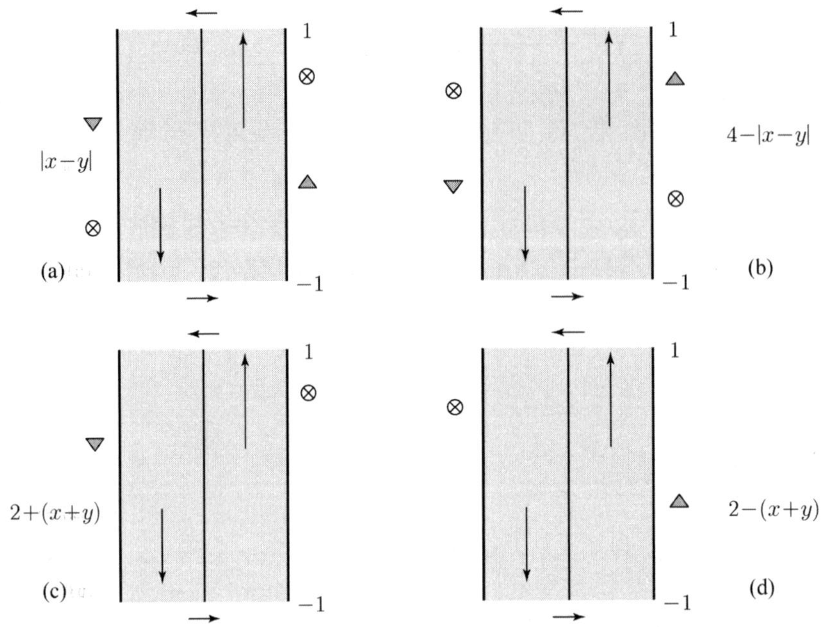

그림 3.6.2 전략 2

추가문제 3-6-2

기본 문제에서의 균일분포 대신에 양 끝에 사고 확률이 높을 경우, 중앙에 사고가 많이 발생하는 경우, 한쪽 끝으로 가면서 사고가 증가하는 경우에는 어떤 전략이 우수한가? 다음의 세 분포를 고려하며 분석하라(Levine, 1986).

그리고 세 번째의 비대칭 분포하에서 전략 1을 채택할 때는 순찰차가 중간점보다 중앙값(median)에 위치할 경우도 구하여 순찰차의 위치를 어디로 설정하는 것이 좋은지를 검토하라.

$$f_{X_1}(x) = \frac{3x^2}{2}, \quad -1 \le x \le 1 \tag{3.6.3}$$

$$f_{X_2}(x) = \frac{3(1-x^2)}{4}, \quad -1 \le x \le 1 \tag{3.6.4}$$

$$f_{X_3}(x) = \frac{x+1}{2}, \quad -1 \le x \le 1 \tag{3.6.5}$$

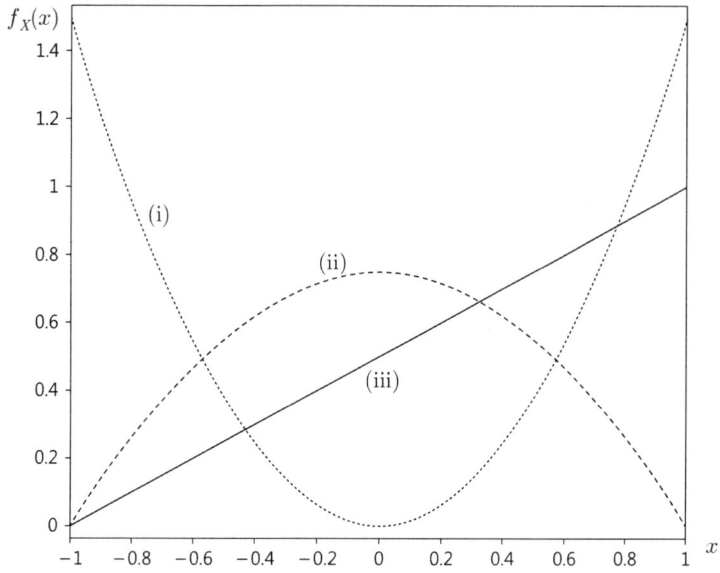

그림 3.6.3 사고 지점에 관한 세 가지 분포

3-6-2 해답

사고 지점을 나타내는 확률변수 X의 확률밀도함수를 $f_X(x)$라 할 때 두 전략하의 소요거리(D_1과 D_2)의 기댓값은 다음과 같다.

$$E(D_1) = \int_{-1}^{1} |x| f_X(x) dx = \int_{0}^{1} x f_X(x) dx - \int_{-1}^{0} x f_X(x) dx \tag{3.6.6}$$

$$E(D_2) = \int_{-1}^{1} \int_{-1}^{1} |x-y| f_X(x) \frac{1}{2} dy dx = \frac{1}{2} \int_{0}^{1} (x^2+1) f_X(x) dx \tag{3.6.7}$$

전략 1하에서 식 (3.6.3)~식 (3.6.5)의 확률밀도를 식 (3.6.6)에 대입하여 $E(D_1)$를 구하면 분포 (i)~(iii)일 때 각각 3/4, 3/8, 1/2가 된다. 또한 전략 2하에서 세 분포의 확률밀도를 식 (3.6.7)에 대입하여 $E(D_2)$를 구하면 분포 (i)~(iii)일 때 각각 4/5, 3/5, 2/3가 된다. 어떤 경우라도 전략 1이 우수하다.

Levene(1986)은 X의 어떤 분포하에서도 전략 1이 전략 2보다 우수함을 보여 주고 있다.

그리고 전략 1하에서 순찰차의 위치를 중앙값으로 설정하는 전략을 검토해보자. 비대칭 분포인 (iii)의 경우의 누적분포함수는 $F_{X_3}(x) = (x^2+2x+1)/4,\ -1 \le x \le 1$이 되므로, 중앙값은 $\sqrt{2}-1$이 되어 전략 1하에서의 $E(D_1)$은 다음과 같이 구해진다.

$$E(D_1) = \int_{-1}^{1} |x - \sqrt{2}+1| \frac{x+1}{2} dx \tag{3.6.8}$$

$$= \int_{\sqrt{2}-1}^{1} \frac{(x+1-\sqrt{2})(x+1)}{2} dx - \int_{-1}^{\sqrt{2}-1} \frac{\sqrt{2}-1-x)(x+1)}{2} dx$$

$$= \frac{2(2-\sqrt{2})}{3}$$

이 값은 $1/2$보다 작은 값이 되어 순찰차의 위치를 사고 지점 분포의 중앙값으로 잡는 것이 유리함을 알 수 있다.

이와 같이 대칭이 아닐 경우를 고려하면 도로의 중간점보다 중앙값으로 순찰차가 머무는 고정 위치로 설정하는 것이 더 우수하다(Anderson and Fontenot, 1992).

- 기본 문제의 전략 중 우수한 첫 번째 전략에서 순찰차가 2대인 경우에는 어디에 위치하는 것이 가장 우수한가?

해답

여러 대이더라도 중앙값에 위치하는 것이 가장 우수하다고 알려져 있다(Anderson and Fontenot, 1992). 만약 두 대를 1/3, 2/3에 위치시킨다면 (1/3, 2/3) 구간에서 두 대의 위치가 중앙값이 되지 않는다. 따라서 1/4과 3/4에 위치시킨다면 두 대는 각 구간에서 중앙값이 되어 기대 거리가 최소가 된다.

Anderson and Fontenot(1992)에 따르면 순찰차가 n대 있을 때 이들의 위치는 $(2k-1)/2n$, $k=1,2,\ldots,n$로 위치를 정하는 것이 최적임을 보여주고 있다.

한편 순찰차가 여러 대이고 직선 선상의 도로를 대상으로 1차원에서 다차원으로 확장하더라도 중앙값에 순찰차를 위치하는 것이 순찰하는 전략보다 우수하다고 알려져 있다(Carrizosa et al., 1998).

추가문제 3-6-3

기본 문제에서 어떤 시간(일례로 골든타임)을 초과할 확률을 작게 하는 것을 비교 척도로 삼는다면 어떻게 되겠는가? 균일분포와 〈그림 3.6.3〉의 첫 번째 분포일 경우에 비교하라.

3-6-3 해답

시간에 대응되는 거리 기준을 $d_0(>0)$으로 설정하면 X가 균일분포를 따를 때 전략 1하의 d_0를 초과할 확률 q_1은 $1-d_0$가 된다. 이 분포하에서 전략 2를 택한다면 X와 순찰 차량의 위치를 Y라 할 때 X와 Y의 결합 확률밀도의 영역은 〈그림 3.6.4〉의 형태로 도시할 수 있다. 여기서 d_0를 초과할 확률 q_2은 ((a)와 (b)의 면적)/전체면적이므로 $[2\times(2-d_0)^2]/4=1-d_0+(d_0^2/4)$가 된다. d_0에 관련 없이 q_1이 q_2보다 작아 이 비교 척도하에서도 전략 1이 전략 2보다 우수하다.

한편 전략 1하의 d_0를 초과할 확률 q_1은

$$q_1=\Pr(|X|>d_0)=\int_{d_0}^{1}f_X(x)dx+\int_{-1}^{-d_0}f_X(x)dx=1-F_X(d_0)+F_X(-d_0) \quad (3.6.9)$$

가 되므로 분포 (i)의 확률밀도를 식 (3.6.9)에 대입하면 $1-d_0^3$가 된다.

그리고 전략 2 하에서 q_2는 〈그림 3.6.4〉의 두 영역 (a)와 (b)를 반영하면

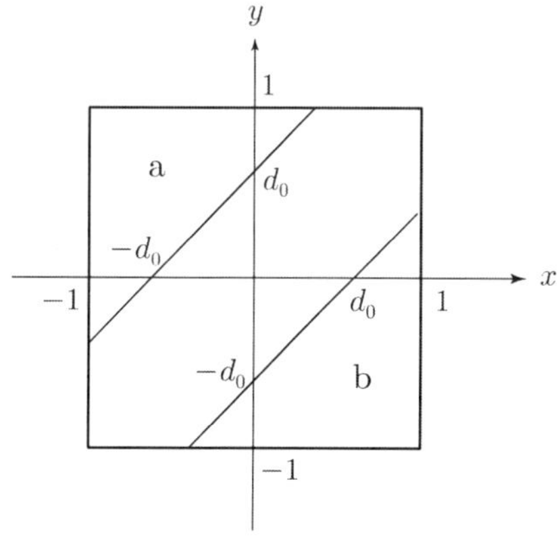

그림 3.6.4 소요 거리가 d_0를 초과할 영역: 전략 2

$$q_2 = \Pr(|X-Y| > d_0) = \int_{-1}^{1-d_0}\int_{x+d_0}^{1}\frac{f_X(x)}{2}dydx + \int_{-1+d_0}^{1}\int_{-1}^{x-d_0}\frac{f_X(x)}{2}dydx$$

$$= \frac{1}{2}\left(\int_{-1}^{1-d_0}(1-x-d_0)f_X(x)dx + \int_{-1+d_0}^{1}(x-d_0+1)f_X(x)dx\right. \qquad (3.6.10)$$

이 되므로 식 (3.6.3)을 식 (3.6.10)에 대입하면 q_2는 $1-d_0+(3d_0^2/4)-(d_0^3/2)+(d_0^4/8)$이 된다. q_2의 두 값을 도시한 〈그림 3.6.5〉를 보면 $d_0 \le 0.8$에서는 전략 2가 전략 1보다 유리하다.

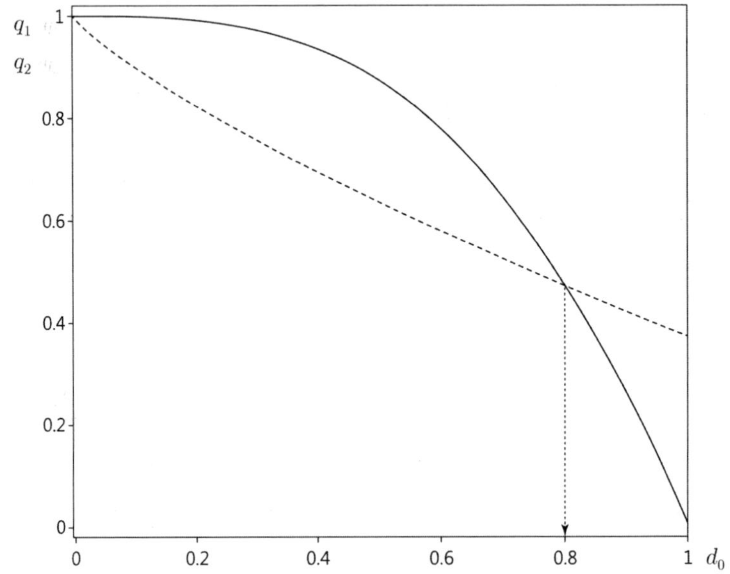

그림 3.6.5 소요 거리가 d_0를 초과할 확률의 비교: 분포 (i)

3.7

항공회사는 어느 정도 초과예약을 받는 것이 최적일까?

최근 유나이티드항공의 강제 하기(下機) 사건이 외신을 뜨겁게 달궜다. 강제로 승객을 내리게 하는 과정에서 나타난 폭력성뿐만 아니라 인종차별 의심까지 겹쳐 국내에서도 많은 사람의 관심 대상이 되었다. 오버부킹된 상황에서 컴퓨터 무작위 추첨에 의해서 하기 승객으로 선정되었다고 알려진 피해자인 데이비드 다오 씨는 70세의 베트남계 미국인 의사로 다음날 아침 환자와의 면담 약속이 있어 내릴 수 없다고 주장했다. 그러나 유나이티드 항공은 공항 경찰과 경비원을 동원해 그를 강제로 끌어내렸다(매일경제, 2017.04.27일자).

오버부킹(overbooking; 초과예약)이 합법화되고 일반적으로 통용된 것은 1968년 미국의 경제학자 사이먼(J. Simon; 1932～1998)의 제안에 의해서다(Simon and Visvabhanathy, 1977). 초과예약 상황에서 항공사가 적절한 보상을 통해 자발적 포기자를 찾는다면 항공사와 승객 모두에게 혜택이 갈 수 있으므로 이러한 경매 방식을 제안했다. 각 승객들은 항공권을 포기하는 대가로 받고자 하는 금액을 적어낸 후, 초과예약이 발생하면 해당 승객은 경매금액에 따른 보상을 받게 되며, 항공회사는 보상금을 지불하더라도 평균적으로 초과예약을 하지 않아 생기는 빈 자리만큼의 손실보다는 작은 편이라 양쪽 모두 유리해질 수 있다. 사이먼의 제안은 11년 후인 1979년 카터 행정부의 항공산업 규제 완화 방침하에 받아들여져 합법화가 되었다.

먼저 문제를 단순화해보자. 좌석 예약 시 비용이 발생하지 않으며, 각 탑승객이 비행기를 타고자 공항에 도착할 확률은 독립적으로 p이고, 초과예약이 발생하면 공짜로 다음 비행기에 탑승할 수 있다. 항공권 종류와 가격은 다양하므로 초과예약 대상 항공기 좌석을 50석으로 한정할 때 어느 정도의 초과예약을 허용하는 것이 최적일까(Austin, 1982)?

해답

항공권 가격이 a, 좌석 수가 m, 도착한 탑승객이 k명이면 $k \le m$이면 항공사에게 ak

만큼의 수익이, $k > m$이면 $am-(k-m)a=(2m-k)a$의 수익이 발생한다. n명의 예약을 받을 경우 탑승을 위해 공항에 도착하는 승객 수 X는 모수가 n과 p인 이항분포를 따른다.

따라서 항공사의 기대수익 EP_1은 다음과 같이 구해진다.

$$\begin{aligned} EP_1 &= \sum_{k=0}^{m} ak\Pr(X=k) + \sum_{k=m+1}^{n} a(2m-k)\Pr(X=j) \\ &= a\left[\sum_{k=0}^{m} k\binom{n}{k}p^k(1-p)^{n-k} + \sum_{k=m+1}^{n}(2m-k)\binom{n}{k}p^k(1-p)^{n-k}\right] \end{aligned} \tag{3.7.1}$$

여기서 a를 1단위로 두는 것이 편리하다.

〈표 3.7.1〉의 $b=0$인 줄에 $m=50$일 때 p에 따른 식 (3.7.1)를 최대화하는 최적 n (n^*)과 그때의 항공사 최적 수익 EP_1^*이 수록되어 있으며, 최적 초과예약 숫자는 n^*-50가 되며, 비교를 위해 초과예약을 하지 않을 경우의 기대수익 $EP_0=np$가 부가되어 있다. 이를 보면 $p=0.5, 0.7, 0.8, 0.9, 0.95$일 때 각각 50(또는 49), 21, 12, 5, 2명의 초과 예약을 받는 것이 최대의 수익을 창출한다.

그리고 〈그림 3.7.1〉에는 $p=0.8$일 때 최적 n이 존재함을 예시하고 있다.

표 3.7.1 $m=50$일 때 최적 n과 그때의 수익: 보상이 공짜 항공권일 경우

p		0.5	0.7	0.8	0.9	0.95
EP_0		$25(1+b)$	$35(1+b)$	$40(1+b)$	$45(1+b)$	$47.5(1+b)$
$b=0$	n^*	99 또는 100	71	62	55	52
	EP_1^*	46.0205	46.9275	47.4947	48.2316	48.7421
$b=0.1$	n^*	102	72	64	56	53
	EP_1^*	56.1019	54.0890	53.7540	53.7876	54.0144
$b=0.3$	n^*	108	74	64	56	53
	EP_1^*	77.0914	68.7230	66.4579	64.9876	64.6144

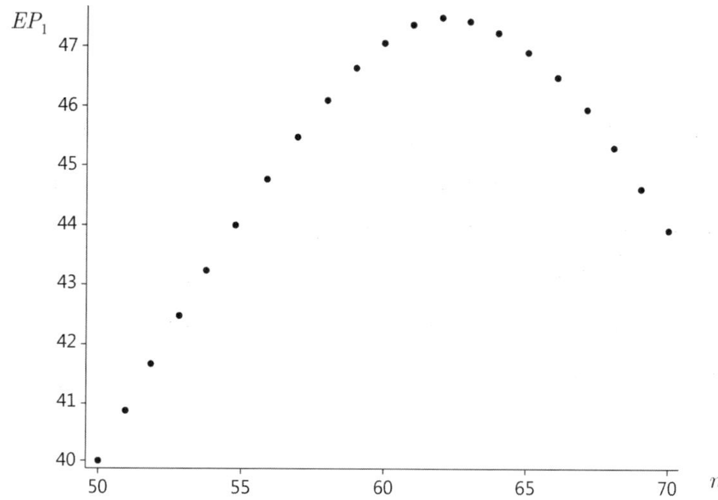

그림 3.7.1 EP_1의 형태: $m=50$, $p=0.8$

추가문제 3-7-1

기본문제와는 다르게 탑승객은 예약부도(no-show) 등을 방지하기 위해 미리 예약과 비용지불을 해야 한다. 예약 시 일정 비율의 수수료 $r=b \cdot a$의 수입이 발생할 경우에 비행기 좌석이 50석이고 b가 0.1 또는 0.3라면 초과예약을 어느 정도 허용해야 하는가?

3-7-1 해답

a를 1단위로 두면 식 (3.7.1)로부터 항공사의 기대수익 EP_2은 다음과 같이 바뀐다 (Andel, 2001).

$$EP_2 = nb + \left[\sum_{k=0}^{m} k \binom{n}{k} p^k (1-p)^{n-k} + \sum_{k=m+1}^{n} (2m-k) \binom{n}{k} p^k (1-p)^{n-k} \right] \tag{3.7.2}$$

〈표 3.7.1〉의 $b=0.1$, 0.3인 줄에 $m=50$일 때 식 (3.7.2)를 최대화하는 최적 $n(n^*)$과 그때의 항공사 최적 수익 EP_2^*이 수록되어 있다. 이를 보면 기본문제의 상황인 $b=0$일 때보다 n^*가 증가하고 있지만, p가 어느 정도 크면 b가 0.1에서 0.3으로 변하더라도 상대적인 n^*의 증가속도는 둔화되고 있다.

추가문제 3-7-2

병원에서도 예약부도 문제로 골치를 앓고 있어 내시경 예약 시에 예약부도를 허용하는 병원이 늘고 있다. 미국의 사례를 보면 내시경 예약 부도율이 4.1~17.4%라고 보고되고 있다(Sonnenberg, 2009). 내시경 검사에서 초과예약이 발생하면 고정된 수의 검사대(slot)에서 잔업을 통해 처리해야 한다. 1명의 검사 환자당 수익이 a인데, 초과예약 환자에 대해서는 추가비용이 ca만큼 발생한다. 어떤 종합병원의 검사대가 15대일 때 $c=0.5$, 0.9일 경우에 어느 정도의 초과예약을 허용해야 하는가?

3-7-2 해답

실제 내원 환자 수 k가 검사대 m보다 크면 병원의 수익은 $ma-(k-m)ca=[m(1+c)-kc]a$가 된다. a를 1단위로 두면 식 (3.7.1)과 유사하게 병원의 기대수익 EP_3은 다음과 같다.

$$EP_2=\sum_{k=0}^{m}k\binom{n}{k}p^k(1-p)^{n-k}+\sum_{k=m+1}^{n}[m(1+c)-kc]\binom{n}{k}p^k(1-p)^{n-k}\Big] \qquad (3.7.3)$$

식 (3.7.3)에서 $c=1$이 되면 식 (3.7.1)과 같아진다.

〈표 3.7.2〉에 병원의 여건을 반영하여 p가 0.8~0.97일 때 식 (3.7.3)을 최대화하는 최적 $n(n^*)$과 그때의 병원 최적 수익 EP_3^*이 수록되어 있다. 이를 보면 병원 성격상 항공사와 달리 $c>1$이 아닌 $0<c<1$로 한정하여 초과예약이 수익상 유리하지만 그 정도(초과 예약자의 수)가 크지 않다. 특히 초과예약에 따른 손실 비율 c가 0.5에서 0.9로 변하더라도 n^*의 민감도는 둔감한 편이다.

표 3.7.2 $m=15$일 때 최적 n과 그때의 수익: 내시경 검사 초과예약 경우

p		0.8	0.85	0.9	0.95	0.97
$c=0.5$	n^*	19	18	17	16	16
	EP_3^*	14.0161	14.1640	14.3272	14.5398	14.5986
$c=0.9$	n^*	19	18	17	16	15
	EP_3^*	13.7004	13.8610	14.0677	14.3638	14.5500

• 항공사 초과예약에도 무료 항공권 외에 숙소 등을 제공해야 하는 상황을 반영하면, 병원 문제(추가문제 3-7-2)와는 달리 c가 1 이상이 된다. 추가문제 3-7-1에서 b가 0.1일 때, c가 1.5 또는 2이면 비행기 좌석이 50석일 경우 어느 정도 초과예약을 허용하는 것이 경제적인가?

해답

〈표 3.7.3〉에 기본 문제와 같이 p가 0.5～0.95일 때 식 (3)을 최대화하는 최적 $n(n^*)$과 그때의 항공사 최적 수익 EP_3^*이 수록되어 있다. 이를 보면 $c=1$에 해당되는 〈표 3.7.1〉에서 $b=0.1$인 경우와 비교하면 n^*가 예상한 대로 약간 줄어들고 있다. 또한 예약 부도에 따른 손실 비율 c가 1.5에서 2로 변하더라도 n^*의 민감도는 앞의 병원 내시경 검사 문제와 유사하게 역시 둔감한 편이다.

표 3.7.3 $m=50$, $b=0.1$일 때 최적 n과 그때의 수익: 항공사 초과예약 경우

p		0.5	0.7	0.8	0.9	0.95
$c=1.5$	n^*	99	71	62	55	52
	EP_3^*	55.0507	53.3344	53.1683	53.4145	53.7777
$c=2.0$	n^*	97	69	61	55	52
	EP_3^*	54.2999	52.8001	52.7586	53.0732	53.6132

3.8

충전공정에서 평균을 어느 정도로 하는 것이 최적일까? (Canning problems)

우유나 음료수가 든 병이나 팩에 내용물을 채우는 공정을 고려해보자. 관을 통해 공급되는 내용물을 정해진 양만큼 채우기 위해 조절이 필요하다. 일례로 350ml의 우유병에 우유를 채우는 경우에 관의 조절장치의 눈금을 350으로 하면 실제 병에 담기는 우유의 양은 평균이 350이고 분산이 100인 정규분포를 따른다고 보자. 즉, 조절오차가 존재하는데 최소 용량기준인 330ml에 미달되면 용기를 비우고 새로 충전하는 재작업을 해야 한다. 이런 공정에서 조절장치의 눈금의 수치를 350ml이 설정하는 것이 바람직할까? 아니면 얼마로 설정하는 것이 최적일까?

해답

이와 같은 최적화 문제는 기본적으로 분포의 평균을 설정하는 문제로서 다음과 같이 모형화가 가능하다.

우유병 안의 내용물은 확률변수(X)로, $f(x)$는 밀도함수이고 $F(x)$는 분포함수이며, 조절장치의 내용물의 양은 실제 현상을 잘 나타내면서 널리 쓰이는 정규분포를 택한다. 여기서 $f(x;\mu,\sigma^2)$는 평균이 μ이고 분산은 σ^2인 정규분포의 밀도함수로 정의한다. 우유병에 내용물을 채운 후의 최소한 만족시켜야 하는 용량은 L이다. 채운 병의 용량이 L보다 작으면 병을 비우고 다시 채우는데(내용물이 재이용될 수 있음), 이때 재작업이기 때문에 병마다 비용 R이 발생한다. 채운 병의 용량이 L 이상이면 가격 A로 판매한다. 여기서 하한 기준을 만족할 때까지 재가공을 계속한다고 하자. 내용물의 비용은 단위당 C이고 병의 비용을 고려하지 않는다.

평균을 μ로 설정하여 병마다 내용물 x를 채울 때 나오는 이윤을 $P(\mu)$로 정의하면 이의 기댓값은 $E[P(\mu)]$이 된다. $x \geq L$이면 병마다 나오는 이윤은 $A-Cx$이며, $x<L$이면 다시 채워서 기대이윤을 얻을 수 있기 때문에 재가공해서 나오는 기대이윤은 $E[P(\mu)]-R$이다. 따라서 병마다 나오는 이윤은

$$P(\mu) = \begin{cases} A - Cx\,, & x \geq L \\ E[P(\mu)] - R\,, & x < L \end{cases} \tag{3.8.1}$$

로 주어진다. 기대이윤은

$$E[P(\mu)] = \int_0^L \{E[P(\mu)] - R\} f(x;\mu,\sigma^2)dx + \int_L^\infty (A - Cx) f(x;\mu,\sigma^2)dx$$

이 되는데, 여기서 $x < 0$일 확률은 무시할 수 있다고 가정하였다. 이 식으로부터

$$E[P(\mu)] = \frac{1}{1 - \Phi\left(\frac{L-\mu}{\sigma}\right)} \left\{ -R \cdot \Phi\left(\frac{L-\mu}{\sigma}\right) + A\left[1 - \Phi\left(\frac{L-\mu}{\sigma}\right)\right] \right.$$

$$\left. - C\int_L^\infty x f(x;\mu,\sigma^2)dx \right\} \tag{3.8.2}$$

가 되므로, $\int_L^\infty x f(x;\mu,\sigma^2)dx = \mu - \mu\Phi\left(\frac{L-\mu}{\sigma}\right) + \sigma\phi\left(\frac{L-\mu}{\sigma}\right)$를 이용하고, $t = (L-\mu)/\sigma$를 식 (3.8.2)에 대입하면 다음과 같은 식을 얻을 수 있다.

$$E[P(\mu)] = A - C\mu - \frac{1}{1-\Phi(t)}[R\Phi(t) + C\sigma\phi(t)]$$

(단, $\phi(\cdot)$, $\Phi(\cdot)$는 표준정규분포의 확률밀도와 누적분포함수임.) (3.8.3)

식 (3.8.3)의 $E[P(\mu)]$를 μ에 대해 편미분하면

$$\frac{\partial E[P(\mu)]}{\partial \mu} = -C + C\left[\frac{\phi(t)}{1-\Phi(t)}\right] + \frac{R}{\sigma}\frac{\phi(t)}{[1-\Phi(t)]^2} - Ct\frac{\phi(t)}{1-\Phi(t)} = 0$$

로 된다.

$M = \frac{R}{C\sigma}$와 $K(t) = \frac{\phi(t)}{1-\Phi(t)}$을 위의 등식에 대입하면, 다음과 같은 식을 얻을 수 있다.

$$K^2(t) + \frac{MK(t)}{1-\Phi(t)} - tK(t) = 1 \tag{3.8.4}$$

M은 이미 알고 있는 R, C, σ의 함수로서 주어진 값이고, $\Phi(t)$와 $\phi(t)$의 값도 구할 수 있다. 그래서 이 방정식을 통해 수치해법으로 찾은 t^*의 값을 이용해서 바로 $\mu^* = L + t^*\sigma$의 값을 얻을 수 있다.

Golhar(1987)는 수치실험 결과로부터 근사적으로 t^*와 $\ln(M)$ 간에 $t^* = -0.712 -$

$0.471\ln(M)$이라는 함수관계가 있다는 것을 발견하였으며, 이로부터 μ^*의 값은

$$\mu^* = L + \sigma\left[0.712 + 0.471\ln\left(\frac{R}{C\sigma}\right)\right] \tag{3.8.5}$$

로 주어진다.

위에서 얻은 결과를 $L = 330$, $\sigma = 10$인 원래 문제에 적용해 보자. 대상 충전공정에서 내용물은 1mm당 20원, 병당 판매가격 8,000원, 하한 기준인 330mm에 미달하면 재가공 비용은 300원이다.

$M = 300/(20 \cdot 10) = 1.5$이므로 식 (3.8.5)로부터 구한 339.03mm를 조절장치의 평균으로 설정하면 병당 기대이익은 1,087.1원이 된다.

추가문제 3-8-1

제품의 주성분량 X에 대한 규격하한 L이 주어진 경우에 생산된 모든 제품은 자동측정기계로 주성분의 함량이 측정된다.

만일 주성분의 함량이 L보다 많은 제품은 a의 이익을 얻고, L에 미달하는 제품은 할인 판매하여 r의 이익을 얻는다. 또한 규격을 만족하는 제품은 주성분의 양이 L을 초과하는 양에 비례해서 단위당 $g(< a)$의 공짜비용(give-away cost)이 발생한다. 이 경우의 최적 공정평균을 구하라.

3-8-1 해답

위의 상황에서 생산된 제품에 대한 이익함수 $P(\mu)$는

$$P(\mu) = \begin{cases} a - g(x-L), & x \geq L \\ r & , x < L \end{cases} \tag{3.8.6}$$

로 나타낼 수 있다. 식 (3.8.6)을 기본문제의 이익함수인 식 (3.8.1)과 비교하면 하한 기준 이상일 때는 $g = C$, $A = a + gL$로 대응이 되지만, 하한 기준 미달 시는 처리 방법이 달라 다른 형태가 된다.

제품당 기대이익은

$$E[P(\mu)] = a\int_{L}^{\infty} f(x;\mu,\, \sigma^2)dx - g\int_{L}^{\infty}(x-L)f(x;\mu,\, \sigma^2)dx + r\int_{0}^{L} f(x;\mu,\, \sigma^2)dx$$

이므로, 다음과 같이 나타낼 수 있다.

$$E[P(\mu)] = a\Phi(\delta/\sigma) - g\int_{L}^{\infty}(x-L)f(x;\mu,\, \sigma^2)dx + r\Phi(-\delta/\sigma)$$

여기서 $\int_{L}^{\infty}(x-L)f(x;\mu,\, \sigma^2)dx = \delta\Phi(\delta/\sigma) + \sigma\phi(\delta/\sigma)$ 의 관계를 이용하면 기대이익은 다음과 같이 정리된다.

$$E[P(\mu)] = r + (a - r - g\delta)\Phi(\delta/\sigma) - g\sigma\phi(\delta/\sigma) \tag{3.8.7}$$

제품당 기대이익을 최대로 하는 공정평균 $\mu = L + \delta$는 식 (3.8.7)을 최대로 하는 δ를 구하는 것과 같다. 식 (3.8.7)을 δ에 대하여 미분하여 0으로 놓고 풀면 다음과 같은 식을 얻을 수 있다.

$$\frac{\phi(\delta/\sigma)}{\Phi(\delta/\sigma)} = \frac{g\sigma}{a-r} \tag{3.8.8}$$

$\delta < 0$인 경우는 생산된 제품 중 50% 이상이 불량품이므로 현실적으로 $\delta < 0$인 경우는 발생하지 않는다. $\delta \geq 0$이면 $E[P]$는 δ에 대하여 위로 볼록한 함수이므로 위의 방정식을 만족하는 δ가 $E[P(\mu)]$를 최대로 하는 δ값이 된다. 따라서 방정식을 만족하는 δ를 δ^*라 하면 최적 공정평균 μ^*은 $L + \delta^*$가 된다(Hunter and Kartha, 1977).

식 (3.8.8)을 보면 표준정규분포의 밀도함수를 분포함수로 나눈 값으로 감소함수이다. 그러므로 만족하는 δ^*/σ를 구하기 위해서 이분법(bisection method) 등의 수치해법을 사용하면 쉽게 구할 수 있다.

위에서 얻은 결과를 $L = 330$, $\sigma = 10$인 기본문제에 적용해 보자. 대상 충전공정에서 $g = 20$원/mm, $a = 8{,}000 - 20 \cdot 330 = 1{,}400$원이며, 하한 기준인 330mm에 미달할 때 할인판매에 의한 이익은 병당 800원으로 가정하자.

$g\sigma/(a-r) = 20 \cdot 10/(1{,}400 - 1{,}000) = 0.5$이므로 식 (3.8.8)로부터 구한 $\delta^* = 8.82$가 된다. 따라서 $\mu^* = 330 + \delta^* = 338.82$mm를 조절장치의 평균으로 설정하면 병당 기대이익은 1,089.5원이 된다.

추가문제 3-8-2

평균치와 더불어 규격을 최적으로 정할 수 있다. 기본문제에서 규격하한만 주어져 있으나 경제적인 차원에서 규격상한을 정할 수 있다. 즉, 너무 많은 원료가 들어갈 경우도 재가공을 할 필요가 있을 것이다. 이런 상황에서 최적 공정평균과 규격상한을 구하라.

3-8-2 해답

하한 규격 L과 더불어 상한 규격 U을 설정하여 내용물의 양 X가 $L \le X \le U$이면 정상 가격으로 판매되며, 이를 벗어나면 내용물을 비우고 재충전 작업을 적용한다.

$U = L + \Delta$로 정의한 것 외는 이 모형에 적용되는 비용요소와 기호는 기본문제의 모형과 동일하다면 실제 계량된 내용물의 양이 x일 때 단위제품당 이익함수 P는 다음과 같이 되므로

$$P(\mu,\ U) = \begin{cases} A - Cx &, \quad L \le x \le U \\ E[P(\mu)] - R, & L < x \text{ 또는 } x > U \end{cases} \tag{3.8.9}$$

공정평균 μ이 설정될 때 기대이익은 다음과 같이 주어진다.

$$\begin{aligned} E[P(\mu,\ U)] = A\int_L^U f(x;\mu,\ \sigma^2)dx - C\int_L^U xf(x;\mu,\ \sigma^2)dx \\ + \int_0^L (E[P(\mu,\ U)] - R)f(x;\mu,\ \sigma^2)dx \\ + \int_U^\infty (E[P(\mu,\ U)] - R)f(x;\mu,\ \sigma^2)dx \end{aligned} \tag{3.8.10}$$

$\mu = L + t_1\sigma$, $U - L = \Delta = t_2\sigma$, $(t_1 > t_2)$로 둘 때 상기 식의 두 번째 항은 다음과 같이 되므로,

$$\begin{aligned} \int_L^U xf(x;\mu,\ \sigma^2)dx &= \int_{-t_1}^{t_2 - t_1} (\sigma z + L + t_1\sigma)\phi(z)dz \\ &= \sigma(\phi(t_1) - \phi(t_2 - t_1)) + (L + t_1\sigma)(\Phi(t_2 - t_1) - \Phi(-t_1)) \end{aligned}$$

식 (3.8.10)은 다음과 같이 된다.

$$E[P(\mu, U)] = (E[P(\mu, U)] - R)[\Phi(-t_1) + (1-\Phi((t_2-t_1))]$$
$$+ A(\Phi(t_2-t_1) - \Phi(-t_1))$$
$$- C[\sigma(\phi(t_1) - \phi(t_2-t_1)) + (L+t_1\sigma)(\Phi(t_2-t_1) - \Phi(-t_1))]$$

따라서 $q = \Pr(X > U) + \Pr(X < L) = 1 - \Phi(t_2 - t_1) + \Phi(-t_1)$로 두면 기대이익은 다음 형태로 주어진다.

$$E[P(\mu, U)] = A - C(L + t_1\sigma) - \frac{Rq + C\sigma(\phi(t_1) - \phi(t_2 - t_1))}{1-q} \quad (3.8.11)$$

여기서 $U = \infty$(즉, $\Delta = \infty$)이면 $\Phi(-t_1) = 1 - \Phi(t_1)$이므로 식 (3.8.11)은 식 (3.8.3)이 된다.

Golhar and Pollock(1998)는 해석적으로 식 (3.8.11)이 t_1와 t_2에 관해 위로 볼록한 함수임을 보일 수 없지만 여러 조건 하에서 그래프를 그려 보면, 위로 볼록한 함수가 된다고 보고하고 있다.

따라서 식 (3.8.11)을 각각 t_1, t_2에 관해 편미분한 함수를 0으로 둔 연립 비선형 방정식은 다음과 같다.

$$\Phi(t_2 - t_1) - \Phi(-t_1) - t_2\phi(t_1) = 0 \quad (3.8.12)$$

$$(t_2 - t_1)(\Phi(t_2 - t_1) - \Phi(-t_1)) + (\phi(t_2 - t_1) - \phi(t_1)) - M = 0 \quad (3.8.13)$$

단, $M = R/(g\sigma)$

식 (3.8.12)와 식 (3.8.13)을 수치적 방법으로 풀어 구한 두 값이 t_1^*, t_2^*(단, $t_1^* < t_2^*$)가 되므로 최적 공정평균과 규격상한을 구할 수 있다. 한편 Golhar and Pollock(1998)은 쉽게 활용할 수 있는 근사식을 다음과 같이 제공하였다.

$$t_1^* = \frac{\delta^*}{\sigma} \approx 0.746\sqrt{M} \quad (3.8.14)$$

$$t_2^* = \frac{\Delta^*}{\sigma} \approx t_1^* + (0.441 + 0.696M^{1/4})^4 \quad (3.8.15)$$

이로부터 최적 공정평균과 규격상한 μ^*, U^*을 다음과 같이 구할 수 있다.

$$\mu^* = L + t_1^*\sigma, \quad U^* = L + t_2^*\sigma$$

위에서 얻은 결과를 $L = 330$, $\sigma = 10$인 기본문제에 적용해 보자. $M = 300/(20 \cdot 10)$

$= 1.5$이므로 식 (3.8.14)과 식 (3.8.15)로부터 구한 $t_1^* = 0.9137$, $t_2^* = 3.0661$이므로 339.14ml와 360.66ml를 조절장치의 평균과 상한 규격으로 설정하면 병당 기대이익은 1,088.5원이 된다. 이 문제에서 규격상한을 설정한 효과는 병당 1.4원이 된다.

Remark: 평균치 결정문제는 다양한 형태로 연구되었다. 예를 들면 다음과 같다.

- 기대이익이나 비용을 최적화기준으로 사용하였으나 다른 통계적 기준을 사용할 수도 있다. 예를 들어 불량품이 출하될 확률을 일정수준 이하로 관리한다.
- 시간에 따른 평균치나 분산이 변화하는 경우의 주기적인 조절문제도 고려해 볼 수 있다.
- 가공 후 측정오차가 존재하는 경우, 오차의 크기가 주는 비용에서의 효과도 재미있는 문제이다. 보다 다양한 문제들의 상세한 분석은 윤원영 등(2019)을 참고하면 된다.

3.9

징검다리를 어떻게 설계하는 것이 좋을까? (Optimal arrangement problems in consecutive k out of n systems)

높이가 다른 5개의 돌을 가지고 징검다리를 만든다고 하자. 각 돌이 비가 오면 물에 잠길 확률이 높이에 비례한다고 한다. 그리고 각 돌이 물에 잠길 확률은 0.1, 0.2, 0.3, 0.4, 0.5로 알려져 있다. 먼저 확률이 낮은 순서로 배열한 경우 무사히 징검다리를 이용하여 건널 확률을 구하라. 어떻게 돌을 배치하는 것이 다리를 건널 확률이 최대가 되는가? 연속하여 두 개 이상의 돌이 물에 잠기면 다리를 건널 수 없다고 한다.

해답

먼저 건너지 못할 확률을 구하고자 한다. 건너지 못하는 경우는 다음 괄호의 위치 (1,2), (2,3), (3,4), (4,5)에 있는 돌들이 동시에 물에 잠기면 된다. 그래서 $E(i,j)$를 괄호 안의 위치의 돌들이 동시에 잠기는 사건으로 정의하면 건너지 못할 사건은 4가지 사건의 합집합이다. 그래서 건너지 못할 확률은

$$
\begin{aligned}
Q &= \Pr(E(1,2) \cup E(2,3) \cup \cdots \cup E(4,5)) \\
&= [\Pr(E(1,2)) + \cdots + \Pr(E(4,5)] \\
&\quad - [\Pr(E(1,2) \cap E(2,3)) + \cdots + \Pr(E(3,4) \cap E(4,5)] \\
&\quad + [\Pr(E(1,2) \cap E(2,3) \cap E(3,4)) + \cdots + \Pr(E(2,3) \cap E(3,4) \cap E(4,5)] \\
&\quad - [\Pr(E(1,2) \cap E(2,3) \cap E(3,4) \cap E(4,5)]
\end{aligned}
$$

(여기서, $\Pr(E(1,2)) = 0.1 \times 0.2$

$\Pr(E(1,2) \cap E(2,3)) = 0.1 \times 0.2 \times 0.3$

$\Pr(E(1,2) \cap E(2,3) \cap E(3,4)) = 0.1 \times 0.2 \times 0.3 \times 0.4$

$\Pr(1,2) \cap E(2,3) \cap E(3,4) \cap E(4,5)) = 0.1 \times 0.2 \times 0.3 \times 0.4 \times 0.5$)

이며, 그러므로 건널 확률은 0.791이다. 돌을 다르게 배치하면 건널 확률이 다르게 나올 것이다. 최적의 방법은 (5, 1, 3, 2, 4)으로 건너는 것으로, 확률은 0.828 정도가 된다.

위와 같은 최적배치를 구하기 위해서 먼저 각 n개의 돌이 비가 오면 물에 잠길 확률 $q_i(i=1,2,\cdots,n)$이 점점 작아지는 순서로 돌을 배열한다. 즉, 배열된 후는 왼쪽부터 확률이 $q_1 > q_2 > \cdots > q_n$로 된다.

다음과 같이 $\psi=(\psi(1),...\psi(n))$라는 징검다리 설계방법을 정의하자. $\psi(1)$는 첫 위치에 놓인 돌의 번호이고 $\psi(2)$는 두 번째 위치에 놓인 돌이며 $\psi(n)$는 마지막에 놓인 돌이라고 하자.

$r(\psi)$은 ψ 설계방법을 이용할 때 다리를 건널 확률로 정의하면, 먼저 $n=2$일 때, 최적배치는 (1,2)이나 (2,1)이다. $n=3$일 때, 확률 $r(\psi)$는

$$r(\psi)=1-q_{\psi(1)}q_{\psi(2)}-q_{\psi(2)}q_{\psi(3)}+q_{\psi(1)}q_{\psi(2)}q_{\psi(3)} \tag{3.9.1}$$

이고, $q_{\psi(i)}$는 $\psi(i)$위치에 있는 돌이 물에 잠길 확률이다. $r(\psi)$을 최대화하기 위해서는 $\left[q_{\psi(1)}q_{\psi(2)}+q_{\psi(2)}q_{\psi(3)}\right]$의 값을 최소화해야 한다. 그래서 최적 배치순서는 $\psi^*=(1,3,2)$이다. $n=4$일 때에도 마찬가지로 구하면

$$\begin{aligned} r(\psi) &= 1-[q_{\psi(1)}q_{\psi(2)}+q_{\psi(2)}q_{\psi(3)}+q_{\psi(3)}q_{\psi(4)}-q_{\psi(1)}q_{\psi(2)}q_{\psi(3)} \\ &\quad -q_{\psi(1)}q_{\psi(2)}q_{\psi(3)}q_{\psi(4)}-q_{\psi(2)}q_{\psi(3)}q_{\psi(4)}+q_{\psi(1)}q_{\psi(2)}q_{\psi(3)}q_{\psi(4)}] \\ &= 1-\left[q_{\psi(1)}q_{\psi(2)}+q_{\psi(3)}q_{\psi(4)}+q_{\psi(2)}q_{\psi(3)}(1-q_{\psi(1)}-q_{\psi(4)})\right] \end{aligned} \tag{3.9.2}$$

로 주어진다. 이를 검토하면 $r(\psi)$을 최대화 할 수 있는 배치순서는 $\psi^*=(1,4,3,2)$가 된다.

일반적으로 $n\geq 1$에 대해서, 다리를 건널 확률이 최대가 되기 위해 돌의 배치순서는 $\psi^*=(1,n,3,n-2,...,n-3,4,n-1,2)$이다. 즉, 최초에 $(1,\ldots,2)$로, 다음에 $(1,n,\ldots,n-1,2)$로, 그 다음에 $(1,n,3,\ldots,4,n-1,2)$ 등으로 반복적으로 적용하는 방식이 최적 배치방법이 된다.

따라서 $n=5$일 때 이 규칙을 적용하면 $\psi^*=(5,1,3,2,4)$이 최적해가 된다.

이 최적방법은 각 돌들의 물에 잠길 확률 값들의 순서(즉 상호간의 대소)에만 관계되며 구체적인 확률 값과는 무관하므로, 이런 최적 해를 'invariant solution(design)'이라고 한다. 상기와 같은 대상 시스템을 consecutive 2-out-of-n:F 시스템으로 표기하며, 이 문제는 이와 같은 시스템의 신뢰도를 최대화하는 시스템의 설계문제에 속한다.

추가문제 3-9-1

돌이 연속하여 $k(1 \leq k \leq n)$개 잠기면 건너지 못하는 경우(consecutive k-out-of-n:F 시스템)에서의 최적 배열방법을 구하라.

3-9-1 해답

지금까지 연구된 결과를 정리하면 다음과 같다. 위의 예와 같이 n개의 돌이 있으며 물에 잠길 확률이 높은 순서(돌 1이 가장 잠길 확률이 높음)로 번호가 매겨져 있다. 먼저 순서에만 의존하는(invariant) 최적해가 존재하는 경우는 〈표 3.9.1〉과 같다(Kuo and Zuo, 2003).

표 3.9.1 순서에만 의존하는 최적해: linear consecutive k-out-of-n:F 시스템

k	순서에만 의존하는 최적 배열
1	모든 배열이 동일함
2	$(1,n,3,n-2,\cdots,n-3,4,n-1,2)$
$n-2$	(1,4,(어떤 배열도 동일),3,2)
$n-1$	(1,(어떤 배열도 동일),2)
n	모든 배열이 동일함

〈표 3.9.1〉에 제시된 이외의 경우는 각 돌의 잠길 확률에 따라 최적해가 다르게 되므로 주어진 경우마다 최적해를 구하여야 한다. 비교해야 되는 모든 서로 다른 배열방법은 대칭이므로 $n!/2$이 된다. 그러므로 최적해를 구하기 위해서는 효율적인 알고리즘이 필요하다.

추가문제 3-9-2

기지국이 원모양을 그리고 위치되어 있다고 하자. n개의 기지국들은 원형으로 통신을 하는데 상호 정보를 공유한다고 하자. 이때 만일 인접한 2개의 기지국이 통신 불가능한 상태면 이 통신시스템은 고장이라고 한다. 이 경우 각 기지국의 통신장애 확률이 주어진 경우의 시스템(circular consecutive 2-out-of-n:F 시스템; 기본문제의 시스템에 linear를

부기하여 구별하기도 함)의 고장확률을 최소로 하기 위한 통신장애확률의 순서는 어떤 것일까?

또한 k를 2에서 일반적인 경우($1 \le k \le n$)로 확장할 때(circular consecutive k-out-of-n:F 시스템)에 어떤 경우에 순서에만 의존하는 최적해가 존재하는지를 조사하고 그 해를 구하라.

3-9-2 해답

$k=2$일 경우에 각 기지국의 통신 장애 확률이 $q_1 > q_2 > \cdots > q_n$로 정렬할 때 통신 장애 확률을 최소화하는 기지국의 배치순서는 $\psi^* = (1, n-1, 3, n-3, \cdots, n-4, 4, n-2, 2, n, 1)$로 알려져 있다. 여기서 원을 형성하므로 '1'이 양 극단에 두 번 표기된다.

그리고 지금까지 연구된 결과로부터 순서에만 의존하는 최적해가 존재하는 경우는 〈표 3.9.2〉와 같다(Kuo and Zuo, 2003).

한편 〈표 3.9.2〉에 제시되지 않는 경우는 각 돌의 잠길 확률에 따라 최적해가 달라지므로 주어진 경우마다 최적해를 구하여야 한다.

표 3.9.2 순서에만 의존하는 최적해: circular consecutive k-out-of-n:F 시스템

k	순서에만 의존하는 최적 배열
1	모든 배열이 동일함
2	$(1, n-1, 3, n-3, \cdots, n-4, 4, n-2, 2, n, 1)$
$n-2$	$(1, n-1, 3, n-3, \cdots, n-4, 4, n-2, 2, n, 1)$
$n-1$	모든 배열이 동일함
n	모든 배열이 동일함

3.10

불량품 확인을 위한 최적의 검사방법은 무엇인가? (Inspection problems)

10개의 부품이 직렬로 연결된 전기공급시스템이 있다. 이 시스템에서 하나의 부품이라도 고장이 나면 시스템은 기능하지 않는다. 시스템의 고장상태를 파악하기 위해서는 시스템의 임의 두 위치에 검사기(전원 공급장치)를 연결하고 전원을 공급하여 전기가 흐르면 그 사이에 있는 모든 부품이 작동상태인 것이다. 흐르지 않은 경우에는 사이에 있는 부품 중 하나 이상이 고장 난 것이다. 시스템에 고장 난 부품이 있는 경우에 전원공급장치를 이용하여 고장 난 부품을 찾고자 한다면 어떻게 연결하여 시험하는 것이 시험횟수를 최소할 것인가? 먼저 현재 하나의 부품만이 고장이 난 것으로 판단된다.

해답

이 문제를 풀기 위해 먼저 각 부품이 고장 날 확률은 동일하다고 가정한다. 먼저 부품 수가 k일 때의 최적방법의 검사 횟수를 $N(k)$라고 하자.

- 부품의 수 1: 검사가 필요 없으므로 $N(1)=0$.
- 부품의 수 2: 하나를 임의 검사하면 되므로 $N(2)=1$.
- 부품의 수 3: 검사 방법은 한 가지로 $N(3)=\frac{1}{3}\times 1+\frac{2}{3}(1+N(2))=\frac{5}{3}$.
- 부품의 수 4: 검사방법은 두 가지로 첫 번째 하나를 검사하는 경우 처음 두 개를 검사하는 경우이다. 각각 경우의 최적 검사횟수는

$$N_1(4)=\frac{1}{4}\times 1+\frac{3}{4}(1+N(3))=\frac{9}{4}$$
$$N_2(4)=(1+N(2))=2$$

  이므로 중간지점까지 검사가 최적이다.
- 부품의 수 5: 검사방법은 두 가지인데,

$$N_1(5) = \frac{1}{5} \times 1 + \frac{4}{5}(1 + N(4)) = \frac{13}{5}$$

$$N_2(5) = \frac{2}{5}(1 + N(2)) + \frac{3}{5}(1 + N(3)) = \frac{12}{5}$$

이므로 처음 두 개 혹은 세 개를 먼저 검사하는 것이 최적이다.

- 부품의 수 6: 검사방법은 세 가지 있으며

$$N_1(6) = \frac{1}{6} \times 1 + \frac{5}{6}(1 + N(5)) = \frac{74}{30}$$

$$N_2(6) = \frac{2}{6}(1 + N(2)) + \frac{4}{6}(1 + N(4)) = \frac{8}{3}$$

$$N_3(6) = 1 + N(3) = \frac{8}{3}$$

이므로, 최적 방법은 먼저 2개, 또는 3개를 검사하는 것이다.

- 부품의 수 7 : 3가지의 방법이 있으며,

$$N_1(7) = \frac{1}{7} \times 1 + \frac{6}{7}(1 + N(6)) = \frac{25}{7}$$

$$N_2(7) = \frac{2}{7}(1 + N(2)) + \frac{5}{7}(1 + N(5)) = 3$$

$$N_3(7) = \frac{3}{7}(1 + N(3)) + \frac{4}{7}(1 + N(4)) = \frac{20}{7}$$

이므로, 최적 방법은 처음 3개를 검사하는 것이다.

지금까지의 최적 검사방법을 보면 전체적으로 절반에 해당되는 수만큼을 검사해나가는 것이 기대 검사횟수를 줄여줌을 알 수 있다.

Sandelius(1961)에 따르면 부품 개수가 n이라면 $n = 2^m + k,\ 0 \le k < 2^m$로 표현될 때 두 그룹의 개수를 $[2^{m-1},\ 2^m]$에 속하는 개수로 구분하면 최적 기대 검사횟수는 $m + \frac{2k}{n}$임을 보이고 있다.

이 방식은 하나의 부품이 고장이 나면 시스템이 고장이 나는 직렬구조일 경우에 한 번의 검사에 의해 이 그룹에 속하는 부품들의 상태가 판정되고, 각 부품의 고장여부는 동일한 확률을 가질 때 적용되며, 이의 정확한 증명은 앞의 논문을 참고하면 된다.

다음 수치 예에 적용해 보자.

(1) n이 6이면 $6=2^2+2$로 나타낼 수 있으므로 두 그룹의 개수가 $[2, 4]$가 되는 방법은 2개와 4개 또는 3개씩 구분하는 경우가 된다. 이때 최적 기대 검사횟수는 상기와 같이 $2+\frac{2(2)}{6}=\frac{5}{8}$이 된다.

(2) n이 11이면 $11=2^3+3$로 나타낼 수 있으므로 두 그룹의 개수가 $[4, 8]$가 되는 방법은 4개와 7개 또는 5개와 6개로 구분하는 경우가 된다. 이때 최적 기대 검사횟수는 상기와 같이 $3+\frac{2(3)}{11}=\frac{39}{11}$이 된다.

전술한 계산방식에 적용하면 다음과 같은 값이 도출된다.

$$N_1(11)=\frac{4}{11}\times(1+N(4))+\frac{7}{11}(1+N(7))=\frac{4}{11}\times 3+\frac{7}{11}\times\frac{27}{7}=\frac{39}{11}$$

$$N_2(11)=\frac{5}{11}\times(1+N(5))+\frac{6}{11}(1+N(6))=\frac{5}{11}\times\frac{17}{5}+\frac{6}{11}\times\frac{11}{3}=\frac{39}{11}$$

추가문제 3-10-1

한편 기본문제와 달리 시스템이 고장이 날 때 각 부품의 고장 확률이 다를 경우로 확장하면 어떻게 부품 그룹을 형성해야 하는가? 여기서 부품 그룹의 형성에 제약이 없다고 가정하자.

3-10-1 해답

Zimmerman(1959)에 따르면 각 단계에서 가장 작은 확률을 가지는 두 부품을 결합(이때 확률은 두 확률의 합이 됨)하는 방식이 최적으로 알려져 있다.

예를 들면 각 부품(1~4)의 고장에 의해 시스템이 고장이 날 확률이 각각 0.1, 0.4, 0.3, 0.2일 때 부품 2, 3, 14(즉, 1+4)로 세 그룹을, 다음에는 2와 (3+14)로 두 그룹을 형성한다. 이때 기대 검사횟수는

$$1(0.4)+2(0.6\times 0.3/0.6)+3(0.6\times 0.3/0.6)=1.9$$

로, 두 그룹의 확률이 동일한 (1+2)와 (3+4)로 그룹을 형성하는 방식의 기대 검사횟수인 2보다 작아진다.

추가문제 3-10-2

주어진 시스템에서 고장을 야기하는 원인들은 여러 가지가 있다. 일반적으로 고장 현상은 인지가능하다고 하자. 고장 인지 후 고장을 일으킨 원인을 찾아 원인을 제거하므로 시스템을 정상상태로 복원할 수 있을 것이다(박경수, 1999). 여기서 고장원인이 여러가지일 때 어떤 순서로 원인들을 확인하는 것이 좋을지 고려해 보자. 여기서는 앞의 문제와는 달리 개별검사를 하는 경우를 상정하자.

예를 들어 몸에 열이 너무 나서 병원을 찾은 경우 어떤 검사부터 실시하는 것이 좋은가 라는 문제를 생각하면 순서에 따라 검사비용이 차이가 많이 날 것이다. 그러므로 고장원인, 혹은 발열원인을 찾을 때까지의 기대되는 비용을 최소로 하기 위해서는 어떤 순서로 하여야 하는가?

3-10-2 해답

각 원인에 대해 단위비용당 원인확인 확률($\frac{\text{이 원인에 의한 발열 발생확률}}{\text{검사비용}}$)을 계산하여 이 비율이 가장 큰 차례로 검사를 하는 것이 원인을 찾을 때까지의 기대비용을 최소로 하는 것이 된다.

만약 고장현상(발열)은 다양한 고장원인 중 하나에 의해서 발생할 수 있다고 가정하자. 그리고 발생된 고장현상(F)이 다양한 고장원인(FC_i)에 의해 발생할 조건부 확률 $P_i = \Pr(FC_i|F)$이 주어졌으며 각 고장원인에 대한 검사비용이 C_i라고 한다. 그리고 검사는 완벽하다고 한다. 기대 총검사비용을 최소로 하는 순서는 P_i/C_i가 큰 원인부터 시작하여 감소하는 순서로 검사를 하는 것이다.

이를 간단히 증명하여 보면 먼저 검사순서를 나타내는 변수로서 $[i]$]를 i번째 검사하는 고장원인이라고 하자. 그러면 기대 검사비용은

$$ETC = C_{[1]} + C_{[2]}(1 - P_{[1]}) + \cdots + C_{[m]}(1 - P_{[1]} - \cdots - P_{[m-1]}) \tag{3.10.1}$$

이다. 먼저 최적의 순서 $\pi^* = (\cdots, [i] = a, [i+1] = b, \cdots)$가 있다면 여기서 임의로 바꾼 순서 $\pi^i = (\cdots, [i] = b, [i+1] = a, \cdots)$를 고려하자. 그러면

$$ETC(\pi^*) - ETC(\pi^i) < 0 \Rightarrow P_b/C_b < P_a/C_a$$

가 되는데, 이는 필요조건이며 충분조건을 증명하기 위해서는 먼저 단위비용당 원인일 확

률의 순으로 되어 있다면 이것이 최적임을 보여야 한다. 이를 위해 순서에서 임의의 인접한 두 개를 선택하여 이것만 위치를 바꾼 새로운 순서를 고려한다면 위에서 보인 것 같이

$$P_b/C_b < P_a/C_a \Rightarrow ETC(\pi^*) - ETC(\pi^i) < 0$$

임을 알 수 있다. 그러므로 임의 순서도 위와 같이 인접한 두 위치를 계속하여 바꾸어 줌으로써 만들어 낼 수 있으므로, 위의 조건을 따르지 않는 임의 순서보다 기대비용이 적음을 보일 수 있다.

다음 〈표 3.10.1〉의 수치 예에 적용해보자.

어떤 시스템의 고장원인은 4가지(F_1, F_2, F_3, F_4)이고, 6종의 고장 모드(M_1, M_2, M_3, M_4, M_5, M_6)에 의해 3가지 고장영향(E_a, E_b, E_c)이 발생된다. 이들 고장영향은 고장원인과 고장모드에 의해 초래되므로 상호배반인 부분집합으로 다음과 같이 분리할 수 있다.

$$S_a^1 = S_a^4 = M_1M_3M_6,\ S_b^1 = S_b^4 = M_4,\ \ S_c^1 = S_c^4 = M_2M_5$$

$$S_a^2 = S_a^3 = M_1M_3,\ \ S_b^2 = S_b^3 = M_4,\ \ S_c^2 = S_c^3 = M_2M_5M_6$$

여기서 S_i^j, $i = a,b,c,$, $j = 1,2,3,4$는 상호배반인 고장원인 F_j에 의해 고장모드를 거쳐 고장영향 E_a가 발생하는 과정을 나타내는 사건이며, $\Pr(S_i^j|F_j)$는 모든 i에 대해 상호 독립이다.

과거 자료로부터 다음과 같은 비용과 조건부 확률이 주어질 때, 고장모드 M_1, M_2, M_3, M_5, M_6가 발생하고 M_4가 발생하지 않았을 때(M_k'는 M_k의 여사건) 최적 탐색 순서를 정하라,

표 3.10.1 수치 예 정보

고장원인(j)	C_j(만 원)	$\Pr(F_j)$	$\Pr(S_a^j\|F_j)$	$\Pr(S_b^j\|F_j)$	$\Pr(S_c^j\|F_j)$
F_1	20	0.3	0.2	0.4	0.4
F_2	30	0.4	0.3	0.6	0.1
F_3	10	0.2	0.1	0.1	0.8
F_4	40	0.1	0.2	0.2	0.6

고장모드의 정보로부터 고장영향은 $S_a \cap S_b' \cap S_c$로 나타낼 수 있으므로 베이즈의 정리를 적용하여 고장원인에 관한 사후확률을 구하면 다음과 같다.

$$P_1 = \Pr(F_1 \mid S_a \cap S_b' \cap S_c) = \frac{\Pr(S_a^1|F_1)\Pr(S_b^{1\prime}|F_1)\Pr(S_c^1|F_1)\Pr(F_1)}{\sum_{j=1}^{4}\Pr(S_a^j|F_j)\Pr(S_b^{j\prime}|F_j)\Pr(S_c^j|F_j)\Pr(F_j)}$$

$$= \frac{144}{432} = 0.334$$

$$P_2 = \Pr(F_2 \mid S_a \cap S_b' \cap S_c) = \frac{48}{432} = 0.111$$

$$P_3 = \Pr(F_3 \mid S_a \cap S_b' \cap S_c) = \frac{144}{432} = 0.334$$

$$P_4 = \Pr(F_4 \mid S_a \cap S_b' \cap S_c) = \frac{96}{432} = 0.221$$

따라서 P_j/C_j, $j = 1,2,3,4$가 각각

$$0.334/20 = 0.0167,\ 0.114/30 = 0.037,\ 0.334/10 = 0.0334,\ 0.221/40 = 0.0056$$

가 되므로 최적 탐색순서 $\pi^* = (F_3,\ F_1,\ F_4,\ F_2)$가 된다.

Remark: 이 문제는 그룹검사문제와 유사한 최적검사문제로서 다양한 형태로 확장가능하다. 예를 들면 다음과 같다.

- 고장 난 부품이 한 개 이상인 경우에 대한 최적검사방법
- 연속형의 검사문제, 즉 [0.1] 사이의 임의 위치에 구멍이 난 경우 이 위치를 어떻게 찾을 것인가? 임의 두 위치에서 압력을 측정하면 만일 사이에 구멍이 있다면 압력이 낮게 측정된다고 한다.

3.11

변동이 큰 두 부품을 어떻게 분류하여 조립하는 것이 좋은가? (Selective assembly problems)

두 개의 부품을 조립하는 경우를 고려하자. 예를 들어 봉 세탁기의 봉을 본체에 조립할 때나 문짝을 차 프레임에 부착하는 경우에 조립된 완성체의 중요한 품질 특성치는 부품의 특성치의 차인 경우가 많다. 그래서 두 특성치를 X, Y라고 하면 최종 조립품의 품질 특성치는 $Y-X$이고 이 값이 너무 작거나 크면 문제가 있다고 하자. 그러므로 이 값이 적절한 값을 가질 필요가 있으며, 즉 $|Y-X| \le \delta$이어야 한다.

생산 공정의 변동으로부터 부품 X는 평균 50mm 표준편차가 1mm인 정규분포를, 부품 Y는 평균이 50mm이며 표준편차 1인 정규분포를 따르고, 서로 독립으로 가정하자. 이 경우 제품의 특성치는 X, Y의 차이가 1mm 이상의 경우(즉, $\delta=1$)는 부적합품으로 처리된다. 두 부품을 무작위로 조립할 경우의 부적합품률은 얼마인가?

만일 각 부품을 검사하여 두 그룹으로 구분한 후에 작은 것은 작은 것끼리, 큰 것은 큰 것끼리 조립하는 경우(selective assembly)에 부적합품률을 낮출 수 있을 때의(Kwon et al., 1999) 부적합품률은 얼마인가? (보다 상세한 내용은 윤원영 등(2019)을 참고하기 바란다).

해답

무작위 조립의 경우에 부적합될 확률은

$$\pi_R = \Pr(|Y-X| \ge 1) = 1 - \int_{-\infty}^{\infty} \int_{y-1}^{y+1} f(x,y)\,dx\,dy$$

로 나타낼 수 있으며, 여기서 $f(x,y)$는 결합 밀도함수이다. 그러면 적합품률 P_R은 X와 Y가 독립이고 각각 평균이 μ_x, μ_y이고 분산이 σ^2으로 동일한 정규분포를 따르는 점을 적용하면 다음과 같이 구할 수 있다.

$$P_R = \int_{-\infty}^{\infty}\int_{y-1}^{y+1} f_X(x) f_Y(y) dx dy$$
$$= \int_{-\infty}^{\infty} \phi\left(\frac{y-\mu_y}{\sigma}\right)\left[\Phi\left(\frac{y+1-\mu_x}{\sigma}\right) - \Phi\left(\frac{y-1-\mu_x}{\sigma}\right)\right] dy$$

(여기서, $\phi(\cdot)$, $\Phi(\cdot)$는 표준정규분포의 확률밀도와 누적분포함수임.) (3.11.1)

따라서 문제의 조건을 적용하면 부적합품률은 다음과 같이 0.4795가 된다.

$$\pi_R = \Pr(|Y-X| \geq 1) = 1 - P_R = 1 - \int_{-\infty}^{\infty} \phi(z)[\Phi(z+1) - \Phi(z-1))] dz = 0.4795$$

한편 부적합품률을 일반적인 식 (3.11.1)보다 쉬운 방법으로 다음과 같이 구할 수 있다. 즉, $Y-X$는 평균이 0이고 분산이 2인 정규분포를 따르므로 $W = |Y-X|$는 다음의 절반정규(half-normal)분포를 따른다.

$$f_W(w) = \frac{1}{\sqrt{\pi}} e^{-w^2/4}, \quad w \geq 0$$

이로부터 부적합품률을 구하면

$$\pi_R = P(|Y-X| \geq 1) = 1 - \int_0^1 f_W(w) dw = 2(1 - \Phi(1/\sqrt{2})) = 0.4795$$

로 동일한 값이 얻어진다.

두 부품 모두 평균(50)을 기준으로 구분하여 선택조립하는 경우를 고려해 보자. 두 부품이 모두 평균보다 클 때 조립할 경우의 적합품률 P_{S1}을 먼저 구하면,

$$P_{S1} = \Pr(|X-Y| \leq 1 | X > 50, Y > 50)$$
$$= \frac{1}{0.5^2}\left[\int_{50}^{51}\int_{50}^{y+1} f(x)f(y) dx dy + \int_{51}^{\infty}\int_{y-1}^{y+1} f(x)f(y) dx dy\right]$$
$$= 4\left[\int_0^1 \phi(z)(\Phi(z+1) - 1/2) dz + \int_1^{\infty} \phi(z)(\Phi(z+1) - \Phi(z-1)) dz\right]$$
$$= 0.7701 \qquad (3.11.2)$$

이다. 그러므로 상기와 더불어 평균보다 모두 작은 경우(이의 발생확률을 각각 p_1, p_2로 표기)를 고려하면 적합품률 P_S은

$$
\begin{aligned}
P_S &= P(|X-Y| \le 1) \\
&= \Pr(|X-Y| \le 1 | X > 50,\ Y > 50)\Pr(X > 50,\ Y > 50) \\
&\quad + \Pr(|X-Y| \le 1 | X \le 50,\ Y \le 50)\Pr(X \le 50,\ Y \le 50) \\
&= P_{S1}p_1 + P_{S2}p_2 = 0.7701 \times 0.5 + 0.7701 \times 0.5 = 0.7701 \qquad (3.11.3)
\end{aligned}
$$

이다. 즉, 분류하여 조립을 하면 부적합품률 $\pi_S = 1 - P_S$는 0.2299로 무작위 조립보다 절반이상 감소시킬 수 있다.

추가문제 3-11-1

개별 부품에 관한 규격이 있을 경우를 고려하자. 기본 문제에서 각 부품이 50 ± 3 내에 속해야 조립할 수 있다고 할 경우 무작위 조립과 선별 조립할 경우에 부적합품률을 구하라.

3-11-1 해답

각 부품이 규격 내에 포함될 확률(p_a)은 0.9973이므로 규격을 충족한 두 부품이 무작위 조립할 때 적합품률은

$$
P_R = \frac{1}{p_a^2}\int_{-3}^{3}\phi\left(\frac{y-\mu_y}{\sigma}\right)\left[\Phi\left(\frac{y+1-\mu_x}{\sigma}\right) - \Phi\left(\frac{y-1-\mu_x}{\sigma}\right)\right]dy = 0.4767
$$

이며, 이로부터 전체 부품 중에서의 부적합품률 π_R은

$$
\pi_R = 1 - p_a^2 + p_a^2(1 - P_R) = 0.4781
$$

로, 기본문제보다 약간 작은 값을 가진다.

선택조립일 경우는 두 부품이 모두 평균보다 크면서 부품 규격을 충족할 때 조립한 경우의 적합품률을 식 (3.11.2)과 유사한 방식으로 구하면,

$$
\begin{aligned}
P_{S1} = \frac{1}{(p_a/2)^2}\Bigg[&\int_0^1 \phi(z)(\Phi(z+1) - 1/2)dz + \int_1^2 \phi(z)(\Phi(z+1) - \Phi(z-1))dz \\
&+ \int_2^3 \phi(z)(\Phi(3) - \Phi(z-1))dz\Bigg] = 0.7742
\end{aligned}
$$

이고, 두 부품이 모두 작은 경우도 고려하면 식 (3.11.3)으로부터 0.7742가 된다. 선택조립일 때 전체 부품 중에서의 부적합품률 π_S은

$$\pi_S = 1 - p_a^2 + p_a^2 \times 2[(p_a/2)/p_a](1 - P_{S1}) = 0.2301$$

으로, 기본문제와 거의 같은 값을 가진다.

추가문제 3-11-2

추가문제 3-11-1에서 두 구간보다 더 나누어 조립하면 부적합품률이 감소하는 것은 명확하다(Mease et al., 2004). 일반적으로 n개의 구간으로 나누는 경우에 부적합품률은 어떻게 구할 수 있는가? 여기서 동일한 간격을 가지는 3구간으로 나눌 경우에 부적합품률을 구하라.

3-11-2 해답

이 문제는 두 부품의 분산이 동일하며 평균까지 동일한 경우로 구간의 경계치가 $(-\infty, x_1, x_2, \ldots, x_{n-1}, \infty)$(부품 규격이 있는 경우는 양쪽의 무한대가 규격 상한과 하한으로 대치됨)이면 각 구간에 포함될 확률은 $\Psi(i)=\Phi(x_i - 50) - \Phi(x_{i-1} - 50)$이다. 그러므로 각 구간($I_i$)에 속한 부품들을 조립하는 경우의 부적합품률은 $P(|X-Y| \le 1 | X \in I_i, Y \in I_i)$이므로, 총 부적합품률은 다음 식에 의해 구할 수 있다.

$$\pi_S = \Pr(|X-Y| \ge 1) = \sum_{i=1}^{n} \Pr(|X-Y| \ge 1 | X \in I_i,\ Y \in I_i)\Psi(i) \qquad (3.11.4)$$

즉, 각 구간에서의 부적합품률에 관한 조건부 확률을 통해 계산하면 된다.

만약 $n=3$이고 동일한 간격으로 구간을 나눈다면 각 부품의 구간은 (47, 49, 51, 53) (표준화하면 $(-3, -1, 1, 3)$)으로 나타낼 수 있으며, $\Psi(1) = 0.1574$, $\Psi(2) = 0.6825$, $\Psi(3) = 0.1574$가 된다. 세 구간에서의 적합품률 P_{Si}, $i = 1,2,3$은

$$P_{S1} = P_{S3} = \frac{1}{\Psi(3)^2}\left[\int_1^2 \phi(z)(\Phi(z+1) - \Phi(1))dz + \int_2^3 \phi(z)(\Phi(3) - \Phi(2))dz\right] = 0.8322$$

$$P_{S2} = \frac{1}{\Psi(2)^2}\left[\int_0^1 \phi(z)(\Phi(1) - \Phi(z-1))dz + \int_{-1}^0 \phi(z)(\Phi(z+1) - \Phi(-1))dz\right] = 0.7906$$

가 되므로, 총 부적합품률 π_S은 식 (3.11.4)를 기반으로 다음과 같이 구해진다.

$$\pi_S = 1 - p_a^2 + p_a^2 \sum_{i=1}^{3} \frac{\Psi(i)(1-P_{Si})}{p_a} = 0.2006$$

두 구간으로 나눌 때보다 세 구간으로 구분하면 선택조립의 부적합품률이 감소되고 있음을 확인할 수 있다.

추가문제 3-11-3

추가문제 3-11-2에서 동일한 확률(equal area)을 가지는 3구간으로 나눌 경우에 부적합품률을 구하라.

3-11-3 해답

동일한 확률을 가지도록 세 구간을 나눈다면 각 구간의 확률은 0.9973/3이 되므로 $\Psi(1) = \Psi(2) = \Psi(3) = 0.33243$가 된다. 이를 반영한 표준화한 구간 경계값은 $x_1 = \Phi^{-1}(0.00135 + 0.33243 = 0.33378) = -0.4295$, $x_2 = \Phi^{-1}(0.66621) = 0.4295$가 되므로 구간은 $(47, 49.5705, 50.4295, 53)$(표준화하면 $(-3, -0.4295, 0.4295, 3)$)으로 나타낼 수 있다. 따라서 세 구간에서의 적합품률 $P_{Si}, i = 1,2,3$은

$$\begin{aligned} P_{S1} = P_{S3} = \frac{1}{\Psi(3)^2}\Bigg[&\int_{0.4295}^{1.4295} \phi(z)(\Phi(z+1) - \Phi(0.4295))dz \\ &+ \int_{1.4295}^{2.4295} \phi(z)(\Phi(z+1) - \Phi(z-1))dz \\ &+ \int_{2.4295}^{3} \phi(z)(\Phi(3) - \Phi(z-1))dz\Bigg] = 0.0920 \end{aligned}$$

$$P_{S2} = \frac{1}{\Psi(2)^2}\int_{-0.4295}^{0.4295} \phi(z)(\Phi(0.4295) - \Phi(-0.4295))dz = 1.0$$

가 되므로 총 부적합품률 π_S은 추가문제 3-11-3에서처럼 다음과 같이 구해진다.

$$\pi_S = 1 - p_a^2 + p_a^2 \sum_{i=1}^{3} \frac{\Psi(i)(1-P_{Si})}{p_a} = 0.1164$$

세 구간으로 구분할 경우 동일 확률로 구간을 나누면 동일 간격으로 나눌 때보다 선택 조립의 부적합품률이 감소되고 있음을 확인할 수 있다.

한편 동일 간격이나 확률로 구간을 나누는 방법 외에 평균제곱오차, 평균절대편차, 비용 등의 기준으로 구간경계값을 최적으로 구하는 방법은 Mease et al.(2004)와 Kwon et al.(1999) 등을 참조하기 바란다.

추가문제 3-11-4

기본 문제의 선택조립에서 평균을 중심으로 구분하지 않는다고 하면 부적합품률이 어떻게 변화하는지를 검토해 보자.

3-11-4 해답

평균에서 k만큼 떨어진 위치를 기준으로 나누는 경우를 고려하여 보자. 이때

$$
\begin{aligned}
P_{S1} &= \Pr(|X-Y| \le 1 | X > 50+k, Y > 50+k) \qquad (3.11.5)\\
&= \frac{1}{(1-\Phi(k))^2}\left[\int_{50+k}^{51+k}\int_{50+k}^{y+1} f(x)f(y)dxdy + \int_{51+k}^{\infty}\int_{y-1}^{y+1} f(x)f(y)dxdy\right]\\
&= \frac{1}{(1-\Phi(k))^2}\left[\int_{k}^{k+1}\phi(z)[\Phi(z+1)-\Phi(k)]dz\right.\\
&\quad \left. + \int_{k+1}^{\infty}\phi(z)[\Phi(z+1)-\Phi(z-1)]dz\right]
\end{aligned}
$$

$$
\begin{aligned}
P_{S2} &= P(|X-Y| \le 1 | X < 50+k, Y < 50+k) \qquad (3.11.6)\\
&= \frac{1}{\Phi(k)^2}\left[\int_{-\infty}^{49+k} n\int_{y-1}^{y+1} f(x)f(y)dxdy + \int_{49+k}^{50+k}\int_{y-1}^{50+k} f(x)f(y)dxdy\right]\\
&= \frac{1}{\Phi(k)^2}\left[\int_{-\infty}^{k-1}\phi(z)[\Phi(z+1)-\Phi(z-1)]dz + \int_{k-1}^{k}\phi(z)[\Phi(k)-\Phi(z-1)]dz\right]
\end{aligned}
$$

가 되므로, 위의 두 확률을 식 (3.11.3)의 형태로 더한 확률이 적합품률이며 부적합품률은 1에서 적합품률을 빼면 된다.

k를 -1에서 1까지 변화시키면서 부적합품률을 구하면 〈그림 3.11.1〉과 같이 도시된

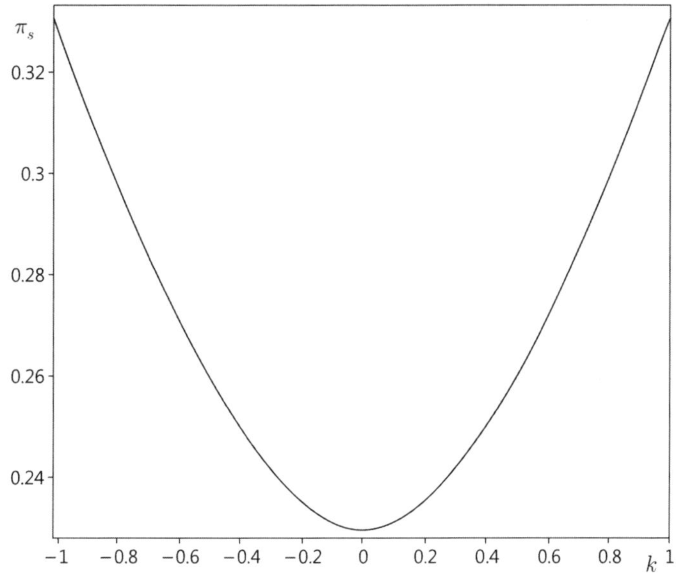

그림 3.11.1 구간 기준점을 이동시킬 경우의 부적합품률 곡선

다. 이를 보면 당연히 $k=0$일 때 부적합품률이 최소가 되며, $k=0.1$, 0.2일 때 부적합품률이 각각 0.2312, 0.2350으로 그리 크게 증가하지 않는다. 만약 조립품의 규격이 비대칭인데 공차를 대칭 형태로 엄격하게 표시한 경우이거나, 조립에 따른 손실의 방향이 비대칭적일 때 구간의 기준점을 평균에서 약간 이동시키는 것을 고려할 수 있을 것이다.

전술한 문제들에서 조립하는 두 부품 특성치의 분포는 동일한 분포를 따르는 경우로 한정하여 각 구간 간격 또는 확률을 같도록 설정하는 방식을 다루고 있는데, 이를 기반으로 두 부품의 특성치 모수 또는 분포가 다를 경우에 대응되는 그룹의 구간 간격을 같게 설정하거나(등간격 분할 방식), 대응 그룹 내에 포함될 확률이 일치되도록 각 부품의 구간을 설정하는 방식(등면적 분할 방식)으로 확장할 수 있다(윤원영 등, 2019).

3.12

책을 몇 번 교정하는 것이 최적일까? (Proofreading problems)

같은 책의 교정을 두 사람이 독립적으로 수행한 결과 각각 50, 20개의 오류를 발견하였으며, 이 중 같은 것이 10개라고 하면 남아 있는 오류는 대략 몇 개일까?

해답

전체 오류에서 발견되는 오류의 수는 이항분포를 따른다. 그러므로 총 오류 수가 m일 때 두 사람이 각각 발견된 오류로부터 두 사람의 오류 검출 확률($p_{1,}\, p_2$)은 $\hat{p}_1 = 50/\hat{m}$, $\hat{p}_2 = 20/\hat{m}$로 추정이 가능하다.

그리고 동시에 발견할 확률은 $p_1 p_2$이므로 이 확률의 추정치는 $\hat{p}_1 \hat{p}_2 = 10/\hat{m}$이므로 여기서 $(50/\hat{m})(20/\hat{m}) = 10/\hat{m}$의 관계를 유도할 수 있으며 이 식을 만족하는 $\hat{m}$은 100이다. 따라서 남아 있는 오류 수는 $100-(50+20-10)=40$으로 추정된다.

두 사람의 독립적인 교정에서 각각 a, b개의 오류를 발견했는데, 그중에서 같이 발견한 오류가 c개라면 전술한 바와 같이 모멘트 방법에 의해 추정하면 총 오류 수의 추정치는 $\hat{m}= ab/c$가 된다. 그리고 두 사람의 오류 검출 확률의 추정치는 각각 $\hat{p}_1 = a/\hat{m}= c/b$, $\hat{p}_2 = b/\hat{m}= c/a$이다.

따라서 남아 있는 오류의 수(r)의 추정치는 $\hat{r}$는

$$\hat{r}= \frac{ab}{c} - (a+b-c) = \frac{(a-c)(b-c)}{c}$$

이 된다.

추가문제 3-12-1

동일한 사람이 상당한 기간을 두고 2회 독립적으로 같은 책을 두 번 교정한 결과 각각 a, b개의 오류를 발견했다면 다음 교정 방식하에서 이 사람의 오류 검출 확률과 이 책의 총 오류 수를 추정하라.

(1) 양쪽에 같이 발견된 오류가 c개일 때

(2) 처음에 발견된 오류를 교정한 후에 두 번째 교정한 결과일 때

3-12-1 해답

(1) 교정자의 오류 검출 확률인 $\hat{p}' = a/\hat{m}'$, $\hat{p}' = b/\hat{m}'$, $\hat{p}'^2 = c/\hat{m}'$이므로 $\hat{m}' = ab/c$이고 $\hat{p}'$는 기본문제와 유사하게 $[(c/b)+(c/a)]/2 = c(a+b)/(2ab)$로 추정할 수 있다(Liu, 1988).

통계학자들은 이 보다는 다음 방식을 선호한다. 즉, 첫 번째 발견한 오류 수(X_1)는 모수가 (m,p)인 이항분포($B(m,p)$)를, 두 번째 발견한 오류 수(X_2)는 $B(m,p)$를 따르면 $X_1 + X_2$는 $B(2m,p)$를, 양쪽에 같이 발견된 오류 수(X_{12})는 $B(m,p^2)$를 따르므로 다음의 관계가 성립한다.

$$2\hat{m}\hat{p} = a+b, \quad \hat{m}\hat{p}^2 = c$$

따라서 두 추정치는 다음과 같이 구할 수 있다(Andel, 2001).

$$\hat{m} = \frac{(a+b)^2}{4c}, \quad \hat{p} = \frac{2c}{a+b} \tag{3.12.1}$$

만약 $a=50,\ b=20,\ c=10$라면 $\hat{m}' = 100,\ \hat{p}' = (10/50 + 10/20)/2 = 0.35$이고, 식 (3.12.1)에 의하면 $\hat{m} = 70^2/(4\times 10) = 122.5,\ \hat{p} = 20/70 = 0.286$으로 추정된다.

(2) 이런 교정 상황에서는 X_1는 $B(m,p)$를, X_2는 $B(m-X_1,p)$를 따르므로

$$\hat{m}\hat{p} = a, \quad (\hat{m}-a)\hat{p} = b$$

이다. 따라서 두 추정치는 $a > b$일 때 $\hat{m} = a^2/(a-b)$, $\hat{p} = (a-b)/a$가 된다.
앞의 예제와 같이 $a=50,\ b=20,\ c=10$라면 $\hat{m} = 50^2/30 = 83.3,\ \hat{p} = (50-20)/50 = 0.60$으로 추정된다.

추가문제 3-12-2 (교정중단문제)

책(200페이지 분량) 교정을 여러 차례 실시할 경우 언제 교정을 끝내는 것이 좋을까? 교정을 한 번 보는 데 비용이 10만 원이며 만일 오류가 수정되지 않고 책이 출간되는 경우 오류당 발생할 것으로 추정되는 손실은 1만 원 정도라고 한다. 지금까지의 출간 경험에 의하면 100페이지당 발생하는 오류의 수는 평균 100개인 포아송 분포를 따른다고 알려져 있으며, 교정 시 오류를 발견하지 못하고 지나칠 확률은 0.1이라고 한다.

3-12-2 해답

먼저 책에 포함되어 있는 오류의 수(M)가 m으로 주어진 경우, k번 교정을 하여 발견하는 오류의 수($n_1, \cdots, n_k$)는 다음의 분포를 따른다.

$$p(n_1,\cdots,n_k|m) = \frac{m!}{(m-t_k)!\prod n_i!}p^{t_k}(1-p)^{\mu_k - t_k + k(m-t_k)}$$

$$\text{(여기서, } t_k = \sum_{i=1}^{k} n_i,\ \mu_k = \sum_{i=1}^{k} i n_i \text{임.)} \tag{3.12.2}$$

남아 있는 오류 수인 $R = M - t_k$의 사후분포는 M이 λ가 평균인 포아송 분포를 따른다고 가정하고 있으므로,

$$p(m-t_k|n_1,\cdots,n_k) = \frac{f(n_1,\cdots,n_k|m)p(m-t_k)}{f(n_1,\cdots,n_k)} = c\frac{[\lambda(1-p)^k]^{m-t_k}}{(m-t_k)!},\ m = t_k, t_{k+1}, \cdots,$$

(단, c는 확률 질량의 합이 1이 되게 하는 상수에 해당됨.)

이다. 그러므로 $n_1, \cdots, n_k$이 주어진 경우 남아 있는 오류의 수는 총 오류의 수의 평균인 λ와 $(1-p)^k$의 곱을 평균으로 하는 포아송 분포를 따른다.

즉, 최초 200페이지 책에 평균 200개의 오류가 있다면, 미발견 확률이 0.1이므로 k 번 교정 후의 남아 있는 오류의 수는 평균이 $200 \times (0.1)^k$인 포아송 분포를 따른다. 따라서 만일 이 시점에서 한 번 더 교정을 하는 것을 고려한다면 교정비 10만 원 추가로 지불하게 되며, 발견된 오류당 1만 원의 미래의 손실을 방지하게 되므로 평균적으로 $1 \times 200 \times (0.1)^k$만 원의 해택이 있다. 그러므로 우리는 혜택의 기댓값이 비용을 초과하는 한 교정을 계속하여야 한다. 즉, $1 \times 200 \times (0.1)^k > 10$이면 교정을 계속한다.

이 부등식이 처음으로 만족되지 않는 k의 값은 2이므로, 이 경우는 두 번 교정만 하는 것이 최적이다.

이와 같은 규칙(one-stage look-ahead rule)이 최적이라는 결론을 내리기 위해서는 엄밀한 의미에서 k번 교정 후 $(k+1)$번 교정에 대해 부등식이 만족되지 않는 경우는 $(k+1)$, $(k+3)$, ... 등 그 이후의 모든 경우에 대해 이 부등식이 만족될 수 없다는 사실이 증명되어야 한다(현재 다루고 있는 모형에서는 이 사실이 충족됨; Chow and Schechner, 1983).

이와 같은 문제는 교정중단 결정문제로서 지금까지 연구되어져 왔다. 오류 검출 확률이나 초기 오류의 수에 대한 사전분포의 모수가 알려져 있지 않는 경우에 대해서는 Ferguson and Hardwick(1989)의 논문을 참고하면 될 것이다.

3.13

소화기를 어떤 주기로 검사하는 것이 좋을까? (소화기 검사문제)

소화기와 같이 미리 예측할 수 없는 상황에 사용할 장비들은 평상시 잘 관리를 하여 필요 시 사용가능해야 원래의 목적을 달성할 수 있을 것이다. 그러므로 이를 위해 정기적으로 검사를 하여 상태를 점검하고 고장이 난 것은 수리를 하여야 할 것이다. 고장이 나는 시간이 확률변수(평균이 2년인 지수분포를 따름)일 때 어떤 주기로 검사(검사 시간은 무시할 수 있을 정도로 작음)하는 것이 좋을까? 소화기의 사용기한은 10년으로 주어져 있으며 이 기간 동안 임의의 시점에 사용하고자 할 때 고장 상태가 아닐 확률이 0.95보다 크도록 하려면 얼마나 자주 검사를 실시하여야 하는가?

해답

먼저 10년 동안에 실시되는 검사가 일정 간격(주기적 검사)으로 진행되는 경우를 가정하고 이 주기를 결정하는 문제를 풀어보자. 10년을 동일한 간격의 n개의 구간으로 구분하는 경우에 i번째 구간은 $\left[(i-1)\frac{10}{n}, i\frac{10}{n}\right]$이며 임의의 i에 대해 각 구간의 시작 시점에서는 검사를 통한 점검으로 소화기의 상태는 정상이므로 이 구간의 임의 시점에서 사용할 때 고장이 나 있지 않을 확률이 0.95보다 크게 되기 위해서는 이 구간 안에 고장날 확률을 0.05 이하로 하면 된다. 즉 $1-e^{-\frac{10/n}{2}} \le 0.05 \Rightarrow n \ge 100$(즉, 0.1년의 검사주기) 정도는 되어야 된다.

추가문제 3-13-1

시스템의 안전장치 상태는 검사를 통해서만 확인 가능한 경우를 고려해보자. 안전장치의 고장은 평균이 2년인 지수분포를 따른다고 한다. 검사를 한 번 실시하는 비용이 1만원이고 시간은 무시할 수 있다고 하자. 그리고 안전장치가 고장이 나서 방치되게 되면 이 방치된 시간(고장으로부터 다음 검사까지의 시간)에 비례하여 비용이 발생하고 단위시간 당 방치비용은 10만 원이라고 한다. 주기적인 검사를 고려한다면 기대되는 총비용을 최소로 하는 검사주기 T를 구하라.

3-13-1 해답

기대비용을 구하기 위해 먼저 k번째 구간인 t시점에서 고장이 나는 경우에 대해 비용을 따져보면 $1 \times k + 10 \times (kT - t)$(시작시점에 검사를 통해 점검된 상황으로 상정함)이고 이를 바탕으로 기대비용을 구하면

$$EC(T) = \sum_{k=1}^{\infty} \int_{(k-1)T}^{kT} [k + 10(kT - t)] \frac{1}{2} e^{-t/2} dt = \frac{1 + 10T}{1 - e^{-T/2}} - 20 \qquad (3.13.1)$$

가 된다.

최적 T를 구하기 위해 기대비용을 T에 대해 미분하여 0으로 두면

$$e^{T/2} - (1 + T/2) = \frac{1}{20} \qquad (3.13.2)$$

의 방정식이 얻어진다. 위의 식을 수치해법으로 풀면 〈그림 3.13.1〉의 (a)와 같이 최적 $T(T^*)$은 0.601(약 7.2개월)이 되며 그때의 기대비용은 7.01만 원이 된다.

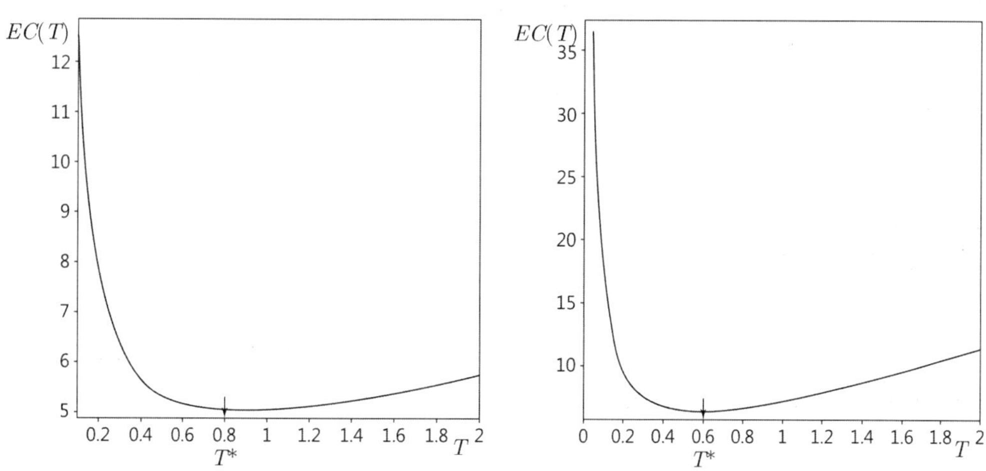

(a) 지수분포: 추가문제 3-13-1　　(b) 와이블 분포: 추가문제 13-3-2

그림 3.13.1 기대비용 곡선

정기적으로 검사하는 상기 모형을 일반화해보자. 1회 검사비용을 c_1, 단위시간당 방치 비용을 $c_2 = ac_1$, 안전장치의 수명에 관한 확률밀도함수, 누적분포함수, 신뢰도함수를 $f(\cdot)$, $F(\cdot)$, $R(\cdot)$로 두면 기대비용은 다음과 같다.

$$EC(T) = \sum_{k=1}^{\infty} \int_{(k-1)T}^{kT} [kc_1 + c_2(kT - t)] f(t) dt$$

여기서 $\sum_{k=1}^{\infty} \int_{(k-1)T}^{kT} kf(t)dt = \sum_{k=1}^{\infty} k[R((k-1)T) - R(kT)] = \sum_{k=0}^{\infty} R(kT)$이고, $\sum_{k=1}^{\infty} \int_{(k-1)T}^{kT} tf(t)dt = \int_0^{\infty} tf(t)dt = \mu$이므로 이를 상기 식에 대입하면

$$EC(T) = c_1 \left[\sum_{k=0}^{\infty} (1 + aT) R(kT) - a\mu \right] \tag{3.13.3}$$

가 된다. 지수분포($f(t) = \lambda e^{-\lambda t}$)를 따를 때 식 (3.13.3)에 대입하면

$$EC(T) = c_1 \left[\frac{(1 + aT)}{1 - e^{-\lambda T}} - \frac{a}{\lambda} \right] \tag{3.13.4}$$

가 되므로 식 (3.13.1)과 같아진다. T에 대해 미분하여 0으로 두면 $e^{\lambda T} - (1 + \lambda T) = \frac{\lambda}{a}$ (식 (3.13.2) 참고)이 얻어진다. 이때 $\lambda T \ll 1$이면 $e^{\lambda T} \approx 1 + \lambda T + \frac{(\lambda T)^2}{2}$로 2차 항까지 Taylor 급수 근사를 적용하면 $T^* \approx \sqrt{\frac{2}{\lambda a}}$가 된다. 추가문제 3-13-1에 대입하면 근사 $T^* = 0.632$가 되어 약간의 차이가 발생된다. 이 차이는 λT^*가 작은 값을 가지지 않아 발생한 것으로 이 예제에서는 근사 방법을 추천하기 힘들다.

추가문제 3-13-2

추가문제 3-13-1에서 고장분포가 와이블 분포(척도모수(λ)가 1/2이고 형상모수(β)가 2)를 따르는 경우 최적 검사주기는 얼마가 될까?

3-13-2 해답

$f(t) = \beta\lambda(\lambda t)^{\beta-1} e^{-(\lambda t)^{\beta}}$, $R(t) = e^{-(\lambda t)^{\beta}}$, $\mu = \frac{1}{\lambda}\Gamma\left(1 + \frac{1}{\beta}\right)$을 식 (3.13.3)에 대입하면

기대비용은

$$EC(T) = c_1\left[\sum_{k=1}^{\infty}(1+aT)e^{-(\lambda kT)^{\beta}} - \frac{a}{\lambda}\Gamma\left(1+\frac{1}{\beta}\right)\right] \tag{3.13.5}$$

가 되며, 여기서 $\lambda = 1/2$, $\beta = 2$, $c_1 = 1$, $a = 10$을 대입하면 다음과 같다.

$$EC(T) = \sum_{k=1}^{\infty}(1+10T)e^{-(kT/2)^2} - 10\Gamma\left(\frac{1}{2}\right)$$

최적 T를 구하기 위해 위에 있는 기대비용을 T에 대해 미분하여 0으로 둔 방정식을 수치해법으로 풀면 〈그림 13.1〉의 (b)와 같이 최적 $T(T^*)$은 0.595(약 6개월)이 되며 그때의 기대비용은 6.45만 원이 된다.

한편 기대비용은 방치된 시간의 기댓값을 $E(D)$로 두면 식 (3.13.3)이

$$EC(T) = \frac{c_1}{T}(E(D)+\mu) + ac_1E(D) \tag{3.13.6}$$

되므로, $E(D) \approx T/2$로 근사화하면 (3.1.3.6)은 $\frac{c_1}{2}\left(1+\frac{2\mu}{T}+aT\right)$로 단순화된다(Nakagawa and Yasui, 1999). 이로부터 T^*은 $\sqrt{\frac{2\mu}{a}} = \sqrt{\frac{2}{a\lambda}\Gamma\left(1+\frac{1}{\beta}\right)}$의 근사값으로 구할 수 있다. 현 추가문제에 대입하면 근사 T^*은 0.594로 거의 같은 값을 제공한다.

고장이 와이블 분포를 따르는 경우는 주기적 검사가 최적이 아니라 검사의 주기를 변화시키는 것이 유리할 것이다. 즉 형상모수가 1보다 큰 경우 고장률이 증가형이므로 검사주기를 점점 줄여서 검사하는 것이 유리할 것이다. 이 같은 다양한 검사정책에 대해서는 서순근 등(2018)이나 Nakagawa(2015)을 참고하면 될 것이다.

추가문제 3-13-3

추가문제 3-13-1에서 고장을 발견할 때마다 동일한 안전장치로 교체를 하여 지속적으로 사용하는 상황을 고려하자. 이 경우의 최적 검사주기는 식 (3.13.3)의 기대비용보다는 단위 시간당 기대비용을 최소화하는 검사주기를 구해야 한다. 추가문제 13-3-1에서 교체 시의 비용(c_3)이 5만 원일 때 최적 주기를 구하라.

3-13-3 해답

한 번 교체할 때까지의 사이클을 주기로 설정하면 기대 교체주기는

$$E(L) = \mu + \sum_{k=1}^{\infty} \int_{(k-1)T}^{kT} (kT - t) f(t) dt = T \sum_{k=1}^{\infty} k[R((k-1)T) - R(kT)]$$

$$= T \sum_{k=0}^{\infty} R(kT) \tag{3.13.7}$$

가 되므로 평균이 $1/\lambda$인 지수분포를 대입하면 $T/(1-e^{-\lambda T})$가 된다. 따라서 기대비용은 식 (3.13.4)에 $c_3 = bc_1$를 더하면 되므로 단위시간당 기대비용은 다음과 같다.

$$EU(T) = c_1 \left[\frac{1-(a/\lambda - b)(1-e^{-\lambda T})}{T} + a \right] \tag{3.13.8}$$

최적 T를 구하기 위해 위에 있는 기대비용을 T에 대해 미분하여 0으로 둔 방정식은

$$1 - (1 + \lambda T) e^{-\lambda T} = \frac{\lambda}{a - \lambda b} \tag{3.13.9}$$

이 되며, $a > \lambda b$이면 최적 T을 상기 식으로부터 구할 수 있다. $\lambda = 1/2$, $a = 10$, $b = 5$을 식 (3.13.9)에 대입하여 수치해법으로 풀면 최적 T은 0.838(약 10개월), 이때의 기대주기와 단위시간당 기대비용은 각각 2.45년, 5.07만 원이 된다(〈그림 3.13.2〉 참고).

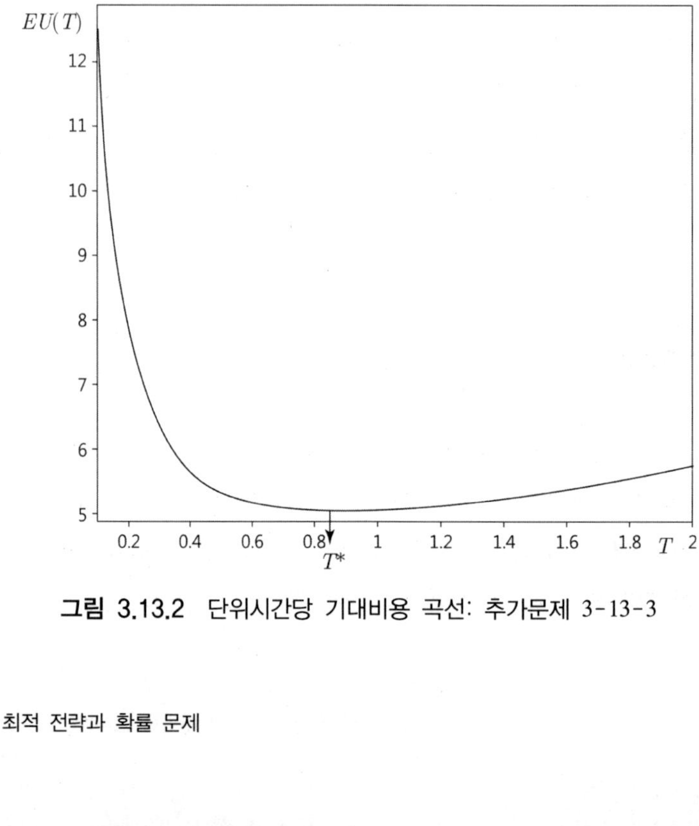

그림 3.13.2 단위시간당 기대비용 곡선: 추가문제 3-13-3

3.14

치킨 판매를 위해 준비해야 하는 최적의 공급량은 얼마일까? (최적 공급량 문제)

A씨는 주말 야구 경기장에 치킨을 준비하여 판매하는 부업을 하고 있다. 그동안 판매된 자료를 검토한 결과 주당 판매량은 평균이 100마리인 지수분포를 따른다고 한다. 구입비용은 마리당 5,000원이고 판매가는 10,000원이다. 팔리지 않은 치킨은 경기 후 2,000원에 싸게 처리한다. 이때 주당 최적의 준비량을 얼마로 하는 것이 좋을까?

해답

먼저 평균인 100마리를 주문하는 경우 구입비용은 $5,000 \times 100 = 500,000$원이고 판매되는 수요는 확률변수이므로 이를 X라고 하면, 수익은

$$P(100) = \begin{cases} 10,000 \times X + 2000(100 - X) - 500,000, & X \le 100 \\ 10,000 \times 100 - 50,0000, & X > 100 \end{cases}$$

가 된다. 만약 한 주당 Q마리를 준비하고, 마리당 판매가, 구입가, 미판매 처분가치를 각각 p, c, v로 두면 다음과 같이 표현할 수 있다.

$$P(Q) = \begin{cases} pX + v(Q - X) - cQ, & X \le Q \\ pQ - cQ, & X > Q \end{cases} \tag{3.14.1}$$

그리고 수요가 평균이 $1/\lambda$인 지수분포를 따른다면. 기대수익은

$$\begin{aligned} E[P(Q)] &= \int_0^Q [px + v(Q - x) - cQ]\lambda e^{-\lambda x} dx + (p - c)Qe^{-\lambda Q} \\ &= (v - c)Q + \frac{p - v}{\lambda}(1 - e^{-\lambda Q}) \end{aligned} \tag{3.14.2}$$

이다. 이를 Q에 대해 미분하여 0으로 두면 기대수익을 최대화하는 필요조건이 된다.

$$e^{-\lambda Q} = \frac{c - v}{p - v}$$

식 (3.14.1)이 위로 볼록한(concave)함수이므로 이의 해인 $Q^*=-\frac{1}{\lambda}ln\frac{c-v}{p-v}$가 최적해가 된다.

이 문제에서 $p=10,000$, $c=5,000$, $v=2,000$. $\lambda=1/100$이므로 $Q^*=98$이며, 그때의 기대이익은 205,751원이 된다.

추가문제 3-14-1

기본문제를 확장하여 수요(X)가 지수분포보다 일반화된 분포를 따르며(즉, 밀도함수와 분포함수를 각각 $f(x)$, $F(x)$로 표기), 품절이 발생할 때(즉, $X<Q$) 거래 신뢰도 저하, 고객의 충성도가 감소하는 등의 단위당 품절손실 비용 s가 추가적으로 발생할 때 최적 주문량 Q를 구하라.

3-14-1 해답

식 (3.14.1)에서 품절손실을 포함시키면

$$P(Q)=\begin{cases}pX+v(Q-X)-cQ, & X\le Q\\ pQ-cQ-s(x-Q), & X>Q\end{cases}$$

가 되므로, 기대수익은

$$E[P(Q)]=\int_0^Q[px+v(Q-x)-cQ]f(x)dx+\int_Q^\infty[(p+s-c)Q-sx)f(x)dx$$
$$=(p-v)\mu-(c-v)Q-(p+s-v)\int_Q^\infty(x-Q)f(x)dx$$

(단, $\mu=E(X)$임.) (3.14.3)

이다. 이를 Q에 대해 미분하여 0으로 두면 기대수익을 최대화하는 Q^*를 구할 수 있다.

$$F(Q)=1-\frac{c-v}{p+s-v}=\frac{p+s-c}{p+s-v} \quad (3.14.4)$$

지수분포의 형태를 보면 수요분포로 적절하지 않을 수 있다. 따라서 수요가 앞의 지수분포와 평균이 동일하면서 형상모수가 2인 얼랑(Erlang; 감마분포에서 형상모수가 정수인 경우)분포를 각각 따를 경우에 기본문제를 풀어라. 여기서 p는 1,000원을 예상한다.

해답

지수분포를 따르면 식 (3.14.4)에서 $1-e^{-Q^*/100}=2/3$이 되므로 Q^*는 110이 된다. 형상모수가 2이고 형상모수가 θ인 얼랑분포의 평균인 2θ가 100이 되어야 하므로 θ는 50이다. 따라서 이 분포는 밀도함수와 분포함수는 다음과 같이 나타낼 수 있다.

$$f(x)=(1/50)^2 xe^{-x/50},\ x\geq 0$$

$$F(x)=\int_0^x f(u)du=1-e^{-x/50}[1+(x/50)],\ x\geq 0$$

식 (3.14.4)에 이를 대입하여 $1-e^{-Q^*/50}[1+(Q^*/50)]=2/3$의 해를 수치해법으로 구하면 $Q^*=114$가 된다.

추가문제 3-14-2: 수명교체 방식(Age replacement policy)

자동차의 엔진오일은 수명이 자동차의 운전상황에 따라 변화하는 확률변수로서 형상모수가 2이며 척도모수가 1만km 정도 되는 와이블 분포를 따른다고 한다. 만일 오일을 적절한 시기에 교체하지 않고 사용하다가 수명이 초과하는 경우는 자동차에 피해를 준다고 하자. 오일 교체 비용은 5만 원이며 수명이 초과하여 교체 시는 30만 원이라고 한다. 교체시간은 무시할 수 있다고 하면 얼마 정도 주행 후에 교체하는 것이 경제적인가?

3-14-2 해답

오일 교체는 계속하여 실시되므로 장기적인 측면에서 단위시간당 기대비용을 최소로 하는 방안을 찾는 것이 적합할 것이다. t_0를 미리 정해진 수명교체 주기로 설정할 때 단위시간당 기대비용을 구하기 위해서는 한 주기당 기대비용($E[C(t_0)]$)과 기대 주기길이 ($E[L(t_0)]$를 구하면 된다.

즉, 특정 주기에서 t_0전에 고장이 발생하면 c_f의 고장 수반비용이 발생하며, t_0까지 고장이 발생하지 않으면 $c_p(<c_f)$의 비용으로 예방교체를 실시한다면 주기당 기대비용과

기대길이는

$$E[C(t_0)] = c_f F(t_0) + c_p(1 - F(t_0)) = c_p + (c_f - c_p)F(t_0)$$

$$E[L(t_0)] = \int_0^{t_0} tf(t)dt + t_0(1 - F(t_0)) = \int_0^{t_0} (1 - F(t))dt$$

가 된다. 여기서 $f(t)$, $F(t)$는 오일수명의 밀도함수와 분포함수이다.

따라서 이의 비인 $g(t_0) = E[C(t_0)]/E[L(t_0)]$를 최소화하는 t_0^*를 찾는 문제가 된다. 이를 t_0에 대해 미분하여 0으로 두면 다음과 같은 방정식이 얻어진다.

$$\frac{f(t_0^*)}{1 - F(t_0^*)} \int_0^{t_0^*} (1 - F(t))dt - F(t_0^*) = \frac{c_f - c_r}{c_r} \tag{3.14.5}$$

여기서 c_f가 상당히 c_r보다 상당히 크지 않거나 고장률이 비증가형이면 t_0^*가 존재하지 않을 수 있다(Barlow and Proschan, 1975).

이 문제에서 $f(t) = (2t/10{,}000^2)e^{-(t/10{,}000)^2}$, $F(t) = 1 - e^{-(t/10{,}000)^2}$이므로 $g(t_0)$를 구하면

$$g(t_0) = \frac{50{,}000 + 250{,}000(1 - e^{-(t_0/10{,}000)^2})}{\int_0^{t_0} e^{-(t_0/10{,}000)^2} dt}$$

가 된다. 그리고 식 (3.14.5)에 대입하면

$$(2t_0^*/10{,}000^2)\int_0^{t_0^*} e^{-(t/10{,}000)^2} dt - [1 - e^{-(t_0^*/10{,}000)^2}] = 5$$

이므로, 이 방정식의 해인 t_0^*를 수치해법으로 구하면 4,548km가 된다.

3.15

비 오는 날에는 어떤 코스로 출근해야 하는가?

9시까지 직장에 출근해야 하는 D대리는 비오는 날 어떤 경로(코스)를 택할지 고심한다. 직장까지 자가용으로 출근하는 D대리는 두 가지 코스(즉, A, B) 중에서 선택할 수 있는데, 특히 비오는 날은 자동차 통행량이 증가되고, 예측하지 못한 교통 상황이 자주 발생하여 소요시간을 추산하기 힘들다. 오늘 늦잠을 잔 D대리는 60분 안에 도착해야 지각을 하지 않는다. 〈표 3.15.1〉은 비 오는 날에 실제 소요된 소요시간을 정리한 데이터로, 이를 기반으로 지각할 확률을 줄이려면 어느 쪽을 선택해야 하는가? 소요시간은 정규분포($N(\mu_j, \sigma_j^2)$, $j=1,2$)를 따른다고 가정한다.

표 3.15.1 코스별 소요시간 데이터

코스	소요시간(분)				$\overline{x}$	s
A(1)	60	59	58	59	59	0.8165
B(2)	59	57	34	58	52	12.0277

해답

정규분포($N(\mu, \sigma^2)$)를 따르는 출근 소요시간이 $X_1, X_2, \dots, X_n$일 때, 두 통계량을 다음과 같이 정의하면, 관측값은 소문자로 표기한다.

$$\overline{X} = \sum_{i=1}^{n} X_i / n, \quad S^2 = \frac{\sum_{i=1}^{n}(X_i - \overline{X})^2}{n-1}$$

지각을 하지 않는 최대 소요시간을 U로 두면 $n+1$번째 출근 시 지각할 확률은 다음과 같이 구할 수 있다.

$$q_j = P(X_{n+1} > U) = 1 - \Phi\left(\frac{U - \mu_j}{\sigma_j}\right)$$

(여기서, $\Phi(\cdot)$는 표준정규분포의 분포함수임.) (3.15.1)

식 (3.15.1)의 추정량으로 단순(naive) 추정량인 식 (3.15.2)를 생각할 수 있다.

$$\hat{q}_{j1} = P(X_{n+1} > U) = 1 - \Phi\left(\frac{U - \overline{X}_j}{S_j}\right) \tag{3.15.2}$$

〈표 3.15.1〉에서 얻은 값을 대입하면 A와 B 코스의 지각확률은 각각 0.110, 0.253이 된다. 식 (3.15.2)의 추정량은 표본크기 4개 정도로 정규분포로 간주하여 근사하기는 힘들며, 또한 식 (3.15.2)는 q_j의 불편 추정량이 아니다(Andel, 2001).

따라서 $\hat{q}_{j1}$보다 불편 추정량인 식 (3.15.3)의 $\hat{q}_{j2}$가 선호된다. $\hat{q}_{j2}$는 통계적 품질관리의 계수형 샘플링 검사에서 채택되는 방식이다(KS Q ISO 3951:2013, 윤원영 등(2019)). 이의 전개 과정은 비교적 복잡하므로 Lieberman and Resnikoff(1955)를 참조하기 바라며, 여기서는 U(품질관리에서 규격상한)와 더불어 원하는 최소 소요시간 L(규격하한)일 때 활용하는 $\hat{q}_{j2}$은 다음과 같이 구할 수 있다.

$$\begin{aligned}\hat{q}_{j2} &= \hat{q}_{j2}^{(U)} + \hat{q}_{j2}^{(L)} \\ &= \Pr\left(W \le \frac{1}{2} - \frac{\sqrt{n}}{n-1}\frac{U - \overline{X}_j}{2S_j}\right) + \Pr\left(W \le \frac{1}{2} - \frac{\sqrt{n}}{n-1}\frac{\overline{X}_j - L}{2S_j}\right) \\ &= \Pr\left[\frac{1}{2}\left(1 - Q_{jU}\frac{\sqrt{n}}{n-1}\right)\right] + \Pr\left[\frac{1}{2}\left(1 - Q_{jL}\frac{\sqrt{n}}{n-1}\right)\right]\end{aligned}$$

(단, W는 베타분포(즉, $\mathrm{B}(n/2-1,\ n/2-1)$)을 따르며,

$$Q_{jU} = \frac{U - \overline{X}_j}{S_j},\quad Q_{jL} = \frac{\overline{X}_j - L}{S_j} \text{ 임.)} \tag{3.15.3}$$

여기서 L는 $-\infty$이므로 식 (3.15.3)에서 $\hat{q}_{j2}^{(L)}$를 0으로 취급하며, 베타분포의 두 형상 모수는 모두 1이 되어 균일분포가 된다. 두 Q_{jU}는 각각 1.2247과 0.6651이므로, $\hat{q}_{j2}$는 각각 0.092와 0.278이 된다.

〈표 3.15.1〉에서 두 코스의 대응되는 소요시간은 B코스가 모두 경우에 작지만. 지각확률은 산포가 큰 B 코스가 더 높다.

추가문제 3-15-1

D대리는 너무 일찍 도착하는 것도 원하지 않는다. 보통 비 오는 날 집에서 7시 50분에 출발하고 카풀에 의해 코스 B를 선택해야 될 경우 8시 35분~9시 정각에 도착할 확률은 얼마인가?

3-15-1 해답

U가 70분, L이 45분이므로 식 (3.15.3)에 대입하면,

$$\begin{aligned}\hat{q}_{12} &= \Pr\left(W \le \frac{1}{2} - \frac{\sqrt{4}}{3}\frac{70-57}{2(12.0277)} = 0.1397\right) \\ &\quad + \Pr\left(W \le \frac{1}{2} - \frac{\sqrt{4}}{n-1}\frac{57-45}{2(12.0277)} = 0.0012\right) \\ &= 0.141\end{aligned}$$

8시 35분~9시 정각에 도착할 확률은 0.141로 추정된다.

추가문제 3-15-2

D대리는 요즈음 회사에서 구조조정을 한다는 소문이 있어 지각할 확률을 1% 이하로 제어하고자 한다. D대리가 비 오는 날 선택하는 코스가 A와 B일 때 언제 집을 출발해야 하는가?

3-15-2 해답

각 코스의 소요시간이 $X_{(j)}$이고, 제어할 확률이 p일 때 다음과 같이 U_j, $j=1,2$를 정하는 문제가 된다.

$$P(X_{(j)} \le U_j) = \Phi\left(\frac{U_j - \mu_j}{\sigma_j}\right) \ge 1-p$$

따라서

$$U_j \geq \mu_j + \sigma_j \Phi^{-1}(1-p) \tag{3.15.4}$$

가 된다. 여기서 기본문제의 조건에서 p가 0.01일 때 $\Phi(0.99) = 2.33$이므로 μ_j, σ_j를 〈표 3.15.1〉의 $\overline{X}_j$, S_j를 대입한 단순 추정량을 고려하면 각각 출근 소요시간이 60.9, 80.0분 이하이어야 한다. 하지만 표본크기가 작을 때는 정확도가 떨어지는 식 (3.15.4)에 관한 단순 추정량을 추천하기 힘들다.

따라서 통계량 $\overline{X}_j$, S_j를 활용하는 다음의 추정량을 이용하는 바람직하다. 식 (3.15.4)에서 $\Phi^{-1}(1-p)$ 대신에 k로 정의하여, 확률변수 $\hat{U}_{jp} = \overline{X}_j + kS_j$, $j = 1, 2$가 다음을 만족하도록 k를 설정한다.

$$\Pr(\hat{U}_{jp} = \overline{X}_j + kS_j > \mu_j + \Phi^{-1}(1-p)\sigma_j) = 1 - \alpha \tag{3.15.5}$$

여기서 $1-\alpha$는 상당히 큰 값으로 부여한다. 즉, 코스 j를 택할 때 $\hat{U}_{jp}$가 지각 확률이 p인 출근 소요시간보다 크도록 $1-\alpha$의 확률로 보증하는 문제가 된다(통계학에서 허용한계(tolerance limit)를 구하는 경우이다(Rice, 2007)).

식 (5)는 다음과 같이 유도된다.

$$\begin{aligned}
1-\alpha &= \Pr(\overline{X}_j - \mu_j - \Phi^{-1}(1-p)\sigma_j > -kS_j) \\
&= \Pr\left(\frac{\overline{X}_j - \mu_j}{\sigma_j/\sqrt{n}} - \Phi^{-1}(1-p)\sqrt{n} > -\frac{k\sqrt{n}\,S_j}{\sigma_j}\right) \\
&= \Pr\left(\frac{Z_j - \Phi^{-1}(1-p)\sqrt{n}}{S_j/\sigma_j} > -k\sqrt{n}\right) \\
&= \Pr(T_j > -k\sqrt{n})
\end{aligned}$$

$$(\text{여기서, } T_j = \frac{Z_j - \Phi^{-1}(1-p)\sqrt{n}}{\sqrt{Y_j/(n-1))}},\ Z_j = \frac{\overline{X}_j - \mu_j}{\sigma_j/\sqrt{n}},$$

$$Y_j = \frac{(n-1)S_j^2}{\sigma_j^2}\ \text{임.)} \tag{3.15.6}$$

$Z_j \sim N(0,1)$이며 $Y_j \sim \chi^2(n-1)$이고 독립이므로, T_j는 자유도가 $n-1$이고 비중심모수(noncentrality parameter)가 $-\Phi^{-1}(1-p)\sqrt{n}$인 비중심(noncentral) t분포를 따른다.

따라서 식 (3.15.6)은

$$\Pr(T_j > -k\sqrt{n}) = 1 - \Pr(T_j \le -k\sqrt{n}) = 1 - \alpha$$
$$\Rightarrow \quad \Pr(T_j \le -k\sqrt{n}) = \alpha$$

가 되어 k는 다음과 같이 설정된다.

$$k = -\frac{t_{n-1,\delta}(\alpha)}{\sqrt{n}}$$

(단, $\delta = -\Phi^{-1}(1-p)\sqrt{n}$, $t_{\nu,\delta}(\alpha)$는 자유도 v, 비중심 모수 δ인 비중심 t분포의 α분위수임.)

이 문제에서 $1-\alpha$가 0.95이면, $p = 0.01$, $n = 4$, $\Phi^{-1}(1-0.01) = 2.33$, $\delta = -4.66$가 되어 $t_{4,-4.66}(0.05) = -14.1053$이 된다. 따라서

$$\widehat{U}_{1,0.01} = 59 + \frac{14.1053(0.8165)}{\sqrt{4}} = 64.8$$
$$\widehat{U}_{2,0.01} = 59 + \frac{14.1053(12.0277)}{\sqrt{4}} = 143.8$$

가 되어, 코스 A를 택할 경우는 7시 55분 이전에, 코스 B를 택할 때는 6시 36분 이전에 출발해야 한다. 그리고 지각확률을 제어하는 조건을 만족하는 소요시간이 64.81분과 143.8분이 되어, 단순 추정량(60.9분과 80.0분)과는 달리 두 코스 간에 큰 차이가 발생한다.

3.16

책들은 어떻게 정리하는 것이 검색에 유리한가? (List problems)

가장 많이 보는 책 20권을 책상에 쌓아두고 본인이 필요한 문제가 있으면 위에서부터 한 권씩 목차를 보고 문제를 찾는 교수가 있다고 하자. 지금까지의 경험으로부터 필요한 문제를 포함할 각 책의 확률이 주어져 있다고 한다. 그리고 그는 필요한 문제를 위해 책들을 검토한 후 문제를 찾고 나서는 그 책을 가장 위에 두는 습관(front-of-line rule)이 있다고 하자. 장기적인 관점에서 한 문제를 찾기 위해 몇 권의 책을 검토해야 하는가 (Ross, 2014)?

해답

각 책은 위로부터 $e_1, e_2, \ldots, e_n$로 표시되고 필요한 문제를 포함할 각 책의 확률은 $P_i,\ i=1,2,\ldots,n$일 때, 필요로 한 책의 기대 위치는

$$
\begin{aligned}
E(\text{필요한 책의 위치}) &= \sum_{i=1}^{n} E(\text{위치} \mid e_i\text{가 선택됨}) P_i \\
&= \sum_{i=1}^{n} E(e_i\text{의 위치} \mid e_i\text{가 선택됨}) P_i \\
&= \sum_{i=1}^{n} E(e_i\text{의 위치}) P_i
\end{aligned}
$$

이다. 마지막 등식 중 e_i의 위치와 e_j가 선택되는 두 사건이 독립인 점을 이용한다. 이것은 e_i의 위치가 어디에 있어도 필요한 문제를 포함할 확률은 P_i이기 때문이다.

$$e_i\text{의 위치} = 1 + \sum_{j \neq 1} I_j$$

여기서, e_j가 e_i의 위에 있을 때는 $I_j = 1$이고, 다른 상황에서는 $I_j = 0$이다. 그래서

$$E[e_i\text{의 위치}] = 1 + \sum_{j \neq 1} E(I_j)$$

$$= 1 + \sum_{j \neq 1} \Pr(e_j\text{가 } e_i\text{에 앞서갈 때}) \tag{3.16.1}$$

로 주어진다.

$p_{ji} = \Pr(e_j$가 e_i에 앞서갈 때)를 계산하기 위해서, 우리가 주의해야 하는 것은 e_i와 e_j 중 최근에 마지막으로 검토한 책은 e_j이면 e_j의 위치가 지금 e_i의 위에 있다. 그런데 필요한 문제가 e_i나 e_j에 있는 조건에서 그 문제가 e_j에 있는 확률은

$\Pr(e_j | e_i$ 또는 $e_j) = P_j/(P_i + P_j)$로 주어진다. 즉,

$$p_{ji} = (1 - P_i)p_{ji} + P_j p_{ij} = (1 - P_i)p_{ji} + P_j(1 - p_{ji}) \quad \Rightarrow \quad p_{ji} = \frac{P_j}{P_j + P_i}$$

로 된다.

그래서

$$E_n = E(\text{필요로 하는 책의 위치})$$

$$= 1 + \sum_{i=1}^{n} P_i \sum_{j \neq i} \frac{P_j}{P_i + P_j} = 1 + 2 \sum_{i=1}^{n-1} \sum_{j=i+1}^{n} \frac{P_i P_j}{P_i + P_j} \tag{3.16.2}$$

임을 얻을 수 있다. 따라서 P_i가 높아질수록 E_n의 값이 작아지므로 이 규칙하에서는 확률이 높은 순으로 위에 위치하게 된다.

추가문제 3-16-1

동일한 문제에서 책을 본 후 위치를 이전 위치보다 한 위치만 상향조정하는 방법(one-closer or transposition rule)을 고려해 보자. 예를 들어 5권의 책이 1, 3, 4, 2, 5 순으로 정리되어 있는 경우 만일 책 3이 선택되었다면 이 책을 다시 정리할 때는 3, 1, 4, 2, 5로 된다는 것이다(책을 쌓는 경우도 가능하지만 그보다 좌에서 우로 서가에 배치하는 경우를 상정할 수 있다). 이 경우 장기적인 관점에서 한 문제를 찾기 위해 몇 권의 책을 검토해야 하는가? 책을 본 후 맨 위에 두는 방법과 비교하라.

3-16-1 해답

기본문제에서와 같이 장기적 관점에서 평균 위치 AP는 다음과 같이 주어진다.

$$\begin{aligned}AP &= \sum_i P_i E(e_i\text{의 위치}) \\ &= 1 + \sum_i \sum_{j \neq i} P_i \Pr(e_j\text{가 } e_i\text{앞에 있는 사건}) \\ &= 1 + \sum_{i<j} [P_i \Pr(e_j\text{가 } e_i\text{앞에 있는 사건}) + P_j\{1 - \Pr(e_j\text{가 } e_i\text{앞에 있는 사건})\}] \\ &= 1 + \sum_{i<j}\sum (P_i - P_j)\Pr(e_j\text{가 } e_i\text{ 앞에 있는 사건}) + \sum_{i<j}\sum P_j\end{aligned}$$

따라서 $P_j > P_i$일 때는 $\Pr(e_j$가 e_i앞에 있는 사건$)$을 가능한 크게, $P_j < P_i$일 때는 $\Pr(e_j$가 e_i앞에 있는 사건$)$을 가능한 작게 하면 AP를 줄일 수 있다.

맨 위에 두는 방법에서는

$$\Pr(e_j\text{가 } e_i\text{앞에 있는 사건}) = \frac{P_j}{P_i + P_j}$$

이므로 직전 앞으로 보내는 방법에서 이 확률을 구하여 비교하면 된다. 먼저 이를 위해 5권의 책이 배열되는 종류가 5!개가 되며, 개별 배열을 하나의 상태로 보면 책의 위치가 변화하는 과정은 마코프 과정(Markov chain)으로 모형화가 가능하며 임의 배열에 대한 극한 확률 $\pi(i_1, \cdots i_n)$을 정의할 수 있다.

그러면 이 마코프 과정이 시간 역행성(Time reversibility)을 가지면

$$\pi(\cdots, i, i_1, \cdots, i_k, j, \cdots) = \left(\frac{P_i}{P_j}\right)^{k+1} \pi(\cdots, i, i_1, \cdots, i_k, j, \cdots)$$

의 관계를 가진다(Ross, 2014). 그러므로 여기서 $P_j > P_i$이면 위의 식에서

$$\pi(\cdots, i, i_1, \cdots, i_k, j, \cdots) < \left(\frac{P_i}{P_j}\right) \pi(\cdots, i, i_1, \cdots, i_k, j, \cdots)$$

가 된다. 여기서 $\alpha(i,j) = \Pr(e_i$가 e_j를 앞선 경우$)$일 때 모든 극한 확률들 중에서 e_i가 e_j를 앞선 상태의 경우를 모두 합하면 구할 수 있다. 그러므로

$$\alpha(i,j) < \frac{P_i}{P_j}\alpha(j,i) \quad \text{그리고 } \alpha(i,j) = 1 - \alpha(j,i)\text{이므로}$$

$$\alpha(j,i) > \frac{P_j}{P_i + P_j} \tag{3.16.3}$$

가 되어, 결론적으로 맨 처음으로 보내는 방법보다 한 권 앞으로 보내는 방법이 보다 효율적이다(Hendricks, 1976).

추가문제 3-16-2

책 n권을 쌓아 두고 필요한 경우 무작위로 위에서나 밑에서 찾아보는 경우 찾을 때까지 확인하여야 하는 책의 기대 수를 최소로 하는 최적의 방법은 무엇일까?

3-16-2 해답

먼저 문제를 단순하게 하기 위해 여기서는 책의 총수가 $(2n+1)$로 홀수인 경우만을 고려한다. 그래서 가장 중앙의 위치를 0이라 두고, 위로는 $+1, +2, \ldots, +n$ 그리고 아래로는 $-1, -2, \ldots, -n$으로 표시한다. 그러므로 $+k$에 위치한 경우 기대되는 검색횟수는 만일 위와 아래 선택확률이 동일한 경우는 $\frac{1}{2}(n-k) + \frac{1}{2}(n+1+k) = n + \frac{1}{2}$이므로 모든 자리에서 기대검색횟수가 동일하므로 책의 위치를 변경할 이유가 없다.

만일 위로 검색할 확률이 큰 경우 (예를 들어, 3/4 인 경우)는

$$\frac{3}{4}(n-k) + \frac{1}{4}(n+1+k) = n + \frac{1}{4} - \frac{1}{2}k$$

가 되어 위로 갈수록 기대검색횟수가 줄어든다. 그러므로 추가문제 3-16-1과 동일한 구조를 가지므로 선택된 책을 위로 하나씩 움직이면 되고, 반대로 아래쪽을 선택할 확률이 큰 경우는 아래쪽으로 위치를 하나씩 움직이면 된다.

추가문제 3-16-3

원통형 강판롤을 쌓아 두는 경우에 중간에 있는 롤을 꺼내기 위해 옮겨 놓아야 하는 롤의 개수를 구하라. 5층으로 쌓여 있는 경우에 무작위로 롤을 꺼내는 경우 미리 꺼내어

야 하는 기대 처리 수를 구하라.

3-16-3 해답

롤을 쌓아 두는 경우에 층이 4층인 경우는 가장 위층에서는 하나의 롤이 그 아래는 2개, 3개, 4개씩으로 놓여 있게 된다. 가장 위층의 롤은 그냥 꺼내면 된다. 그러나 두 번째 층의 하나를 꺼내기 위해서는 위층의 롤을 먼저 꺼내고 나서 필요한 롤을 꺼낼 수 있으며, 위에서 3번째 층의 경우는 총 2 혹은 3개의 롤을 먼저 처리하고 꺼낼 수 있다(중앙의 롤은 3개, 양쪽은 2개만 처리하면 된다).

그러면 특정 롤의 위치를 위에서부터 계산한 층의 위치와 그 층의 앞쪽에서부터의 위치를 (x, y)로 표시한다면, 이를 꺼내기 위해 처리해야 하는 롤의 수는 먼저 $1+2+\cdots+(x-2)=\dfrac{(x-2)(x-1)}{2}$ 를 처리하고 $y=1$, $y=x$ 이면 하나만 더 처리하면 된다. 즉, 양쪽 끝의 경우는 한 개, 그 외에는 두 개씩만 더 처리하면 되므로 미리 꺼내야 될 처리 수는 $\dfrac{(x-2)(x-1)}{2}+1$, $\dfrac{(x-2)(x-1)}{2}+2$ 이다.

그러므로 5층으로 이루어진 경우에 총 롤의 수는 (1+2+3+4+5)=10개이므로, 기대 처리 횟수는

$$\frac{1}{15}\left[0+1+\sum_{x=3}^{5}\left\{\frac{x(x-2)(x-1)}{2}+2+2(x-2)\right\}\right]=\frac{13}{3}$$

가 된다.

추가문제 3-16-4

기본문제에서 어느 정도 시간이 경과한 후에 모든 책이 제 위치(i번째 책이 위에서 i번째 위치)에 있을 확률을 구하라(Montgomery and Propp, 1984).

3-16-4 해답

모든 책의 요청된 확률이 0보다 크다고 가정하자. 책 1이 가장 최근에 요청되어야 하므로 그 확률은 P_1이 되며, 이 조건하에서 책 2가 두 번째 위치에 있을 확률은 $P_2+P_2P_1+P_2P_1^2+\cdots=P_2/(1-P_1)$이 된다. 이런 방식으로 전개하면 n권의 모든 책

이 제 위치에 있을 확률 Q_n은 다음과 같다.

$$Q_n = P_1 \frac{P_2}{1-P_1} \frac{P_3}{1-P_1-P_2} \cdots \frac{P_n}{1-P_1-P_2-\cdots P_{n-1}} \tag{3.16.4}$$

만약에 $P_i = 0$, $n-k+1 \le i \le n$이고 그 외는 0보다 크다면, 이들 k권의 책은 최초 배치에만 의존적이므로 식 (3.16.4)는 다음과 같이 바뀐다.

$$Q_n = P_1 \frac{P_2}{1-P_1} \frac{P_3}{1-P_1-P_2} \cdots \frac{P_k}{1-P_1-P_2-\cdots P_{k-1}} \frac{1}{(n-k)!}$$

P_i를 내림차순으로 정렬하는 것이 합리적이므로, $P_i^{(1)} = \dfrac{2(n+1-i)}{n(n+1)}$, $i = 1,2,\ldots,n$ 또는 $P_i^{(2)} = (1-q)q^{i-1}$, $i = 1,2,\ldots,n-1$, $P_n^{(2)} = q^{n-1}$일 때 Q_n을 구한 결과가 〈표 3.16.1〉에 정리되어 있다. 그리고 이 표에는 필요로 한 책의 기대 위치인 E_n의 결과(식 (3.16.2))도 볼 수 있다. 이를 보면 내림차순 확률이 작아질수록 기대 위치가 작아지고 있다.

표 3.16.1 n에 따른 Q_n과 P_n

책 권수 (n)		$P_i^{(1)}$	$P_i^{(2)}$		
			$q=0.8$	$q=0.5$	$q=0.2$
10	Q_n	0.000026	0.000001	0.001953	0.134218
	E_n	4.774	4.280	2.509	1.430
20	Q_n	0	0	0.000002	0.014412
	E_n	8.876	6.234	2.529	1.430
50	Q_n	0	0	0	0.000018
	E_n	21.157	6.720	2.529	1.430

3.17

비를 맞지 않으려면 몇 개의 우산이 필요한가?

A씨는 4개의 우산을 가지고 있다. 그는 아침에 사무실로 출근하여 저녁에 퇴근하는 생활을 반복하고 있다. 비가 올 때 집이나 사무실에 우산이 있다면 하나를 가지고 나가지만, 비가 오지 않는다면 그 직전에 우산을 가지고 왔더라도 그대로 그 장소에 둔다. 출퇴근 시에 비 올 확률이 p일 때 장기적 관점에서 우산이 없어 비를 맞을 확률을 구하라. p가 얼마일 때 이 확률이 최대가 되겠는가? 현재 집에 2개의 우산이 있다면 어느 정도 지나면 출발 시 우산이 없어 비를 맞게 되겠는가?

해답

상태를 두 가지로 정의하여 이산 시간 마코브 체인(Markov chain)에 의해 풀 수 있다.

〈해법 1〉

X_n를 n번째 날 아침에 집에 있는 우산의 개수를 나타내면 전이확률 행렬을 다음과 같이 나타낼 수 있다. 여기서 $q = 1 - p$이다.

$$\boldsymbol{P} = \begin{array}{c} \begin{matrix} 0 & 1 & 2 & 3 & 4 \end{matrix} \\ \begin{bmatrix} q & p & 0 & 0 & 0 \\ pq & p^2+q^2 & pq & 0 & 0 \\ 0 & pq & p^2+q^2 & pq & 0 \\ 0 & 0 & pq & p^2+q^2 & pq \\ 0 & 0 & 0 & pq & q+p^2 \end{bmatrix} \end{array} \tag{3.17.1}$$

식 (3.17.1)에서 $X_{n-1} = j$, $j = 1, 2, 3$일 때 각각 확률 $p \times q$, $p \times p + q \times q$, $q \times p$로 X_n이 $j-1$, j, $j+1$상태로 전이되며, X_{n-1}가 0과 4일 때 각각 확률 q와 $q + p \times p$로 같은 상태에 머물게 된다.

마코브 체인이 비가략(irreducible), 양재귀(positive recurrent), 비주기(aperiodic)하면 극한 확률 $\pi_j = \lim_{n \to \infty} \Pr(X_n = j \mid X_0 = i)$이 존재하며 이 확률들은 다음 조건을 만족한다(Ross, 2014).

$$\pi_j = \sum_i \pi_i P_{ij}, \quad j = 0, 1, \dots$$
$$\sum_j \pi_j = 1 \tag{3.17.2}$$

식 (3.17.1)(첫 번째 식에서 하나가 여분이므로 제외)를 식 (3.17.2)에 대입하면

$$\begin{aligned}
\pi_0 &= \pi_0 q + \pi_1 pq \\
\pi_1 &= \pi_0 p + \pi_1 (p^2 + q^2) + \pi_2 pq \\
\pi_2 &= \pi_1 pq + \pi_2 (p^2 + q^2) + \pi_3 pq \\
\pi_3 &= \pi_2 pq + \pi_3 (p^2 + q^2) + \pi_4 pq \\
\pi_0 &+ \pi_1 + \pi_2 + \pi_3 + \pi_4 = 1
\end{aligned} \tag{3.17.3}$$

식 (3.17.3)의 첫 번째 식에서 $\pi_0 = q\pi_1$이므로, 두 번째 식에 대입하면 $\pi_2 = \pi_1$, 그 다음 식들에서 $\pi_3 = \pi_1$, $\pi_4 = \pi_1$이 되므로 마지막 식에 대입하면 다음과 같다.

$$\pi_0 = \frac{q}{4+q}, \quad \pi_i = \frac{1}{4+q}, \ i = 1,2,3,4 \tag{3.17.4}$$

따라서 하루를 기준으로 비를 맞을 확률은 집에서 출발 시 우산이 없을 확률과 사무실에서 퇴근 시 우산이 없을 확률의 합인 $P_{rain} = p\pi_0 + qp\pi_4 = 2pq/(4+q) = (2p-2p^2)/(5-p)$가 된다. 즉, $p = 0.1$, 0.2, 0.5이면 그 확률은 각각 0.0367, 0.0667, 0.1111이 된다.

P_{rain}를 최대화하는 p는 이를 미분하여 다음과 같이 0으로 둔 방정식의 근이므로

$$\frac{dP_{rain}}{dp} = \frac{2(p^2 - 10p + 5)}{(5-p)^2} = 0 \quad \Rightarrow \quad p = 5 \pm 2\sqrt{5}$$

이 값은 $5 - 2\sqrt{5} = 0.5279$가 된다.

〈해법 2〉

X_n를 집과 사무실에 무관하게 n 번째 시점에 현 장소에 있는 우산의 개수를 나타내면 전이확률 행렬을 다음과 같이 나타낼 수 있다.

$$
\begin{array}{c} \\ \boldsymbol{P}= \end{array}
\begin{array}{c} \begin{matrix} 0 & 1 & 2 & 3 & 4 \end{matrix} \\ \begin{bmatrix} 0 & 0 & 0 & 0 & 1 \\ 0 & 0 & 0 & q & p \\ 0 & 0 & q & p & 0 \\ 0 & q & p & 0 & 0 \\ q & p & 0 & 0 & 0 \end{bmatrix} \end{array} \tag{3.17.5}
$$

식 (3.17.5)를 식 (3.17.2)에 대입하면

$$
\begin{aligned}
\pi_0 &= \pi_4 q \\
\pi_1 &= \pi_3 q + \pi_4 p \\
\pi_2 &= \pi_2 q + \pi_3 p \\
\pi_3 &= \pi_1 q + \pi_2 p \\
\pi_0 + \pi_1 &+ \pi_2 + \pi_3 + \pi_4 = 1
\end{aligned} \tag{3.17.6}
$$

가 되므로 $\pi_0 = \dfrac{q}{4+q}$, $\pi_i = \dfrac{1}{4+q}$, $i = 1,2,3,4$가 된다. 따라서 출근 또는 퇴근 시 비를 맞을 확률은 $\pi_0 p = pq/(4+q)$가 되며, 하루를 기준으로 설정하면 위와 같이 $P_{rain} = 2pq/(4+q)$가 된다.

이 해법을 이용하면 "현재 집에 2개의 우산이 있다면 어느 정도 지나면 출발시 우산이 없어 비를 맞게 되겠는가?"을 보다 용이하게 구할 수 있다.

즉, Nahin(2008)은 Monte Carlo 시뮬레이션을 이용해 답을 구했지만 다음과 같이 해석적으로 구할 수 있다. 상태 2에서 상태 0를 최초로 방문할 시간의 기댓값을 m_{24}라 하면, 〈해법 2〉를 적용할 때 첫 단계 분석에 의해 다음의 관계가 성립한다.

$$
m_{20} = 1 + q m_{20} + p m_{30} \tag{3.17.7}
$$

이의 해를 구하기 위해서는 다음과 같이 m_{30}과 더불어 m_{10}, m_{40}에 관계도 구하여 연립방정식을 풀어야 한다.

$$
\begin{aligned}
m_{10} &= 1 + q m_{30} + p m_{40} \\
m_{30} &= 1 + q m_{10} + p m_{20} \\
m_{40} &= 1 + p m_{10}
\end{aligned} \tag{3.17.8}
$$

위에 있는 연립방정식을 풀면 $m_{10} = \dfrac{3+p}{pq}$, $m_{20} = \dfrac{2(2+p)}{pq}$, $m_{30} = \dfrac{3(1+p)}{pq}$,

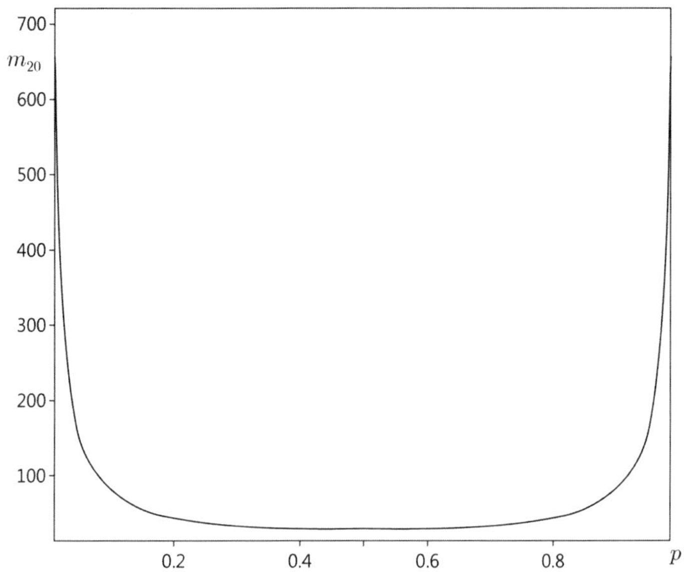

그림 3.17.1 p에 따른 m_{20}

$m_{40} = \dfrac{4}{q}$가 된다. 따라서 원하는 답은 $2(2+p)/(pq)$가 되며, $p=0.1,\ 0.2,\ 0.5$이면 비 맞을 때까지의 기대 출퇴근 횟수(또는 일수)는 각각 46.67(23.33일), 27.5(13.75일), 20(10일)이 된다. 〈그림 3.17.1〉에는 p에 따른(0.02～0.7) 비 맞을 때까지의 기대 일수 m_{20}가 도시되어 있다.

추가문제 3-17-1

만약 k개의 우산이 있다면 우산이 없어 비를 맞을 확률을 구하라. p가 0.2일 때 하루를 기준으로 비 맞을 확률을 1% 이하로 제어하려면 몇 개의 우산이 필요한가?

3-17-1 해답

〈해법 1〉

X_n를 n째 날 아침에 집에 있는 우산의 개수를 나타내면 전이확률 행렬을 다음과 같이 나타낼 수 있다.

$$\boldsymbol{P}=\begin{array}{c} \begin{array}{cccccc} 0 & 1 & 2 & \cdots & k-1 & k \end{array} \\ \begin{bmatrix} q & p & 0 & \cdots & 0 & 0 \\ pq & p^2+q^2 & pq & \cdots & 0 & 0 \\ 0 & pq & p^2+q^2 & \cdots & 0 & 0 \\ \vdots & \vdots & & & & \\ 0 & & & \cdots & p^2+q^2 & pq \\ 0 & 0 & & \cdots & pq & q+p^2 \end{bmatrix} \end{array} \tag{3.17.9}$$

식 (3.17.9)를 식 (3.17.2)에 대입하면 다음과 같다.

$$\begin{aligned} &\pi_0=\pi_0 q+\pi_1 pq \\ &\pi_i=\pi_{i-1}p+\pi_i(p^2+q^2)+\pi_{i+1}pq,\ i=1,2,\dots,k-1 \\ &\pi_0+\pi_1+\cdots+\pi_k=1 \end{aligned} \tag{3.17.10}$$

식 (3.17.10)의 첫 번째 식에서 $\pi_0=q\pi_1$이므로, 나머지 식들에서 $\pi_1=\pi_2=\cdots=\pi_k$가 되므로 마지막 식에 대입하면 다음과 같다.

$$\pi_0=\frac{q}{k+q},\quad \pi_i=\frac{1}{k+q},\ i=1,2,\dots,k \tag{3.17.11}$$

따라서 하루를 기준으로 비를 맞을 확률은 $P_{rain}=p\pi_0+qp\pi_4=2pq/(k+q)$가 된다.

〈해법 2〉

X_n를 집과 사무실에 무관하게 n번째 시점에 현 장소에 있는 우산의 개수를 나타내면 마코브 체인의 전이확률 행렬을 다음과 같이 나타낼 수 있다.

$$\boldsymbol{P}=\begin{array}{c} \begin{array}{cccccc} 0 & 1 & 2 & \cdots & k-1 & k \end{array} \\ \begin{bmatrix} 0 & 0 & 0 & \cdots & 0 & 1 \\ 0 & 0 & 0 & \cdots & q & p \\ 0 & 0 & 0 & \cdots & p & 0 \\ \vdots & \vdots & & & & \\ 0 & q & p & \cdots & 0 & 0 \\ q & p & & \cdots & 0 & 0 \end{bmatrix} \end{array} \tag{3.17.12}$$

식 (3.17.12)를 식 (3.17.2)에 대입하면

$$\begin{aligned} &\pi_0=\pi_4 q \\ &\pi_i=\pi_{k-i}q+\pi_{k-i+1}p,\ i=1,2,\dots,k-1 \\ &\pi_0+\pi_1+\cdots+\pi_k=1 \end{aligned} \tag{3.17.13}$$

가 되므로 $\pi_0 = \dfrac{q}{k+q}$, $\pi_i = \dfrac{1}{k+q}$, $i = 1,2,\ldots,k$가 된다. 따라서 출근 또는 퇴근 시 비를 맞을 확률은 $\pi_0 p = pq/(k+q)$가 되며, 하루를 기준으로 설정하면 〈해법 1〉과 같이 $P_{rain} = 2pq/(k+q)$가 된다.

따라서 하루를 기준으로 비 맞을 확률을 5% 이하로 제어하려면

$$P_{rain} = \frac{2pq}{k+q} \le 0.05 \quad \Rightarrow k \ge q(200p-1)$$

가 되어야 하므로 $p = 0.1$, 0.2, 0.5이면 우산 개수는 각각 18, 32, 50 이상이 되어야 한다.

추가문제 3-17-2

은퇴한 B 교수는 전원주택에서 생활하고 있다. 실내에서 앞과 뒤의 정원을 자주 출입하는 B 교수는 앞과 뒤의 출입문에 각각 n개의 신발을 비치하고 있는데, 나갈 때와 들어올 때 출입문을 선택할 확률은 동일하다. 평균적으로 몇 번 만에 한쪽 출입문에 신발이 없어 이 문으로 나갈 수 없는 상황을 알게 되겠는가(Blom, 1987)?

3-17-2 해답

X, Y를 앞문과 뒷문의 신발 수이면, $X+Y=2n$이 된다. 여기서 $W=\min(X, Y)$로 두면 상태 W에 도달하는 기대 횟수 M_W는 첫 단계 분석에 의해 다음 순환관계가 성립한다.

$$\begin{aligned} M_0 &= 0 \times \frac{1}{2} + \left(1 + \frac{1}{2}M_0 + \frac{1}{2}M_1\right) \times \frac{1}{2} = \frac{1}{2} + \frac{M_0}{4} + \frac{M_1}{4} \\ M_j &= 1 + \frac{1}{4}M_{j-1} + \frac{1}{2}M_j + \frac{1}{4}M_{j+1}, \quad 1 \le j \le n-1 \\ M_n &= 1 + \frac{1}{2}M_{n-1} + \frac{1}{2}M_n \end{aligned} \tag{3.17.14}$$

식 (3.17.14)를 다음과 같이 나타낼 수 있다.

$$M_1 - M_0 = 2M_0 - 2$$
$$M_{j+1} - M_j = M_j - M_{j-1} - 4\,,\ 1 \le j \le n-1$$
$$0 = M_n - M_{n-1} - 2 \tag{3.17.15}$$

식 (3.17.15)를 모두 더하면

$$M_n - M_0 = M_0 + M_n - 4n$$

가 되므로 $M_0 = 2n$이 된다. 따라서 $M_1 = 6n-2$이 되고 다음부터는 식 (3.17.16)의 차분방정식으로부터 구할 수 있다.

$$M_j - 2M_{j-1} + M_{j-2} = -4\,,\ 2 \le j \le n \tag{3.17.16}$$

식 (3.17.16)의 비동차 차분 방정식의 특이해는 $-2j^2$됨을 확인할 수 있으며, 특성방정식의 중근인 1을 가지므로 다음과 같이 일반해를 나타낼 수 있다.

$$M_j = A + Bj - 2j^2\,,\ 2 \le j \le n$$

A와 B는 M_0와 M_1에 대입하면

$$M_j = 2n + 4nj - 2j^2\,,\ 0 \le j \le n$$

가 구해진다. 따라서 우리가 구하고자 하는(즉, $W=n$) 답은 $M_n = 2n(n+1)$이 되어 $n = 2, 3, 4, 5$일 때 M_n은 각각 12, 24, 40, 60이 된다.

- 이 문제에서 신발이 없을 때는 맨발로 나가서 무작위로 출입문을 선택하여 집안으로 돌아온다면 장기적으로 맨발로 나가는 비율은 얼마인가?

해답

X_n를 n번째 집안에서 나갈 때 앞문의 신발 수를 나타내면 마코브 체인의 전이확률 행렬을 다음과 같이 나타낼 수 있다.

$$
\boldsymbol{P} = \begin{array}{c} \\ \end{array}\begin{matrix} 0 & 1 & 2 & \cdots & 2n-1 & 2n \end{matrix}
$$

$$
\boldsymbol{P} = \begin{bmatrix} 3/4 & 1/4 & 0 & \cdots & 0 & 0 \\ 1/4 & 1/2 & 1/4 & \cdots & 0 & 0 \\ 0 & 1/4 & 1/2 & \cdots & 0 & 0 \\ \vdots & \vdots & & \cdots & & \\ 0 & 0 & 0 & \cdots & 1/2 & 1/4 \\ 0 & 0 & 0 & \cdots & 1/4 & 3/4 \end{bmatrix} \qquad (3.17.17)
$$

식 (3.17.17)의 전이확률 행렬에서 열의 합도 1이 되므로(doubly stochastic), 식 (3.17.2)를 만족하는 극한 확률이 모든 상태에 동일한 $1/(2n+1)$이 된다(Ross, 2014). 따라서 맨발로 나갈 비율인 극한 확률은 $\pi_0 \times 1/2 + \pi_{2n} \times 1/2 = 1/(2n+1)$이 된다.

제 4 장

기타 확률응용문제 (Miscellaneous)

4.1

변동을 관리하기 위한 효율적인 방법은? (Control charts)

최근 한국인들은 건강에 대한 관심이 매우 높으며 이를 스스로 체크하고 예방하려는 노력도 증가하고 있는 추세이다. 여기서 몸의 건강 체크 중에서 혈압을 재는 경우(수축기 혈압만 고려)를 생각해보자. 일반적으로 건강한 상태에 있는 경우도 혈압을 재면, 재는 시점이 아침인가 오후인가, 식사 전후인가에 따라 나오는 수치가 다르다. 건강한 상태에서도 가정에서 혈압계로 측정된 혈압에 차이가 나는 경우에 과연 어떤 상태일 때 건강 상태가 이상하다고 판단하여 병원에 가서 정밀검사를 받는 것이 좋을지를 고려해 보자. 즉, 판단의 기준을 어떻게 정할 것인가(윤원영 등, 2019)?

해답

먼저 건강이 정상상태에서 여러 요인에 의해 측정되는 혈압이 어떻게 변동하는지를 파악하여야 한다. 예를 들어 건강인의 수축기 혈압은 평균이 120이며 분산이 9인 정규분포를 따른다고 나와 있다고 가정하자.

이 정보를 바탕으로 건강상태를 점검하기 위해 매일 5번 혈압을 재는 경우를 고려한다. 일반적으로 많이 재면 판단의 정확도는 증가할 것이다. 여기서 하루에 측정한 5번의 혈압 측정치를

$$(x_1, x_2, \cdots, x_5) = (129, 134, 145, 128, 132)$$

라고 하자. 그러면 이 자료를 가지고 혈압의 정상유무를 판단하는 것은 평균이 120, 분산이 9(표준편차 3)인지를 검정하는 것이라고 할 수 있다. 일반적으로 많이 사용하면서 비교적 단순한 방식을 택하는 슈하트 관리도(Shewhart control charts) 방법을 설명하면 다음과 같다. 슈하트(W.A. Shewhart, 1891～1967)는 품질관리 도구 중에서 가장 중요한 역할을 하는 관리도를 개발하였다.

5개의 자료로부터 표본평균과 범위(표본표준편차를 사용할 수도 있음)를 구한다. 즉

$(\bar{x}, R)=(133.6,\ 17)$를 구하여 다음의 한계 안에 들면 정상상태, 즉 평균과 분산이 정상상태의 값이라고 판단한다.

$$\bar{x}: \mu \pm 3\frac{\sigma}{\sqrt{n}} = 120 \pm 3\frac{3}{\sqrt{5}} \approx [116,\ 124]$$
$$R: (d_2 \pm 3d_3)\sigma = (2.326 \pm 3 \times 0.864)3 \approx [0,\ 14.8]$$

범위는 한계를 만족하나 표본평균이 133.6으로 정상범위를 벗어나므로, 정밀검사를 받을 필요가 있다.

그럼 위에서 주어진 한계는 어떻게 설정된 것인가에 대해 간단히 설명하면 다음과 같다. 먼저 표본으로부터 정규분포의 평균과 분산을 추정하기 위해서 통계분야에서 사용하는 통계량은 표본평균과 범위(표본표준편차)라고 알려져 있다. 이 통계량을 가지고 정상상태 여부를 판단할 때 필요한 관리한계로 슈하트는 정상(비정상)인데 비정상(정상)상태로 판정하는 위험을 경제적으로 반영하여 3시그마 관리한계를 추천하였다. 즉, 판단 통계량(T)의 정상상태 조건에서 평균과 표준편차를 구하여

$$\mu_T \pm 3\sigma_T \tag{4.1.1}$$

로 한계를 설정하며, 이를 3시그마 관리한계선이라고 부르고 있다.

추가문제 4-1-1

기본문제에서 만일 정상 또는 안정상태의 분포에 관한 정보가 없는 경우는 어떻게 하여야 하는가?

4-1-1 해답

과거의 측정 자료가 있는 경우는 이를 활용하거나, 없는 경우는 측정을 실시한 결과 다음과 같은 자료가 주어져 있다고 하자. 자료는 매일 5개 부품을 검사한 것으로 10일간의 자료이다.

122.44, 123.35, 118.48, 124.37, 122.29
123.12, 122.60, 118.30, 120.80, 118.85
118.74, 124.06, 119.08, 121.19, 122.91
112.13, 121.59, 116.63, 125.28, 115.74
117.67, 121.27, 115.61, 119.79, 121.19
123.78, 122.20, 122.87, 115.05, 117.53
119.12, 121.09, 117.58, 116.97, 121.66
119.42, 119.24, 120.53, 115.12, 118.08
116.08, 120.64, 125.23, 121.12, 114.03
121.28, 123.08, 123.56, 117.11, 117.43
121.42, 118.52, 126.19, 128.28, 123.40
121.32, 116.43, 121.03, 120.51, 123.90

10일치의 자료가 일단 모두 공정이 안정된 상태에서 나온 것으로 가정하고 공정의 안정상태에서의 평균과 표준편차를 추정한다.

평균의 추정은 5개의 자료의 평균인 10개를 다시 평균한 수치를 사용하며, 이 값은 120.30이 된다. 표준편차는 5개 자료의 범위들의 평균($\overline{R}$)을 구한 후 표준편차로 보정한 $\overline{R}/d_2 = 3.173$으로 추정한다. 여기서 d_2는 표본크기(5)에 의존하는 보정계수이다.

그러므로

$$\overline{x}: \hat{\mu} \pm 3\frac{\hat{\sigma}}{\sqrt{n}} = 120.30 \pm 3\frac{3.173}{\sqrt{5}} \approx [115.05,\ 124.56]$$

$$R: (d_2 \pm 3d_3)\hat{\sigma} = (2.326 \pm 3 \times 0.864)3.17 \approx [0,\ 15.60]$$

로 구할 수 있고, 각 통계량에 관한 두 관리한계와 각 표본의 평균과 범위 10개를 각각 타점하여 그래프로 표시한 것이 〈그림 4.1.1〉이다. 이를 $\overline{X} - R$ 관리도라 부르며, 타점된 값들이 전부 관리한계선 안에 있으므로 10개의 표본은 모두 안정(관리)상태에서 나온 것으로 볼 수 있다. 따라서 이 관리한계선을 이용하여 추후 공정관리를 하면 될 것이다.

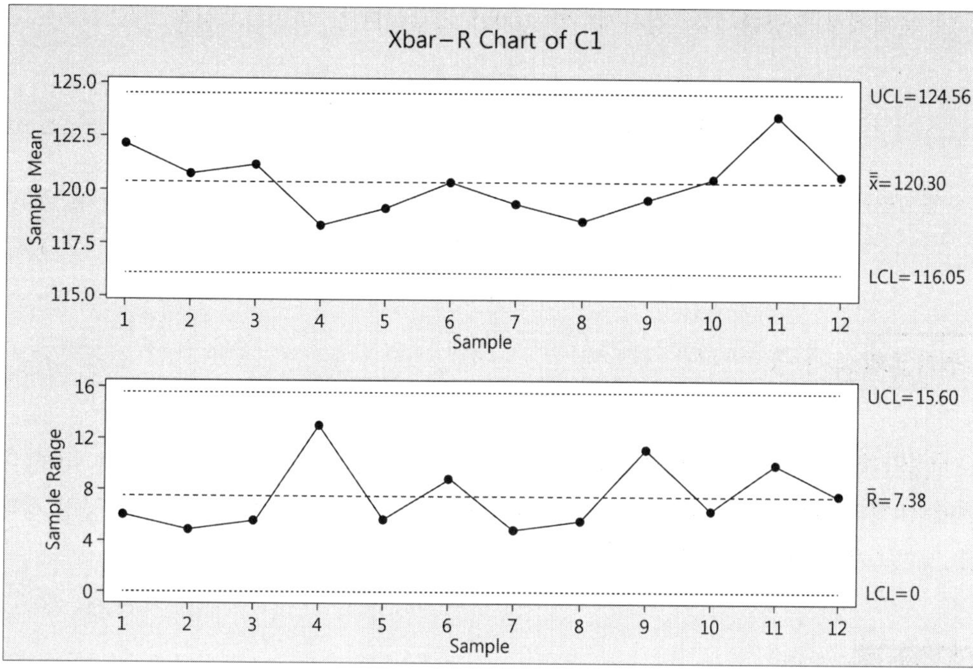

그림 4.1.1 관리도 예시

추가문제 4-1-2

공정이 안정된 상태에서 생산되는 부품의 불량률이 5%일 때 하루에 생산된 제품을 100개를 검사하는 경우, 검사 결과에서 표본 불량률이 얼마일 때 공정 상태를 정밀하게 점검해야 할까?

4-1-2 해답

먼저 n개의 부품을 검사하여 공정의 상태를 파악하고자 한다고 하자. 이 경우 기본문제에서 소개한 슈하트의 3시그마 관리도를 적용하는 경우의 관리한계선을 구해 보자.

공정이 안정된 상태에서의 공정 불량률이 p라면 이 안정상태에서 n개 부품을 검사하는 경우 불량품의 수의 분포는 이항분포를 따른다. 그러므로 공정이 안정상태에서의 표본 불량률($\hat{p}$)의 평균과 분산은 $E(\hat{p})=p,\ \ Var(\hat{p})=p(1-p)/n$이다. 그러므로 슈하트의 3시그마 관리한계선은 $p \pm 3\sqrt{\dfrac{p(1-p)}{n}}$ 로 설정된다.

이 문제에서 불량률 5%, 검사개수가 100인 경우이므로, 관리한계선은

$$0.05 \pm 3\sqrt{\frac{0.05 \times 0.95}{100}} \simeq 0.05 \pm 0.065 \Rightarrow [0,\ 0.115]$$

로 설정된다.

추가문제 4-1-3

공정이 안정된 상태일 때 제품당 결점수가 평균이 1인 포아송 분포를 따르는 경우 한 번에 10개의 제품을 검사한다. 이 경우 10개의 평균 결점수가 어느 정도이면 공정 상태를 정밀하게 점검해야 할까?

4-1-3 해답

먼저 n개의 부품을 검사하여 공정의 상태를 파악하는 경우를 고려하자. 이 경우 슈하트의 3시그마 관리도를 적용하기 위해 공정이 안정된 상태에서의 평균 결점수의 평균과 분산을 구한다. 10개 제품에서 나오는 총 결점수의 분포는 공정이 안정된 상태에서 평균이 10인 포아송 분포를 따르므로, 총결점수의 평균은 10이고 분산 역시 10이다. 이로부터 평균 결점수의 평균과 분산은 $E(D/10) = 10/10 = 1$, $Var(D/10) = Var(D)/100 = 1/10$이다. 그러므로 3시그마 관리한계선은

$$1 \pm 3\sqrt{\frac{1}{10}} \simeq 1 \pm 0.95$$

이다. 그러므로 평균 결점수가 0.05 이하이거나 1.95 이상이면 관리한계를 벗어난다. 즉, 10개 제품에서 결점이 하나도 나오지 않거나 총 결점수가 20개 이상이 나오면 공정을 정밀하게 점검해야 한다.

4.2

관리도에서 표본의 크기를 얼마로 하는 것이 좋은가?

문제 4.1의 $\overline{X}-R$관리도에서 표본 크기를 4 또는 5로 추천하고 있다. 이런 지침은 타당한 것인가? 아니라면 표본을 얼마로 설정해야 하는가?

해답

크기가 n인 각 표본에 대해 구한 범위 R_i는 각 표본이 독립적으로 추출되었으므로, R_i끼리 독립이다. 따라서 k개의 표본에 대해 $\overline{R}$로 추정된 정규 모집단의 표준편차인 $\hat{\sigma}_1 = \overline{R}/d_2$의 기대값과 분산은 다음과 같이 되어 이 추정량은 불편 추정량이 된다.

$$E(\hat{\sigma}_1) = E\left(\frac{\sum_{i=1}^{k} R_i}{kd_2}\right) = \sigma\ , \quad Var(\hat{\sigma}_1) = Var\left(\frac{\sum_{i=1}^{k} R_i}{kd_2}\right) = \frac{d_3^2\sigma^2}{kd_2^2} \tag{4.2.1}$$

$\hat{\sigma}_1$를 채택할 경우에 표본 크기를 어떻게 설정하는 것이 유리한지 검토해 보자. 즉, k개 표본의 총 표본크기 $N=nk$가 주어져 있을 때 식 (4.2.1)로부터 $\hat{\sigma}_1$의 분산은 다음과 같이 주어진다.

$$Var(\hat{\sigma}_2) = \frac{d_3^2\sigma^2}{(N/n)d_2^2} = \frac{\sigma^2}{N}\left(\frac{nd_3^2}{d_2^2}\right) \tag{4.2.2}$$

식 (4.2.2)에서 σ^2, N은 주어진 값이므로 괄호 안의 값(즉, 표준화 분산)을 최소화하는 n을 구하면 되는데, 〈그림 4.2.1〉에 n에 따른 이 값이 주어져 있다.

즉, 이를 보면 n은 8(수직축의 값이 0.814), 그리고 7(수직축의 값이 0.815)일 때 분산이 가장 작아짐을 알 수 있으므로, 이 기준에서는 n이 4 또는 5보다 이 경우가 우수하다 (Trietsch, 1999).

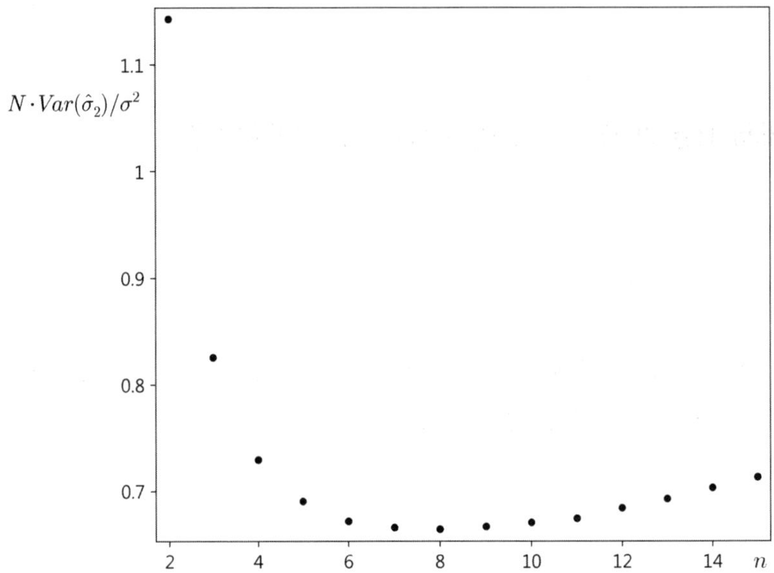

그림 4.2.1 n에 따른 $\hat{\sigma}_1$의 표준화 분산

추가문제 4-2-1

$\overline{X}-R$관리도에서 표본의 크기를 기본문제의 기준인 $\hat{\sigma}_1$의 분산 대신에 추정량 간의 통계적 효율성을 기준으로 삼으면 얼마로 설정해야 하는가?

4-2-1 해답

크기가 n인 각 표본에 대해 구한 표준편차 S_i는 각 표본끼리 독립이며, k개의 표본으로부터 $\overline{S}$로 추정된 정규 모집단의 표준편차인 $\hat{\sigma}_2 = \overline{S}/c_4$의 기대값과 분산은 다음과 같이 되어 이 추정량도 역시 불편 추정량이 된다.

$$E(\hat{\sigma}_2) = E\left(\frac{\sum_{i=1}^{k} S_i}{kc_4}\right) = \sigma\ , \quad Var(\hat{\sigma}_2) = Var\left(\frac{\sum_{i=1}^{k} S_i}{kc_4}\right) = \frac{(1-c_4^2)\sigma^2}{kc_4^2} \tag{4.2.3}$$

또한 두 추정량 외에 합동(pooled) 추정량 형태가 되는 불편 추정량 $\hat{\sigma}_3$가 많이 쓰인다 (Wheeler, 2004).

$$\hat{\sigma}_3 = \frac{S_p}{c_4} = \frac{\sqrt{\frac{\sum_{i=1}^{k}(n-1)S_i^2}{k(n-1)}}}{c_4} = \sqrt{\frac{\sum_{i=1}^{k} S_i^2}{kc_4^2}} \tag{4.2.4}$$

여기서 c_4는 $\hat{\sigma}_2$를 σ의 불편 추정량이 되게 해주는 보정계수로 표본크기 n에 의존한다. 그리고 $\frac{\nu S_p^2}{\sigma^2}$는 자유도가 $\nu = \sum_{i=1}^{k}(n-1) = k(n-1)$인 χ^2분포를 따르므로, 단일 표본인 경우와 대응시키면 $\hat{\sigma}_3$는 역시 σ의 불편 추정량이 되며 c_4의 표본크기는 자유도$+1$로 간주되므로 $kn-k+1$이 된다. 또한 이의 분산은 다음과 같이 구할 수 있다(Vardeman, 1999).

$$Var(\hat{\sigma}_3) = E\left(\hat{\sigma}_3^2\right) - \sigma^2 = \frac{\sum_{i=1}^{k} E\left(S_i^2\right)}{kc_4^2} - \sigma^2 = \sigma^2\left(\frac{1-c_4^2}{c_4^2}\right) \tag{4.2.5}$$

Manmoud et al.(2010)에 따르면 정규분포를 따를 때 통계적 효율(분산) 측면에서는 $\hat{\sigma}_2$가 $\hat{\sigma}_3$보다 열등하다.

따라서 $\hat{\sigma}_3$을 기준으로 $\hat{\sigma}_1$의 상대적 효율인 RE_{31}은 다음과 같은 관계로부터 구할 수 있다(c_4의 괄호에 해당 (자유도+1) 값을 부기함).

$$RE_{31} = \frac{Var\left(\hat{\sigma}_3\right)}{Var\left(\hat{\sigma}_1\right)} = \frac{kd_2^2(1-c_4^2(kn-k+1))}{d_3^2c_4^2(kn-k+1)} \tag{4.2.6}$$

관리도의 1단계(phase 1; 추가문제 4-1-1 상황)에서 널리 쓰이는 표본의 개수는 20~30이므로 k가 20과 30에 대해 식 (4.2.6)의 값을 구할 수 있다. 그중에서 $k=20$일 때 n에 따른 식 (4.2.6)의 값을 〈그림 4.2.2〉에서 볼 수 있는데, 특히 범위로서 표준편차를 추정하는 $\hat{\sigma}_1$일 경우(즉, $\overline{X}-R$ 관리도에서) RE_{31}이 가장 큰 값을 가지는 $n=4$ 근처에서 표본의 크기를 추천하는 배경을 여기서 확인할 수 있다. 또한 지면제약으로 생략하였지만 k가 커질 때 RE_{31}는 더 작아지고 있다.

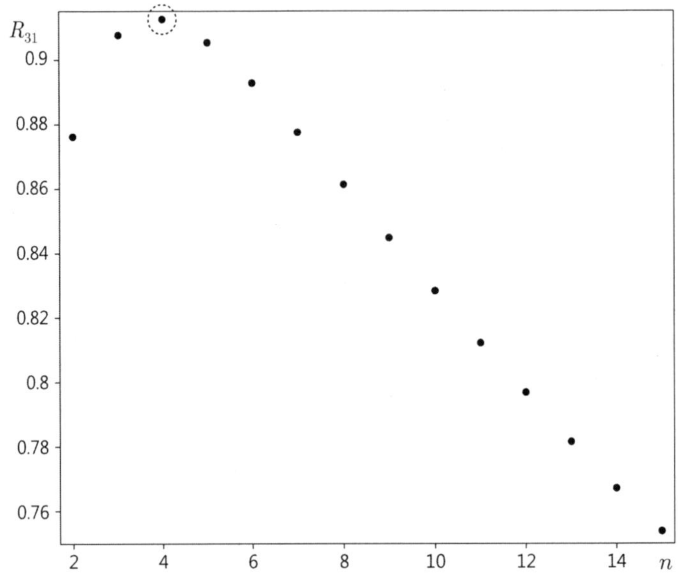

그림 4.2.2 n에 따른 R_{31}

추가문제 4-2-2

$\overline{X}-R$ 관리도에서 런(run) 규칙을 적용하여 안정상태를 판정하는 규칙도 쓰이고 있다(Derman and Ross, 1997).

일례로 런 규칙 중에서 가장 단순한 규칙으로 두 연속된 점이 조치한계를 벗어나면 공정 상태를 점검하는 2 중 2 규칙을 들 수 있다. 정규분포를 따른다고 가정하여 공정 평균이 공정 목표치(μ_0)에 있을 때 전통적 슈하트 관리도의 ARL(Average Run length로 370.4임)과 같아지는 $\overline{X}$ 관리도의 조치한계(여기서는 관리한계보다 이 용어를 사용함)를 구하라. 공정 평균이 $\mu_0+1\sigma_X$로 이동할 때 ARL을 구하여 전통적인 슈하트 관리도와 비교하라. 여기서 문제 4.9에서 다룬 결과를 활용하면 편리하다.

4-2-2 해답

관리한계를 벗어나는 사건을 성공으로 간주하면 2회 성공이 연속적으로 발생할 때까지의 런의 기대 수는 추가문제 4-9-1의 식 (4.9.2)로부터

$$ARL_{2/2} = 1/p + 1/p^2 \tag{4.2.7}$$

가 된다.

이 값이 370.4가 되려면 $p = 0.053$이 되므로 문제 4.1의 식 (4.1.1)과 유사하게 두 조치한계를 $\overline{X} \pm c\sigma_{\overline{X}}$로 두면

$$\Pr(|\overline{X} - \mu_0| > c\sigma_{\overline{X}}) = 2\Pr(Z > c) = 0.053$$

를 만족하는 c는 1.93이 된다.

하나의 표본이 공정평균이 $a\sigma_{\overline{X}}$만큼 이동할 때 조치한계를 벗어날 확률은

$$\Pr(|\overline{X} - (\mu_0 + a\sigma_{\overline{X}})| > c\sigma_{\overline{X}}) = \Pr(Z > 1.93 - a) + \Pr(Z < -1.93 - a)$$

가 되므로, $a = 1$일 때 이 값은 0.178이 된다.

따라서 2 중 2 규칙하의 ARL은 식 (4.2.7)에 대입하면 43.89이며, 전통적 슈하트 관리도에서는 관리한계를 벗어날 확률은

$$\Pr(|\overline{X} - (\mu_0 + a\sigma_{\overline{X}})| > 3\sigma_{\overline{X}}) = \Pr(Z > 3 - 1 = 2) + \Pr(Z < -3 - 1 - 4) = 0.023$$

가 되어 이의 역수인 ARL은 43.48이 된다. 이런 여건에서는 두 관리도의 검출 능력은 비슷하다.

4.3

크기가 큰 로트에서 얼마를 샘플링하는 것이 좋을까? (샘플링검사, Sampling inspection)

하나의 로트에 많은 부품이 있는 경우 모두 검사하는 것은 불가능하여 일부만 검사를 한다고 하자. 이 경우 "전체 중에 얼마를 검사하여야 하는가(검사비율)?"는 매우 중요한 문제이다. 여기서 동일한 검사비율로 검사한다면 동일한 수준의 보증이 되는 것인가? 예를 들어 로트의 크기가 10,000개이면 5%인 500개를 검사하는 경우와 1,000일 때 50개를 검사하는 경우는 어떤 차이가 있는가?

해답

이 문제를 다루기 위해서는 먼저 샘플링검사의 목적이 명확하게 정의되어야 한다. 즉, '동일한 수준'의 보증의 의미가 명확해야 할 것이다. 일반적으로 샘플링검사를 실시하면 검사비용이 줄어드는 혜택이 발생하는데 이와 동시에 위험 또한 증가하게 된다. 우리는 두 가지 위험을 고려할 수 있다. 즉, 생산자위험(좋은 로트가 검사에서 기각되는 위험)과 소비자위험(나쁜 로트가 합격되는 위험)이다. 그리므로 동일한 수준의 보증을 정의하기 위해서는 먼저 좋은 로트와 나쁜 로트를 정하는 기준이 있어야 할 것이다. 그래서 AQL(acceptable quality level)과 LTPD(lot tolerance percent defective)가 주어져야 한다. 예를 들어 로트에 불량품이 1% 이하로 포함되어 있는 경우는 괜찮은 로트로 여기며, 5% 이상이면 문제가 크다고 하자. 그러면 AQL=0.01(p_0), LTPD=0.05(p_1)이다. 이때 불량률이 1% 이하(5% 이상)이더라도 일부 검사인 샘플링검사를 적용하면 로트가 합격(불합격)되는 생산자(소비자)위험이 발생하므로 이들의 각 한계인 α, β를 지정한다.

공정 불량률에 따라 샘플링검사에 의해 로트가 합격할 확률 P_a을 대응시킨 그래프를 검사특성곡선(OC, operating characteristic curve)이라 하는데, 곡선상에서 샘플링검사의 보증수준에 해당되는 (AQL, $1-\alpha$)와 (LTPD, β)를 지나는 샘플링검사 방식으로 표본크기 n과 합격판정개수 c를 설정할 수 있다.

즉, 표본크기가 N일 때 다음 두 식을 만족하는 n과 c를 찾는 문제가 된다.

$$P_a = \sum_{x=0}^{c} \frac{\binom{Np_0}{x}\binom{N(1-p_0)}{n-x}}{\binom{N}{n}} \geq 1-\alpha \tag{4.3.1}$$

$$1-P_a = \sum_{x=0}^{c} \frac{\binom{Np_1}{x}\binom{N(1-p_1)}{n-x}}{\binom{N}{n}} \leq \beta \tag{4.3.2}$$

만약 AQL이 0.01, LTPD가 0.05, $\alpha = 0.05$, $\beta = 0.1$이면 로트크기가 10,000개나 1,000개이더라도 N와 무관하게 식 (4.3.1)과 식 (4.3.2)를 만족하는 샘플링검사 방식 중의 하나로 $n = 132$, $c = 3$이 도출할 수 있다. 즉, 132개를 검사하여 불량품 수가 3개 이하면 합격시키는데, 두 식에 대입하면 이 방식하의 실제 위험률은 $\alpha = 0.044$, $\beta = 0.099$이다. 따라서 로트와 표본크기가 각각 10,000와 500개일 때와 로트와 표본크기와 각각 1,000와 50개일 때의 샘플링검사방식이 동일한 보증수준을 유지하려면 c를 다르게 설정해야 한다. 하지만 c가 정수값을 가지므로 정확하게 동일한 보증수준을 갖는 샘플링검사 방식을 설정하기는 쉽지 않을 수 있다.

그리고 $N = 10,000, n = 500$, $c = 10$와 $N = 1,000$, $n = 50$, $c = 1$인 샘플링검사를 비교하면 〈그림 4.3.1〉과 같이 OC곡선 형태가 확연히 달라지므로 동일 수준의 보증 방식에 속하지 않는다. 이를 보면 표본크기가 큰 전자가 좋은 로트와 나쁜 로트의 구별력이 좋음을 알 수 있다.

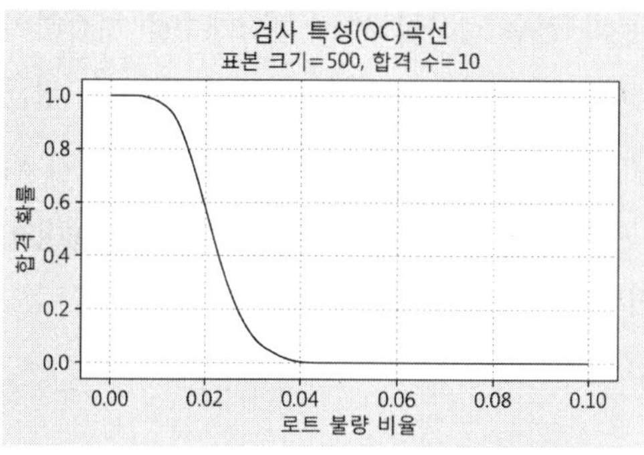

(a) $N = 10,000$, $n = 500$, $c = 10$

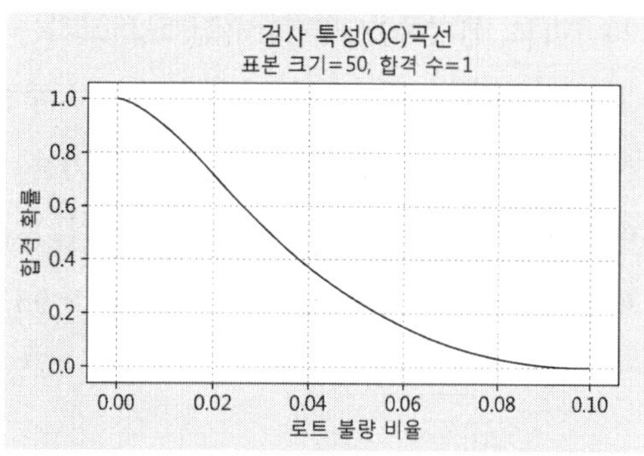

(b) $N = 1,000$, $n = 50$, $c = 1$

그림 4.3.1 검사특성곡선

추가문제 4-3-1

샘플링 검사에서 로트가 불합격 판정을 받을 때 처리하는 방법으로 불합격된 로트를 공급자에게 반환하거나 전수 검사를 하는 등이 있다. 전수 검사를 하여 발견된 불량품을 제거하거나 양품으로 교체하는 경우를 선별형 샘플링 검사라고 부른다.

불량률이 0.05인 공정에서 생산된 1,000개의 제품으로 구성된 로트에서 10개 제품을 무작위로 추출하여 검사한 후 불량품이 0, 1개인 경우는 그대로 출하하며 2개 이상이면 로트를 전수 검사하여 양품만 출하한다고 한자. 이 경우 출하되는 로트의 평균불량률은 얼마인가? 그리고 로트당 평균검사횟수는 얼마인가?

4-3-1 해답

먼저 평균불량률을 구하기 위해 검사 후의 로트에 포함된 불량품의 수를 구하여 보자. 먼저 이 로트가 통과 될 확률 P_a는

$$P_a = \sum_{x=0}^{1} \frac{\binom{950}{10-x}\binom{50}{x}}{\binom{1000}{10}} = 0.9147 \qquad (4.3.3)$$

이다.

그러므로 로트에 남아 있을 불량품의 평균 개수는 합격할 경우인 $990 \times 0.05 \times P_a = 45.3$이고, 불량품을 제거한다면 로트크기는 표본과 전수 검사할 때의 불량개수를 차감하여 $1{,}000 - 10 \times 0.05 - 990 \times (1 - P_a) \times 0.05 = 995.3$로 줄어든다. 따라서 검사 후 로트 평균불량률(average outgoing quality; AOQ)은 $AOQ = 990 \times 0.05 \times P_a / 995.3 = 0.0455$이 되어 불량률이 감소되는 효과를 얻는다. 그리고 평균검사개수(average total inspection; ATI)는 $ATI = 10 + 990(1 - 0.9147) = 94.5$이다.

로트크기와 표본크기를 각각 N, n으로, 불량률을 p로 나타낸다면

$$AOQ = \frac{(N-n)P_a}{N - np - (N-n)(1-P_a)p} \approx \frac{(N-n)P_a}{N}$$

$$ATI = n + (N-n)P_a \qquad (4.3.4)$$

이다.

추가문제 4-3-2

생산이 연속으로 이루어지는 경우는 앞의 문제들과는 달리 로트를 형성하기 어렵다. 이런 공정 상황에서 쓰이는 특별한 샘플링검사로 연속 생산형 샘플링검사가 있다. 예를 들면 100% 검사를 실시하다가 연속하여 5개의 양품이 나오는 경우는 3개당 1개를 검사(일부검사)하며, 여기서 불량품이 발견되면 다시 100% 검사로 돌아가는 샘플링검사이다. 이 경우 100% 검사와 일부검사가 반복하여 실시될 것이다. 공정의 불량률이 0.05인 경우에 평균적으로 100% 검사가 이루어지는 시간비율은 얼마인가?

4-3-2 해답

한 번의 100% 검사와 일부 검사의 지속시간의 합을 하나의 사이클로 본다면 이 사이클이 계속 반복되는 방식이 된다. 그러므로 장기적인 측면에서 100% 검사의 시간비율은 두 검사의 평균 지속시간의 합에 대한 100% 검사의 평균 지속시간의 비가 된다.

먼저 공정 불량률이 p일 때 100% 검사에서 연속되는 양품의 개수 기준을 i(즉, 5개)로, 일부검사의 검사비율을 f(즉, 1/3)로 두면 100% 검사가 실시되는 평균 길이 u를 계산하면

$$u = \frac{1-q^i}{pq^i}, \quad \text{단, } q = 1-p \tag{4.3.5}$$

이다. 일부검사가 지속되는 시간은 불량품이 하나가 검사될 때까지이므로 평균검사 개수는 기하분포에 의해 $1/p$이다. 그러므로 총 통과 개수는 $v = 1/(fp)$이며 평균적인 100% 검사 시간비율은 $(u+fv)/(u+v)$이다.

이 문제와 같이 $p = 0.05$, $i = 5$, $f = 1/3$을 대입하면 $u = 5.85$, $v = 60$가 되어 평균검사비율은 39.3%가 된다.

식 (4.3.5)을 도출해 보자.

연속 i개의 양품이 나오지 않는 경우를 실패로 정의하면 u는 평균 실패횟수(m)×실패 시 평균 검사개수(n_I)+i가 된다. 실패할 확률 $P_1 = p + qp + \cdots + q^{i-1}p = 1-q^i$이므로 $Q_1 = 1 - P_1$일 때 m과 n_I는 다음과 같이 구해진다.

$$\begin{aligned} m &= Q_1(0 + 1\times P_1 + 2\times P_1 + \cdots) = Q_1P_1(1 + 2P_1 + \cdots) \\ &= Q_1P_1\frac{d(1 + P_1 + P_1^2 + \cdots)}{dP_1} = Q_1P_1\frac{d}{dP_1}\left(\frac{1}{1-P_1}\right) = \frac{Q_1P_1}{(1-P_1)^2} = \frac{P_1}{Q_1} = \frac{1-q^i}{q^i} \end{aligned}$$

$$n_I = \frac{1}{1-q^i} p(1+2q+ \cdots +iq^{i-1}) = \frac{p}{1-q^i} \frac{d(1+q+q^2+ \cdots +q^i)}{dq}$$

$$= \frac{p}{1-q^i} \frac{d}{dq} \left(\frac{1-q^{i+1}}{1-q} \right) = \frac{1-q^i(1+pi)}{p(1-q^i)}$$

따라서 $u = \frac{1-q^i}{q^i} \frac{1-q^i(1+pi)}{p(1-q^i)} + i = \frac{1-q^i}{pq^i}$ 가 구해진다.

4.4

Benford의 법칙은 존재하는가?

A 교수는 개발도상국의 사회 및 경제 서베이 데이터를 가지고 새로운 연구를 수행할 계획인데, 이런 데이터의 신빙성에 상당한 의심을 가지고 있다. A 교수는 연구를 본격적으로 진행하기 전에 추가 조사를 하지 않고 조사된 데이터 품질을 검토할 수 있는 방법을 모색하고 있다. 이럴 때 다음과 같은 Benford의 첫 숫자(숫자의 가장 큰 자리수를 확률변수 D로 표기) 법칙이 하나의 방법이 될 수 있을 것이다.

$$\Pr(D=d)=\log_{10}\left(1+\frac{1}{d}\right),\ \ d=1,2,\ldots,9 \tag{4.4.1}$$

즉, $\sqrt{2}$, log2, π의 d는 1, 6, 3이 되며, 1이 될 확률은 〈표 4.4.1〉의 $\Pr(d)$와 같이 0.3010, 2와 3이 될 확률은 각각 0.1761과 0.1249, 9가 될 확률은 0.0548로 점점 감소하는 현상을 나타내고 있다.

표 4.4.1 Benford 법칙 적합 결과: Fibonacci 수

d	1	2	3	4	5	6	7	8	9
관측도수	30	18	13	9	8	6	5	7	4
$\Pr(d)$	0.30103	0.17609	0.12494	0.09691	0.07918	0.06695	0.05799	0.05115	0.04576
기대도수	30.103	17.609	12.494	9.691	7.918	6.695	5.799	5.115	4.576
χ^2값	0.0003	0.0087	0.0205	0.0493	0.0008	0.0721	0.1101	0.6947	0.0725

미국의 천문학자이자 수학자인 S. Newcomb(1835∼1909)은 대수(logarithm) 수표의 앞쪽 페이지가 뒤쪽 페이지보다 더럽고 닳은 것에 주목하여 1881년 식 (4.4.1)과 같은 분포를 발견하였으나, 그 후 57년간 누구도 주목하지 않았다. 1938년 미국의 물리학자인 F. Benford(1883∼1948)는 20,209종의 데이터 집합(미국의 3,259군의 인구, 335개 강의 집수 면적, 리더스 다이제스트(Readers' Digest) 잡지에서의 308개 숫자, 342명 과학자들의 주소 등)을 조사하여 첫 번째 숫자의 분포를 재발견을 하고 자기 이름을 붙여 명명하였다

(Gorroochurn, 2012).

예를 들어 Fibonacci 수(1, 1, 2, 3, 5, 8, 13, ... ; 직전 두 수의 합), 2^n, 3^n, $n!$ 같은 수열은 Benford의 법칙을 따르지만, 자연수, 10^n, $\log n$ 등은 Benford 법칙을 따르지 않는 수열로 알려져 있다(Berger and Hill, 2011).

이런 현상을 다음과 같이 두 가지로 설명할 수 있다(Durret, 2009).

(i) 주가지수 등의 통계치가 단위 시간당 일정한 비율로 증가하면(즉, $f(t) = ce^{rt}$), 첫 숫자가 d에서 $d+1$에 있을 비율은 $[\ln(d+1) - \ln(d)]/r$가 된다. 이를 1부터 10까지 도달하는 총 시간을 반영하여 표준화하면 식 (4.4.1)의 Benford의 법칙이 된다.

(ii) 첫 숫자가 적용 단위에 의존하지 않으면 Benford의 법칙이 유일한 가능성이 된다 (Hill, 1995).

먼저 100개의 Fibonacci 수를 대상으로 Benford 법칙을 따르는지를 조사하라.

해답

〈표 4.4.1〉에는 최초 100개 Fibonacci 수를 대상으로 첫 숫자의 도수, 식 (4.4.1)에 의한 발생확률과 기대도수, χ^2통계량 값($\sum_{j=1}^{9}(O_j - E_j)^2/E_j$, 여기서 O_j와 E_j는 범주 j의 관측도수와 기대도수; 문제 1.19 참고)에 대한 기여도(각 항의 χ^2값)가 정리되어 있다.

또한 〈그림 4.4.1〉은 관측도수와 기대도수를 함께 도시한 막대그래프인데, 7일 때가 두 도수 간에 가장 큰 차이를 보여주고 있다(〈표 4.4.1〉의 마지막 행 참조).

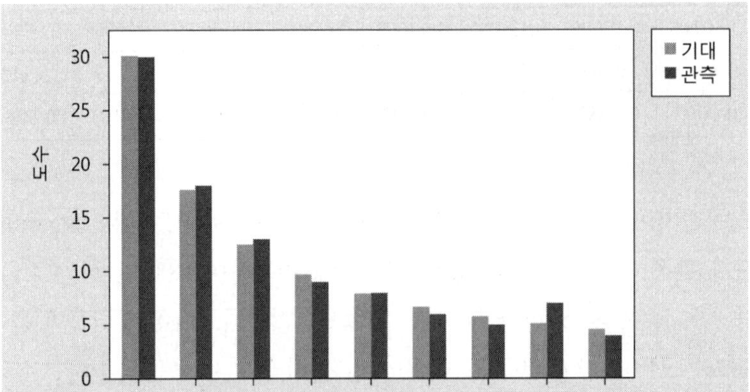

그림 4.4.1 관측도수와 기대도수: Fibonacci 수

〈표 4.4.1〉로부터 구한 χ^2값은 1.029로, 자유도 8(범주 수-1)인 χ^2분포로부터 구한 P 값은 0.998로 Benford 법칙을 따름을 강력하게 보여주고 있다.

이런 Benford 법칙은 서두에 언급된 서베이 자료(Judge and Schechter, 2009)의 신빙성 검토, 세금 신고 사기(Nigrini, 1996) 등의 대규모 데이터의 불규칙성 진단, 컴퓨터 설계와 같은 다방면에 활용되고 있다(Cho and Gaines, 2009).

추가문제 4-4-1

Hill(1995)의 첫 숫자가 적용 단위에 의존하지 않으면 Benford의 법칙이 성립한다는 주장의 근거를 보여라(Gorroochurn, 2012).

4-4-1 해답

첫 숫자의 확률밀도함수를 $f(x)$로 나타낼 때 적용 단위에 의존하지 않는 척도불변성(scale invariant)인 함수는 다음을 충족한다.

$$f(cx) = kf(x), \quad (\text{단, } c\text{와 } k\text{는 상수임.}) \tag{4.4.2}$$

식 (4.4.2)의 양변을 적분하면,

$$\int f(cx)dx = \int \frac{f(u)}{c}du = \frac{1}{c} \quad \Leftrightarrow \quad \int kf(x)dx = k$$

가 되어, $k = 1/c$이 된다. 따라서 식 (4.4.2)가 $f(x) = cf(cx)$가 되므로 이를 c에 대해 미분하면

$$\frac{d}{dc}(cf(cx)) = f(cx) + cxf'(cx) = 0 \tag{4.4.3}$$

가 되므로, $u = cx$로 둔 다음 미분방정식의 해를 구하는 문제가 된다.

$$f(u) + uf'(u) = 0 \tag{4.4.4}$$

식 (4.4.4)의 해는 $f(u) = A/u$(A는 상수)가 된다.

D가 첫 숫자를 나타내는 확률변수이면

$$\Pr(D=d)=\frac{\int_{d}^{d+1}\frac{A}{u}du}{\int_{1}^{10}\frac{A}{u}du}=\frac{\ln(1+d)-\ln(d)}{\ln 10}$$

$$=\frac{\ln\left(1+\frac{1}{d}\right)}{\ln 10}=\log_{10}\left(1+\frac{1}{d}\right),\ \ d=1,2,\ldots,9$$

가 되어, 척도불변성(scale invariant)을 가지는 함수인 식 (4.4.1)이 도출된다.

추가문제 4-4-2

대수를 취한 숫자열의 소수점 부분(상용대수를 취하면 가수(mantissa)에 해당)은 n이 클 때 $(0, 1)$에서 근사적으로 균일분포를 따르면 Benford 법칙을 따른다(Berger and Hill, 2011). 100개의 Fibonacci 수를 대상으로 이런 사실의 성립 여부를 조사하라.

4-4-2 해답

〈그림 4.4.2〉에는 최초 100개 Fibonacci 수를 대상으로 구간을 0.1의 간격으로 구분한 10개 구간에 관한 히스토그램이 주어져 있다. 그리고 〈표 4.4.2〉에는 각 구간의 관측도

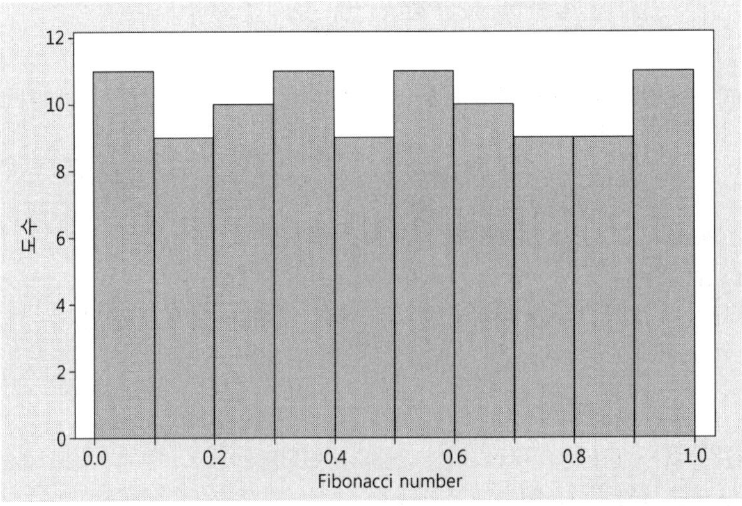

그림 4.4.2 가수의 관측도수와 기대도수: Fibonacci 수

표 4.4.2 가수의 균일분포 적합 결과: Fibonacci 수

구간	0.0~0.1	0.1~0.2	0.2~0.3	0.3~0.4	0.4~0.5	0.5~0.6	0.6~0.7	0.7~0.8	0.8~0.9	0.9~1.0
관측도수	11	9	10	11	9	11	10	9	9	11
기대도수	10	10	10	10	10	10	10	10	10	10
χ^2값	0.1	0.1	0.0	0.1	0.1	0.1	0.0	0.1	0.1	0.1

수, 기대도수, χ^2통계량 값에 대한 기여도가 요약되어 있다.

〈표 4.4.2〉로부터 구한 χ^2값은 0.8로 자유도 9인 χ^2분포로부터 구한 P값은 1.00이 되어 거의 완벽하게 균일분포를, 이에 따라 Benford 법칙을 따름을 강력하게 보여주고 있다.

추가문제 4-4-3

Benford의 첫 숫자 법칙을 확장한 식 (4.4.5)의 둘째 숫자(D_2) 법칙이 다음과 같이 제안되고 있다. 두 자리 이상의 100개의 Fibonacci 수를 대상으로 Benford의 둘째 숫자 법칙을 따르는지를 조사하라.

$$\Pr(D_2 = d_2) = \sum_{j=1}^{9} \log_{10}\left(1 + \frac{1}{10j + d_2}\right), \quad d_2 = 0, 1, \dots, 9 \tag{4.4.5}$$

4-4-3 해답

〈표 4.4.3〉에는 10 이상인 최초 100개 Fibonacci 수를 대상으로 둘째 숫자의 도수, 식 (4.4.5)에 의한 발생확률과 기대도수, χ^2통계량 값에 대한 기여도가 정리되어 있다.

또한 〈그림 4.4.3〉에는 관측도수와 기대도수를 함께 도시한 막대그래프를 볼 수 있는

표 4.4.3 Benford의 둘째 숫자 법칙 적합 결과: Fibonacci 수

d_2	0	1	2	3	4	5	6	7	8	9
관측도수	8	14	8	12	10	12	9	10	6	11
$\Pr(d_2)$	0.11968	0.11389	0.10882	0.10433	0.10031	0.09668	0.09337	0.09035	0.08757	0.08500
기대도수	11.968	11.389	10.882	10.433	10.031	9.668	9.337	9.035	8.757	8.500
χ^2값	1.3156	0.5996	0.7633	0.2354	0.0001	0.5625	0.0122	0.1031	0.8680	0.7353

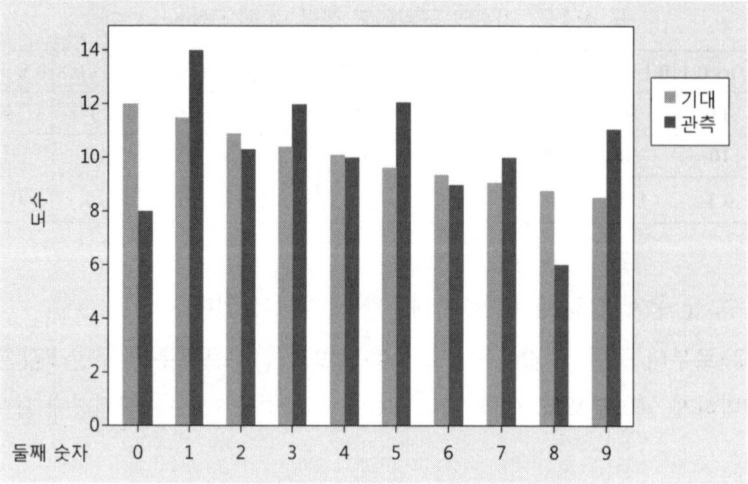

그림 4.4.3 둘째 숫자의 관측도수와 기대도수: Fibonacci 수

데, 1일 때가 두 도수 간에 가장 큰 차이를 보여주고 있다.

〈표 4.4.3〉으로부터 구한 χ^2값은 5.194가 되며, 자유도 9인 χ^2분포로부터 구한 P값은 0.817로 역시 Benford 법칙을 따름을 보여주고 있다.

식 (4.4.5)의 둘째 숫자에 관한 Benford 법칙도 균일분포와는 다른 형태이지만(〈그림 4.4.3〉 또는 〈표 4.4.3〉의 둘째 행 참조), 첫 숫자에 관한 패턴보다 확률의 감소 패턴이 훨씬 약화되며, 셋째부터의 숫자에 관한 Benford 법칙은 균일분포와 거의 유사하다고 알려져 있다.

4.5

최대 몇 마리를 먹을 수 있는가?

대게 상점에서는 1kg 단위로 묶음 판매를 한다. 고객은 밖에서는 보이지 않는 수조에서 무작위로 꺼낸 대게의 총 무게를 달다가 1kg를 초과하면 더 이상 가져갈 수 없다. 이 상점의 대게는 (0, 1)kg에서 균일분포를 따른다면 고객이 가져가는 묶음당 대게 마릿수의 기댓값은 얼마가 되겠는가?

해답

(0, 1)에서 독립적으로 균일분포를 따르는 대게 무게 X_i들의 합 $Y_n = \sum_{j=1}^{n} X_i$로, 이의 누적분포함수를 $F_n(y) = \Pr(Y_n \le y)$로 두면 $F_{n+1}(y)$는 다음과 같이 구할 수 있다.

$$
\begin{aligned}
F_{n+1}(y) &= \Pr(Y_{n+1} \le y) = \Pr(Y_n < y - X_{n+1}), \quad y \le 1 \\
&= \int_0^y \Pr(Y_n \le y - x \mid X_{n+1} = x) \cdot 1dx = \int_0^y \Pr(Y_n \le y - x)dx \\
&= \int_0^y F_n(y-x)dx = \int_0^y F_n(u)du \qquad (4.5.1)
\end{aligned}
$$

$F_1(y) = y$이므로, 식 (4.5.1)로부터 $F_n(y) = y^n/n!,\ y \le 1$이 된다.

따라서 $(n+1)$번째에 최초로 대게 무게의 합이 최초로 1kg을 초과하는 마릿수에 관한 확률 Q_{n+1}은 다음과 같이 적을 수 있다.

$$
\begin{aligned}
Q_{n+1} &= \Pr(Y_n \le 1,\ Y_{n+1} > 1) = \Pr(Y_n \le 1,\ X_{n+1} > 1 - Y_n) \\
&= \int_0^1 \Pr(X_{n+1} > 1 - y \mid Y_n = y) f_n(y)dy \\
&= \int_0^1 [1-(1-y)]dF_n(y) = \int_0^1 \frac{y^n}{(n-1)!}dy = \frac{n}{(n+1)!} \qquad (4.5.2)
\end{aligned}
$$

따라서 기댓값은 식 (4.5.2)로부터 다음과 같이 e가 되어 근사적으로 2.718마리가 된다.

$$\sum_{j=2}^{\infty} jQ_j = \sum_{j=2}^{\infty} j\frac{(j-1)}{j!} = \sum_{j=2}^{\infty} \frac{1}{(j-2)!} = e \tag{4.5.3}$$

추가문제 4-5-1

두 지방자치단체에 걸쳐 있는 저수지에서는 낚시꾼에게 각각 다른 규칙을 적용하고 있다. 북쪽 지자체는 하루당 잡은 물고기의 총 무게가 1kg를 초과하면 더 이상을 잡을 수 없다. 남쪽 지자체는 이전보다 더 무게가 나가는 물고기를 잡게 되면 낚시터를 떠나야 된다. 이 호수의 물고기가 $(0, 1)$kg에서 균일분포를 따른다면 어느 지자체로 입장하는 것이 더 많은 물고기(마릿수 기준)를 잡을 수 있는가(Swift, 1983)?

4-5-1 해답

북쪽 지자체의 운용 규칙은 기본 문제의 상황이므로 허용되는 기대 물고기 수는 e가 된다.

남쪽 지자체의 운용 규칙을 적용하더라도 잡을 수 있는 기대 마릿수는 e가 되어 동일한 기댓값을 가진다. 이를 확인해보자.

이 규칙하에서 정확하게 n, $n \geq 2$마리를 잡을 확률은

$$\begin{aligned} \Pr(X_1 > X_2 > \cdots > X_{n-1} < X_n) &= \int_0^1 \int_0^{x-1} \cdots \int_0^{x_{n-2}} \int_{x_{n-1}}^1 dx_n dx_{n-1} \cdots dx_2 dx_1 \\ &= \frac{n-1}{n!} \end{aligned} \tag{4.5.4}$$

가 된다.

적분보다 출현 가능성이 동일한 X_i, $i = 1, 2, \ldots, n$들의 순서를 고려하면, 가능한 총 경우의 수가 $n!$이고, 식 (4.5.4)의 조건은 다음과 같이 $n-1$가지이므로 이 두 값의 비인 $(n-1)/n!$로 구해진다. 따라서 식 (4.5.2)와 동등해진다(Andel, 2001).

$$X_n > X_1 > X_2 > \cdots > X_{n-2} > X_{n-1}$$
$$X_1 > X_n > X_2 > \cdots > X_{n-2} > X_{n-1}$$
$$X_1 > X_2 > X_n > \cdots > X_{n-2} > X_{n-1}$$
$$\cdots$$
$$X_1 > X_2 > \cdots > X_n > X_{n-2} > X_{n-1}$$
$$X_1 > X_2 > \cdots > X_{n-2} > X_n > X_{n-1}$$

한편 마릿수 기준보다 무게 기준을 적용하면, 남쪽 지자체의 운용 규칙하에서 많은 수의 물고기를 잡으려면 그 무게는 점점 작아져야 하므로 당연히 전에 잡은 물고기 무게에 무관한 북쪽 지자체의 규칙이 낚시꾼에게 유리하다.

추가문제 4-5-2

기본 문제를 이산적인 경우에 적용해보자. $\{1, 2, \ldots, m\}$ 중에서 무작위로 복원 추출한 값을 더한 결과 최초로 m을 초과할 추출횟수의 기댓값을 구하라(Erelbach and Grossman, 1979).

4-5-2 해답

k를 초과하는 추출횟수를 E_k로 두면, $E_0 = 1$이 된다. $0 \le k \le n$에서 첫 단계 분석을 적용하면 다음과 같이 적을 수 있다.

$$E_k = 1 + \frac{1}{n}(E_0 + E_1 + \cdots + E_{k-1}) \tag{4.5.5}$$

$k = 1$이면 $E_1 = 1 + \frac{1}{n}$이 되므로, $E_{k-1} = \left(1 + \frac{1}{n}\right)^{k-1}$, $k \ge 1$가 성립한다면 k일 때 수학적 귀납법에 의해 다음과 같이 성립함을 확인할 수 있다.

$$E_k = 1 + \frac{1}{m}\sum_{j=0}^{k-1}\left(1 + \frac{1}{m}\right)^j = \left(1 + \frac{1}{m}\right)^k$$

따라서 $k = m$이면, $E_m = \left(1 + \frac{1}{m}\right)^m$이 된다. $m = 6$과 10이면 2.522, 2.594가 되며,

$m \to \infty$가 되면 기본 문제와 같이 e가 된다.

- $\{1, 2, \dots, m\}$이 아닌 $\{0, 1, \dots, m-1\}$ 중에서 무작위로 복원 추출한 값을 더한 결과 최초로 $m-1$을 초과할 추출횟수의 기댓값을 구하라.

해답

앞의 문제보다는 복잡한 상황이 된다. $0 \le k \le m-1$에서 첫 단계 분석을 적용하면 다음과 같이 적을 수 있다.

$$E_k = 1 + \frac{1}{m}(E_0 + E_1 + \cdots + E_k) \tag{4.5.6}$$

여기서 $E_0 = 1 + E_0/m$이 되므로 $E_0 = \dfrac{m}{m-1}$가 되며, 식 (4.5.6)에서

$$E_k = \frac{m}{m-1}\left[1 + \frac{1}{m}(E_0 + E_1 + \cdots + E_{k-1})\right]$$

가 되므로, 앞의 문제와 같이 수학적 귀납법을 적용하면 다음과 같이 구해진다.

$$E_k = \left(\frac{m}{m-1}\right)^{k+1}, \quad k = 0, 1, 2, \dots, m-1$$

따라서 $k = m-1$이면 $E_{m-1} = \left(\dfrac{m}{m-1}\right)^m$이 되며, $m = 6$과 10이면 2.986, 2.868이, $m \to \infty$가 되면 역시 e가 된다.

4.6

시스템을 구성하는 부품 중 어떤 것이 중요한가? (중요도지수, 위원회 영향력(Power) 지수)

다수의 부품으로 이루어진 시스템을 고려하여 보자. 이 경우 시스템을 구성하는 부품 중에 어느 것이 중요한가를 평가하고자 한다. 예를 들어 3개의 부품으로 구성된 직렬과 병렬시스템을 고려하여 보자. 만일 각 부품의 신뢰도가 주어져 있다면 어느 부품이 중요하다고 할 수 있을까? 이 문제는 시스템 신뢰도분야에서 중요도(importance) 평가문제로서 많은 지수들이 제안되어 있다(부품들의 고장은 독립으로 가정).

해답

시스템 신뢰도분야에서의 부품 중요도 문제는 많은 연구자들에 의해 연구되었다. 여기서는 가장 기본적인 지수에 대해 설명하고자 한다. 보다 상세한 연구결과를 알고자 하면 참고문헌(Kuo and Wang, 2012)을 참조하기 바란다. 여기서는 부품의 신뢰도가 0.9, 0.8, 0.7로 주어져 있다고 하자.

(1) 구조중요도

이 경우는 시스템 신뢰도에 대한 부품들의 영향을 구조적인 관점에서 평가하고자 한다. 즉 각 부품의 신뢰도는 고려하지 않거나 1/2로 동일한 것으로 가정한다. 해당 부품을 제외하고 다른 부품들의 서로 다른 상태를 나열하고 각 상태에서 해당 부품의 상태가 고장에서 작동으로 변화할 때 시스템의 상태도 고장에서 작동으로 변화하는 경우의 수를 계산한다.

직렬구조에서 부품 1의 구조중요도는 1/4이다. 즉, 다른 부품들의 서로 다른 상태는 4가지이며 해당부품의 상태와 시스템의 상태가 동일하게 변화하는 경우는 다른 부품들이 모두 작동하는 경우인 한 가지이다(병렬의 경우 모든 부품이 고장인 경우 한 가지임). 그리고 부품 2나 3의 경우도 동일하다. 그러므로 3부품의 구조중요도는 직렬(병렬)구조에서 서로 동일하다.

(2) 신뢰도 중요도(Birnbaum reliability importance)

부품 1의 신뢰도 중요도는 $B_I(i) = \partial R_s / \partial r_i$이다. 여기서 R_s는 시스템 신뢰도, r_i는 부품 i의 신뢰도이다.

직렬구조에서는 시스템 신뢰도가 $r_1 r_2 r_3$이므로 부품 1의 신뢰도를 $r_2 r_3 = .56$이고 부품 2의 경우는 $r_1 r_3 = .63$ 그리고 부품 3의 경우는 $r_1 r_2 = .72$이다. 그러므로 직렬구조에서는 신뢰도 중요도가 부품의 신뢰도가 낮은 것이 보다 중요하다.

병렬구조의 경우는 시스템 신뢰도는 $1-(1-r_1)(1-r_2)(1-r_3)$이다. 그러므로 부품 1의 신뢰도를 $(1-r_2)(1-r_3) = 0.06$이고 부품 2의 경우는 $(1-r_1)(1-r_3) = 0.03$ 그리고 부품 3의 경우는$(1-r_1)(1-r_2) = 0.02$이다. 그러므로 병렬구조에서는 부품의 신뢰도가 높은 것이 보다 중요하다.

추가문제 4-6-1

3 중 2:G 시스템은 두 부품 이상이 작동하면 시스템이 작동하는 시스템으로 신뢰도 측면에서 직렬구조보다는 우수하지만 병렬구조보다는 열등한 구조를 가진 시스템이다. 이 시스템에서 각 부품의 구조 중요도는 기본문제와 같이 동일하지만, 병렬구조처럼 신뢰도가 가장 높은 부품이 가장 높을까?

4-6-1 해답

세 부품의 신뢰도가 각각 r_1, r_2, r_3 $(r_1 \geq r_2 \geq r_3)$일 때 3 중 2 구조의 신뢰도는 $R_s = r_1 r_2 (1-r_3) + r_1 (1-r_2) r_3 + r_1 r_2 (1-r_3) - r_1 r_2 r_3 = r_1 r_2 + r_1 r_3 + r_2 r_3 - 2 r_1 r_2 r_3$이다. 그러므로 각 부품의 신뢰도 중요도는

$$B_I(1) = r_2 + r_3 - 2 r_2 r_3$$
$$B_I(2) = r_1 + r_3 - 2 r_1 r_3$$
$$B_I(3) = r_1 + r_2 - 2 r_1 r_2$$

이다.

여기서 $B_I(1) - B_I(2) = (r_1 - r_2)(2r_3 - 1)$이므로 $r_3 > 1/2$이면 부품 1의 중요도가 부품 2보다 높으며, $B_I(2) - B_I(3) = (r_2 - r_3)(2r_1 - 1) \geq 0$가 되어 부품 1, 2, 3 순으로 중

요도가 높다. 그리고 모든 부품의 신뢰도가 0.5보다 작으면($r_1 < 1/2$) 부품 3, 2, 1 순으로 중요도가 높다. 하지만 부품 1의 신뢰도는 0.5보다 크지만 부품 3의 신뢰도가 0.5보다 작을 때는 부품 2의 중요도가 가장 높게 된다.

추가문제 4-6-2: 가중치가 다른 영향력 지수

한 위원회에서는 소속위원의 경력과 전문성에 기초하여 서로 상이한 가중치를 부여하고 찬성하는 위원들의 총 가중치가 일정 점수를 초과하는 경우 해당안건을 통과시키고 있다고 하자. 예를 들어 4명의 위원으로 구성된 위원회에서 각 위원의 가중치는 [12, 6, 4, 2]며 총 찬성점수가 16 이상일 때 안건을 통과시킨다면 각 위원들의 상대적 영향도, 즉 Banzhaf 지수, Shapley와 Shubik의 지수를 구하라.

Banzhaf 지수는 1946년 Lionel Penrose에 의한 처음 정의된 지수로서 1965년 John Banzhaf에 의해 다시 소개된 구성원들의 투표가중치가 다른 위원회에서 안건통과를 위한 투표 상황(weighted voting situations)에서 구성원들의 안건 통과에 대한 영향력을 평가하는 지수이다. Shapley-Shubik 지수는 1954년 경제학자인 Lloyd Shapley와 Martin Shubik에 의해 제안된 지수로 가중치가 다른 투표시스템(weighted voting systems)에서 구성원들의 의사결정에 대한 영향력을 평가하는 또 다른 지수이다(Ramamurthy, 1990 참고).

먼저 각 위원들의 Banzhaf 지수를 구하기 위해 찬성하면 안건을 통과시킬 수 있는 위원들의 소그룹(coalition)들을 모두 찾아라. 그리고 각 소그룹에 대해 참여한 위원들 중에서 탈퇴하는 경우 안건통과가 무산되는 위원(critical player: CP)들을 정리하라. 위원별로 CP의 횟수를 구하고 이를 비교하라.

Shapley와 Shubik의 지수를 구하기 위해 위원들을 일렬로 정렬한 모든 서로 다른 순서를 고려한다. 각 줄(sequence)에서 앞에서부터 가중치를 더하는 경우 최초로 안건 통과가 성립되는 위치에 있는 위원을 피벗(pivot)이라고 한다. 위원별로 피벗된 횟수로써 비교하라.

4-6-2 해답

먼저 Banzaf 지수를 구하기 위해 통과 소그룹과 CP들을 정리하면

(1,2): 1,2

(1,3): 1,3

(1,2,3): 1

(1,2,4): 1,2

(1,3,4): 1,3

(1,2,3,4): 1

이므로 각 위원들의 CP 총수는 [6, 2, 2, 0]이고 이의 합은 6+2+2+0=10이다. 그러므로 각 위원들의 중요도는 6/10=60%, 2/10=20%, 20%, 0%이다.

Shapley와 Shubik의 지수를 구하기 위해서 먼저 4명의 위원의 서로 다른 순서는 24개이다. 각 순서의 피벗위원을 구하면 된다. 예를 들어 1-2-3-4의 위원 2가 피벗위원이다. 그러므로 24개 중에서 맨 앞에 서는 위원에 대한 경우들로 나누어서 피벗위원이 되는 수를 고려한다.

위원 1(6개): 위원 2: 3개, 위원 3: 3개, 위원 4: 0개

위원 2(6개): 위원 1: 6개

위원 3(6개): 위원 1: 6개

위원 4(6개): 위원 1: 4개, 위원 2:1개, 위원 3: 1개

전체 피벗위원의 수는 [16, 4, 4, 0]이므로, 영향력 지수는 [16/24=2/3,1/6, 1/6,0]이므로 [66.6%, 16.7%,16.7%, 0%]가 된다.

4.7

정보를 구입하는 데 적정한 대가는 어느 정도인가? (Information values)

연예인들의 사생활에 대한 기사를 주로 다루는 잡지사에 유명 인사의 열애 소문이 포착되었다. 이 스캔들을 기사화하면 다음 호의 판매부수가 증가하여 2억 원 정도의 수익증가가 예상된다. 그러나 소문이 사실이 아닐 가능성이 있으며, 이 경우는 명예훼손에 의한 손해배상을 해야 할 수도 있다. 다양한 경험에 근거하여 추정하여 볼 때 소문이 사실일 확률은 20% 정도는 될 것으로 추정된다. 유명인사는 소문이 사실일 경우 20%, 소문이 거짓인 경우 90% 고소할 것으로 예상된다. 고소된 경우 소문이 사실일 경우 80%, 거짓일 경우 40% 정도는 잡지사가 승소할 것으로 판단된다. 패소하는 경우 손해규모는 3억 원 정도가 될 것이다. 그럼 현재 상황에서 소문을 기사화해야 하는가?

좀 더 정확한 정보를 얻기 위하여 이 분야 전문가의 도움을 청하고자 한다. 지금까지의 전문가의 신뢰도는 소문이 사실일 경우는 100% 사실이라고 주장하였으며 거짓의 경우도 10%는 사실이라고 잘못된 정보를 주었던 것으로 분석되었다. 이 전문가에게 정보구입 대가로 지불할 수 있는 사례금은 어느 정도가 되겠는가?

해답

먼저 추가 정보 없이 판단할 경우를 고려하여 보자.

만일 소문을 보도하는 경우는 〈그림 4.7.1〉의 확률나무그림과 같이 2억 원 수입과 소문이 거짓(사실)이면 0.9(0.2)의 확률로 고소가 될 것이며, 이 경우 0.6(0.2)의 확률로 손해배상을 해야 하므로 기대되는 배상액은 $(0.8\times0.9\times0.6+0.2\times0.2\times0.2)\times3=1.32$ 억 원이다. 그러므로 총 기대수익은 $2-1.32=0.68$억 원이다.

〈그림 4.7.1〉에서 원은 불확실 마디(uncertain node), 사각형은 의사결정 마디(decision node), 삼각형은 종료사건, P는 가지의 발생 확률을 나타내며, 이런 그림을 의사결정나무(decision tree)라고 부르지만 여기서는 의사결정 과정이 극히 적으므로 확률나무그림이라고 명명한다.

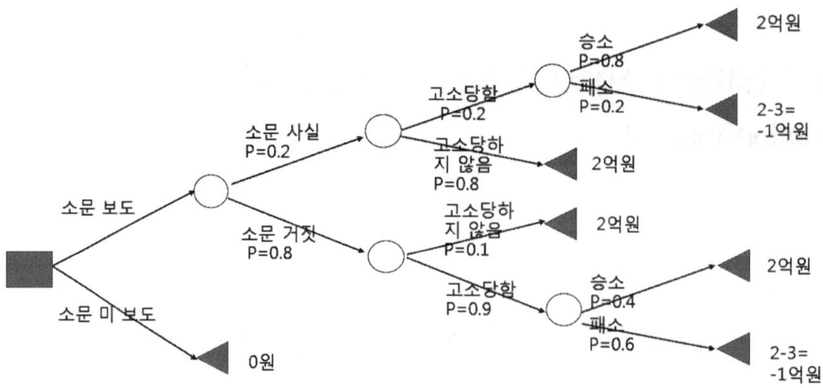

그림 4.7.1 확률나무그림: 추가 정보 없는 경우

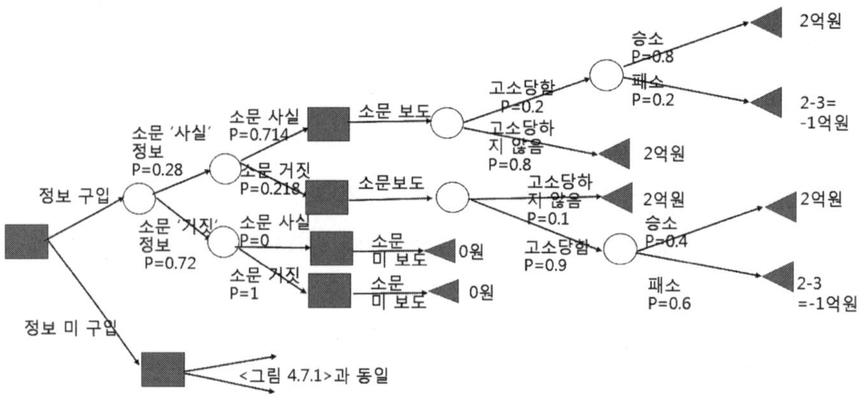

그림 4.7.2 확률나무그림: 추가 정보 있는 경우

정보를 구입할 경우를 따져보자.

정보가 사실이라고 알려줄 경우(확률은 $0.2\times 1+0.8\times 0.1=0.28$임)에 이 조건하에서 소문이 사실일 사후 확률은 $\dfrac{0.2}{0.2\times 1+0.8\times 0.1}=\dfrac{20}{28}\simeq 0.714$이고, 소문이 거짓일 사후 확률은 0.218이다(〈그림 4.7.2〉 참고). 그러므로 사실일 것이라는 정보를 받고 보도를 할 경우 〈그림 4.7.2〉에서 2억 원의 수익과 기대비용은 $(0.286\times 0.9\times 0.6+0.714\times 0.2\times 0.2)\times 3\simeq 0.549$억 원이므로 기대수익은 1.45억 원이다.

그리고 정보가 허위라고 보고될 경우(확률은 $0.8\times 0.9=0.72$)는 허위일 가능성이 100%이므로 보도를 하지 않는 것이 유리하다. 그러므로 정보를 구입하는 경우의 기대 수익은 $0.28 \times 1.45 + 0.72 \times 0 = 0.406$억 원이 되어 추가 정보 없이 판단할 경우인 1.32억 원보다 작아서 정보를 구입하거나 사례금을 줄 필요가 없다.

추가문제 4-7-1

기본 문제에서 구입한 정보가 완전하다고 보자. 즉, 정보가 사실일 것이라는 정보를 받으면 보도를 할 것이고 그렇지 않으면 보도를 하지 않을 것이다. 이런 경우에 기대수익은 얼마나 될까?

4-7-1 해답

정보가 사실이라고 알려줄 경우의 확률은 $0.2 \times 1 + 0.8 \times 0.1 = 0.28$이며, 이 조건하에서 무조건 보도를 함으로써 〈그림 4.7.3〉에서 2억 원의 수익과 기대비용은 $0.2 \times 0.2 \times 3 = 0.12$억 원이므로 기대수익은 1.88억 원이다. 그리고 정보가 허위라고 보고될 경우의 확률은 $0.8 \times 0.9 = 0.72$이며, 이 경우는 보도를 하지 않으므로 기대수익은 0이다. 그러므로 정보를 구입하는 경우의 기대 수익은 $0.28 \times 1.88 + 0.72 \times 0 = 0.5264$억 원이 되어 기본문제의 추가 정보를 구입할 경우인 기대수익 0.406억 원보다 큰 값을 갖는다.

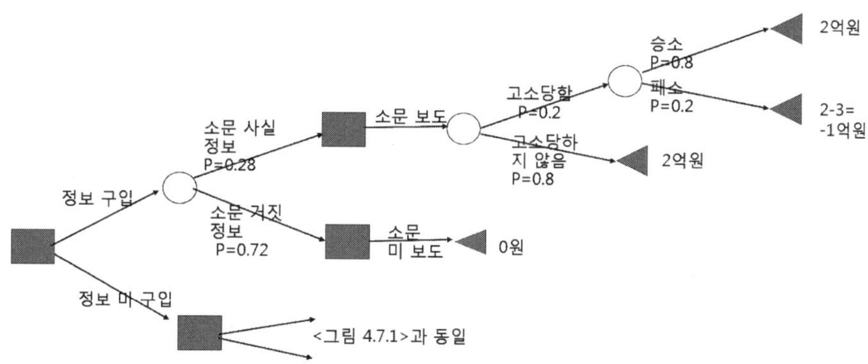

그림 4.7.3 확률나무그림: 추가 정보가 완전한 경우

추가문제 4-7-2

노인들에게 치명적인 질병이 발견되었다. 사전 검사를 통해 이 질병이 발견되면 2,000만 원의 치료비로 100% 치료가 가능하나 그렇지 않으면 사망률이 8%가 되는 무서운 질병이다. 노인 5,000명 중에서 1명 정도 이 질환을 가지고 있으며(즉, 유병률이 0.02%), 이 질병의 사전 검사방법으로 〈표 4.7.1〉과 같은 세 종이 개발되어 있다.

70세 모든 국민들에게 사전 검사를 실시한다고 할 때 검사방법 1과 2 중에서 어떤 방법이 더 좋은가? 검사방법 3의 결과가 양성이면 검사방법 1을 적용하는 결합된 방식을 적용하면 향상된 효과가 발생할 수 있는가?

표 4.7.1 사전 검사방법 정보

검사방법	민감도(sensitivity) $\Pr(P_i \mid A)$	특이도(specificity) $\Pr(N_i \mid A')$	검사시간	검사비용
1	1	1	1일	20만 원
2	0.97	0.99	10분	4만 원
3	1	0.88	10분	3만 원

(단, 환자가 이 질병을 가지고 있는(있지 않는) 사건을 $A(A')$로, i번째 검사방법에서 양성(음성)반응이면 $P(N)$으로 정의함.)

4-7-2 해답

세 대안으로 구성되는데 대안 1과 2는 각각 검사방법 1과 2를 채택하며, 대안 3은 검사방법 3을 적용한 결과에 따라 검사결과가 양성이 나오면 검사방법 1을 적용하는 방식이다.

〈그림 4.7.4〉의 확률나무그림으로부터 세 대안의 기대비용은 다음과 같이 계산된다. 여기서 α는 양성인 환자를 치료하지 않는 경우의 손실 금액이다.

대안 1: $0.0002 \times 2{,}020 + 0.9998 \times 20 = 20.4$(만 원)

대안 2: $0.0002(0.98 \times 2{,}004 + 0.02 \times 4) + 0.9998[0.01 \times 2{,}004 + 0.99 \times (4 + \alpha)]$

$= 24.388 + 0.9898\alpha$(만 원)

대안 3: $0.0002 \times 1 \times 2{,}023 + 0.9998(0.12 \times 1 \times 23 + 0.88 \times 3) = 5.804$(만 원)

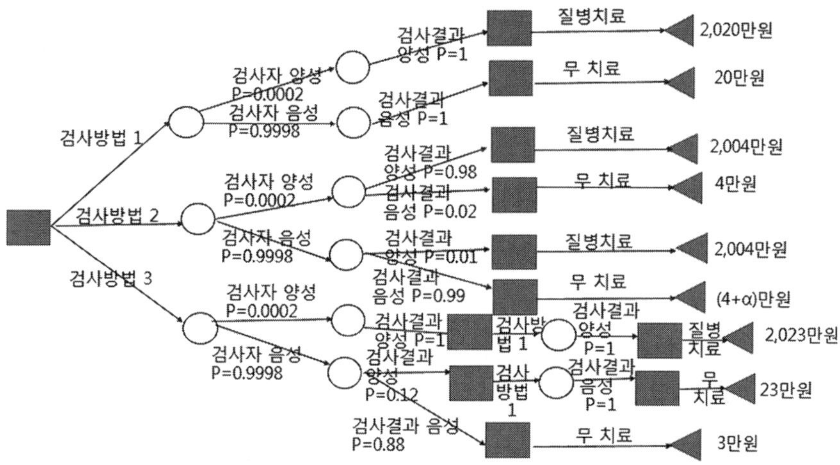

그림 4.7.4 확률나무그림: 사전검사 방법

대안 3, 1, 2순으로 우수하며, 우리나라의 노인인구(65세 이상)가 700만명 정도 된다면 두 검사방법을 결합한 대안 3을 대안 1 대신 채택하면 1조 220억 원을 절감할 수 있을 것이다.

4.8

왕따 참새는 몇 마리일까?

n마리의 참새가 일직선인 전선에 앉아 있다. 참새들은 인접한 참새 중에서 거리가 가까운 참새(최근접 이웃, nearest neighbour)를 볼 경우에 아무도 보지 않는 왕따 참새가 있을 수 있으며, 또한 인접한 두 참새가 서로 마주 보는 참새 쌍도 있게 된다. 참새들이 무작위로 전선 위에 자리를 잡는다면 먼저 왕따 참새의 수는 몇 마리겠는가?

해답

이 문제는 n이 3마리 이하이면 자명하므로(나중에 확인함) 4마리 이상으로 한정한다면, 참새들을 〈그림 4.8.1〉과 같이 세 그룹으로 구분할 수 있다.

(i) 양 극단 참새: 왼쪽 끝의 참새는 X_2〈X_1이면 왕따가 되므로, 양 극단 참새가 왕따가 될 확률은 1/2이다.

(ii) 양 극단에서 두 번째 참새: 극단 참새가 이 참새를 보고 있으므로 왕따 참새가 될 확률은 0이다.

(iii) 나머지 $n-4$마리의 참새: $X_{i-1} < X_i$, $X_{i+2} < X_{i+1}$이면 왕따 참새가 되는데, 그 확률은 1/4이 된다.

〈그림 4.8.1〉과 같이 길이가 L인 전선 위에서 i번째 위치한 참새의 위치를 나타내는 T_i는 $[0, L]$에서 균일분포를 따르는 순서 통계량이 된다. 이들의 간격을 나타내는 $X_i = T_i - T_{i-1}$, $i = 1, 2, \dots, n$(T_0는 0임)의 결합 확률밀도함수는 역변환의 Jacobian이 1이 되어 $T_i = \sum_{j=1}^{i} X_i$의 결합 확률밀도함수($f(t_1, t_2, \dots, t_n) = n!/L^n$, $0 < t_1 < t_2 < \cdots < t_n$

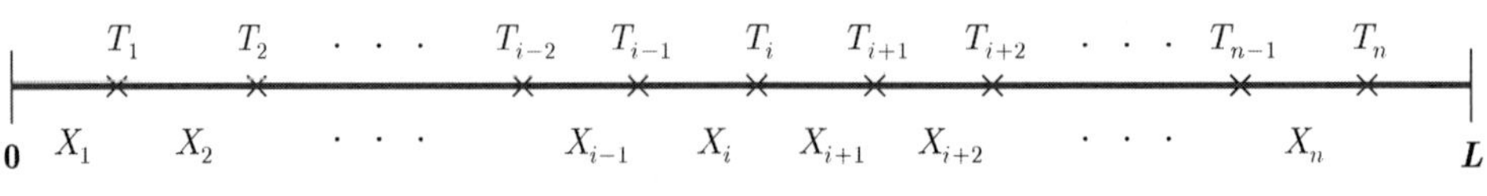

그림 4.8.1 참새들이 전선에 앉는 형태: 왕따 참새

$< L$)와 동일한 형태가 된다. 따라서 X_i들은 대칭 또는 교환가능한(exchangeable) 확률변수에 속하므로, 위에서는 이런 성질(Andel, 2001)을 이용하고 있다.

Y_i를 i번째 참새가 왕따가 되면 1, 그렇지 않으면 0이 되는 지시(indicator) 확률변수로, 1이 될 확률을 p_i로, $Y = Y_1 + Y_2 \cdots + Y_n$로 정의하자.

왕따 참새의 기댓값 $E(Y)$는 다음과 같이 $n/4$로 구해지며(Brownein et al., 1982),

$$E(Y) = \sum_{i=1}^{n} E(Y_i) = 2 \times \frac{1}{2} + 2 \times 0 + (n-4) \times \frac{1}{4} = \frac{n}{4} \tag{4.8.1}$$

또한 참새 수가 n마리일 때 무작위로 지명한 특정 참새가 왕따 참새일 확률 P_n은 다음과 같이 1/4이 된다.

$$P_n = \frac{2}{n} \times \frac{1}{2} + \frac{2}{n} \times 0 + \frac{n-4}{n} \times \frac{1}{4} = \frac{1}{4} \tag{4.8.2}$$

여기서 n이 2마리이면 P_2와 $E(Y)$는 당연히 모두 0가 되며, n이 3마리이면 (ii) 그룹의 참새 수는 1마리가 되므로 P_3와 $E(Y)$은 각각 1/3과 1이 된다.

$$P_3 = \frac{2}{3} \times \frac{1}{2} + \frac{1}{3} \times 0 = \frac{1}{3}$$

$$E(Y) = 2 \times \frac{1}{2} + 2 \times 0 = 1$$

그리고 n이 4 이상일 때 인접한 두 참새가 모두 보게 되는 특정 참새의 수는 왕따 참새의 수와 같으므로 전자가 될 확률도 1/4이 된다.

추가문제 4-8-1

기본 문제의 상황에서 서로 마주보는 참새 쌍을 절친 쌍(mutual nearest neighbour)이라고 칭하자. 3마리와 4마리의 참새가 앉아 있을 때 무작위로 선택한 참새가 절친 쌍에 속하는 확률을 구하라(Nahin, 2008). 또한 n마리로 일반화하여 이 확률이 2/3임을 보여라(Herbert, 1979).

4-8-1 해답

〈그림 4.8.2〉의 (a)와 같이 n이 3일 때는 양 극단이 한쪽만 보게 되므로, 한 쌍은 항상 마주 보게 된다. 따라서 3마리 중에서 2마리가 마주 보게 되어 2/3가 된다.

그리고 〈그림 4.8.2〉의 (b)의 n가 4일 때는 X_1, X_2, X_3의 대소 관계의 6(3!)가지 중에서 두 가지($X_1 < X_3 < X_2$, $X_3 < X_1 < X_2$)는 맨 위의 경우, 두 가지는 두 번째 경우($X_2 < X_1 < X_3$, $X_2 < X_3 < X_1$), 세 번째($X_1 < X_2 < X_3$)와 네 번째($X_3 < X_2 < X_1$)는 각각 1가지이므로 그 확률은 각각, 1/3. 1/3, 1/6, 1/6이 된다. 따라서 양 극단 두 마리가 절친 쌍에 속할 확률은 1/2, 중간 두 마리가 절친 쌍이 될 확률은 5/6가 되므로, 무작위로 택한 참새가 절친 쌍에 속할 확률도 역시 $1/2 \times 1/2 + 1/2 \times 5/6 = 2/3$가 된다.

$n(\geq 5)$마리일 때 양극단의 2마리씩을 제외한 중간에 있는 두 참새($3 \leq i$, $i+1 \leq n-2$)가 절친 쌍에 속할 확률은 1/3(X_i, X_{i+1}, X_{i+2}의 대소 관계 중에서 $X_{i+1} < X_i < X_{i+2}$ 또는 $X_{i+1} < X_{i+2} < X_i$에 해당되는 두 가지임)인데, 중간에 속하는 특정한 참새가 마주 보는 절친 쌍에 속할 확률은 둘 중에서 하나가 될 수 있으므로 2/3가 된다. 위에 있는 4마리일 경우를 포함시켜 가중평균을 구하면

$$2/n \times 1/2 + 2/n \times 5/6 + (n-4)/n \times 2/3 = 2/3$$

이 된다. 따라서 $n(\geq 3)$에 무관하게 이 확률은 2/3가 된다.

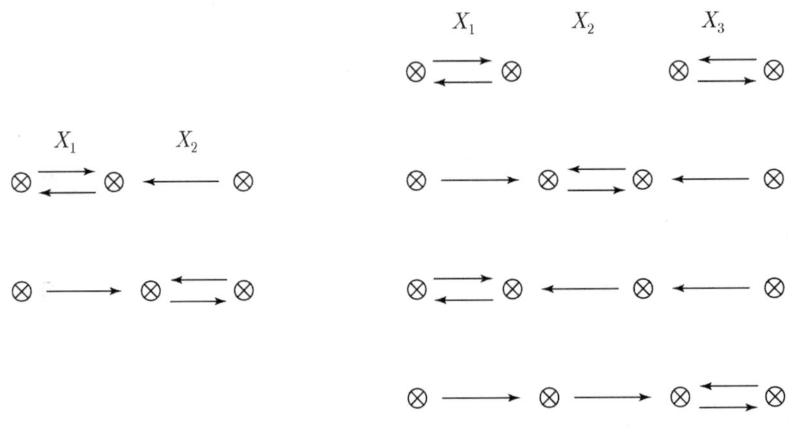

(a) 3마리일 경우 (b) 4마리일 경우

그림 4.8.2 참새들이 전선에 앉는 형태: 절친 참새

추가문제 4-8-2

기본문제에서 각 참새들은 가까운 쪽의 참새에게 공격을 가한다. 한쪽에서 공격을 받은 참새가 전선을 이탈할 확률은 0.6이며, 양쪽에서 공격을 받은 참새의 이탈 확률은 1이다. 각 참새의 공격이 이루어진 후에 남아 있는 참새의 기대 수는 몇 마리인가(rifle problem)?

4-8-2 해답

먼저 $n \geq 4$일 때 인접한 참새 중에서 1마리(Y_1) 또는 2마리(Y_2)가 보는 참새의 기댓값을 구해야 한다. 즉, 참새의 총수와 참새가 보는 방향의 수가 모두 n인 다음 관계를 이용하면

$$E(Y)+E(Y_1)+E(Y_2)=n,\ \ 0\times E(Y)+1\times E(Y_1)+2\times E(Y_2)=n$$

가 되므로, 식 (4.8.1)의 $E(Y)$를 대입하여 구한 $E(Y_1)$과 $E(Y_2)$는 각각 $n/2$, $n/4$이 된다.

따라서 공격 후에 남아 있는 참새 수의 기댓값은

$$1\times n/4+(1-0.6)\times n/2+0\times n/4=0.45n \tag{4.8.3}$$

가 되어 45%가 남게 된다.

추가문제 4-8-3

참새가 전선에 앉는 과정을 발생률이 $\lambda=1$인 포아송 프로세스로 모형화할 수 있다. 이때 인접한 두 참새가 서로 바라보게 되면(즉, 절친 쌍) 연결되지 않는 현상이 발생한다. 여기서 양 극단의 참새는 각각 전선의 끝과의 거리와 비교하여 가까운 쪽으로 보게 된다고 가정한다. n이 2 이상일 때 두 참새가 연결될 확률을 구하라.

그리고 연결되는 구간이 점유하는 전선 길이의 비율을 구하라. 또한 특정 참새가 절친 쌍에 속할 확률이 추가문제 4-8-1과 같이 2/3가 됨을 확인하라.

4-8-3 해답

전선에서 참새의 위치가 포아송 프로세스를 따르면, 두 참새의 간격 X_i는 독립이고 동일하게 평균이 $1/\lambda = 1$인 지수분포($f_{X_i}(x) = e^{-x}, x > 0$)를 따른다. 두 참새가 절친 쌍에 속하지 않으려면 X_i가 x일 때 이에 인접하는 두 구간이 모두 x보다 작지 않아야 한다. 따라서 이 확률은 $\Pr(X_{i-1} \le x,\ X_{i+1} \le x) = 1-(1-e^{-x})^2$가 되므로 특정 구간이 연결될 확률은 다음과 같이 2/3가 된다.

$$\int_0^\infty [1-(1-e^{-x})^2] f_{X_i}(x)dx = \int_0^\infty (2e^{-2x} - e^{-3x})dx = \frac{2}{3} \tag{4.8.4}$$

또한 연결되는 구간 길이의 기댓값은 다음으로부터 $7/18$이 되므로 전체 전선 중에서 연결되는 구간의 기대 비율은 7/18이 된다.

$$\int_0^\infty [1-(1-e^{-x})^2] x f_{X_i}(x)dx = \int_0^\infty (2xe^{-2x} - xe^{-3x})dx = \frac{1}{2} - \frac{1}{9} = \frac{7}{18} \tag{4.8.5}$$

그리고 1차원 포아송 프로세스를 따를 때 특정 참새가 절친 쌍이 될 확률을 구해보자. 〈그림 4.8.3〉에서 P가 선택된 점(참새)이고 P'가 P의 근접한 이웃일 때, P와 P'에서 P와 P'의 간격인 x와 같은 거리에 있는 가상의 점을 Q와 Q'로 표시하고 있다. P와 P'의 두 참새가 절친 쌍이 되려면 P'와 Q' 사이에 어떤 참새도 앉지 않으면 성립한다.

참새 간의 간격은 지수분포를 따르므로 P와 Q'의 간격은 평균이 2인 지수분포를, P'와 Q' 사이에 참새가 없을 확률은 포아송 분포에서 e^{-x}가 된다. 따라서 P의 참새가 P'의 절친 쌍이 될 확률은 다음과 같이 2/3가 된다.

$$\int_0^\infty e^{-x}(2e^{-2x})dx = \frac{2}{3} \tag{4.8.6}$$

한편 2차원 포아송 프로세스로 확장하면 특정 참새가 절친 쌍이 될 확률은 $6\pi/(8\pi + 3\sqrt{3}) \approx 0.6215$, 3차원이 되면 $16/27 \approx 0.5926$(Kleupfel, 1981), 차원이 매우 커지면 $1/2$에 수렴한다고 알려져 있다(Pickard, 1982).

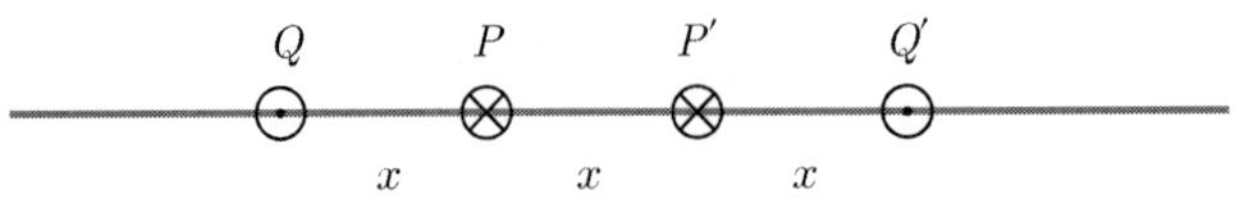

그림 4.8.3 포아송 과정: 1차원

추가문제 4-8-4

추가문제 4-8-1과 상당히 유사한 문제로 수많은 농부들이 모인 지역에서 긴급한 소식은 거리상 가장 인접한 농부에게 전달한다. 지역을 일차원으로 한정하여 긴급한 소식이 전달되는 농부 수(출발점이 된 본인은 제외)의 기댓값을 구하라(Campbell and Atwood, 2012). 여기서 농부 간의 거리는 독립적이고 동일한 분포를 따르며, 전달 여부는 거리에 무관하다고 가정하여 더 이상 전달이 되지 않는 고립된 이웃들(isolated neighbours)의 수를 구하는 문제이다.

4-8-4 해답

〈그림 4.8.4〉와 같이 i번째 농부가 출발점이라면 T_i과 T_{i+1}가 고립된 이웃들이 되려면 X_i, X_{i+1}, X_{i+2} 중에서 X_{i+2}가 가장 작아야 하는데, X_i들이 독립이고 동일한 분포를 따르므로 그 확률은 1/3가 된다.

N을 전달받은 농부의 수로 정의할 때 T_i과 T_{i-1}도 고립된 이웃들이 될 수 있으므로,

$$\Pr(N=1)=\frac{2}{3}\text{가 되며, 또한}$$

$$\Pr(N=2)=\frac{1}{3}\Pr(X_{i+2}\text{가 네 } X_i \text{ 중에서 가장 작지 않은})=\frac{1}{3}\times\frac{3}{4}=\frac{1}{4}$$

가 된다(즉, 거리에 무관하게 독립인 점을 이용함). N을 계속적으로 증가시키면

$$\Pr(N=3)=\frac{1}{3}\times\frac{1}{4}\times\frac{4}{5}=\frac{1}{3}\times\frac{1}{5}$$

$$\Pr(N=4)=\frac{1}{3}\times\frac{1}{4}\times\frac{1}{5}\times\frac{5}{6}=\frac{1}{3}\times\frac{1}{4}\times\frac{1}{6}$$

이 되므로 $\Pr(N=n)=\frac{1}{3}\frac{1}{4}\cdots\frac{1}{n}\frac{1}{n+2}$가 된다.

n이 무한하다고 가정하면 N의 기댓값은 다음과 같이 구해진다.

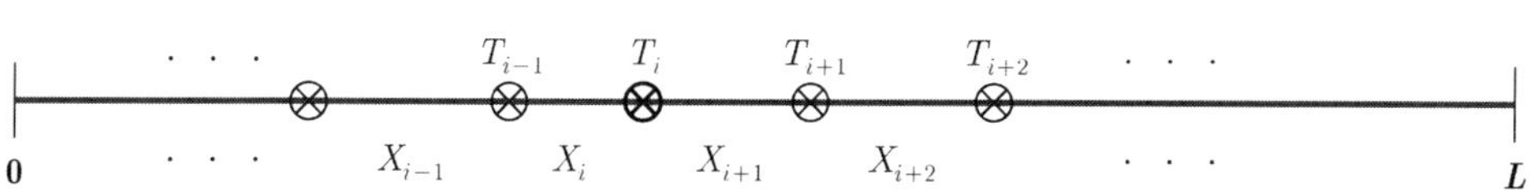

그림 4.8.4 고립 농부

$$E(N)=\sum_{n=1}^{\infty} n\Pr(N=n)=2\sum_{n=1}^{\infty}\left(\prod_{j=1}^{n}\frac{1}{j}\right)\frac{n}{n+2}$$

$$=2\sum_{n=1}^{\infty}\frac{n(n+1)}{(n+2)!} \tag{4.8.7}$$

여기서 $G(x)=\sum_{j=1}^{\infty}\frac{x^{j+1}}{(j+2)!}=\frac{1}{x}\sum_{j=0}^{\infty}\frac{x^j}{j!}-\frac{1}{x}\left(1+x+\frac{x^2}{2}\right)=\frac{e^x-1}{x}-1-\frac{x}{2}$가 되므로 $E(N)=2G''(1)$로 다음과 같이 긴급한 소식이 전달되는 농부의 수의 기댓값은 1.4366명이 된다.

$$G'(x)=\frac{e^x(x-1)+1}{x^2}-\frac{1}{2}, \quad G''(x)=\frac{e^x(x^2-2x+2)-2}{x^3}$$

$$E(N)=2G''(1)=2(e-2)\approx 1.4366 \tag{4.8.8}$$

4.9

어떤 패턴이 더 자주 일어날까?

A씨와 B씨는 동전을 던지는 실험(앞면이 나오면 H, 뒷면이 나오면 T임)을 연속적으로 수행할 때 HHH와 HHT 중에서 어느 패턴이 자주 일어나는지 논쟁을 하고 있다. A씨는 HHH라는 패턴이 출현 후 두 번 연속으로 H가 나오면 패턴이 두 번 더 발생하므로 이 패턴이 더 자주 발생한다고 주장하고, B씨는 앞면이 3회 발생하는 경우보다 1번 발생할 확률이 높으므로 HHT가 더 자주 발생한다고 주장하고 있다. 누구의 주장이 옳은가?

해답

발생 횟수는 패턴이 발생할 때까지의 시행의 기댓값으로 비교할 수 있다. HHH는 추가문제의 식 (4.9.2)의 p에 1/2를 대입하면 14가 된다.

HHT는 HH가 출현한 후에 T가 언제든지 출현하면 되므로, 식 (4.9.2)를 이용하면 6+2=8이 되어 HHT가 더 자주 발생한다(Durret, 2009).

추가문제 4-9-1

H가 m회 연속으로 발생할 때까지의 시행횟수에 관한 기댓값을 구하라(Ross, 2014).

4-9-1 해답

동전의 앞면이 출현할 확률을 p로 일반화하자. m회 연속적으로 앞면이 나올 때(즉, 성공으로 명명함)까지의 시행횟수를 N_m으로, 이의 기댓값을 $L_m = E(N_m)$으로 두면

$$N_m = N_{m-1} + A_{m-1,m} \tag{4.9.1}$$

로 나타낼 수 있다. 여기서 $A_{m-1,m}$은 $m-1$회의 연속적인 앞면이 출현한 조건하에서 성공이 나올 때까지의 시행횟수를 나타내고 있다.

$A_{m-1,m}$의 기댓값을 구하기 위해 첫 단계 분석을 적용하면

$$E(A_{m-1,m}) = 1 \cdot 1 + (1 + L_m)(1-p) = 1 + (1-p)L_m$$

가 되므로, 식 (4.9.1)에 대입하여 기댓값을 구하면 다음 관계가 성립한다.

$$L_m = \frac{1}{p} + \frac{L_{m-1}}{p}$$

여기서 최초 앞면이 출현할 때까지 시행횟수에 관한 기댓값(즉, 기하분포)인 $L_1 = 1/p$ 이므로

$$L_2 = \frac{1}{p} + \frac{1}{p^2},\ L_3 = \frac{1}{p} + \frac{1}{p^2} + \frac{1}{p^3},\ \ldots$$

이 되므로 L_m은 다음과 같이 주어진다.

$$L_m = \sum_{j=1}^{m} \frac{1}{p^j} = \frac{1-p^m}{p^m(1-p)} \qquad (4.9.2)$$

즉, $m = 2, 3, 4, 5$이면, L_m은 각각 $2, 6, 14, 30, 62$가 된다.

추가문제 4-9-2

C씨는 균형 잡힌(나올 확률이 동일함) 주사위를 던져 연속으로 같은 눈이 5번 나오면 종료하는 게임을 하고 있다. 이 게임에서 시행횟수의 기댓값은 얼마가 되겠는가(Johnson, 1979)?

4-9-2 해답

추가문제 4-9-1과 유사한 문제에 속하지만 다른 방식으로 풀어보자.

실현가능성이 동일한 사건의 수가 k일 때, E_m을 동일한 사건이 m회 연속으로 나올 시행횟수의 기댓값으로 두자.

E_m을 구하려면 $m-1$회의 연속적이고 동일한 시행결과가 출현해야 하므로, 다음 회 시행결과에 따라 다음 관계가 성립한다.

$$E_m = E_{m-1} + \frac{1}{k} + \left(1 - \frac{1}{k}\right) E_m\,, \quad m \geq 2$$

(여기서 $E_1 = 1$임.)

이 식은 다음과 같이 단순화된다.

$$E_m = kE_{m-1} + 1\,,\ m \geq 2 \tag{4.9.3}$$

식 (4.9.3)을 풀면

$$E_m = 1 + k + k^2 + \cdots + k^{m-1} = \frac{k^m - 1}{k-1} \tag{4.9.4}$$

되며, 식 (4.9.3)의 p(즉, $1/k$)배가 된다. $k=6\,,\ m=5$를 대입하면 1,555회가 된다.

- 주사위를 던질 경우 2, 4, 6이 연속으로 출현할 때까지의 시행횟수에 관한 기댓값을 구하라.

해답

패턴이 겹치지(overlap; 패턴의 뒷부분이 앞부분과 같은 일부 패턴이 있는 상황) 않으므로, 성공확률 p는 $1/216$이 되어 최초로 성공이 출현할 때까지 시행횟수에 관한 기댓값(즉, 기하분포)인 $1/p = 216$이 된다.

- 주사위를 던질 경우 6, 2, 6이 출현할 때까지의 시행횟수에 관한 기댓값을 구하라.

해답

이 패턴은 상기 문제의 패턴과는 달리 6, 2, 6, 2처럼 겹치는 상황이 발생하고 있어, 위와 같이 쉽게 구할 수 없다.

주사위 눈 $j,\ j=1, 2, \ldots, 6$이 출현할 확률을 p_j로 일반화하자. 겹치는 패턴이 일어나지 않도록 6, 2, 6, x(신 패턴으로 칭함)가 출현할 때까지의 횟수와 기대 시행횟수를 각각 N_x과 L_x로, 원 패턴의 출현확률을 $p = p_2 p_6^2$로 두면 L_x는 $1/(pp_x)$가 된다.

원 패턴이 출현할 때까지의 횟수와 기대 시행횟수를 각각 N과 L로, 원 패턴이 출현 후에 신 패턴이 나올 때까지의 추가 시행횟수를 A로 두면 $N_x = N + A$가 된다.

원 패턴 출현 후 다음에 나올 눈의 수를 Y로 나타내면

$$E(A|Y=j) = \begin{cases} 1 + E(N_x|6,2), & j=2 \\ 1 + E(N_x|6), & j=6 \\ 1, & j=x, \\ 1 + L_x, & j \neq 2, 6, x \end{cases}$$

가 되므로 L_x는 다음과 같이 주어진다.

$$L_x = L + E(A) = L + 1 + p_2 E(N_x|2,6) + p_6 E(N_x|6) + (1 - p_2 - p_6 - p_x)L_x \quad (4.9.5)$$

여기서,

$$L_x = E(N(6,2)) + E(N_x|6,2) = \frac{1}{p_2 p_6} + E(N_x|6,2) \quad (4.9.6)$$

$$L_x = E(N(6)) + E(N_x|6) = \frac{1}{p_6} + E(N_x|6) \quad (4.9.7)$$

(단, $N(6,2)$은 6, 2의 눈이 연속으로 나올 때까지의 시행횟수임.)

가 되므로, 식 (4.9.6)과 (4.9.7)의 $E(N_x|N(6,2))$과 $E(N_x|N(6))$을 구하여 식 (4.9.5)에 대입하면 L은 다음과 같이 구해진다.

$$L = p_x L_x + \frac{1}{p_6} = \frac{1}{p_2 p_6^2} + \frac{1}{p_6} \quad (4.9.8)$$

만약 주사위가 균형 잡혔다면(모든 p_j가 1/6), 이 값은 222가 된다.

4.10

버스를 기다리는 시간은 얼마나 될까?

두 곳의 캠퍼스로 분리된 한국대학에서는 시간당 2대의 버스가 양 캠퍼스를 연결하고 있다. 만약 운행시간을 모르는 학생이 버스를 기다린다면 이 시간은 얼마나 되겠는가?

예를 들어 한 대는 9:00, 10:00 등 정시 운행을 하며, 한 대는 9시 m분, 10시 m분 등으로 운행한다고 가정하자. 각 시간대에서 $0 \sim m$분에 도착하는 학생은 $m/60$의 확률로 평균적으로 $m/2$분을 기다리며, $m \sim 60$분에 도착하는 학생은 $(60-m)/60$의 확률로 평균적으로 $(60-m)/2$분을 기다린다.

해답

위의 두 경우를 결합하면 기다리는 시간은 $m^2/120+(60-m)^2/120 = m^2/60-m+30$이 되므로, m이 균일분포를 따른다면 기다리는 시간의 평균은 다음과 같이 계산된다.

$$\int_0^{60}\left(\frac{m^2}{60}-m+30\right)\frac{1}{60}dm = 20(\text{분})$$

두 버스가 정시와 30분에 동일한 간격으로 운행하면 기다리는 시간의 평균은 15분이지만, 정시에 운행하지 않는 다른 버스의 출발시점을 완전히 모른다면(즉, m이 $0 \sim 60$분 사이에서 동일한 확률밀도를 가진다면) 기다리는 시간은 평균적으로 20분이 된다.

추가문제 4-10-1

운행 대수가 2대가 아니고 3대와 4대라면 기다리는 시간은 얼마가 되겠는가?

4-10-1 해답

n대의 시간대 운행시점이 $m_0 = 0 < m_1 < m_2 < \cdots < m_{n-1} < 60$분이라면 이들의 결

합 확률밀도함수는 다음과 같이 주어진다.

$$f(m_1, m_2, \ldots, m_{n-1}) = \begin{cases} \dfrac{(n-1)!}{60^{n-1}}, & 0 \le m_1 < m_2 \cdots < m_{n-1} < 60 \\ 0, & \text{기타} \end{cases} \quad (4.10.1)$$

따라서 $n=3$일 때 기다리는 시간의 평균은 $W_3 = [m_1^2 + (m_2 - m_1)^2 + (60 - m_2)^2]/120 = (m_1^2 + m_2^2 - m_1 m_2 - m_2 + 1800)/60$가 되므로 이의 기댓값 $E(W_3)$은 다음과 같이 계산된다.

$$E(W_3) = \int_0^{60} \int_0^{m_2} \frac{2!\, W_3}{60^2} dm_1 dm_2 = 15(\text{분})$$

또한 $n=4$일 때 기다리는 시간의 평균은 $W_4 = [m_1^2 + (m_2 - m_1)^2 + (m_3 - m_2)^2 + (60 - m_3)^2]/120 = (m_1^2 + m_2^2 + m_3^2 - m_1 m_2 - m_2 m_3 - m_3 + 1800)/60$가 되므로 이의 기댓값 $E(W_4)$은 다음과 같이 계산된다.

$$E(W_3) = \int_0^{60} \int_0^{m_3} \int_0^{m_2} \frac{3!\, W_4}{60^3} dm_1 dm_2 dm_3 = 12(\text{분})$$

Sutcliffe(1965)는 시간대의 버스가 n대이라면 기다리는 시간의 평균은 $60/(n+1)$이 됨을 보여 주고 있다. 이런 상황에서 운행 버스가 n대일 때 기다리는 시간의 평균은 동일한 간격으로 출발할 경우의 기다리는 평균 시간이 $30/n$이 되는 사실과 비교하면 n이 매우 커짐에 따라 이의 2배로 수렴하게 된다.

추가문제 4-10-2

버스 도착시간이 확률적인 문제를 살펴보자. 시외버스가 매일 1시간 간격으로 시간대 정각에, 즉 9:00, 10:00 등 정시 운행 도착해야 하나 이보다 늦게 도착하는 것이 보편적이다. 늦게 도착하더라도 1시간을 초과할 수 없으며, 일찍 도착할 경우는 정시까지 기다렸다가 출발한다고 가정한다. T_i를 i번째 시외버스의 연착시간일 때, 이의 확률밀도와 분포함수를 각각 $f(t)$와 $F(t)$로 나타낸다.

$W_{m'}$를 10시 m'분에 도착한 탑승객의 기다리는 시간이라면 이의 기댓값을 구하라.

4-10-2 해답

여기서 $m = m'/60$으로 표준화하면, 분포함수 $F(0) = 0$, $F(1) = 1$이 된다. 먼저 W_m의 분포함수와 확률밀도함수는 다음과 나타낼 수 있다.

$$\Pr(W_m \le w) = \begin{cases} F(w+m) - F(m), & 0 \le w \le 1-m \\ 1 - F(m) + F(m)F(w+m-1), & 1-m \le w < 2-m \\ 1, & w \ge 2-m \end{cases} \tag{4.10.2}$$

식 (4.10.2)의 첫 번째는 $w+m<1$인 경우로 이 시간대 정각에 도착해야 하는 버스가 늦게 도착하여 m시간 늦게 도착한 탑승객이 w시간까지 기다릴 확률이다. 두 번째는 $1 \le w+m < 2$인 경우로 탑승객 도착 시에 이 시간대의 버스는 이미 출발하였고, 다음 버스가 $m+w$이후에 도착할 확률인 $\Pr(W_m > w) = F(m)(1-F(m+w-1))$가 되므로 이로부터 $\Pr(W_m \le w)$를 구한 결과이다.

따라서 W_m의 확률밀도 $g_m(w)$는 식 (4.10.1)을 미분하면 다음과 같다.

$$g_m(w) = \begin{cases} f(w+m), & 0 \le w \le 1-m \\ F(m)f(w+m-1), & 1-m \le w < 2-m \\ 0, & w \ge 2-m \end{cases} \tag{4.10.3}$$

식 (4.10.3)을 이용하여 W_m의 기댓값은 다음과 같이 구해진다.

$$\begin{aligned} E(W_m) &= \int_0^{\infty} w g_m(w)dw = \int_0^{1-m} wf(w+m)dw \\ &\quad + \int_{1-m}^{2-m} wF(m)f(w+m-1)dw \end{aligned} \tag{4.10.4}$$

여기서 μ_T를 연착시간의 기댓값이라면 식 (4.10.4)의 두 번째 항에서

$$\begin{aligned} \int_{1-m}^{2-m} wf(w+m-1)dw &= [wF(w+m-1)]_{1-m}^{2-m} - \int_{1-m}^{2-m} F(w+m-1)dw \\ &= 2-m-\int_0^1 F(y)dy = 2-m-[yF(y)]_0^1 - \int_0^1 yf(y)dy \\ &= \mu_T + 1 - m \end{aligned}$$

가 되므로, $E(W_m)$은 다음과 같이 나타낼 수 있다.

$$E(W_m) = (\mu_T + 1 - m)F(m) + \int_0^{1-m} wf(w+m)dw \tag{4.10.5}$$

만약 $f(t)$가 0과 1시간 간의 균일분포를 따른다면 식 (4.10.5)에서

$$E(W_m) = \left(\frac{1}{2} + 1 - m\right)m + \int_0^{1-m} w dw = \frac{1 + m - m^2}{2} \tag{4.10.6}$$

가 되므로, m이 0, 1/2이면 각각 1/2(30분), 5/8(즉, 37.5분)이 된다. 즉, 30분에 도착하면 최대 시간을 기다려야 한다.

- 위의 문제에서 탑승객의 도착시간도 0과 1시간 사이의 균일분포를 따른다면 이의 기댓값을 구하라.

해답

탑승객이 기다리는 시간을 W로 나타내면 다음과 같다.

$$\begin{aligned}
E(W) &= E[E(W_m)] \\
&= \int_0^1 E(W_m)dm \\
&= \int_0^1 (\mu_T + 1 - m)F(m)dm + \int_0^1 \int_0^{1-m} wf(w+m)dwdm \\
&= (\mu_T + 1)\int_0^1 F(m)dm - \int_0^1 mF(m)dm + \int_0^1 w \int_0^{1-w} f(w+m)dmdw \\
&= (\mu_T + 1)(1 - \mu_T) - \int_0^1 mF(m)dm + \int_0^1 w(1 - F(w))dw \\
&= 1 - \mu_T^2 - (1 - E(T^2)) + \frac{1}{2} = \frac{1}{2} + \sigma_T^2
\end{aligned}$$

여기서 마지막 식은 $\int_0^1 mF(m)dm = \left[\frac{m^2F(m)}{2}\right]_0^1 - \frac{1}{2}\int_0^1 m^2 f(m)dm = \frac{1 - E(T^2)}{2}$를 이용한 결과이다. 이를 보면 버스가 정시에 도착하고 탑승객이 무작위로 도착한다면 기다리는 시간은 1/2시간이지만, 버스가 확률적으로 연착한다면 1/2시간에 연착시간의 분산을 더한 값이 된다.

추가문제 4-10-3

A씨가 보유하고 있는 건전지의 2/3는 수명이 0이고 1/3은 3개월이다. 따라서 건전지 수명의 기댓값은 1개월이 된다. A씨가 지속적으로 건전지를 사용하고 있다면, 다른 사람이 관측할 때 A씨의 보유 건전지의 평균 수명은 얼마인가?

또한 건전지의 수명이 평균이 2개월인 지수분포를 따를 경우 임의의 시점에서 다른 사람이 관측할 때 건전지의 평균 수명은 얼마가 되겠는가?

4-10-3 해답

다른 사람이 관측할 때 수명이 0인 건전지를 관측할 수 없으며, 수명이 3개월인 건전지만 관측할 수 있다. 따라서 기댓값은 1개월이 아닌 이의 3배인 3개월이 된다.

그리고 재생과정(renewal process)하에서 지수분포를 따르는 상황이므로, 건전지의 남은 수명에 관한 기댓값은 지수분포의 망각성질에 의해 2개월이 되며, 관측 시의 실제 사용된 수명의 기댓값도 2개월이 된다. 따라서 건전지의 기대수명은 4개월이 되어 실제 기댓값의 2배가 된다. 이를 검사자의 역설(inspector paradox)이라 부른다(Ross, 2014).

4.11

어떻게 중복해야 아이템의 신뢰도를 높일 수 있을까?

4개의 부품으로 이루어진 직렬 시스템의 신뢰도를 높이기 위한 예산을 2,900,000원을 확보하고 있다. 신뢰도 성장시험 과정에서 획득한 설계수명하의 각 부품 신뢰도와 단위 비용은 〈표 4.11.1〉과 같다.

표 4.11.1 4-부품 직렬 시스템 정보

부품	신뢰도	단위비용(단위: 천 원)
1	0.95	900
2	0.90	300
3	0.85	450
4	0.90	150

병렬 중복할 경우에 각 부품별로 추가할 수 있는 중복부품 수는 얼마인가?

해답

부품 신뢰도가 알려져 있을 때 시스템 신뢰도를 향상시킬 수 있도록 r개의 독립적인 부품으로 구성된 직렬 시스템을 병렬 중복할 때 추가 부품의 수를 결정하는 문제가 된다.

이런 신뢰성 설계 문제에 필요한 기호 정의는 다음과 같다.

c_i: 부품 i의 단위 비용, $i = 1, 2, \ldots, r$

n_i: 부품 i의 중복 개수(결정변수)

$R_i(t)$: t시점의 부품 i의 신뢰도

B: 부품 추가에 가용할 수 있는 예산

목적함수를 시스템의 신뢰도로 설정하여 가용예산 제약조건하에서 각 부품의 중복 개수 n_i를 구하는 다음 문제로 정식화할 수 있다.

$$\max\left[\prod_{i=1}^{r}[1-(1-R_i(t)^{n_i+1})]\right]$$

$$\text{s.t.} \quad \sum_{i=1}^{r} c_i n_i \le B \tag{4.11.1}$$

이 문제의 해를 구하기 위해 식 (4.11.1)의 목적함수를 대수변환하여 다음 식에 대한 한계분석(marginal analysis)을 적용할 수 있다.

$$\max\left[\sum_{i=1}^{r}\ln[1-(1-R_i(t)^{n_i+1})]\right]$$

특정 시점에서의 신뢰도를 최적화하므로 기호를 단순화하기 위해 $R_i(t)$를 R_i로 표기하여 부품 i의 단위 투자당 부품 신뢰도의 기여량을 식 (4.11.2)와 같이 정의한다.

$$\Delta_i = \frac{\ln[1-(1-R_i)^{n_i+2}] - \ln[1-(1-R_i)^{n_i+1}]}{c_i} \tag{4.11.2}$$

한계분석 절차는 다음과 같이 수행된다.

(1) $n_i = 0,\ i = 1,2,\ldots,r$ 그리고 추가 발생비용인 $C=0$으로 둔다.

(2) $\Delta_i,\ i=1,2,\ldots,r$을 계산한다.

(3) $\max(\Delta_1, \Delta_{2,} \cdots, \Delta_r)$를 찾아서 Δ_k로 두고

(4) $C = C + c_k$

(5) 만약 $C < B$이면 $n_k = n_k + 1$로 두고 Δ_k를 재계산하여 단계 (3)으로 간다.
그렇지 않으면 중단한다.

각 반복과정에서 가장 큰 한계값을 가지는 부품을 중복시키는 방법으로 예산을 만족할 때까지 반복된다. 단, 마지막 반복과정에서는 잔여 예산을 만족하는 부품 중에서 가장 큰 한계값을 가지는 부품을 설정해야 한다.

현 문제에서 $r=4$이고 시스템 신뢰도는 $0.95\times0.90\times0.85\times0.90=0.6541$이므로 한계분석을 적용해 보자.

(1) $n_1 = n_2 = n_3 = n_4 = 0, \quad C=0$

(2) $\Delta_1 = 0.2642\times10^{-5},\ \Delta_2 = 3.0167\times10^{-5},\ \Delta_3 = 4.3058\times10^{-5},\ \Delta_4 = 6.0332$
$\times10^{-5}$

(3)~(5)의 과정은 〈표 4.11.2〉에 요약되어 있다.

표 4.11.2 반복과정: 기본 문제

반복과정	MaxΔ_i ($\times 10^{-5}$)	k	C (단위: 천 원)	새로운 Δ_k($\times 10^{-5}$)	시스템 신뢰도
1	6.0332	4	150	0.6003	0.7195
2	4.3058	3	600	0.6387	0.8274
3	3.0167	2	900	0.3002	0.9101
4	0.6387	3	1,350	0.0957	0.9280
5	0.6003	4	1,500	0.0600	0.9364
6	0.3002	2	1,800	0.0300	0.9449
7	0.2642	1	2,700	0.0132	0.9921

다음 반복과정에 추가할 부품은 '3'이나 잔여예산(200,000원)을 초과하므로, 이 범위에 속하는 유일한 부품은 '4'뿐이다. 따라서 최종 해인 중복개수는 $n_1 = 1$, $n_2 = 2$, $n_3 = 2$, $n_4 = 3$이며, 최종 시스템 신뢰도는 다음과 같이 계산되고, 마지막 반복과정의 신뢰성 향상분이 가장 작다.

$$R = [1-(1-0.95)^2][1-(1-0.9)^3][1-(1-0.85)^3][1-(1-0.9)^4] = 0.9930$$

그리고 투입예산은 285,000원으로 주어진 예산을 50,000을 남기는 설계가 된다.

비용 제약과 더불어 무게, 부피 등이 제약식에 대체 또는 추가될 수 있으며, 실제는 수확체감의 법칙에 의해 예산한계에 도달하기 전이라도 반복과정이 중단될 수 있다.

이런 중복 최적화 문제에 관한 자세한 이론은 Kuo and Zuo(2003)의 전문서적을 참조하기 바란다.

추가문제 4-11-1

릴레이(relay) 같은 전기 제품 중에 상반되는 두 종의 고장모드가 발생하는 경우가 있다. 즉, 하나의 고장모드인 개방(open)고장은 보통의 고장모드와 같이 직렬(병렬) 구조이면, 하나의(모든) 부품이 고장이 날 때 이 시스템은 고장이 난다. 하지만 다른 고장모드인 단락(short, 합선)고장은 직렬(병렬) 구조이면, 모든(하나의) 부품이 고장이 날 때 이 시스템은 고장이 나는 쌍대 관계를 가진다.

각 부품의 개방과 단락고장의 발생확률이 각각 q_o, q_s일 때 부품 신뢰도는 두 고장이

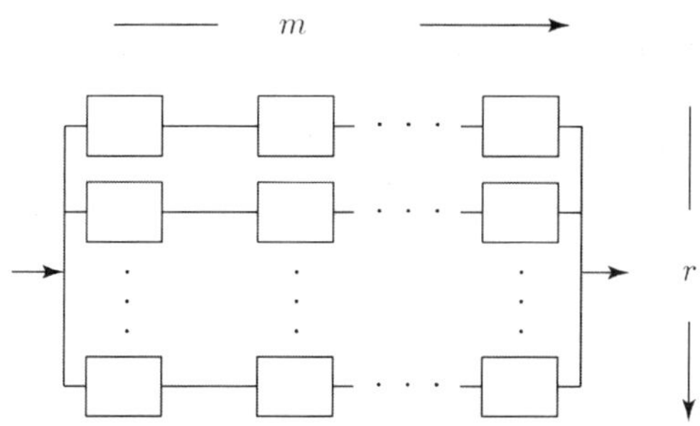

그림 4.11.1 직·병렬 시스템

상호배반적이라면 $1-q_o-q_s$가 된다.

〈그림 4.11.1〉과 같은 r개의 동일한 신뢰도를 가지는 부품을 직렬로 연결한 하위 시스템이 병렬로 연결된 직·병렬 시스템을 대상으로 몇 개(즉, m)의 하위 시스템을 병렬로 연결하는 것이 이 시스템의 신뢰도를 최대로 하는지 찾아라.

4-11-1 해답

〈그림 4.11.1〉의 직·병렬 시스템에서 개방고장만 고려하면 이 시스템의 신뢰도는 $1-[1-(1-q_o)^r]^m$이 된다. 그런데 이 시스템에서 단락고장 발생확률은 개방고장의 신뢰도를 구하는 방식과 같으므로, 이 확률은 $1-(1-q_s^r)^m$가 된다. 따라서 이 시스템의 신뢰도는 두 값의 차이므로 다음과 같이 시스템 신뢰도 $R(r,m)$가 구해진다.

$$R(r,m)=(1-q_s^r)^m-[1-(1-q_o)^r]^m \tag{4.11.3}$$

여기서 $q_o+q_s<1$라고 보는 것이 보편타당하므로, $1-q_o>q_s$가 되어 식 (4.11.3)은 양수값을 가진다.

식 (4.11.3)에서 r이 증가하면 최적 m이 무한대가 되어 이 시스템의 신뢰도는 1에 점근한다. 따라서 r과 m을 동시에 최적화할 수는 없다(Barlow et al., 1963).

이에 따라 r이 주어질 때 최적 m을 구해보자.

먼저 식 (4.11.3)으로부터

$$\begin{aligned}\Delta R(m)&=R(r,m+1)-R(r,m)\\&=(1-q_s^r)^{m+1}-(1-q_s^r)^m-[1-(1-q_o)^r]^{m+1}+[1-(1-q_o)^r]^m\\&=-q_s^r(1-q_s^r)^m+(1-q_o)^r[1-(1-q_o)^x]^m\end{aligned}$$

을 구한 $\Delta R(m)=0$의 정수해를 m_0라 하자. $q_s < 1-q_0$이고 $1-(1-q_o)^r < 1-q_s^r$이므로 $m < m_0$이면 $\Delta R(m) > 0$이고 $m > m_0$이면 $\Delta R(m) < 0$이므로 식 (4.11.4)의 $m^* = \lfloor m_0 \rfloor + 1$($\lfloor \cdot \rfloor$ 는 소수점을 절사하는 floor 기호)가 최적해가 된다(Barlow et al,, 1963).

$$m_0 = \frac{r[\ln q_s - \ln(1-q_o)]}{\ln[1-(1-q_o)^r] - \ln(1-q_s^r)} \tag{4.11.4}$$

만약 식 (4.11.4)가 정수가 되면 최적해는 m_0와 m_0+1이 된다.

〈표 4.11.3〉에는 q_o와 q_s의 여러 조합과 r이 1∼5와 그리고 10일 때 m^*와 그때의 시스템 신뢰도 R^*가 정리되어 있다. 이 표를 보면 q_o와 q_s의 역할이 대칭되지 않음에 주목

표 4.11.3 두 가지 고장모드일 경우

q_o	q_s	r	m^*	R^*
0.2	0.2	1	1, 2	0.6
		2	3	0.838080
		3	6	0.939444
		4	11	0.979502
		5	18	0.993468
		10	123	0.999987
0.1	0.05	1	2	0.8925
		2	4	0.988734
		3	7	0.999018
		4	11	0.999923
		5	17	0.999994
		10	68	1.000000
0.05	0.1	1	1	0.85
		2	2	0.970594
		3	4	0.995592
		4	6	0.999359
		5	8	0.999913
		10	25	1.000000
0.05	0.05	1	1, 2	0.9
		2	3	0.991592
		3	5	0.999316
		4	7	0.999949
		5	10	0.999997
		10	33	1.000000

할 수 있으며, 직렬 부품의 수가 증가되면 실제 설계상에서는 거의 불가능할 수 있는 m^*가 도출되고 있다.

추가문제 4-11-2

기본문제와 추가문제 4-11-1과는 달리 역으로 직렬 시스템의 목표 신뢰도가 주어져 있을 때 이를 달성하기 위해 부품 신뢰도를 최적 배분하는 문제를 살펴보자(Ebeling, 2010).

〈표 4.11.4〉와 같이 세 개의 부품으로 구성된 직렬 시스템을 고려하자. 각 부품 신뢰도의 상한은 0.99이고 현 시스템의 신뢰도는 $(0.90)(0.85)(0.80) = 0.612$인데, 시스템 신뢰도 목표는 0.90이다. 목표 신뢰도를 달성하기 위해 병렬 또는 대기 중복 또는 부품의 신뢰도를 높이는 방법 등을 고려할 수 있지만, 제품의 구조특성상 중복의 부품을 추가하기 힘들어 부품들의 신뢰도를 높여야 한다.

이에 따라 비용을 최소화하도록 각 부품의 신뢰도를 배분하라. 여기서 부품 i의 신뢰도를 제고시키는 비용을 구하는 것은 쉽지 않지만 이차 비용함수가 가장 단순하고 자주 사용되는 합리적인(신뢰도 향상비용은 점증 증가율로 커짐) 비선형 비용함수 형태이므로 x_i가 해당 부품의 신뢰도 향상분일 때의 비용함수($c(x_i)$)는 ax_i^2가 된다고 가정한다.

표 4.11.4 부품 정보

부품 i	현 신뢰도 R_i	비용계수 a_i(단위: 천 원)
1	0.90	1,200
2	0.85	1,000
3	0.80	800

4-11-2 해답

r개의 부품으로 구성된 직렬 구조에 대해 임무시간 t에서 목표 신뢰도 R^*(기호에서 t를 생략함)가 규정되면 각 부품 신뢰도가 R_i(단, $\prod_{i=1}^{r} R_i < R^*$)이면 다음의 최적화 문제로 정식화될 수 있다.

$$\min\left(z = \sum_{i=1}^{r} c_i(x_i) = \sum_{i=1}^{r} a_i x_i^2\right)$$

$$\text{s.t.} \quad \prod_{i=1}^{r}(R_i + x_i) \geq R^*$$

$$0 < R_i + x_i \leq U_i < 1 \qquad i = 1, 2, \ldots, r \tag{4.11.5}$$

여기서 x_i는 부품 i의 신뢰도 향상분이고, $c_i(x_i)$는 이에 대응되는 비용이며, U_i는 달성 가능한 부품 신뢰도의 상한이다.

식 (4.11.5)의 부등식 제약조건을 등식제약조건으로 한정하면 다음과 같은 Lagrange 승수(λ)를 도입한 Lagrange 함수로 모형화할 수 있다.

$$L(x_{i.}\lambda) = \sum_{i=1}^{r} a_i x_i^2 - \lambda\left[\prod_{i=1}^{r}(R_i + x_i) - R^*\right] \tag{4.11.6}$$

식 (4.11.5)의 최소를 구하기 위한 필요조건은 다음과 같다.

$$\frac{\partial L(x_i, u)}{\partial x_i} = 2a_i x_i - \lambda \prod_{j=1, j \neq i}^{r}(R_i + x_i) = 0, \quad i = 1, 2, \ldots, n \tag{4.11.7}$$

$$\frac{\partial L(x_i, u)}{\partial \lambda} = \prod_{j=1}^{r}(R_i + x_i) - R^* = 0 \tag{4.11.8}$$

식 (4.11.8)의 양변에 $(R_i + x_i)$를 곱하면,

$$\lambda \prod_{i=1}^{r}(R_i + x_i) = 2a_i x_i (R_i + x_i) = \lambda R^*$$

이 되므로 다음과 같이 정리된다.

$$2a_i x_i^2 + 2a_i x_i R_i - \lambda R^* = 0$$

위에 있는 이차방정식을 풀어 양의 값을 구하면 되나,

$$x_i = \frac{-2a_i R_i + \sqrt{4c_i^2 R_i^2 + 8a_i \lambda R^*}}{4a_i} = -0.5R_i + \sqrt{0.25R_i^2 + \frac{0.5\lambda R^*}{a_i}} \tag{4.11.9}$$

Lagrange 승수 λ값이 필요하므로 반복적으로 적용하는 Generalized Lagrangian Multiplier 기법이 적용될 수 있다. 즉, λ의 초기값을 추측하여 식 (4.11.9)에 의해 대입하여 x_i를 구하고, 제약식을 만족하도록 λ를 갱신한다. 이런 과정을 반복하여 원하는 해에 수렴하도록 한다.

이런 과정을 $r=3$인 우리 문제에 적용해 보자.

λ을 변화시켜 시스템 신뢰도의 제약식(식 (4.11.5)에서 두 번째 식의 좌변)을 구하면 〈표 4.11.5〉와 같이 구해진다.

따라서 최종 해는 다음과 같으며, 목표 신뢰도를 달성하기 위한 비용은 361,240원이 된다.

$$x_1^* = 0.0746,\ x_2^* = 0.1199,\ x_3^* = 0.1526$$

$$R_1^* = 0.9746,\ R_2^* = 0.9526,\ R_3^* = 0.9699$$

$$c_1(x_1^*) = 119.32, c_2(x_2^*) = 119.88, c_3(x_3^*) = 122.04 \text{ (천 원)}$$

이 방법에 의해 구한 해가 식 (4.11.5)의 상한 제약식을 만족하지 않을 수 있다. 이런 경우에 이런 부등식 제약조건을 포함시켜 해를 구해야 하므로 Kuhn-Tucker 조건을 만족하도록 수치적 해법을 적용해야 한다. 그리고 최소화 문제이므로 λ가 양수이어야 하는데, x_i가 항상 양수라서 이 조건은 자동적으로 만족된다.

표 4.11.5 반복과정: 확장문제

λ	시스템 신뢰도	총 비용(단위: 천 원)
4.00	0.791	233.6
5.00	0.835	286.72
6.00	0.880	338.12
7.00	0.924	388.04
6.5	0.902	363.24
6.48	0.901	362.28
6.46	**0.900**	**361.24**

4.12

원주율을 어떤 방법으로 쉽게 확인할 수 있을까?

대학생인 A씨는 초등학교에 다니는 조카가 원주율 π를 쉽게 구할 수 있는 방법에 대해 물어 보아 처음에 상당히 당황하였다. 다음과 같은 방법으로 구할 수 있다고 초등학생에게 설명할 수도 없어 고심하다가 지난 학기에 수강한 확률 및 통계 과목에서 배운 Buffon(Comte de Buffon, 1707～1788)의 바늘 문제(Buffon's needle problem)가 떠올라 이를 조카에게 알려주면 되겠다는 생각이 들었다. 바늘 실험을 통해 어떻게 π를 구할 수 있는가?

$$\pi = 4\left(1 - \frac{1}{3} + \frac{1}{5} - \frac{1}{7} + \frac{1}{9} - \frac{1}{11} + \cdots\right) \quad \text{또는}$$

$$\pi = \cfrac{4}{1 + \cfrac{1^2}{3 + \cfrac{2^2}{5 + \cfrac{3^2}{7 + \cdots}}}}$$

해답

간격이 d인 평행한 두 직선이 있는 평면에 길이가 $l(< d)$인 바늘을 무작위로 떨어뜨릴 경우에 바늘이 직선에 걸칠 확률을 구해보자. 〈그림 4.12.1〉에서 바늘의 중간점과 가까운 직선과의 거리가 이루는 예각을 θ로, 이의 거리를 y로 두면 $y \le (l/2)\sin(\theta)$이면 바늘과

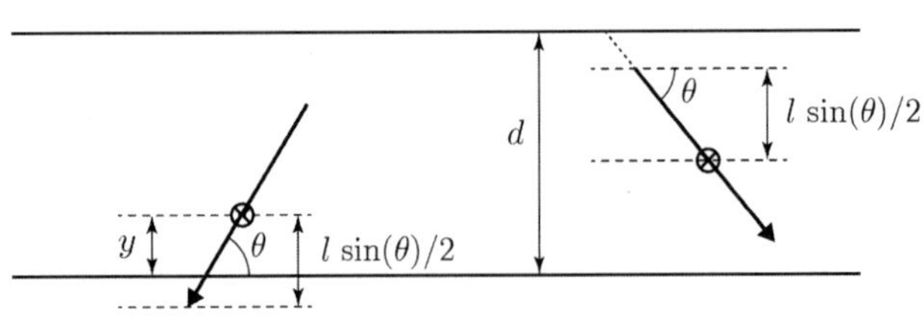

그림 4.12.1 Buffon의 바늘 실험

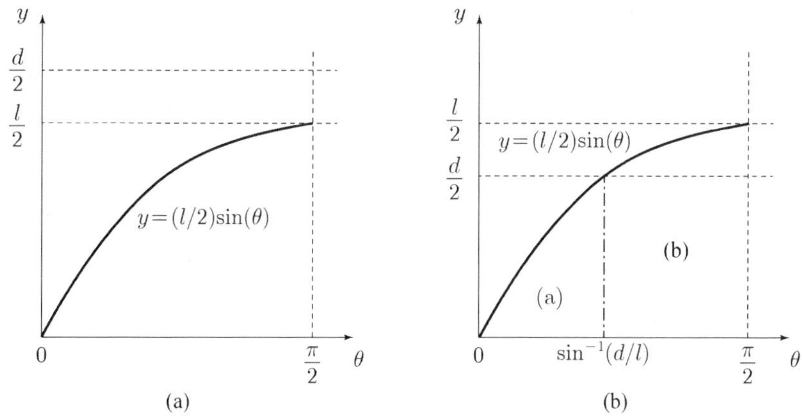

그림 4.12.2 바늘이 직선에 걸칠 영역

두 직선 중 한 직선에만 걸치게 된다.

여기서 $0 \le \theta \le \pi/2$이고 $0 \le y \le d/2$이므로 〈그림 4.12.2(a)〉의 전체 면적에서 영역 (a)의 비율인 이의 발생 확률 $\Pr(C)$은 다음과 같다.

$$\Pr(C) = \frac{\displaystyle\int_0^{\pi/2} \frac{l\sin(\theta)}{2} d\theta}{(\pi/2)(d/2)} = \frac{2l}{\pi d} \tag{4.12.1}$$

한편 관측값 θ에 관한 확률변수 Θ가 $[0, \pi/2]$에서 균일 분포를, 관측값 y에 관한 확률변수 Y가 Θ와는 독립적으로 $[0, d/2]$에서 균일 분포를 따른다면, Θ와 Y의 결합 확률밀도는

$$f_{\Theta, Y}(\theta, y) = \frac{2}{\pi} \cdot \frac{2}{d} = \frac{4}{\pi d}, \quad 0 < \theta < \frac{\pi}{2},\ 0 < y < \frac{d}{2}$$

이 되므로, 바늘이 직선에 걸칠 확률은 다음과 같이 식 (4.12.1)과 같은 값이 구해진다 (Gorroochurn, 2012).

$$\begin{aligned}\Pr\left(Y \le \frac{l}{2}\sin(\Theta)\right) &= \int_0^{\pi/2} \Pr\left(Y \le \frac{l}{2}\sin(\theta) \middle| \Theta = \theta\right) f_\Theta(\theta) d\theta \\ &= \int_0^{\pi/2} \int_0^{l\sin(\theta)/2} f_{\Theta, Y}(\theta, y) dy d\theta \\ &= \frac{4}{\pi d}\left[-\frac{l\cos(\theta)}{2}\right]_0^{\pi/2} = \frac{2l}{\pi d}\end{aligned}$$

따라서 물리적인 실험 대신에 균일 분포를 이용한 컴퓨터 시뮬레이션에 의해 이 확률을 구할 수 있다.

조카가 $d = 2l$로 설정한 바늘 실험을 n번 수행하여 바늘이 직선에 걸친 횟수가 n_C이면 n_C/n가 $1/\pi$의 추정값이 되므로 π는 n/n_C로 추측할 수 있다. 여기서 구한 추정량은 $1/\pi$의 불편추정량은 되지만 π에 대해서는 편의추정량이 되는 점에 유의해야 한다.

〈그림 4.12.3〉에는 몬테카를로 시뮬레이션을 통해 2,500,000회의 바늘실험을 수행한 결과가 도시되어 있다.

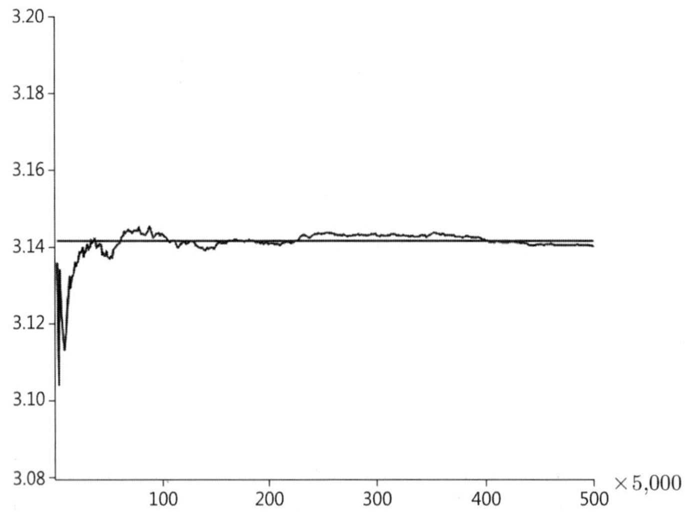

그림 4.12.3 π에 관한 시뮬레이션 실험 결과

- 기본문제는 바늘 길이가 직선 간격보다 작은 $l < d$인 경우인데, 바늘 길이가 직선간격보다 같거나 큰 경우인 $l \geq d$일 때 바늘이 직선에 걸칠 확률 $\Pr(C)$는 어떻게 되는지 조사하라(Schroeder, 1974).

해답

$\Pr(C)$는 〈그림 4.12. 2(b)〉의 전체 면적에서 면적 (a)와 (b)가 차지하는 면적의 비율이 되므로 다음과 같이 구해진다.

$$\Pr(C) = \frac{\int_0^{\sin^{-1}(d/l))} \frac{l\sin(\theta)}{2} d\theta + (\pi - \sin^{-1}(d/l))(d/2)}{(\pi/2)(d/2)}$$

$$= \frac{4}{\pi d}\left[\left[-\frac{l\cos(\theta)}{2}\right]_0^{\sin^{-1}(d/l))} + \frac{d}{2}(\pi - \sin^{-1}(d/l))\right]$$

$$= \frac{2l}{\pi d}\left[1-\cos(\sin^{-1}(d/l))\right] + \frac{2}{\pi}\cos^{-1}(d/l)$$

$$= \frac{2l}{\pi d}\left(1-\sqrt{1-(d/l)^2}\right) + \frac{2}{\pi}\cos^{-1}(d/l)$$

(여기서 $\cos(\sin^{-1}(d/l)) = \cos(\phi) \ \Rightarrow \ \phi = \sin^{-1}(d/l) \ \Rightarrow$ $\sin(\phi) = \frac{d}{l}$가 되므로, $\sin^2(\phi)+\cos^2(\phi)=1$에서 $d \le l$이므로 $\sin(\phi) = \sqrt{1-(d/l)^2}$이 됨.) (4.12.2)

식 (4.12.2)에서 $d = l/2$이면 $\Pr(C) = \frac{4}{\pi}\left(1-\frac{\sqrt{3}}{2}\right) + \frac{2}{\pi}\cdot\frac{\pi}{3} = 0.83725$가 된다. 식 (4.12.1)과 식 (4.12.2)를 결합한 d/l에 따른 $\Pr(C)$가 〈그림 4.12.4〉에 도시되어 있다.

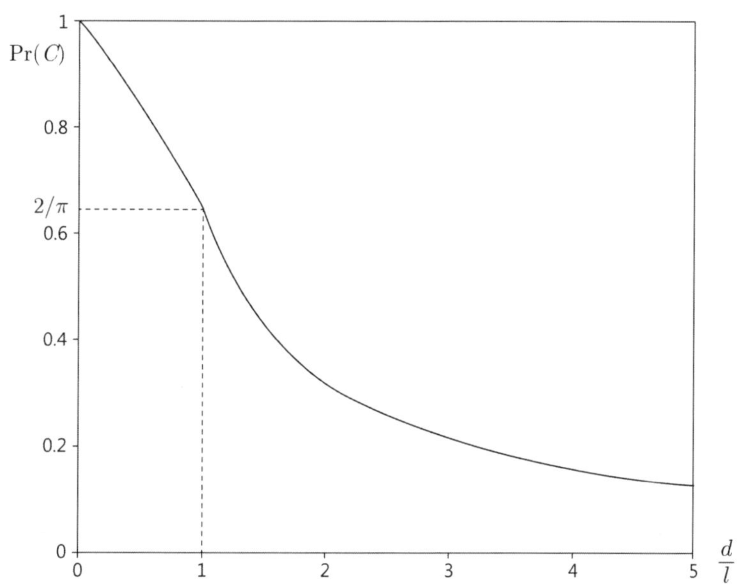

그림 4.12.4 d/l에 따른 바늘이 직선에 걸칠 확률

추가문제 4-12-1

가로와 세로의 길이가 각각 c와 d인 합동 직사각형(〈그림 4.12.5〉 참고)를 바닥으로 하여 길이 $l(< c, d)$의 바늘 실험을 수행할 때 가로 또는 세로에 바늘이 걸칠 확률을 구하라. 이 문제는 1812년 Pierre-Simon Laplace(1749~1827)가 최초로 다룬 문제로 알려져 있다(Arnow, 1994).

4-12-1 해답

가로축과 이루는 각도인 관측값 θ에 관한 확률변수 Θ가 $[0, \pi/2]$에서 균일 분포를, 〈그림 4.12.5〉의 세로와 가로축의 관측값 y와 x에 관한 확률변수 Y와 X가 Θ와는 독립적으로 각각 $[0, d]$와 $[0, c]$에서 균일 분포를 따른다고 볼 수 있다.

먼저 가로 직선에 걸치려면 $Y \leq l\sin(\Theta)$를 만족하면 되므로 그 확률은 다음과 같으며,

$$\Pr(C_H) = \frac{\int_0^c \int_0^{\pi/2} l\sin(\theta)d\theta dx}{\pi cd/2} = \frac{2l}{\pi d} \tag{4.12.3}$$

세로 직선에 걸치려면 $X \leq l\cos(\Theta)$를 만족하면 되므로 그 확률은 다음과 같이 구해진다.

$$\Pr(C_V) = \frac{\int_0^d \int_0^{\pi/2} l\cos(\theta)d\theta dy}{\pi cd/2} = \frac{2l}{\pi c} \tag{4.12.4}$$

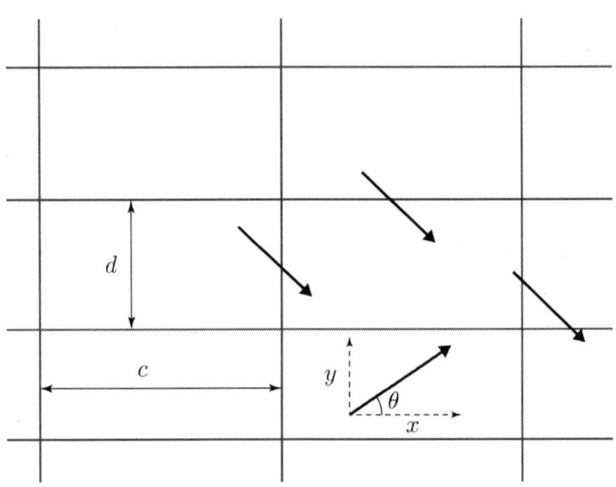

그림 4.12.5 Laplace의 바늘 실험

〈그림 4.12.5〉와 같이 가로와 세로 직선에 동시에 걸치는 경우(즉, $Y \le l\sin(\Theta)$이고 $X \le l\cos(\Theta)$일 때)가 발생할 수 있으므로 그 확률은

$$\Pr(C_{HV}) = \frac{\int_0^{\pi/2}\int_0^{l\sin(\theta)}\int_0^{l\cos(\theta)} dxdyd\theta}{\pi cd/2} = \frac{l^2}{\pi cd} \tag{4.12.5}$$

가 되므로, 바늘이 가로 또는 세로 직선에 걸칠 확률 $\Pr(C_{H+V})$는 식 (4.12.3)~(4.12.5)로부터 다음과 같이 구해진다.

$$\Pr(C_{H+V}) = \Pr(C_H) + \Pr(C_V) - \Pr(C_{HV}) = \frac{2l(c+d) - l^2}{\pi cd} \tag{4.12.6}$$

여기서 $1 - \Pr(C_{H+V})$이 특정 직사각형 내에 바늘이 떨어질 확률이 되며, $c = d$인 정사각형이 되면 $\Pr(C_{H+V})$는 $4l/(\pi d) - (l/d)^2/\pi$가 되어 가로 직선만 있을 경우의 확률인 식 (4.12.1)의 2배보다는 작아진다. 또한 식 (4.12.6)에서 $c \to \infty$이면 이 확률은 $2l/\pi d$가 되어 기본 문제의 상황인 식 (4.12.1)과 같아진다.

추가문제 4-12-2

기본 문제의 직선 2개에서 간격이 d로 일정한 많은 다수 개의 직선이 있는 상황을 고려하자. 여기서 바늘은 상당히 길어 여러 개의 직선을 걸칠 수 있다. 예를 들어 l/d의 정수 값이 m이면 최대 $m+1$개의 직선과 걸칠 수 있다(〈그림 4.12.6〉의 (d) 참고). 이런 상황에서 바늘이 걸치는 직선 수에 관한 확률을 구하라(Kendall and Moraii, 1963).

4-12-2 해답

$l/d = m + a,\ 0 \le a \le 1$로 두면 걸치는 직선의 수가 0에서 $m+1$가 된다. 먼저 j개를 직선에 걸칠 수 있는 θ의 임계값 θ_j는 〈그림 4.12.6〉의 (a)와 (b)를 보면 다음과 같은 조건을 만족하는 값이 되며, θ_{m+1}는 $\pi/2$가 되어야 한다(〈그림 4.12.6〉의 (d) 참고).

$$l\sin(\theta_j) = j\ ,\ \ j = 1, 2, \ldots, m$$

먼저 바늘이 하나의 직선과도 겹치지 않을 확률 $P_C(0)$은 $[0,\ \theta_1]$에서 $l\sin(\theta)/(d/2)$

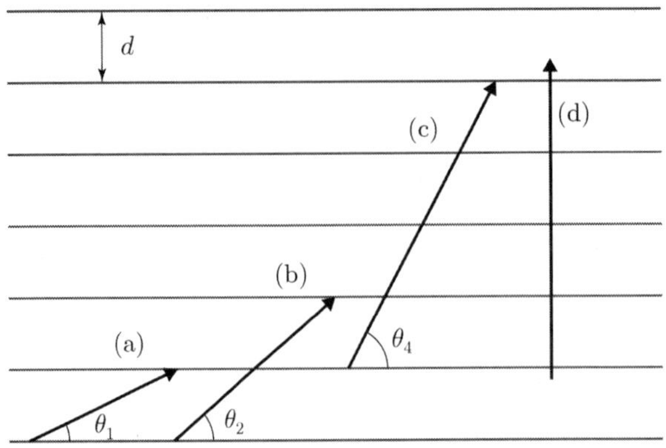

그림 4.12.6 긴 바늘 실험

$< d/2$(즉, $l\sin(\theta) < 1$)이 되어야 하므로

$$P_C(0) = \frac{\int_0^{\theta_1}(1 - l\sin(\theta))d\theta}{\pi/2} = \frac{2}{\pi}(\theta_1 + l\cos(\theta_1) - l)$$

가 된다. 또한 바늘이 최대로 $m+1$개의 직선과 겹치지 않을 확률 $P_C(m+1)$은 $m=4$인 〈그림 4.12.6〉의 (c)와 (d)를 보면 $[\theta_m, \pi/2]$에서 $l\sin(\theta) \geq m$이 되어야 하므로 다음과 같다.

$$P_C(m+1) = \frac{\int_{\theta_m}^{\pi/2}(l\sin(\theta) - m)d\theta}{\pi/2} = \frac{2}{\pi}(m\theta_m + l\cos(\theta_m) - m\pi/2)$$

$j = 1, 2, \ldots, m$일 경우의 $P_C(j)$는 위에 있는 두 경우가 포함되므로 다음과 같이 적을 수 있다.

$$\begin{aligned} P_C(j) &= \frac{2}{\pi}\left[\int_{\theta_{j-1}}^{\theta_j}(l\sin(\theta) - j)d\theta + \int_{\theta_j}^{\theta_{j+1}}(j+1 - l\sin(\theta))d\theta\right] \\ &= \frac{2}{\pi}\left[(j+1)\theta_{j+1} - 2j\theta_j + (j-1)\theta_{j-1}\right] + \frac{2l}{\pi}\left[\cos(\theta_{j+1}) - 2\cos(\theta_j) + \cos(\theta_{j-1})\right] \end{aligned}$$

〈그림 4.12.7〉에는 $m=3$일 때 a가 0에서 1로 변할 경우의 $P_C(j)$, $j = 0, 1, 2, 3, 4$가 도시되어 있다. 이를 보면 거의 대부분의 경우에 $P_C(3)$이 가장 큰 값을 가지는데, m가 3인 경우로 한정되어 있지만 이런 그림은 이들의 패턴을 파악하는 데 도움이 될 것이다.

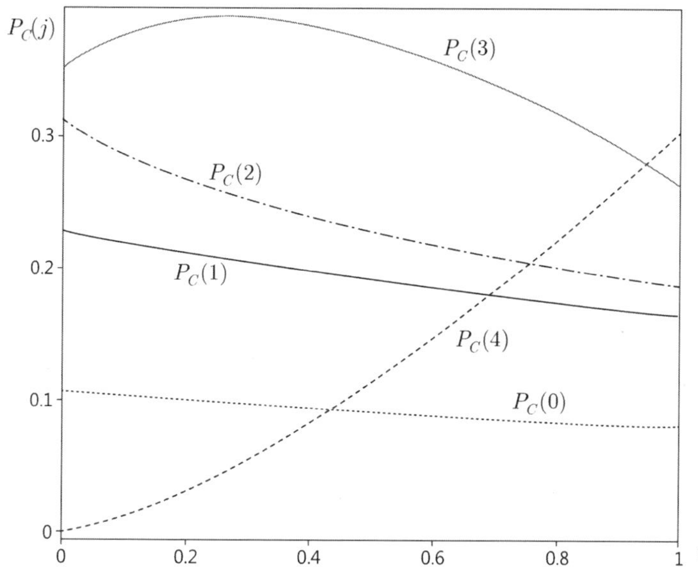

그림 4.12.7 긴 바늘 실험일 때 바늘이 걸치는 직선 수에 관한 확률

π를 추정할 때 긴 바늘을 이용한 바늘 실험을 통해 기본 문제의 실험보다 더 높은 정밀도를 얻을 수 있을 것이다(Mosteller, 1965).

추가문제 4-12-3

대표적인 무한 소수인 상수로는 π와 더불어 오일러 수인 e를 들 수 있다. 특히 e는 포아송, 지수, 정규분포, 문제 1.1의 생일 문제, 문제 3.2의 최고상 획득 문제 등 확률이론에 다양하게 쓰이고 있다. Buffon 바늘 시험처럼 e를 구하는 방법을 예시하라.

4-12-3 해답

다음은 Nahin(2000)이 제안한 방식으로(다른 방법은 Gorroochurn(2012) 등을 참고하기 바람), 〈그림 4.12.8〉과 같이 정사각형으로 구성된 표적판을 대상으로 한 다트(dart) 실험을 예시한다. 여기서 정사각형의 개수 n는 $(m/d)^2$가 된다.

n개의 다트를 무작위로 던져 특정한 정사각형(〈그림 4.12.8〉에서 어두운 부분)에 명중하는 다트의 수 X는 모수가 n과 $1/n$(성공확률)인 이항분포를 따른다(즉, $X \sim B(n,1/n)$).

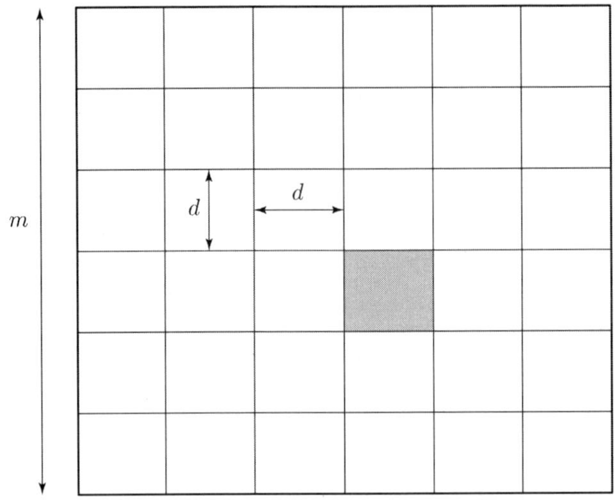

그림 4.12.8 e에 관한 실험 구조

여기서 n이 클 때 X는 평균이 1인 포아송 분포에 근사시킬 수 있으므로,

$$\Pr(X=0) \approx e^{-1}$$

이 된다.

즉, n개의 다트를 던져 하나도 명중되지 않는 정사각형의 수가 k라면 k/n가 e의 역수의 추정값이 되므로, 이의 역수인 n/k로 e를 추측할 수 있다.

4.13

파레토(Pareto) 원리와 지니(Gini) 계수는 어떤 관계를 가지고 있는가?

요즈음은 미국과 중국이 G2라 불린다. 미국과 더불어 G2의 한 축인 중국의 지니(Gini) 계수가 2016년 0.465로 OECD 국가 중 칠레(0.47)에 이어 두 번째 높은 국가로 알려져 있다. 이는 UN이 2013년 제시한 '사회불안을 초래할 수 있는 지니 계수 수준'인 0.4보다도 훨씬 높은 수치로, 중국의 지속적인 경제성장과 G2 국가로의 위상 유지에 관해 불리하게 작용하는 요인으로 볼 수 있다. 참고로 우리나라의 지니 계수는 2016년도에 0.304였다.

소득 불평등 척도인 지니 계수와 매우 밀접한 파레토 법칙은 소득분포에 관한 통계적 법칙으로 이탈리아의 경제학자인 파레토(V. Pareto, 1848～1923)가 유럽 국가에 관한 조사에서 얻은 경험적 법칙이다. 이 법칙은 1940년 대 미국의 품질경영 분야 대가인 J. M. Juran(1904～2008)이 Pareto 원리로 명명한 '80:20 법칙'과 같은 것으로 통하고 있다(Juran, 1970). 즉, 국민의 소득 상위 20%가 나라 전체 소득의 80%를 점유하고 있거나, 상위 20%의 부적합 범주가 전체 부적합 건수의 80%를 차지한다는 의미로 사용되고 있다.

가구별 소득수준이 파레토 분포를 따를 때 80:20 법칙을 충족한다면 지니 계수는 얼마가 되겠는가?

해답

파레토 분포의 확률밀도와 누적분포함수는 다음과 같이 주어지며,

$$f(x) = \frac{\alpha}{a}\left(\frac{x}{a}\right)^{-\alpha-1}, \quad x \geq a$$

$$F(x) = \begin{cases} 1-(x/a)^{-\alpha}, & x \geq a \\ 0, & x < a \end{cases}$$

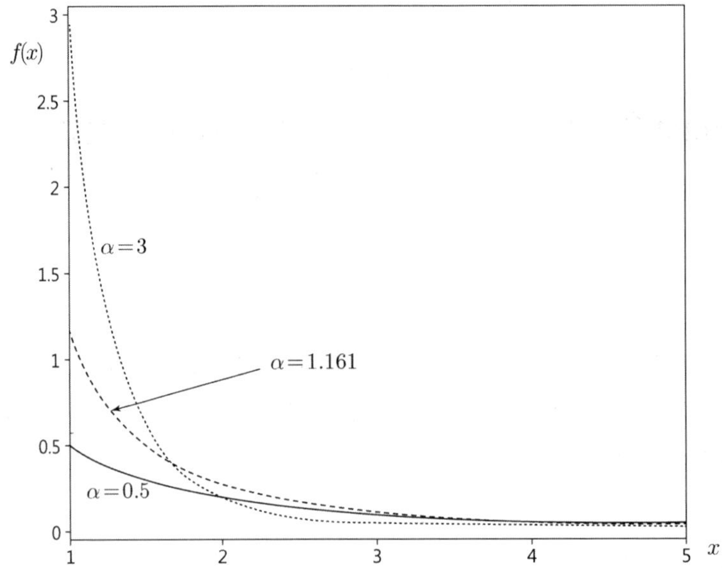

그림 4.13.1 파레토 분포

$a=1$일 때 모수 α에 따른 확률밀도가 〈그림 4.13.1〉에 도시되어 있다.

파레토 분포의 평균과 q 분위수는 다음과 같이 나타낼 수 있다.

$$\mu = \int_a^{\infty} xf(x)dx = \frac{a\alpha}{\alpha - 1}, \ \alpha > 1$$

$$x_q = a(1-q)^{-1/\alpha}$$

x의 누적비율과 이에 대응되는 총 소득의 비율을 도시한 로렌츠 곡선(Lorenz curve)은, 즉, $((q, L(q))$을 도시한 곡선으로, 파레토 분포일 때는 다음과 같이 구해진다.

$$L(q) = \frac{\int_0^{x_q} xf(x)dx}{\mu} = \frac{\int_0^q F^{-1}(u)du}{\mu}$$

$$= \frac{(\alpha-1)\int_0^q (1-u)^{-1/\alpha}du}{\alpha} = 1-(1-q)^{1-\frac{1}{\alpha}} \tag{4.13.1}$$

불평등 정도를 나타내는 지니 계수는 〈그림 4.13.2〉의 면적 (a)/[면적 (a)+면적 (b)]이 되며, 이 지수가 '0'이 되면 완전 평등을, '1'에 접근하면 불평등 정도가 높아진다. 파레토 분포를 따를 경우 지니 계수 G는 다음과 같이 구해진다.

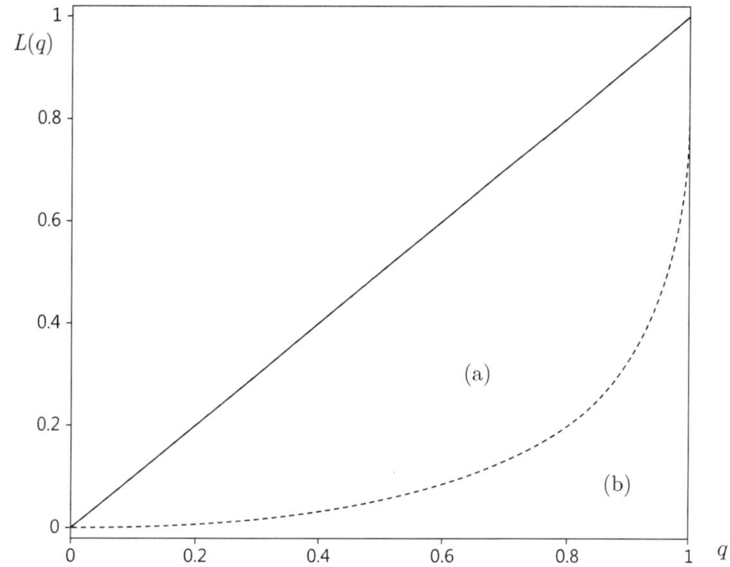

그림 4.13.2 Lorenz 곡선: 파레토 분포(80:20 법칙)

$$G = 2\left(\int_0^1 (q - L(q))dq\right) = 1 - 2\int_0^1 L(q)dq$$

$$= 1 - 2\int_0^1 [1 - (1-q)^{1-\frac{1}{\alpha}}]dq = \frac{1}{2-\alpha} \tag{4.13.2}$$

파레토 원리인 80:20 법칙을 적용하면 상위 20%의 누적확률 0.8에 해당되는 분위수는 $F(x_{0.8}) = 1 - (x_{0.8}/a)^{\alpha} = 0.8$에서 $x_{0.8} = a5^{1/\alpha}$이 되므로, 식 (4.13.1)에 대입하여 누적 점유비율이 0.2가 되는 α를 구하면 다음과 같이 1.161이 된다(Dobrow, 2014).

$$L(0.8) = 1 - (1 - 0.8)^{1-\frac{1}{\alpha}} = 0.2 \quad \Rightarrow \quad \alpha = \frac{\ln 0.2}{\ln 0.2 - \ln 0.8} = 1.161$$

식 (4.13.2)의 α에 1.161를 대입하면 지니 계수가 0.7565가 되므로 소득분포에 80:20 법칙을 적용하면 매우 불평등한 상황이 되며, 이 경우의 파레토 분포가 〈그림 4.13.1〉에 포함되어 있다.

추가문제 4-13-1

어느 중소도시의 가구별 소득수준이 〈그림 4.13.3〉과 같이 직선형태의 삼각분포를 따를 때 지니 계수를 구하라.

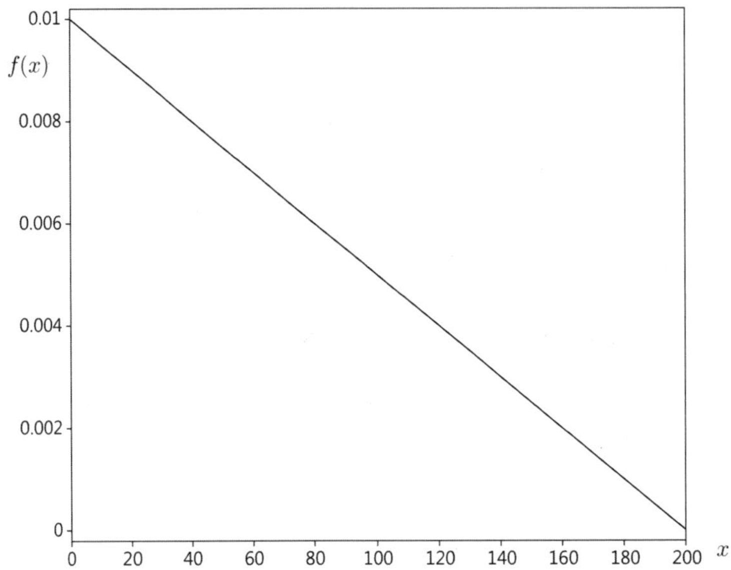

그림 4.13.3 삼각형 분포: 직선형

4-13-1 해답

〈그림 4.13.3〉으로부터

$$f(x) = \frac{1}{100} - \frac{x}{20,000}\ ,\ 0 \le x \le 200$$

$$F(x) = \begin{cases} \dfrac{x}{100} - \dfrac{x^2}{40,000}, & 0 \le x \le 200 \\ 0, & \text{기타} \end{cases}$$

가 되므로 평균과 q 분위수는 다음과 같다.

$$\mu = \int_0^{200} x f(x) dx = \frac{200}{3}$$

$$x_q = 200(1 - \sqrt{1-q})$$

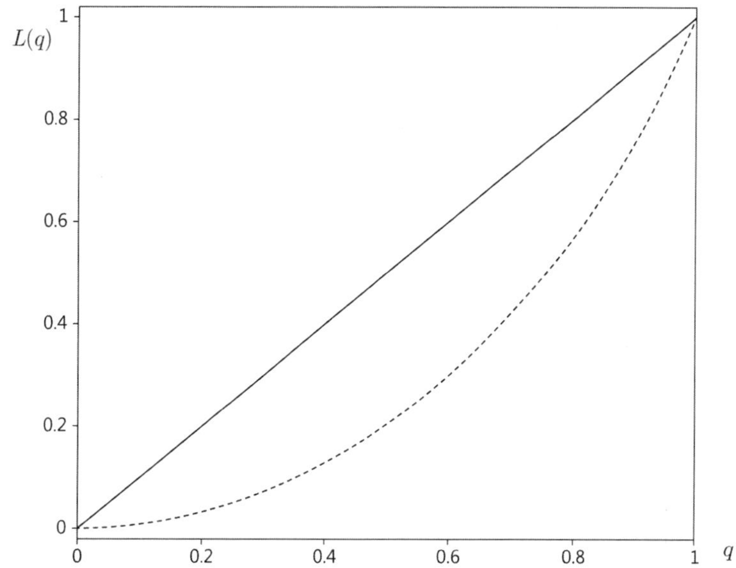

그림 4.13.4 Lorenz 곡선: 삼각형 분포

따라서 Lorenz 곡선은 식 (4.13.1)로부터

$$L(q)=\frac{\int_0^q F^{-1}(u)du}{\mu}=3\int_0^q(1-\sqrt{1-u})du=1-3(1-q)+2(1-q)^{3/2} \qquad (4.13.3)$$

가 되고(〈그림 4.13.4〉 참고), 지니 계수는 식 (4.13.2)로부터 다음과 같이 0.4가 된다.

$$G=1-2\int_0^1 L(q)dq=1-2\int_0^1[1-3(1-q)+2(1-q)^{3/2}]dq=2/5$$

추가문제 4-13-2

기본문제와 추가문제 4-13-1의 소득분포에서는 가구별 소득수준이 가장 낮을 때 확률밀도가 가장 높은데, 이런 현상은 현실과 일치하지 않을 수 있다. 즉, 봉이 존재하나 오른쪽으로 편향된(즉, 꼬리가 긴) 형태의 분포를 상정할 수 있는데, 이런 분포 형태로 와이블 분포와 대수정규분포 등을 들 수 있다. 특히 와이블 분포는 형상모수가 1.5~2.5일 때 소득분포로 유용하다고 알려져 있다(〈그림 4.13.5〉 참고). 가구별 소득수준이 형상모수가 2

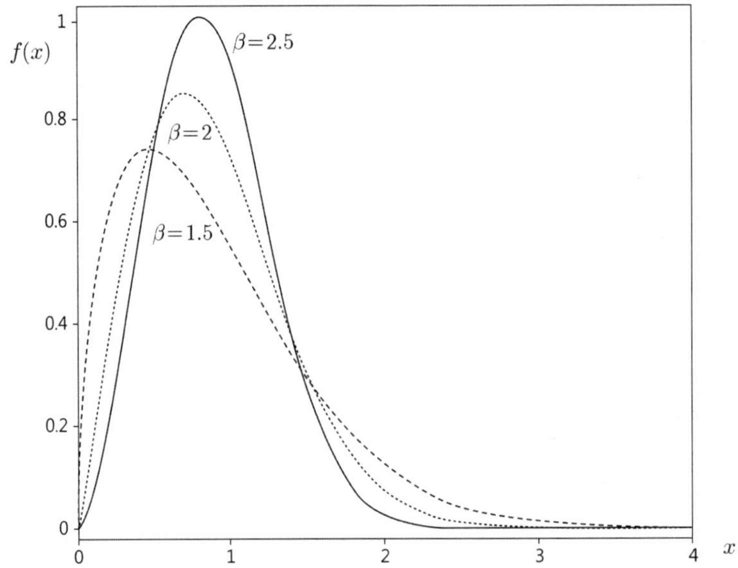

그림 4.13.5 와이블 분포

인 와이블 분포를 따를 경우 로렌츠 곡선과 지니 계수를 구하라.

4-13-2 해답

와이블 분포의 확률밀도와 누적분포함수는 다음과 같이 주어지며,

$$f(x) = \frac{\beta}{\eta}(x/\eta)^{\beta-1}e^{-(x/\eta)^{\beta}}, \ x > 0$$

$$F(x) = \begin{cases} 1 - e^{-(x/\eta)^{\beta}}, & x > 0 \\ 0, & \text{기타} \end{cases}$$

$\eta = 1$일 때 모수 β에 따른 확률밀도가 〈그림 4.13.5〉에 도시되어 있다. 와이블 분포의 평균과 q 분위수는 다음과 같다.

$$\mu = \int_a^{\infty} xf(x)dx = \eta\Gamma\left(1 + \frac{1}{\beta}\right)$$

$$x_q = \eta[-\ln(1-q)]^{1/\beta}$$

(단, 감마함수는 $\Gamma(a) = \int_0^{\infty} x^{a-1}e^{-x}dx$, 불완전 감마함수는 $\Gamma(c,a) = \int_c^{\infty} x^{a-1}e^{-x}dx$로 정의됨.)

따라서 $\eta=1$로 한정하더라도 일반성을 잃지 않으므로, Lorenz 곡선은 식 (4.13.1)로부터

$$
\begin{aligned}
L(q) &= \frac{\int_0^{x_q} xf(x)dx}{\mu} = \frac{\int_0^{[-\ln(1-q)]^{1/\beta}} x\beta x^{\beta-1}e^{-x^\beta}dx}{\Gamma\left(1+\frac{1}{\beta}\right)} \\
&= \frac{\int_0^{-\ln(1-q)} y^{1/\beta}e^{-y}dy}{\Gamma\left(1+\frac{1}{\beta}\right)} = 1 - \frac{\int_{-\ln(1-q)}^{\infty} y^{1/\beta}e^{-y}dy}{\Gamma\left(1+\frac{1}{\beta}\right)} \\
&= 1 - \frac{\Gamma\left(-\ln(1-q), 1+\frac{1}{\beta}\right)}{\Gamma\left(1+\frac{1}{\beta}\right)}
\end{aligned} \tag{4.13.4}
$$

가 되고(〈그림 4.13.6〉참고),

$$
\begin{aligned}
&\int_0^1 \left[\Gamma\left(1+\frac{1}{\beta}\right) - \Gamma\left(-\ln(1-q), 1+\frac{1}{\beta}\right)\right]dq = \int_0^1\int_0^{-\ln(1-q)} y^{1/\beta}e^{-y}dydq \\
&= \int_0^{\infty}\int_{1-e^{-y}}^1 y^{1/\beta}e^{-y}dqdy = \int_0^{\infty} y^{1/\beta}e^{-2y}dy = \frac{2^{-1/\beta}}{2}\int_0^{\infty} u^{1/\beta}e^{-u}du \\
&= 2^{-1/\beta-1}\Gamma\left(1+\frac{1}{\beta}\right)
\end{aligned}
$$

가 되므로 지니 계수는 식 (4.13.2)로부터 다음과 같다.

$$
G = 1 - 2\left[2^{-1/\beta-1}\Gamma\left(1+\frac{1}{\beta}\right)\right] \Big/ \Gamma\left(1+\frac{1}{\beta}\right) = 1 - 2^{-1/\beta} \tag{4.13.5}
$$

따라서 $\beta=2$일 때 지니 계수는 0.2929가 되며, 이 경우의 Lorenz 곡선은 〈그림 4.13.6〉에 도시되어 있는데, 봉이 없는 분포에 관한 〈그림 4.13.2〉와 〈그림 4.13.4〉와는 양극단에서 약간 다른 양상을 가진다.

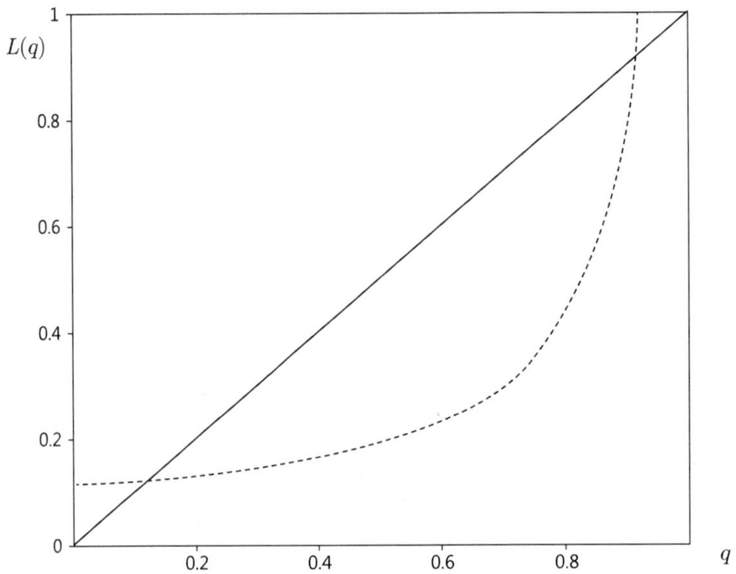

그림 4.13.6 Lorenz 곡선: 와이블 분포(형상모수 = 2)

4.14

오늘 2만보 이상 걸을 확률은 얼마인가?

A씨는 매일 아침 편한 복장으로 만보계나 스마트폰 없이 집 근처 공원을 2만보씩 걷고자 한다. 공원은 한 변의 길이가 만보인 정사각형 형태이며, 산책 코스, 즉 출발점과 방향(〈그림 4.14.1〉과 같이 이에 따라 반환점이 정해짐)을 매일 무작위로 선택해 반환점까지 갔다가 돌아온다. A씨가 오늘 2만보 이하를 걸었을 확률은 얼마일까?

최근에 미국 스탠퍼드대 연구팀은 걸음걸이를 알려주는 특정 어플리케이션 데이터를 수집하여 이 앱 사용자가 최소 100명이 넘는 전 세계 111개국의 하루 평균 걸음 숫자를 조사하였다. 이 결과 중에서 1,000명이 넘는 46개국 데이터를 2017년 〈네이처〉 지를 통해 발표한 내용을 보면 우리나라 사람들은 하루 5,755보를 걷는다고 조사되었다. 가장 많이 걷는 나라는 홍콩으로 평균이 6.880보이며, 우리나라에서 매일 만보 이상을 걷는 사람의 비율은 그리 높지 않다고 유추된다.

해답

A씨가 하루에 걷는 편도 거리를 L(관측값은 l)로, 출발점과 반환점의 두 좌표를 각각

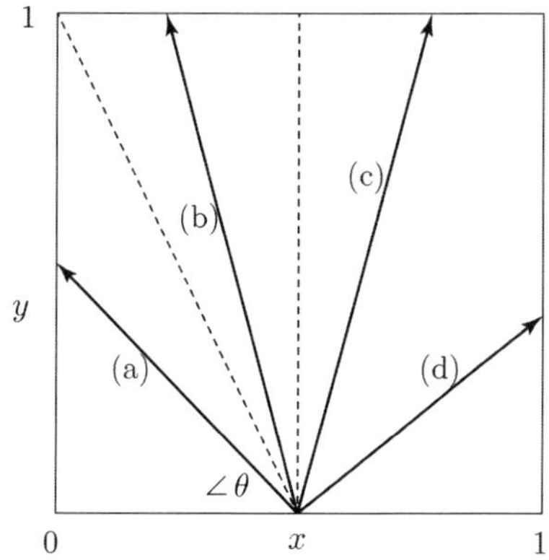

그림 4.14.1 공원의 형태

X와 Y로 나타내면 $\Pr(L>1)$(단위: 만 보)를 찾는 문제가 된다. 〈그림 4.14.1〉에서 출발점의 좌표는 $(x,0)$이 되며, 이 점과 형성하는 시계 반대방향의 각도를 Θ(관측값은 θ) 라디안으로 표기하자. 이 그림을 보면 코스 (a)와 (d), (b)와 (c)는 대칭이므로 θ의 범위를 $0\sim\pi/2$로 한정시킬 수 있다. 그리고 l의 최댓값은 $\sqrt{2}$가 된다.

$\Pr(L\le l)$은 출발점의 X가 [0, 1]에서 균일분포를 따르므로 전확률의 공식에 의해

$$\Pr(L\le l)=\int_0^1 \Pr(L\le l|x)f_X(x)dx=\int_0^1 \Pr(L\le l|x)dx\ ,\ \ 0\le l\le \sqrt{2} \quad (4.14.1)$$

로부터 구할 수 있다.

코스 (a) 또는 (d)를 택할 경우 출발점과 반환점 간의 길이가 l일 때 θ는 0과 $\cos^{-1}(x/l)(\le\pi/2)$ 사이의 값을 가진다. 이 경우는 $l\le 1$일 때와 $l>1$로 구분할 수 있다. 전자는 θ가 0과 $\cos^{-1}(x/l)$을, 후자는 $\cos^{-1}(x/l)$과 $\pi/2-\cos^{-1}(1/l)=\sin^{-1}(1/l)$ 사이의 값을 가질 수 있다.

여기서 코스 (b) 또는 (c)를 택할 경우 항상 왕복거리는 2(만보)보다 크다. 따라서 A씨가 편도 1만 보 이하를 걸을 확률은 코스 (a) 또는 (d)를 택할 경우 중에서 $0\le l\le 1$인 경우가 해당되므로, Θ는 $[0,\pi/2]$에서 균일분포를 따르는 점을 이용하면

$$\Pr(L\le l|x)=\frac{\cos^{-1}(x/l)}{\pi/2}=\frac{2\cos^{-1}(x/l)}{\pi}\ ,\ \ 0\le l\le 1$$

가 되어, 식 (4.14.1)에 대입하면 다음과 같이 구해진다.

$$\begin{aligned}\Pr(L\le l)&=\frac{2}{\pi}\int_0^1 \Pr(L\le l|x)dx=\frac{2}{\pi}\int_0^1 \cos^{-1}(x/l)dx\\&=\frac{2l}{\pi}\int_0^{1/l}\cos^{-1}(u)du=l\left[u\cos^{-1}(u)-\sqrt{1-u^2}\right]_0^l\\&=\frac{2l}{\pi}\left(\cos^{-1}(1)+1\right)=\frac{2l}{\pi}\ ,\ \ 0\le l\le 1\end{aligned} \quad (4.14.2)$$

따라서 원하는 답은 $2/\pi$가 된다.

추가문제 4-14-1

기본 문제에서 $\Pr(L \le l),\ 0 < l \le \sqrt{2}$ 를 구하라.

4-14-1 해답

만약 A씨가 반대편의 수평축의 한 점(코스 (b) 또는 (c))을 반환점으로 선택하면 무조건 2만 보 이상을 걷게 된다.

출발점과 반환점 간의 길이가 l일 때 이 경우의 θ는 $\pi/2-\cos^{-1}(1/l)=\sin(1/l)$과 $\pi/2$ 사이의 값을 가지며, 이때의 x는 0에서 $\sqrt{l^2-1}$의 값을 가진다.

$0 \le x \le \sqrt{l^2-1}$일 때 $\Pr(L \le l|x)=1$이므로,

$$F_1(l)=\Pr(L \le l)=\int_0^1 \Pr(L \le l|x)dx=\int_0^{\sqrt{l^2-1}} dx$$
$$=\sqrt{l^2-1}\ ,\ 1 < l \le \sqrt{2} \tag{4.14.3}$$

가 된다.

코스 (a) 또는 (d)를 택할 경우에서 $1 < l \le \sqrt{2}$일 때 θ가 $\cos^{-1}(x/l)$과 $\pi/2-\cos^{-1}(1/l)$ 사이의 값을 가져야 하므로(Nahin, 2000),

$$\Pr(L \le l|x)=1-\frac{\pi/2-\cos^{-1}(1/l)-\cos^{-1}(x/l)}{\pi/2}$$
$$=\frac{2(\cos^{-1}(1/l)+\cos^{-1}(x/l))}{\pi}\ ,\ \sqrt{l^2-1} \le x < 1$$

가 된다. 이로부터 $\cos^{-1}(1/l)+\cos^{-1}(\sqrt{l^2-1}/l)=\pi/2$인 점을 이용하면

$$F_2(l)=\Pr(L \le l)=\frac{2}{\pi}\int_{\sqrt{l^2-1}}^1 (\cos^{-1}(1/l)+\cos^{-1}(x/l))dx$$
$$=\frac{2\cos^{-1}(1/l)(1-\sqrt{l^2-1})}{\pi}+\frac{2l}{\pi}\int_{\sqrt{l^2-1}/l}^{1/l}\cos^{-1}(u)du$$
$$=\frac{2}{\pi}\left\{\cos^{-1}(1/l)(1-\sqrt{l^2-1})+l\left[u\cos^{-1}(u)-\sqrt{1-u^2}\right]_{\sqrt{l^2-1}/l}^{1/l}\right\}$$

$$= \frac{2}{\pi}[\cos^{-1}(1/l)(1-\sqrt{l^2-1}) + \cos^{-1}(1/l) - \sqrt{l^2-1}$$

$$-\sqrt{l^2-1}\cos^{-1}(\sqrt{l^2-1}/l) + 1]$$

$$= \frac{2}{\pi}\left(2\cos^{-1}(1/l) - \sqrt{l^2-1} + 1 - \frac{\pi}{2}\sqrt{l^2-1}\right), 1 \le l \le \sqrt{2} \qquad (4.14.4)$$

가 된다.

따라서 식 (4.14.3)과 (4.14.4)로부터 $1 < l \le \sqrt{2}$일 때 $\Pr(L \le l)$은 다음과 같이 구해진다.

$$\Pr(L \le l) = F_1(l) + F_2(l) = \frac{2}{\pi}\left(1 + 2\cos^{-1}(1/l) - \sqrt{l^2-1}\right)$$

따라서 누적분포함수는

$$F_L(l) = \Pr(L \le l) = \begin{cases} \dfrac{2l}{\pi}, & 0 < l \le 1 \\ \dfrac{2}{\pi}\left(1 + 2\cos^{-1}(1/l) - \sqrt{l^2-1}\right), & 1 < l \le \sqrt{2} \end{cases} \qquad (4.14.5)$$

가 되며, 이의 형태가 〈그림 4.14.2〉에 도시되어 있다.

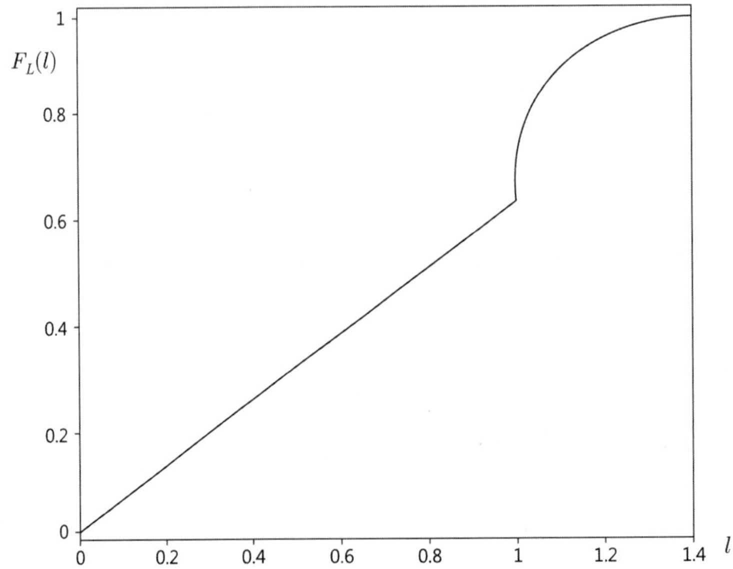

그림 4.14.2 L의 누적분포함수

추가문제 4-14-2

A씨가 하루당 걷게 되는 발걸음 수의 기댓값을 구하라.

4-14-2 해답

$d(\cos^{-1}(y))/dy = -1/\sqrt{1-x^2}$ 을 이용하여 식 (4.14.5)를 미분하면

$$f_L(l) = \begin{cases} \dfrac{2}{\pi}, & 0 < l \leq 1 \\ \dfrac{2(2-l^2)}{\pi l\sqrt{l^2-1}}, & 1 < l \leq \sqrt{2} \end{cases} \tag{4.14.6}$$

가 되므로($l=1$일 때 확률밀도가 무한대가 되며, 〈그림 4.14.3〉 참고), 이로부터 기댓값을 구하면

$$\begin{aligned} E(L) &= \frac{2}{\pi}\left[\int_0^1 l dl + \int_1^{\sqrt{2}} \frac{2-l^2}{\sqrt{l^2-1}} dl\right\} \\ &= \frac{1}{\pi} + \frac{2}{\pi}\int_1^{\sqrt{2}} \frac{1}{\sqrt{l^2-1}} dl - \frac{2}{\pi}\int_1^{\sqrt{2}} \sqrt{l^2-1}\, dl \end{aligned}$$

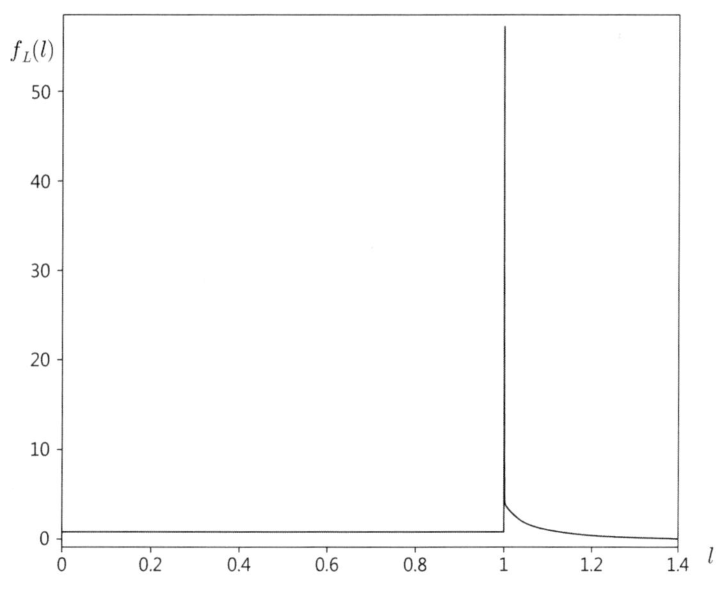

그림 4.14.3 L의 분포

$$= \frac{1}{\pi} + \frac{2}{\pi}\left[\ln(l+\sqrt{l^2-1})\right]_1^{\sqrt{2}} - \frac{2}{\pi}\left[x\sqrt{x^2-1}/2 - \ln(l+\sqrt{l^2-1})/2)\right]_1^{\sqrt{2}}$$

$$= \frac{3\ln(\sqrt{2}+1) - (\sqrt{2}-1)}{\pi} = 0.7098 \tag{4.14.7}$$

가 된다. 따라서 A씨는 매일 평균적으로 13,996보를 걷고 있다.

한편 공원 형태가 직사각형, 원 등일 경우의 기댓값은 Horowitz(1965)을 참조할 수 있다.

- 앞의 문제에서 분산을 구하라. 먼저 $E(L^2) = 2/\pi$임을 보여라.

해답

식 (4.14.6)으로부터

$$E(L^2) = \frac{2}{\pi}\left[\int_0^1 l^2 dl + \int_1^{\sqrt{2}} \frac{2l - l^3}{\sqrt{l^2-1}} dl\right]$$

$$= \frac{2}{3\pi} + \frac{2}{\pi}\int_1^{\sqrt{2}} \frac{l}{\sqrt{l^2-1}} dl - \frac{2}{\pi}\int_1^{\sqrt{2}} l\sqrt{l^2-1}\, dl$$

$$= \frac{2}{3\pi} + \frac{2}{\pi}\left[\sqrt{l^2-1}\right]_1^{\sqrt{2}} - \frac{2}{\pi}\left[\frac{(l^2-1)^{3/2}}{3}\right]_1^{\sqrt{2}} = \frac{2}{\pi}$$

가 된다. 따라서 분산은 $2/\pi - 0.7098^2 = 0.1328$이 된다.

4.15

설문조사 결과에서 실제 음주운전 경험자의 비율은 얼마나 되겠는가?

설문이나 인터뷰 조사에서 보통 사람들은 예민한 문제에서는 바르게 답하지 않거나 조사를 거절하는 경향이 있다. 이런 문제점을 보완하기 위해 Warner(1965)는 응답자의 비밀을 보장하는 확률화 응답(randomized response) 방법을 제안하였다.

응답자가 동전을 던져 앞면이 나오면 예민한 질문인 "최근 5년간 음주운전을 한 경험이 있는가?"에 대해 '예'와 '아니요' 중에서 답하며, 뒷면이 나오면 "1년 중에서 상반기에 태어났는가?" 같은 민감하지 않은 질문에 '예'와 '아니요' 중에서 답한다. 여기서 응답자가 어떤 질문에 응답했는지는 알 수가 없다. 만약 100명의 응답자 중에서 '예'에 답한 사람이 52명이면 실제 음주운전 경험자의 비율은 얼마로 추측되는가?

해답

Y와 N을 각각 '예'와 '아니요'로 응답한 경우를, n명의 응답자 중에서 N_Y와 $n-N_Y$을 각각 '예'와 '아니요'를 선택한 응답자의 수로, Q_1와 Q_2를 예민한 질문과 민감하지 않은 질문을 나타낸다. 여기서 민감하지 않은 질문의 '예' 응답 확률은 파악 가능한 경우로 여기서는 1/2이다. 즉, 조사 모집단에서 예민한 문제에 대해 '예'로 답하는 참 비율인 $\pi = \Pr(Y|Q_1)$를 추정하는 문제가 된다.

'예'로 답한 무조건부 확률 $\Pr(Y)$인

$$\begin{aligned}\Pr(Y) &= \Pr(Y|Q_1)\Pr(Q_1) + \Pr(Y|Q_2)\Pr(Q_1) \\ &= \pi\frac{1}{2} + \frac{1}{2}\frac{1}{2} = \frac{\pi}{2} + \frac{1}{4}\end{aligned} \tag{4.15.1}$$

가 된다. 그리고 $N_Y = n\Pr(Y)$이므로 N_Y의 관측값인 n_Y와 식 (4.15.1)은 다음과 같은 관계가 성립하므로,

$$\frac{n_Y}{n} = \frac{\hat{\pi}}{2} + \frac{1}{4} \tag{4.15.2}$$

π의 추정량 $\hat{\pi}$는 $2(n_Y/n - 1/4)$로 구해진다(Nahin, 2000).

n, n_Y는 각각 100, 52명이므로 원하는 답은 $2(52/100 - 1/4) = 0.54$로 추정된다.

추가문제 4-15-1

응답자는 주사위를 던져 3의 배수가 나오지 않으면(즉, 눈이 3 또는 6이 아니면) "최근 5년간 음주운전을 한 경험이 있다"에 대해 '예'와 '아니요'로 응답하며, 3의 배수이면 "음주운전을 한 경험이 없다"에 대해 '예'와 '아니요'로 응답한다. 만약 100명의 응답자 중에서 '예'에 답한 사람이 52명이면 실제 최근 5년간 음주운전 경험자의 비율은 얼마로 추측되는가?

4-15-1 해답

응답자가 주사위를 비롯한 다른 도구 등을 이용해 첫 번째 질문에 답해야 되는 상황이 발생할 확률이 p라면 '예'로 답한 무조건부 확률 $\Pr(Y)$인

$$\Pr(Y) = \pi p + (1-\pi)(1-p) \tag{4.15.3}$$

가 된다. $\Pr(Y)$의 관측값이 n_Y/n이므로 π의 추정량 $\hat{\pi}$는

$$\frac{n_Y}{n} = \hat{\pi} p + (1-\hat{\pi})(1-p)$$

로부터 $p \neq 1/2$이면 다음과 같다.

$$\hat{\pi} = \frac{p-1}{2p-1} + \frac{n_Y}{(2p-1)n} \tag{4.15.4}$$

따라서 n, n_Y는 각각 100, 52명이므로 원하는 답은 $(-1/3)/(1/3) + 52/(100/3) = 0.56$가 된다.

여기서 $E(n_Y) = n[\pi p + (1-\pi)(1-p)]$이므로 식 (4.15.4)에 대입하면 $E(\hat{\pi}) = \pi$가 되므로, $\hat{\pi}$는 π의 불편추정량에 속한다. 따라서 기본 문제의 추정량도 불편추정량이 된다.

또한 $\hat{\pi}$의 분산은

$$\begin{aligned} Var(\hat{\pi}) &= \frac{Var(n_Y)}{(2p-1)^2 n^2} \\ &= \frac{n[\pi p + (1-\pi)(1-p)][(1-\pi)p + \pi(1-p)]}{(2p-1)^2 n^2} \\ &= \frac{4p^2(\pi - \pi^2) + 4p(\pi^2 - \pi) + \pi - \pi^2 + p - p^2}{n(2p-1)^2} \\ &= \frac{\pi(1-\pi)}{n} + \frac{p(1-p)}{n(2p-1)^2} \end{aligned} \tag{4.15.5}$$

가 된다(Warner, 1965). 식 (4.15.4)를 보면 $Var(\hat{\pi})$는 샘플링에 의한 기여분과 문제를 확률적으로 선택함에 따른 기여분에 관한 분산의 합으로 구성된 점을 알 수 있다.

추가문제 4-15-2

기본 문제에서 민감하지 않은 질문이 별로 도움이 되지 않는 설문 문항일 수 있으므로, 예민한 문항과는 무관하지만 '예'로 답하는 비율을 미리 알 수 없는 설문을 통해 조사가 도움이 될 수 있는 문항일 경우를 고려하자. 예를 들어 민감하지 않는 문항으로 학력(고교 졸업 등)이나 결혼 유무에 관한 질문일 때는 한 그룹이 아닌 두 그룹의 샘플이 필요하다.

예민한 질문은 "최근 1년간 음주운전 경험이 있는가?"이고 민감하지 않는 질문은 "아직 미혼인가?"이라고 하자. 각 그룹이 100명이고, 확률화 방법으로 두 동전을 던져 모두 앞면이면 예민한 문제에 응답하는 방식을 채택하는 그룹 1에서 '예'에 답한 사람이 42명이고, 추가문제 4-15-1처럼 주사위(3의 배수)를 확률화 방법으로 채택한 그룹 2 응답자 중에서 '예'에 답한 사람이 35명일 때 최근 1년간 음주운전 경험자의 비율은 얼마로 추측되는가?

4-15-2 해답

두 그룹에서 표본크기는 각각 n_1과 n_2, '예' 응답자의 수는 n_{1Y}, n_{2Y}, 예민한 문제를 선택할 확률은 p_1, p_2이다. 조사 모집단에서 실제 예민한 문제와 민감하지 않은 문제의 '예'에 속하는 참 비율은 각각 π_S, π_I로, 두 그룹에서 '예'로 답할 확률은 $\Pr(Y_1)$과

$\Pr(Y_2)$를 각각 θ_1, θ_2로 표기한다.

θ_1, θ_2는 식 (3)으로부터 다음과 같다.

$$\theta_1 = \Pr(Y_1) = p_1\pi_S + (1-p_1)\pi_I = p_1(\pi_S - \pi_I) + \pi_I$$
$$\theta_2 = \Pr(Y_2) = p_2\pi_S + (1-p_2)\pi_I = p_2(\pi_S - \pi_I) + \pi_I$$

위에 있는 두 식에서 π_S, π_I에 대해 풀면, $p_1 \neq p_2$일 때

$$\pi_S = \frac{\theta_1(1-p_2) - \theta_2(1-p_1)}{p_1 - p_2} \tag{4.15.6}$$

$$\pi_I = \frac{\theta_1 p_2 - \theta_2 p_1}{p_2 - p_1} \tag{4.15.7}$$

가 된다. θ_1, θ_2의 추정값은 $\hat{\theta}_1 = n_{1Y}/n_1$ $\hat{\theta}_2 = n_{2Y}/n_2$이므로 관심 대상인 π_S의 추정량 $\hat{\pi}_S$는 식 (4.15.6)으로부터 다음과 같이 구해진다.

$$\hat{\pi}_S = \frac{\hat{\theta}_1(1-p_2) - \hat{\theta}_2(1-p_1)}{p_1 - p_2} \tag{4.15.8}$$

여기서 n_1, n_{1Y}는 각각 100, 42이므로 $\hat{\theta}_1$은 0.42이고, n_2, n_{2Y}는 각각 100, 35이므로 $\hat{\theta}_2$는 0.35가 된다. p_1은 1/4, p_2는 2/3이므로 이 값들을 식 (4.15.8)에 대입하면

$$\hat{\pi}_S = \frac{0.42(1-2/3) - 0.35(1-1/4)}{1/4 - 2/3} = 0.294$$

가 된다.

그리고 식 (4.15.8)로부터 $\hat{\pi}_S$의 분산은

$$Var(\hat{\pi}_S) = \frac{1}{(p_1 - p_2)^2}\left[\frac{\theta_1(1-\theta_1)(1-p_2)^2}{n_1} + \frac{\theta_2(1-\theta_2)(1-p_1)^2}{n_2}\right] \tag{4.15.9}$$

이 되므로, p_1와 p_2의 간격이 넓을수록 분산이 작아진다. Greenberg et al.(1969)는 p_1 또는 p_2는 0 또는 1 같은 극단 값을 가질 수 없으므로 $p_1 + p_2 = 1$을 추천하고 있다.

- 앞의 문제에서 확률화 반응방식을 적용하더라도 각 응답자가 예민한 질문에 대해 진실하게 답할 확률이 1이 아니고 0.8일 때 1년간 음주운전 경험자의 비율은 얼마로

추측되는가?

해답

예민한 문제에 대해 진실하게 답할 확률이 a라면, 그룹 1과 2에서 '예'로 답할 확률인 θ_1', θ_2'는 식 (4.15.3)으로부터

$$\theta_1' = \Pr(Y_1) = p_1 a\pi_S + (1-p_1)\pi_I = p_1(a\pi_S - \pi_I) + \pi_I$$
$$\theta_2' = \Pr(Y_2) = p_2 a\pi_S + (1-p_2)\pi_I = p_2(a\pi_S - \pi_I) + \pi_I$$

가 되므로, $\hat{\pi}_S$의 추정량 $\hat{\pi}_S'$와 이의 기댓값은 다음과 같이 나타낼 수 있다.

$$\hat{\pi}_S' = \frac{\hat{\theta}_1'(1-p_2) - \hat{\theta}_2'(1-p_1)}{a(p_1-p_2)} \quad (4.15.10)$$

$$E(\hat{\pi}_S') = \frac{\theta_1'(1-p_2) - \theta_2'(1-p_1)}{a(p_1-p_2)} \quad (4.15.11)$$

따라서 $\hat{\pi}_S'$의 편의는 식 (4.15.6)과 (4.15.11)로부터

$$\begin{aligned} \text{bias}(\hat{\pi}_S') &= E(\hat{\pi}_S' - \pi_S) \\ &= \frac{(\theta_1' - \theta_1)(1-p_2) - (\theta_2' - \theta_2)(1-p_1)}{a(p_1-p_2)} \\ &= \pi_S(a-1) \end{aligned}$$

가 되는데, 이를 보면 $a \neq 1$이면 이 추정량은 편의 추정량이 되며, 더불어 진실하게 답할 확률이 1이 아닐 경우 이 추정량은 과소 추정됨을 알 수 있다.

여기서 a가 0.8이면 식 (4.15.10)으로부터 p는 $0.294/0.8 = 0.3675$로 추정된다.

4.16

웹상에서 구매 요청이 하나도 없는 광고 수는 얼마나 될까?

웹 브라우저는 동일 업종의 광고를 순위에 따라 노출한다. 검색 순위가 j일 때 각 개인이 이 광고에서 구매할 확률은 $2^{-j}, j=1,2,\ldots$이다. 오늘 100명이 독립적으로 이 업종을 검색하여 구매할 때 구매가 발생한 가장 후 순위보다 높은 순위에서 구매가 하나도 없을 광고(여기서 'gap'으로 칭함)가 0개일 확률은 얼마인가?

해답

n명의 방문고객을 공으로, 검색 광고의 순위를 상자의 순위로 간주하자. 각 공이 첫 번째 상자(광고)에 들어갈(구매할) 확률은 1/2이며, 가장 후순위 이전에 공이 하나도 들어가지 않는 상자의 수를 M(관측값은 m)이라면 $P_n(M=0)$를 구하는 문제가 된다.

$P_n(M=0)$이 되려면 모든 공이 상자 '1'에 들어가거나(그때의 확률은 2^{-n}), $n-k$, $k=1,2,\ldots,n-1$개의 공이 상자 '1'에 들어가면서 $\{M=0\}$ 되는 경우로 이때의 각 경우 확률도 2^{-n}이다. 따라서 $\Pr(M=0)$이 될 확률인 $P_n(0)$을 다음과 같은 순환관계를 얻을 수 있다.

$$P_n(0)=2^{-n}+2^{-n}\sum_{k=1}^{n-1}\binom{n}{k}P_k(0) \tag{4.16.1}$$

당연히 $P_1(0)=1/2$이지만, $P_n(0), n\geq 1$도 $1/2$이 됨을 수학적 귀납법으로 증명할 수 있다.

즉, $n\leq j$일 때 $P_j(0)=1/2$이 성립한다면, $n=j+1$일 때

$$\begin{aligned}P_{j+1}(0)&=2^{-(j+1)}+2^{-(j+1)}\sum_{k=1}^{j}\binom{j+1}{k}(1/2)\\&=2^{-(j+1)}+2^{-(j+2)}(2^{j+1}-2)=2^{-1}\end{aligned}$$

가 됨을 보일 수 있다.

따라서 n에 무관하게 원하는 답은 1/2이 된다.

추가문제 4-16-1

기본 문제에서 구매가 발생한 가장 후 순위보다 높은 순위에서 구매가 하나도 없을 광고(gap)가 5개일 확률을 구하라.

4-16-1 해답

gap의 수가 m(단, $1 \le m \le n$)일 때 식 (4.16.1)의 우변 첫 번째 항은 발생할 수 없다. 식 (4.16.1)의 두 번째 항에 해당되는, 즉, $n-k,\ k=1,2,\ldots,n-1$개의 공이 상자 '1'에 들어가면서 gap이 m개가 되는 경우와 더불어 모든 공이 상자 '1'에 들어가지 않으면서 n개의 공이 $m-1$개의 gap을 가지면 된다. 이때의 확률도 2^{-n}이므로 다음과 순환관계를 구할 수 있다.

$$P_n(m) = 2^{-n}\sum_{k=1}^{n-1}\binom{n}{k}P_k(m) + 2^{-n}P_n(m-1),\ 1 \le m \le n-1 \qquad (4.16.2)$$

$P_n(0) = 1/2,\ n \ge 1$이고, $P_1(m) = 2^{-(m+1)},\ m = 0, 1, \ldots$이므로 n에 무관하게 $P_n(m) = 2^{-(m+1)}$됨을 수학적 귀납법으로 증명할 수 있다(Knuth, 1989).

$P_j(i) = 2^{-(i+1)},\ j = 1, 2, \ldots, n,\ i = 0, 1, \ldots, j-1$이 성립한다면, 먼저 n가 $j+1$이고 $0 \le i \le j$일 때

$$\begin{aligned} P_{j+1}(i) &= 2^{-(j+1)}\sum_{k=1}^{j}\binom{j+1}{k}P_k(i) + 2^{-(j+1)}P_{j+1}(i-1) \\ &= 2^{-(j+1)}\sum_{k=1}^{j}\binom{j+1}{k}2^{-(i+1)} + 2^{-(j+1)}2^{-i} \\ &= 2^{-(j+i+2)} \times (2^{(j+1)} - 2) + 2^{-(j+i+1)} = 2^{-(i+1)} \end{aligned} \qquad (4.16.3)$$

성립한다. 따라서 $n=j,\ m=i+1 \le j-1$일 때도 $P_j(i+1) = 2^{-(i+2)}$이 성립하면, n이 $j+1$이고 m이 $i+1(\le j)$일 때

$$\begin{aligned}P_{j+1}(i+1) &= 2^{-(j+1)}\sum_{k=1}^{j}\binom{j+1}{k}P_k(i+1)+2^{-(j+1)}P_{j+1}(i)\\ &= 2^{-(j+1)}\sum_{k=1}^{j}\binom{j+1}{k}2^{-(i+2)}+2^{-(j+1)}2^{-(i+1)}\\ &= 2^{-(j+i+3)}\times(2^{-(j+1)}-2)+2^{-(j+i+2)}=2^{-(i+2)}\end{aligned} \tag{4.16.4}$$

이 성립한다. 따라서 $P_n(m)=2^{-(m+1)}, n=1,2,\dots,\ \ m=0,1,\dots,n$이 된다.

구하고자 하는 답은 $n=100$이고 $m=5$일 때이므로 식 (4.16.4)에서 $2^{-6}=1/64$이 된다.

추가문제 4-16-2

광고 검색 순위를 믿지 못하는 A씨는 광고를 순위에 관계없이 무작위로 검색한다. 최초 검색 순위가 j이면 다음 검색 순위가 $j-1$ 또는 $j+1$이면 검색 시간을 줄일 수 있다. 즉, 검색을 진행할 때 검색 순서의 순위 간에 gap이 없으면서 바로 인접한 순위의 주변 광고를 검색하는 것이 소요시간을 최소화할 수 있다. 여기서 만약 첫 번째(또는 마지막) 광고를 검색하면 다음은 두 번째 광고(또는 뒤에서 두 번째)를 검색해야 gap이 발생하지 않는다.

7개의 광고가 있을 때 gap 없이 모든 광고를 검색할 확률을 구하라.

4-16-2 해답

이 문제는 $1\sim n$의 위치에 있는 구멍(hole)에 $1\sim n$의 번호로 표시된 동일 번호의 핀(peg)을 끼우는 작업에서 gap 없이 모든 핀을 끼우는 Andel(2001)의 문제에 해당된다.

즉, $i, i+1, \dots, j$의 구멍에 핀이 끼워져 있으면 다음 차례는 $i-1$ 또는 $j+1$의 구멍에 핀이 끼워져야 gap이 발생하지 않는다.

핀의 수가 n개이고 첫 번째 핀의 위치가 k일 때 gap 없이 모든 핀을 끼울 확률을 $p_n(k)$로 나타내면

$$p_n(1)=\frac{1}{(n-1)!},\quad p_n(n)=\frac{1}{(n-1)!} \tag{4.16.5}$$

가 된다.

$p_n(k)$는 전확률의 공식을 적용하면 다음과 관계를 얻을 수 있다.

$$p_n(k) = \frac{1}{n-1}p_{n-1}(k-1) + \frac{1}{n-1}p_{n-1}(k),\ \ 2 \le k \le n-1 \tag{4.16.6}$$

즉, n개 광고 중에서 최초 k, $k-1$순으로 선택했다면, 이는 $n-1$개 광고 중에서 최초 $k-1$를 선택한 것으로 간주할 수 있으며, n개 광고 중에서 최초 k, $k+1$를 선택했다면, 이는 $n-1$개 광고 중에서 최초 k를 선택한 것으로 간주할 수 있으므로 식 (4.16.6)이 도출된다.

식 (4.16.5)와 (4.16.6)에서 $1 \le k \le n$일 때 $p_n(k) = 1/[(k-1)!(n-1)!] = \binom{n-1}{k-1}/(n-1)!$이 됨을 수학적 귀납법으로 증명해보자.

n이 2이고 k가 1 또는 2일 때 $p_n(k)$는 1이 된다. $n=j$이고 $k=i$, $0 \le i \le n$일 때 $p_j(i) = \binom{j-1}{i-1}/(j-1)!$이 성립한다면, $n=j+1$, $0 \le i \le n$일 때

$$\begin{aligned} p_{j+1}(i) &= \frac{1}{j}p_j(i-1) + \frac{1}{j}p_j(i) = \frac{1}{j \cdot (j-1)!}\binom{j-1}{i-1} + \frac{1}{j \cdot (j-1)!}\binom{j-1}{i} \\ &= \frac{\binom{j}{i}}{j!} \end{aligned}$$

이 성립한다.

따라서 n이 j이고 $k=i+1 \le n$일 때도 $p_j(i+1) = \binom{j-1}{i}/(j-1)!$이 성립한다면, n이 $j+1$이고 k가 $i+1(\le j+1)$일 때

$$\begin{aligned} p_{j+1}(i+1) &= \frac{1}{j}p_j(i) + \frac{1}{j}p_j(i+1) = \frac{1}{j \cdot (j-1)!}\binom{j-1}{i-1} + \frac{1}{j \cdot (j-1)!}\binom{j-1}{i} \\ &= \frac{\binom{j}{i}}{j!} \end{aligned} \tag{4.16.7}$$

이 성립한다. 따라서 $1 \le k \le n$일 때 $p_n(k) = 1/[(k-1)!(n-1)!]$이 된다.

따라서 원하는 답인 p_n은

$$p_n = \frac{1}{n}\sum_{k=1}^{n} p_n(k) = \frac{1}{n}\frac{1}{(n-1)!}\sum_{k=1}^{n}\binom{n-1}{k-1} = \frac{2^{n-1}}{n!}$$

가 되므로, $n=7$일 때 p_7은 식 (4.16.7)로부터 0.0127이 된다.

참고문헌

김미경, 허명회, 윷의 확률, 한국통계학회 1995년도 춘계학술발표대회논문집, 91-97, 1995.

김태성, 채경철, 일곱 장 포커 약(約)의 확률, 응용통계연구, 8, 163-177, 1995.

박경수, 신뢰도 및 보전공학, 영지문화사, 1999.

박진경, 박홍선, 윷의 확률 추정에 대해여, 응용통계연구, 9, 83-94, 1996.

배도선, 류문찬, 권영일, 윤원영, 김상부, 홍성훈, 최인수, 최신 통계적 품질관리, 영지문화사. 1998.

서순근, 김호균, 권혁무, 차명수, 윤원영, 신뢰성공학 2판, 교보문고, 2015.

오창혁, 윷놀이와 확률, 한국데이터정보과학회지, 21, 719-727, 2010.

윤원영, 이승훈, 차명수, 권혁무, 기호균, 서순근, 통계적 품질관리, 청문각, 2019.

KS Q ISO 3951:2013 계량형 샘플링검사 절차, 국가기술표준원, 2013.

Andel, J., *Mathematics of Chance*, Wiley, 2001.

Anderson L. R. and Fontenot, R. A, Optimal positioning of service unit along a coordinate line, *Transportation Science*, 26, 346-351, 1992.

Arnow, B. J., Laplace extension of the Buffon needle problem, *College Mathematics Journal*, 25, 40-43, 1994

Ash, J. M., The probability of a tie in an n-game match, *American Mathematical Monthly*, 105, 844-846, 1998.

Austin J. D. Overbooking airline flights, *Mathematics Teacher*, 75, 221-223, 1982.

Baldwin, R. R., Cantey, W. E., Maisel, H., and McMdermott, J. P., The optimum strategy in Blackjack, *Journal of American Statistical Association*, 51, 429-439, 1956.

Barlow, R. E., Hunter, L. C., and Proschan, F., Optimum redundancy when components are subject to two kinds of failure, *Journal of the Society for Industrial and Applied mathematics*, 11, 64-73, 1963.

Barlow, R. anf Proschan, F., *Statistical Theory and Life Testing: Probability Models*, Holt, Reinhart, and Winston, 1975.

Bello, A. L., A papal conclave: Testing the plausibility of a historical account, *Mathematical Magazine*, 55, 230-233, 1982.

Bello, A. L., 70.39: An unlikely history story, *Mathematical Gazette*, 70, 289-290, 1986.

Benford, F., The law of anomalous numbers," *Proceedings of the American Philosophical Society*, 78, 551-572, 1938.

Berger, A. and Hill, T. P., A basic theory of Benford's law, *Probability Surveys*, 8, 1-126, 2011.

Blom, G., Random walk until no shoe, *American Mathematical Monthly*, 94, 78-79, 1987.

Blom, G., Holst, L., and Sandell, D., *Problems and Snapshots from the World of Probability*, Springer-Verlag, 1994.

Blyth, C. R., On Simpson's paradox and sure-thing principle, *Journal of American Statistical Association*, 67, 364-366, 1972.

Boehm, W., Solution of problem 95-6: Expected wire length between randomly chosen terminals, *SIAM Review*, 38, 321-324, 1996.

Borwein, D., Brenner, J. L. and Drobot, V., Elementary problem E 2003: Watched birds, *American Mathematical Monthly*, 82, 274-275, 1982.

Brams, S. J. and Kilgour, D. M., The box problem: To switch or not to switch, *Mathematics Magazine*, 68, 27-34, 1995.

Butterworth, R., Some reliability fault-testing models, *Operations Research*, 20, 335-343, 1972.

Campbell, P. J. and Atwood, B., The farmer problem, *UMAP Journal*, 33, 313-331, 2012.

Cantor, D. G. and Mills, W. H., Determining a subset from certain combinatorial properties, *Canadian. Journal of Mathematics,* 18, 42-48, 1966.

Carrizosa, E., Muñoz-Márquez, M., and Puerto, J., A note on the optimal positioning of service units, *Operations Research*, 46, 155-156, 1998.

Chance, D. M., What are the odds? Another look at DiMaggio's streak, *Chance,* 22(2), 33-42, 2009.

Chan, B., Moving on, *The Actuary*, 18(1), 4-5.

Cho, W. K. T., and Gaines, B. J., 'Breaking the (Benford) law: statistical fraud detection in campaign finance, *American Statistician*, 61, 218-223, 2007.

Chow, C.-W.. and Schechner, Z., On stopping rules in proofreading, *Journal of Applied Probability,* 22, 971-977, 1983.

Chow, Y. S., Moriguti, S., Robbins, H. and Samuels, S. M.. Optimal selection based on relative rank (The "secretary" problem), *Israel Journal of Mathematics*, 2, 81-90, 1964.

Christensen, R. and Utts, J., Bayesian resolution of the "exchange paradox", *American*

Statistician, 46, 274-276, 1992.

Clarke, R. D., Application of Poisson distribution, *Journal of the Institute of Actuaries*, 72, 481, 1946.

Coyle, A. C. and Wang, C., On gambling strategies that may or may not work in a casino, *American Statistician*, 47, 108-111, 1993.

Cooke, C. H., Probability models for blackjack poker, *Computers and Mathematics with Applications*, 59, 108-114, 2010.

Derman, C. and Ross, S. M., *Statistical Aspects of Quality Control*, 1997.

Diaconis, P. and Mosteller, F., Methods for studying coincidences, *Journal of American Statistical Association*, 84, 853-86, 1989.

Dobrow, R. P, *Probability with Applications and R*, Wiley, 2014.

Dorfman, R., The detection of defective members of large populations, *Annals of Mathematical Statistics*, 14, 436-440, 1943.

Du, Ding-Zhu and Hwang, F. K., *Combinatorial Group Testing and Its Application*, 2nd ed., World Scientific, 2000.

Dunbar, S. R., The average distance between points in geometric figures, *College Mathematics Journal*, 28, 187-197, 1997.

Durret, R., *Elementary Probability for Applications*, Cambridge Press, 2009.

Dworsky, L. N., *Probably Not: Future Prediction Using Probability and Statistical Inference*, Wiley, 2008.

Ebeling, C. E., *Introduction to Reliability and Maintainability Engineering*, 2nd. ed., Waveland Press, 2010.

Eisenberg, B. and Sullivan, R., Crofton's differential equation, *American Mathematical Monthly*, 107, 129-139, 2000.

Elsener, T. E., 200 Solution: Optimum number of trials in a binomial experiment, *Two-Year College Mathematics Journal*, 14, 70-71, 1983.

Erelbach, E. and Grossman, J. W., E 2696 Solution: Expected number of draws, *American Mathematical Monthly*, 86, 507, 1979.

Falk, R. and Nikerson, R. S., An inside look at the two envelopes paradox, *Teaching Statistics*, 31, 39-41, 2009.

Feller, W., *An Introduction to Probability Theory and Its Applications: Vol. 1,* 3rd ed., Wiley, 1968.

Ferguson, T. S., Who solved the secretary problem?, *Statistical Science.* 4, 282-296, 1989.

Ferguson, T. S., and Hardwick, J. P., Stopping rules for proofreading, *Journal of Applied*

Probability, 26, 304-313, 1989.

Fewster, R. M., "A simple explanation of Benford's law, *American Statistician*, 63, 26-32, 2009.

Finkelstein, M., Tucker, H. G., and Veeh, J. A., Confidence intervals for the number of unseen types, *Statistics & Probability Letters*, 37, 423-430, 1998.

Finucan, H. M., The blood testing problem, *Applied Statistics*, 13, 43-50, 1964.

Ford, L. R. Jr, Problem E 1096 Solution, *American Mathematical Monthly*, 61, 472-473, 1954.

Freeman, P. R., The secretary problem and its extensions: A review, *International Statistical Review*, 51, 1983, pp 189-206.

Freiman, M., 56-Game hitting streaks revisited, *Baseball Research Journal*, 31, 11-15, 2002.

Freinerman, R., An ancient unfair game, *American Mathematical Monthly*, 83, 623-625, 1976.

Gilbert, J. and Mosteller, F., Recognizing the maximum of a sequence, *Journal of Amarican Statistical Association,* 61, 35-73, 1966.Georghiou C. and Kumar, J.-D., E 3386 Solution: The longest expected world series, *American Mathematical Monthly*, 99, 272-274, 1992.

Gillman, L., Cars and the goats, *American Mathematical Monthly*, 99, 3-7, 1992.

Glick, Breaking records anf breaking boards, *American Mathematical Monthly*, 85, 2-26, 1978.

Golhar, D. Y., Determination of the best means contents for a canning problem, *Journal of Quality Technology*, 19, 82-84, 1987.

Golhar D. Y. and Pollock, S. M., Determination of the best mean and the upper limit for a canning problem, *Journal of Quality Technology*, 20, 188-192, 1988.

Gorroochurn, P., *Classic Problems of Probability*, Wiley, 2012.

Glick, Breaking records and breaking boards, *American Mathematical Monthly*, 85, 2-26, 1978.

Greenberg, Bernard G., Abul-Ela, A.-L. A. Simmons, W. R, and Horvitz. D. G., The unrelated question randomized response model: Theoretical framework, *Journal of the American Statistical Association*, 64, 520-539, 1969.

Griffin, P. and Lossers, O. P., E3436 Solution: Tossing coins until all shows heads, *American Mathematical Monthly*, 101, 78-809, 1991.

Guy, R. G. and Nowakowski, R. J., Coin-weighing problems, *American Mathematical*

Monthly, 102, 164-167, 1995.

Hader, R. J., Random roommate pairing of negro and white students, *American Statistician*, 21, 24-26, 1967.

Hall, G. R., Acute triangles in the n-ball, *Journal of Applied Probability*, 19, 712-715, 1982.

Harmer, G. P. and Abbott, D., Losing strategies can win by Parrondo's paradox, *Nature*, 402, 864, 1999a.

Harmer, G. P. and Abbott, D., Parrondo's paradox, *Statistical Science*, 14, 206-213, 1999b.

Hendricks, W. J., An account of self-organizing systems, *SIAM Journal of Computing*, 5, 715-723, 1976.

Hendy, M., The retrial of the lower Slobbovian counterfeiters, *American Mathematical Monthly*, 87, 200-201, 1980.

Herbert, J., Solution to problem 650: Birds on a wire, *Journal of Recreational Mathematics*, 11, 227-228, 1979.

Hernández, V, Vélez, R., and Holzager, R., Problem 10248: Early returns in a tied election, *American Mathematical Monthly*, 102, 554-556, 1995.

Hill, T. P., A statistical derivation of the significant digit law, *Statistical Science*, 10, 354-363, 1995.

Horowitz, M., Probability of random path across elementary geometric shapes, *Journal of Applied Probability*, 2, 169-177, 1965.

Hunter, W. C. and Kartha, C. P., Determining the most profitable target value for a production process, *Journal of Quality Technology*, 9, 176-181, 1977.

Hurley, W. I., The birthday matching problem when the distribution of birthdays is nonuniform, *Chance*, 21, 20-24, 2008.

Issac, R., *The Pleasure of Probability*, Springer, 1995.

Johnson N., E2705 Solution: Expected number of trials, *American Mathematical Monthly*, 86, 398, 1979.

Johnson, R. W., Estimating the size of a population, *Teaching Statistics*, 16, 50-52, 1994.

Judge, G., and Schechter, L., Detecting problems in survey data using Benford's law, *Journal of Human Resources,* 44, 1-24, 2009.

Juran, J. M., *Quality Planning and Analysis*, McGraw-Hill, 1970.

Keller, G., *Statistics for Management and Economists*, Cengage Learning, 10th. ed., 2015.

Kendall, M. G. and Moraii, P. A. P, *Geometrical Probability*, Charles Griffin, 1963.

Kluepfel, C., Birds on a wire, cows in the field, and stars in the heaven, *Journal of Recreational Mathematics*, 13, 241-245, 1981.

Knuth, D. E., The toilet paper problem, *American Mathematical Monthly*, 91. 465-470, 1984.

Knuth, D. E., E 3061 Solution: Empty cells, *American Mathematical Monthly*, 94, 189, 1987.

Kuo, W. and Zuo, M.J., *Optimal Reliability Modeling: Principle and Applications*, Wiley, 2003.

Kwon, H. M., Kim, K., and Chandra, M. J., "An economic selective assembly procedure for two mating components with equal variance." *Naval Research Logistics*, 46, 809-821, 1999.

Lam, K., Leung, M.-Y., and Siu, M.-K., Self-organizing files with dependent Accesses, *Journal of Applied Probability*, 21, 343-359, 1984.

Levine, A., A patrol problem, *Mathematical Magazine*, 59, 159-166, 1986.

Linzer, E., The two-envelope paradox, *American Mathematical Monthly*, 101, 417-419, 1994.

Lieberman, G. J., and G. J. Resnikoff (1955), "Sampling plans for inspection by variables," *Journal of the American Statistical Association*, 50, 457-516.

Liu, F., A note on probabilities in proofreading, *American Mathematical Monthly*, 95, 854.

Lucas, S., Rosenhouse, J., and Schepler, A., The Monty Hall problem, reconsidered, *Mathematics Magazine*, 82, 2009.

Mahmoud, M. A., Henderson, G. R. Epprecht, E. K. and Woodall, W. H., Estimating the standard deviation in quality-control applications," *Journal of Quality Technology*, 42, 348-357, 2010.

Manvel, B., Counterfeit coin problems, *Mathematics Magazine,* 50, 90-92, 1977.

Marks, S. and Smith, G., The two-child paradox reborn, *Chance*, 24, 54-59, 2011.

Marsh, D. C. B., Probability that the product of two numbers exceed their sum, *American Mathematical Monthly*, 71, 438-439, 1961.

Mead, D. G., The Average number of weighting to locate a counterfeit coin, *IEEE Transactions on Information Theory*, 25, 616-616, 1979.

Mease, D., Nair, V. N., and Sudjianto, A., "Selective Assembly in Manufacturing: Statistical Issues and Optimal Binning Strategies." *Technometrics*, 46, 165-175, 200.

Montgomery, P. L., 1159 Solution: A stacking problem, *Mathematics Magazine*, 57, 50,

1982.

Mosteller, F., *Fifty Challenging Problems in Probability with Solutions*, Addison-Wesley, 1965.

Montgomery, D. C., *Statistical Quality Control: A Modern Introduction*, 6th ed., Wiley, 2009.

Montgomery, P. L. and Propp, J., 1159 Solution: A stacking problem, *Mathematics Magazine*, 57, 50, 1982.

Nahin, P. J., *Digital Dice*, Princeton University Press, 2008.

Nahin, P. J., *Dueling Idiots and Other Probability Puzzlers*, Princeton University Press, 2000.

Nakagawa, T. and Yasui, K., "Approximate calculation of inspection policy with Weibull failure times," *IEEE Transactions on Reliability*, R-28, 403-404, 1979.

Naus, J. I., An extension of the birthday problem, *American Statistician*, 22, 27-29, 1968.

Nigrini, M. J. A taxpayer compliance application of Benford's law, *Journal of the American Taxpayer Association*, 18, pp. 72-91, 1996.

O'Brien T., Fixed points and exam taking strategy, *American Mathematical Monthly*, 92, 659-661, 1985.

Parrondo, J. M. R., How to cheat a bad mathematician, in *EEC HC&M Network on Complexity and Chaos* (#ERBCHRX-CT940546), ISI, Torino, Italy, 1996.

Pickard, D. K., Isolated nearest neighbors, *Journal of Applied Probability*, 19, 444-449, 1982.

Ramamurty, K.G., *Coherent Structures and Simple Games,* Kluwer, 1990.

Renault, M., Lost (and found) in translation: André's actual method and its application to the generalized ballot problem, *American Mathematical Monthly*, 115, 358-163, 2008.

Renneie, B. S., 12-3 Solution, *Crux Mathematicorum*, 6, 311, 1980.

Rice, J. A., *Mathematical Statistics and Data Analysis*, 3rd ed., Duxbury, 2007.

Ringenberg, L. A., 283 Solution: How many maximize this probability?, *College Mathematics Journal*, 17, 151, 1986.

Ross, S. M. *Introduction to Probability Models*, 11th ed., Academic Press, 2014.

Samuels, S. M., The exact solution to the two-stage group-testing problem, *Technometrics*, 20, 497-500, 1978.

Sandelius, M., On an optimal search procedure, *American Mathematical Monthly*, 68, 133-134, 1961.

Schell, E. D. Problem E 702-The Extended coin problem solution, *Mathematical Gazette*, 54, 46-47, 1947.

Schilling, M., A switch in time pays fine, *Math Horizons,* 11(1), 21～22 & 25, 2003.

Schilling, M., Pondering Parrondo's paradox, *Math Horizons*, 16, 1, 12-13, 2008.

Schroeder, L. L., Buffon's needle problem: An exciting application of many Mathematical concepts, *Mathematics Teacher*, 67, 183-186, 1974.

Schwarz, W., *40 Puzzles and Problems in Probability and Mathematical Statistics*, Springer, 2008.

Simon, J. L. and Visvabhanathy, G., The auction solution to airline overbooking: The data fit the theory, *Journal of Transport Economics and Policy*, 11, 277-283, 1977.

Solomon, H., *Geometric probability*, SIAM, 1978.

Sonnenberg, A., How to overbook procedures in the endoscopy *Gastrointestinal Endoscopy,* 69, 710-715, 2009.

Sprenger, J., Probability, rational single-case decisions and the Monty Hall problem, *Synthese*, 174, 331-340, 2010.

Staley, P. A. and Cooper, C. C., E 3234 Solution: Two many marriage, *American Mathematical Monthly*, 96, 362-363, 1989.

Stern, H. S., A statistician reads the sports page: Baseball by the numbers, *Chance,* 10(1), 38-41, 1997.

Sterrett, A., On the detection of defective members of large populations, *Annals of Mathematical Statistics*, 28, 1033-1036, 1957.

Sutcliffe, A., Waiting for a bus, *Mathematics Magazine*, 38, 102-103, 1965.

Tamhane, A. C. and Dunlop, D. D., *Statistics and Data Analysis: From Elementary to Intermediate*, prentice-Hall, 2000.

Throp. E. O., *A favorable strategy for twenty-one*, *Proceedings of National Academy of Science*, 47, 110-112, 1961.

Swift, J., Challenges for enriching the curriculum: Statistics and probability, *Mathematics Teacher*, 76, 268-269, 1983.

Trietsch, D, *Statistical Quality Control: A Loss Minimization Approach*, World Scientific Publishing, 1999.

Tijms, H., *Understanding Probability: Chance Rules in Everyday Life*, 2nd ed., Cambridge University Press, 2007.

Vardeman, S. B., A brief tutorial on the estimation of the process standard deviation, *IIE Transactions*, 31, 503-507, 1999.

Vivian, R. W., "Solving Daniel Bernoulli's St Petersburg paradox: The paradox which is not and never was," *South African Journal of Economics and Management Science*, 6, 331-345, 2003.

Warner, S. L., Randomized response: A survey technique for eliminating evasive answer bias, *Journal of American Statistical Association*, 60, 63-69, 1965.

Wheeler, D. J., *Advanced Topics in Statistical Process Control*, 2nd ed., SPC Press, 2004.

Williams, M., Can we measure homeless?, A critical evaluation of 'Capture-Recapture', *Methodological Innovations*, 5, 49-50, 2010.

Wuffle, A., The pure theory of elevators, *Mathematics Magazin*e, 55, 30-37, 1982.

Zimmerman, S., An optimal search procedure, *American Mathematical Monthly*, 66, 690-693, 1959.

부록

■ 순열(permutation)

서로 다른 n개의 기호 중에서 r개를 뽑아 한 줄로 나열하는 순열의 수는

$$_nP_r = n(n-1)\cdots(n-r+1) = \frac{n!}{(n-r)!}$$

이며, 특히 $r=n$일 때는 $n!$이다.

■ 조합(combination)

서로 다른 n개의 기호 중에서 r개를 뽑는 조합의 수는 다음과 같다.

$$\binom{n}{r} = \frac{n!}{r!(n-r)!} = \frac{n(n-1)\cdots(n-r+1)}{r!}$$

다음은 조합과 관련된 중요한 등식들이다.

(i) $\binom{n}{r} = \binom{n}{n-r}$

(ii) $\binom{n-1}{r-1} + \binom{n-1}{r} = \binom{n}{r}$

■ 이항정리(binomial theorem)

두 실수 a, b와 양의 정수 n에 대하여 다음이 성립한다.

$$(a+b)^n = \sum_{k=0}^{n} \binom{n}{k} a^k b^{n-k}$$

■ 같은 것이 있는 경우의 순열

서로 다른 k개의 기호가 각각 $n_1, n_2, \cdots, n_k$개 있을 때, 이들을 모두 한 줄로 나열하는 순열의 수는 다음과 같다.

$$\binom{n}{n_1, n_2, \cdots, n_k} = \frac{n!}{n_1! n_2! \cdots n_k!}$$

단, $n = n_1 + n_2 + \cdots + n_k$

■ **중복순열**

서로 다른 n개의 기호 중에서 중복을 허용하여 r개를 뽑아 한 줄로 나열하는 순열의 수는 n^r이다.

■ **중복조합**

서로 다른 n개의 기호 중에서 중복을 허용하여 r개를 뽑는 조합의 수는

$$_nH_r = \binom{n+r-1}{r}$$

이며, 조합은 다음 성질을 가진다.

(i) $\sum_{r=0}^{n} \binom{n}{r} = 2^n$

(ii) $\sum_{r=0}^{n} (-1)^r \binom{n}{r} = 0$

(iii) $\sum_{r=0}^{k} \binom{m}{r}\binom{n}{k-r} = \binom{m+n}{k}$

(iv) $\sum_{r=0}^{n} \binom{n}{r}^2 = \binom{2n}{n}$

■ **확률공리**

S가 표본공간일 때 확률은 다음의 세 공리하에서 정의된다.

(i) $A \subseteq S$이면 $\Pr(A) \geq 0$

(ii) $\Pr(S) = 1$

(iii) $A_1, A_{1,} \cdots$이 상호배반인 사건이면

$$\Pr\left(\bigcup_{i=1}^{\infty} A_i\right) = \sum_{i=1}^{\infty} \Pr(A_i)$$

■ 조건부 확률

사건 F가 일어난 조건하에서 사건 E의 조건부 확률은 $\Pr(F)>0$이면

$$\Pr(E|F)=\frac{\Pr(E\cap F)}{\Pr(F)}$$

로 정의되며, 따라서 $\Pr(E\cap F)=\Pr(E\mid F)\Pr(F)$이다.

■ 포함-제외 원리(Inclusion and exclusion principle)

사건 $A_1, A_2, \cdots, A_n$에 대해

$$\Pr(A_1\cup A_2\cup\cdots\cup A_n)=\sum_{i=1}^{n}\Pr(A_i)-\sum_{i=1}^{n}\sum_{j>i}\Pr(A_i\cap A_j)$$
$$+\sum_{i=1}^{j}\sum_{j>i}\sum_{k>j}\Pr(A_i\cap A_j\cap A_k)-\cdots$$
$$+(-1)^n\Pr(A_1\cap A_2\cap\cdots\cap A_n)$$

이 성립한다.

■ 베이즈 정리

$F_1, F_1, \cdots, F_n$가 상호배반인 사건이고 $\bigcup_{i=1}^{n}F_i=S$이면

$$\Pr(F_j\mid E)=\frac{\Pr(E\cap F_j)}{\Pr(E)}=\frac{\Pr(E\mid F_j)\Pr(F_j)}{\sum_{i=1}^{n}\Pr(E\mid F_i)\Pr(F_i)}$$

이며, 이 식의 분모를 전확률의 공식이라 부른다.

■ Bonferroni의 부등식

$$\Pr\left(\bigcup_{i=1}^{n}A_i\right)\le\sum_{i=1}^{n}\Pr(A_i)$$

■ Boole 부등식

$$\Pr\left(\bigcup_{i=1}^{n}A_i\right)\le\sum_{i=1}^{n}\Pr(A_i)$$

■ 마코브(Markov) 부등식

$$\Pr(|X| \geq \epsilon) \leq \frac{E(|X|)}{\epsilon}, \ \epsilon > 0$$

양의 실수 r과 k에 대하여 $h(X) = |X|^r$, $\epsilon = k^r$로 두면

$$\Pr(|X| \geq k) \leq \frac{E(|X|^r)}{k^r}$$

이 성립한다.

■ 체비세프(Chebyshev) 부등식

$\mu = E(X)$, $\sigma^2 = Var(X)$이라 할 때, 다음 부등식이 성립한다.

$$\Pr(|X - \mu| < k\sigma) \geq 1 - \frac{1}{k^2}$$

■ Jensen 부등식

확률변수의 함수가 아래로 볼록(convex) 함수이면 $E[f(X)] \geq f(E[X])$이다.

■ 테일러급수

함수 g가 a를 포함하는 닫힌구간(closed interval) I에서 모든 차수의 도함수가 존재하고 연속이면, $t \in I$에 대하여 $g(t)$는 테일러급수

$$g(t) = g(a) + g'(a)(t-a) + \frac{g''(a)}{2!}(t-a)^2 + \cdots + \frac{g^{(n)}(a)}{n!}(t-a)^n + \cdots$$

로 전개된다. 특히 $0 < a < 1$이라 할 때 기하급수는

$$1 + a + a^2 + a^3 + a^4 + \cdots = \frac{1}{1-a}$$

이므로 양변을 a에 대하여 k번 반복하여 미분하면,

$$k! + \frac{(k+1)!}{1!}a + \frac{(k+2)!}{2!}a^2 + \cdots = \frac{k!}{(1-a)^{k+1}}$$

임을 알 수 있고, 이를 정리하면 다음 성질을 얻는다.

$$\sum_{x=0}^{\infty}\binom{k+x}{k}a^x = (1-a)^{-(k+1)}$$

■ **감마함수 (gamma function)**

$a > 0$일 때

$$\Gamma(a) = \int_0^{\infty} x^{a-1}e^{-x}dx$$

로 정의되며, 다음과 같은 중요한 성질을 가진다.

(i) $\Gamma(a) = (a-1)\Gamma(a-1)$

(ii) a가 정수이면, $\Gamma(a) = (a-1)!$

(iii) $\Gamma(1/2) = \sqrt{\pi}$

(iv) $\int_0^{\infty} x^{a-1}e^{-x/b}dx = \Gamma(a)b^a$

■ **베타함수 $\alpha > 0$, $\beta > 0$일 때**

$$B(\alpha,\beta) = \int_0^1 x^{\alpha-1}(1-x)^{\beta-1}dx,$$

로 정의되며, 감마함수와 다음의 관계를 가진다.

$$B(\alpha,\beta) = \frac{\Gamma(\alpha)\Gamma(\beta)}{\Gamma(\alpha+\beta)}$$

■ **감마 분포와 포아송 분포의 관계**

$\lambda > 0$이고 α는 양의 정수이면 다음 관계가 성립한다.

$$\frac{1}{\alpha!}\int_{\lambda}^{\infty} x^{\alpha}e^{-x}dx = \sum_{x=0}^{\alpha}\frac{\lambda^x e^{-\lambda}}{x!}$$

■ **이항분포와 베타분포의 관계**

이항분포의 누적확률은 베타분포와 다음과 관계를 가진다.

$$\sum_{k=0}^{x}\binom{n}{k}p^k(1-p)^{n-k}=(n-x)\binom{n}{x}\int_0^{1-p}t^{n-x-1}(1-t)^x dt$$

■ **대수의 법칙**(law of large numbers)

$\{X_n\}$ 이 확률변수들의 수열일 때 실수 수열 $\{a_n\}$ 이 있어 $n\to\infty$에 따라

$$\frac{\sum_{i=1}^{n}X_i-a_n}{n}\xrightarrow{p}0$$

됨에 따라 확률적으로 '0'에 수렴한다.

■ **중심극한정리**(central limit theorem; CLT)

$X_1,\ \cdots,\ X_n$이 평균이 μ이고 분산이 σ^2인 분포로부터의 확률표본일 때, $Z_n=\dfrac{\sum_{i=1}^{n}X_i-n\mu}{\sigma/\sqrt{n}}$의 분포는 표본크기 n이 커짐에 따라 표준정규분포 $N(0,1)$로 접근한다.

■ **Stirling's 근사**

계승은 n가 클 때 다음과 같이 근사화된다.

$$n!\approx n^{n+1/2}e^{-n}\sqrt{2\pi}$$

찾아보기

ㅅ

ㅇ

ㅈ

일상의 확률문제

지은이 윤원영 · 서순근
펴낸이 조경희
펴낸곳 경문사
펴낸날 2019년 7월 10일 1판 1쇄
등 록 1979년 11월 9일 제 313-1979-23호
주 소 04057, 서울특별시 마포구 와우산로 174
전 화 (02)332-2004 팩스 (02)336-5193
이메일 kyungmoon@kyungmoon.com
facebook facebook.com/kyungmoonsa

값 22,000원

ISBN 979-11-6073-271-9

★ 경문사 홈페이지에 오시면 즐거운 일이 생깁니다.
http://www.kyungmoon.com

한국과학기술출판협회 회원사